HOAI-Praxis bei Architektenleistungen

Klaus D. Siemon

HOAI-Praxis bei Architektenleistungen

Die Anwendung der Honorarordnung
für Architekten

9., vollständig überarbeitete und aktualisierte Auflage

 Springer Vieweg

Klaus D. Siemon
Siemon Sachverständige + Ingenieure GmbH
Vellmar b. Kassel, Berlin, Deutschland

ISBN 978-3-658-03263-0   ISBN 978-3-658-03264-7 (eBook)
DOI 10.1007/978-3-658-03264-7

Die Deutsche Nationalbibliothek verzeichnet diese Publikation in der Deutschen Nationalbibliografie;
detaillierte bibliografische Daten sind im Internet über http://dnb.d-nb.de abrufbar.

Springer Vieweg
© Springer Fachmedien Wiesbaden 2004, 2010, 2013

Lektorat: Karina Danulat, Annette Prenzer

Gedruckt auf säurefreiem und chlorfrei gebleichtem Papier

Springer Vieweg ist eine Marke von Springer DE. Springer DE ist Teil der Fachverlagsgruppe Springer
Science+Business Media.
www.springer-vieweg.de

Vorwort zur 9. Auflage

Die neue HOAI 2013 hat zum Teil gravierende Änderungen mit sich gebracht, die sich auch im Tagesgeschäft der Planung auswirken. Das hier vorliegende Buch widmet sich diesen Änderungen besonders intensiv. Die inhaltlichen Änderungen in den Leistungsbildern sind honorartechnisch in die Honoraranhebung eingerechnet worden. Damit kann bei den Mehrleistungen davon ausgegangen werden, dass dem auch ein entsprechender verhältnisgerechter Honoraranteil zugewiesen ist.

Mit der neuen HOAI 2013 wurden zunächst die Leistungsbilder zum Teil gravierend geändert. Das Leistungsbild Freianlagen wurde neu gestaltet. Die Grundleistungen wurden zum Teil auf eine vorausschauende Kostenplanung und Kostenkontrolle ausgerichtet. In der Leistungsphase 6 sind bepreiste Leistungsverzeichnisse als neue Grundleistung hinzugekommen. Neue Leistungen der Terminplanung sind bereits ab der Leistungsphase 2 im Rahmen der Grundleistungen zu erbringen. Allerdings stellt sich die Frage, inwieweit die neuen Grundleistungen bei Projekten unterschiedlicher Größenordnung notwendig sind. Denn zwischen kleinen Projekten mit 30.000 € anrechenbaren Kosten und solchen mit 24.000.000 € anrechenbaren Kosten bestehen in der Praxis des Tagesgeschäfts große inhaltliche Unterschiede was die Leistungsbildinhalte der Grundleistungen anbelangt. Hinzu kommen noch die Unterschiede zwischen Neubauten und dem Bauen im Bestand.

In Bezug auf die Honorare wurde die Regelung zur Anrechenbarkeit der mitverarbeiteten Bausubstanz wieder in die HOAI aufgenommen. Diese Regelung ist als Bestandteil des Mindestsatzes zu verstehen, so dass beim Bauen im Bestand hier eine Anhebung des Honorars zu verzeichnen ist. Diese Regelung wurde erfreulicherweise insoweit praxisgerechter gestaltet, dass die Vereinbarung über die anrechenbaren Kosten aus mitverarbeiteter Bausubstanz im Regelfall erst im Zuge der Entwurfsplanung vorzunehmen ist, wenn also die „investiven" Baukosten ohnehin berechnet werden müssen.

Die Leistungsphase 9 hat ebenfalls eine wichtige Änderung erfahren, da nun die Überwachung der Mängel, die erst nach Abnahme während der Gewährleistungszeiträume auftreten, als Besondere Leistung geregelt ist.

Das Thema Planungsänderungen wurde leistungsbildübergreifend in § 10 neu geregelt. Dabei wurden jedoch einige Sachverhalte ungeregelt belassen. Während Änderungen, bei denen sich die anrechenbaren Kosten nicht ändern (was selten in der Praxis vorkommt) geregelt wurden, hat man dem gleichen Sachverhalt nur unter dem Aspekt, dass sich die anrechenbaren Kosten ändern, keine Regelung zukommen lassen.

Im Ergebnis hat die neue HOAI 2013 viele Änderungen gebracht die sich in der Praxis durch neue Abläufe bemerkbar machen werden.

Dieses Buch soll den Architekten als leistungsbildbezogener HOAI-Kommentar dienen und daher für alle Planer von Bedeutung sein, die vornehmlich Architektenleistungen erbringen. Die weiteren im Regelfall anfallenden Leistungen und Leistungsbilder mit ihren Grund- und Besonderen Leistungen sind ebenfalls enthalten.

Kassel/Vellmar und Berlin, Oktober 2013   *Klaus Dieter Siemon*

Vorwort zur 8. Auflage

Mit Veröffentlichung vom 17.08.2009 ist die neue HOAI im Bundesgesetzblatt veröffentlicht und bei Verträgen ab dem 18.08.2009 anzuwenden.

Die 8. Auflage wurde völlig neu bearbeitet, da sich die HOAI 2009 in wesentlichen Punkten geändert hat und zu einer weiteren Ökonomisierung der Planung führt. Die Anwendung der neuen HOAI wird im Tagesgeschäft der Architekten und seiner Auftraggeber immer bedeutender.

Der Verfasser hat mit der vorliegenden 8. Auflage die HOAI für Architekten die oben erwähnten Themen in bewährter Form, praxisorientiert und verständlich erfasst. Anschaulich wird zu den im Tagesgeschäft des Architekten und auch des Auftraggebers auftretenden Fragestellungen Stellung genommen sowie Lösungsvorschläge angeboten.

Die wichtigsten Themen, wie die Ermittlung der anrechenbaren Kosten, die Berechnung des Honorars aber auch die fachlichen Inhalte von Planungsverträgen werden in der 8. Auflage ausführlich behandelt.

Erfolgshonorare bei Kostenunterschreitungen und Honorarabzüge bei Kostenüberschreitungen sind neue Themen, mit denen sich die Architekten künftig verstärkt befassen müssen. Die Anwendung dieser neuen Regelungen wird im vorliegenden Werk umfassend behandelt.

Die Gliederung des Buches orientiert sich an den Paragrafen der HOAI und ist somit übersichtlich.

Die aktuelle Rechtsprechung wurde bis zum Stand vom 30 Juli 2009 berücksichtigt. Die abgedruckten Beispiele entsprechen ebenfalls den Bestimmungen der neuen HOAI und der zum o. g. aktuellen Rechtsprechung.

Die neue HOAI verzichtet auf die bisherige strenge Unterteilung zwischen Grundleistungen und Besonderen Leistungen.

Damit geht in der Praxis Unsicherheit einher. Denn bisher war eindeutig geregelt, dass die geregelten Honorare nur die Grundleistungen betreffen. Diese Klarheit ist in dieser Form nicht mehr vorhanden. Erschwert wird auch die künftige Benennung der ehemaligen Grundleistungen die in den Leistungsbildern als Leistungen enthalten sind und bisher den Namen Grundleistungen getragen haben. Soweit es möglich war, hat der Verfasser auf den Begriff Grundleistungen verzichtet.

Der Begriff der Besonderen Leistungen ist nach wie vor in den neuen HOAI enthalten. Damit dürfte eine Abgrenzung zu den Leistungsbildern, also den ehem. Grundleistungen noch möglich sein.

Kassel, August 2009   *Klaus Dieter Siemon*

Vorwort zur 7. Auflage

Die Anwendung der HOAI im Tagesgeschäft der Vertragsanbahnung, Planung, Bauüberwachung und Honorarberechnung ist leichter als allgemein angenommen. Die verschiedenen Honorarkomponenten, die das Architektenhonorar beeinflussen, sorgen auch bei unterschiedlichsten Bauaufgaben im Ergebnis jeweils für ein angemessenes Honorar.

Mit dem hier vorliegenden Werk soll ein praxisgerechter Umgang mit der HOAI für Architekten erleichtert werden. Das Buch hebt sich von vergleichbaren Werken u. a. dadurch ab, dass es von Architekten für Architekten geschrieben ist und sich ausschließlich auf die Architektenleistungen (§ 1 bis § 31 HOAI) bezieht.

Die langjährige Erfahrung des Autors als in der Praxis tätiger Architekt und ö.b.u.v. Sachverständiger kommt dem Werk spürbar zugute. Die nicht nur baupraktisch, sondern gleichermaßen rechtlich sicheren Ausführungen und Hinweise verdankt das Buch der beratenden Mitwirkung durch Herrn Rechtsanwalt Prause, Hannover, der als Rechtsreferent bei der Architektenkammer Niedersachsen tätig ist.

Anschaulich wird anhand von praxisbezogenen Beispielen und Abbildungen die korrekte Abrechnung von Architektenhonoraren bei mündlichen und schriftlichen Verträgen dargestellt. Dabei werden auch Sonderfälle der Honorarberechnung berücksichtigt, denn sehr häufig treten spezielle planerische Anforderungen auf, die nur schwer in die recht trockene Systematik der HOAI-Paragraphen zu übertragen sind.

Breiten Raum nimmt die Honorarberechnung beim Bauen im Bestand ein und leistet einen wichtigen Beitrag zur Beseitigung vielfältig vorhandener Abrechnungsprobleme der Architekten bei Umbauten und Erweiterungen. Außerdem wird die Bedeutung des inhaltlichen Vertragsgegenstandes beim Bauen im Bestand, der neben den Honorarvereinbarungen die 2. Säule des Projekterfolges darstellt, herausgearbeitet.

Wertvolle Hinweise zum Abschluss von Planungsverträgen und zur Erstellung der ordnungsgemäßen Schlussrechnung ergänzen das Werk, das auch für Rechtsanwälte viele Anregungen anbietet.

Die Gliederung des Buches orientiert sich an den jeweiligen Paragrafen der HOAI und ist somit jederzeit leicht nachvollziehbar. Berücksichtigt ist die neueste Rechtsprechung bis November 2003, sowie die neuen €-Tabellen.

Braunschweig/Kassel, im Februar 2004
                                            Universitätsprofessor
                                            Berthold H. Penkhues

Das Werk wurde 1977 von Herrn Andreas Friess, Architekt BDA und Herrn Peter Höbel begründet.

Inhaltsverzeichnis

Übersicht über die neue HOAI

Eingerückt dargestellt sind die Regelungen, die für die Gebäudeplanung nicht relevant sind.

Teil 1 Allgemeine Vorschriften

§ 1   Anwendungsbereich

§ 2   Begriffsbestimmungen

§ 3   Leistungen und Leistungsbilder

§ 4   Anrechenbare Kosten

§ 5   Honorarzonen

§ 6   Grundlagen des Honorars

§ 7   Honorarvereinbarung

§ 8   Berechnung des Honorars in besonderen Fällen

§ 9   Berechnung des Honorars bei Beauftragung von Einzelleistungen

§ 10   Berechnung des Honorars bei vertraglichen Änderungen des Leistungsumfangs

§ 11   Auftrag für mehrere Objekte

§ 12   Instandsetzungen und Instandhaltungen

§ 13   Interpolation

§ 14   Nebenkosten

§ 15   Zahlungen

§ 16   Umsatzsteuer

Teil 2 Flächenplanung
Abschnitt 1–2 Bauleitplanung, Landschaftsplanung § 17–§ 32

Teil 3 Objektplanung
Abschnitt 1 Gebäude und raumbildende Ausbauten

§ 33   Besondere Grundlagen des Honorars

§ 34   Leistungsbild Gebäude und Innenräume

§ 35   Honorare für Leistungen bei Gebäuden und Innenräumen

§ 36   Umbauten und Modernisierungen von Gebäuden und Innenräumen

§ 37   Aufträge für Gebäude und Freianlagen oder für Gebäude und Innenräume

Änderungen gegenüber den bisherigen Regelungen

Die HOAI 2013 hat eine Reihe von weitreichenden Änderungen gegenüber den bisherigen Regelungen vorgenommen. Außerdem ist die HOAI in einigen Bereichen neu gegliedert worden.

Geänderte Bewertung der Leistungsphasen in den Leistungsbildern

Die Bewertung bzw. Gewichtung der Leistungsphasen innerhalb der Leistungsbilder wurde mit der HOAI 2013 geändert. Wichtige Änderungen bei den Gewichtungen sind in den Leistungsphasen 3, 4 beim Leistungsbild Gebäude vorgenommen worden. Die nachstehende Übersicht zeigt die Änderungen[1].

Inhaltlich wurden davon unberührt weitere Veränderungen vorgenommen. So sind unter anderem in der Leistungsphase 6 die Erstellung von bepreisten Leistungsverzeichnissen vorgenommen worden, ohne dass dies bei der Gewichtung der Leistungshasen berücksichtigt wurde. Auf die inhaltlichen Änderungen bei den Leistungsbildern wird gesondert eingegangen.

Die nachstehende Übersicht zeigt die Änderung der Gewichtungen der %-Werte der Leistungsphasen (kursiv: Änderungen gegenüber der HOAI 2009).

Leistungsbild Gebäude

Version	LPH 1	LPH 2	LPH 3	LPH 4	LPH 5	LPH 6	LPH 7	LPH 8	LPH 9	Gesamt
HOAI 2009	3	7	11	6	25	10	4	31	3	100
HOAI 2013	2	7	15	3	25	10	4	32	2	100

Leistungsbild Innenräume

Version	LPH 1	LPH 2	LPH 3	LPH 4	LPH 5	LPH 6	LPH 7	LPH 8	LPH 9	Gesamt
HOAI 2009	3	7	14	2	30	7	3	31	3	100
HOAI 2013	2	7	15	2	30	7	3	32	2	100

Leistungsbild Freianlagen

Version	LPH 1	LPH 2	LPH 3	LPH 4	LPH 5	LPH 6	LPH 7	LPH 8	LPH 9	Gesamt
HOAI 2009	3	10	15	6	24	7	3	29	3	100
HOAI 2013	3	10	16	4	25	7	3	30	2	100

Leistungsbild Tragwerksplanung

Version	LPH 1	LPH 2	LPH 3	LPH 4	LPH 5	LPH 6	LPH 7	LPH 8	LPH 9	Gesamt
HOAI 2009	3	10	12	30	42	3				100
HOAI 2013	3	10	15	30	40	2				100

---

[1] Ohne Leistungsbilder Ingenieurbauwerke und Verkehrsanlagen bei denen ebenfalls Änderungen vorgenommen wurden

Leistungsbild Fachplanung Technische Ausrüstung

Version	LPH 1	LPH 2	LPH 3	LPH 4	LPH 5	LPH 6	LPH 7	LPH 8	LPH 9	Gesamt
HOAI 2009	3	11	15	6	18	6	5	33	3	100
HOAI 2013	2	9	17	2	22	7	5	35	1	100

Leistungsbild Bauphysik (Wärmeschutz und Energiebilanzierung, Bauakustik, Raumakustik)

Beratungsleistung, preisrechtlich nicht verbindlich geregelt und daher frei vereinbar

Version	LPH 1	LPH 2	LPH 3	LPH 4	LPH 5	LPH 6	LPH 7	LPH 8	LPH 9	Gesamt
HOAI 2009			*Grundlegend anders, nicht unmittelbar vergleichbar*							
HOAI 2013	3	20	40	6	27	2	2			100

Mitverarbeitete Bausubstanz beim Bauen im Bestand

Die bisherige Regelung aus der HOAI 1996 über mitverarbeitete vorhandene Bausubstanz[2] hatte lange gebraucht um sich zu etablieren. Diese Regelung ist mit der HOAI 2009 weggefallen und führte damit beim Bauen im Bestand in der Praxis zu einer Honorarreduzierung wenn man ansonsten den Mindestsatz als Messlatte anlegt und gleichzeitig zugrunde legt, dass der Umbauzuschlag nicht entsprechend der amtlichen Begründung zur HOAI 2009 angepasst wird.

Mit der HOAI 2013 wird diese Situation, geändert und anrechenbare Kosten aus mitverarbeiteter Bausubstanz wieder eingeführt. Die Vereinbarung zu den anrechenbaren Kosten aus mitverarbeiteter Bausubstanz soll nach dem Verordnungstext möglichst bis zur Kostenberechnung getroffen werden.

Die Regelung zur mitverarbeiteten Bausubstanz ist in den allgemeinen Teil aufgenommen worden und gilt damit für alle Leistungsbilder, deren Honorar auf der Grundlage von anrechenbaren Kosten ermittelt wird.

Die Regelung des Umbauzuschlags ist ebenfalls geändert worden. Nicht verständlich ist jedoch, dass keine konkrete Untergrenze des Umbauzuschlags festgelegt wurde.

Beispiel

Die anrechenbaren Kosten aus mitverarbeiteter Bausubstanz sind Bestandteil der anrechenbaren Kosten und damit mindestsatzrelevant. Diese Kosten sollen nach den Einzelbestimmungen der HOAI zum Zeitpunkt der Kostenberechnung ermittelt werden.

Baukostenvereinbarungsmodell als Honorargrundlage (§ 6 HOAI)

Das Honorar für die Leistungsbilder deren Honorar nach anrechenbaren Kosten ermittelt wird kann nach § 6 Abs. 2 HOAI auch alternativ ermittelt werden[3]. Wenn bei Auftragserteilung

---

[2]   § 10 (3a) HOAI 1996

[3]   Diese Regelung war schon in der HOAI 2009 Regelungsbestandteil, hat sich jedoch in der Praxis nicht durchgesetzt.

noch keine Planungsgrundlagen vorliegen, können die Vertragsparteien vereinbaren, dass das Honorar auf Grundlage einer Baukostenvereinbarung berechnet wird. Ursprünglich war beabsichtigt, diese Regelung aus der HOAI 2013 herauszunehmen.

Danach können die Parteien die anrechenbaren Kosten bei Auftragserteilung sozusagen festschreiben. Daraus leiten sich dann die anrechenbaren Kosten für die Honorarermittlung ab. Dieses Modell ist aber sehr risikoreich. Denn bei Auftragserteilung ist in der Regel vieles, was die Baukosten bzw. die anrechenbaren Kosten und den individuellen Planungs- und Überwachungsaufwand beeinflusst, noch unklar.

Das Baukostenvereinbarungsmodell (Gliederung in anrechenbare Kosten ist zu beachten) dürfte daher gerade bei komplexen Projekten als problematisch einzustufen sein. Denn hier könnte man ggf. unter Auftragsdruck zu erheblichen Zugeständnissen geneigt sein, die später evtl. als Mindestsatzunterschreitung erkennbar werden.

Deshalb wurde in der amtlichen Begründung zur HOAI 2009 auch klargestellt, dass mit dieser Regelung nur fachkundige Vertragspartner umgehen sollten. Da es sich beim Baukostenvereinbarungsmodell um eine alternative Kann-Vorschrift handelt, wird zu beobachten sein, ob sie sich durchsetzt oder nicht. Im privaten Wohnungsbau mit geringen Kostenbandbreiten ist dies evtl. eine Möglichkeit dem Auftraggeber zu Vertragsbeginn eine feste Honorargröße anzubieten, falls das Bauprogramm und der Kostenrahmen konkret bereitstehen. Zu beachten ist, dass diese Regelung daran gebunden ist, dass noch keine Planungsleistungen erbracht wurden.

Aus dem Regelungsbereich ausgeschiedene Planbereiche

Nicht im verbindlichen Regelungsbereich der Honorare enthalten sind seit 2009 die Planbereiche

- Umweltverträglichkeitsstudie
- Bauphysik (Wärmeschutz und Energiebilanzierung, Bauakustik, Raumakustik),
- Geotechnik,
- Ingenieurvermessung

Praxis-Tipp

Nach wie vor unverändert bleibt die Beratungspflicht für Architekten im Hinblick auf den gesamten Leistungsbedarf. Danach müssen die Architekten auch die Beauftragung der aus dem verbindlichen Regelungsbereich herausgenommenen Leistungsbild-Bereiche zur Beauftragung empfehlen, soweit dies aus der fachlichen Sicht des Architekten notwendig ist, um die vereinbarten Planungsziele zu erreichen.

Innenräume ersetzen den Raumbildenden Ausbau

Der **raumbildenden Ausbauten** ist in Innenräume umbenannt worden. Die Regelungen für Innenräume sind neu aufgestellt. Die diesbezügliche Objektgliederung ist neu geregelt.

Abnahme von Architektenleistungen

In § 15 wurde die Abnahme als Fälligkeitsvoraussetzung für die Honorarschlussrechnung eingefügt. Diese Einfügung ist allerdings nicht zwingend, denn es kann auch eine andere Voraussetzung vereinbart werden, bei der die Abnahme nicht erfolgen muss. Dazu wird aber die Schriftform vorgeschrieben.

Neue Objektliste bei der Technischen Ausrüstung

Die HOAI 2013 hat eine neue Objektliste für die einzelnen Anlagengruppen eingeführt. Die bisherige Objektliste war ungeeignet, so dass ein Ersatz zwingend notwendig wurde.

Änderungshonorar – Änderungen der Planung

Die Honorarregelungen bei Änderungen der Planung wurden in § 10 HOAI zusammengefasst. Der Honoraranspruch bei Änderungshonorar wird etwas konkreter geregelt. Im Ergebnis verbleiben jedoch Lücken, da die beiden Absätze nur einen Teil der möglichen Szenarien berücksichtigen. Die Regelungen in § 10 HOAI betreffen

– Änderungen bei denen sich der beauftragte Leistungsumfang ändert und damit die anrechenbaren Kosten,

– Wiederholungen von Grundleistungen ohne Änderungen der anrechenbaren Kosten,

Nicht ausdrücklich geregelt ist das Szenario bei dem sich Wiederholungen von Grundleistungen durch eine Planungsänderung ergeben, bei denen sich auch die anrechenbaren Kosten ändern. Nach dem Sinn des Verordnungstextes und den Regelungen des BGB dürfte jedoch auch bei diesem Szenario ein vergleichbarer Honoraranspruch bestehen.

Wichtig ist jedoch, dass eine Änderung nur eine Änderung gegenüber einer bereits erbrachten Leistung sein kann.

Beispiel

Wird im Zuge der Ausführungsplanung eine Veränderung der Grundrisslösung gegenüber dem Entwurf (Leistungsphase 3) vorgenommen, indem sich die Parteien darüber einigen, dass die Büroflächen um 150 m² BGF für Einzelbüros erweitert und die Zentralmensafläche im Gegenzug um 150 m² BGF verringert wird, dann liegt eine Änderung vor. Das Honorar kann dann der Höhe nach ermittelt werden nach den Grundsätzen des § 10 HOAI.

Grundleistungen - Änderungen in den jeweiligen Leistungsbildern

Die Grundleistungen sind als Begriff wieder eingeführt worden. Es hat sich gezeigt, dass es sich bei dem Begriff der Grundleistungen um eine praxisgerechte Lösung handelt. Inhaltlich sind die Leistungsbilder in den Grundleistungen zum Teil erheblich geändert worden. Es sind eine Reihe von neuen Leistungen hinzugefügt worden. Verschiedene Leistungen (z. B. der Kostenanschlag in der Leistungsphase 7) sind auch weggefallen. Auf die weiter unten aufgestellten neuen Leistungsbilder wird Bezug genommen.

Anlagen zur HOAI

Ein Teil des bisherigen Verordnungstextes findet sich in den Anlagen zur HOAI wieder. Damit einher geht etwas mehr Suchaufwand[4]. Nachstehend sind als Auszug die Anlagen dargestellt, die für Architektenleistungen und die Objektplanung von Fachplanungsbüros (z. B. koordiniert durch den Architekten) relevant sind:

---

[4]   Zum Beispiel Leistungsbilder und Objektlisten

Anlage 1	Beratungsleistungen
Anlage 2 bis 9	Grundleistungen bei der Flächenplanung
Anlage 10	Grundleistungen, Besondere Leistungen, Objektlisten für Gebäude und Innenräume
Anlage 11	Grundleistungen, Besondere Leistungen, Objektlisten für Freianlagen
Anlage 12	Grundleistungen, Besondere Leistungen, Objektlisten für Ingenieurbauwerke
Anlage 13	Grundleistungen, Besondere Leistungen, Objektlisten für Verkehrsanlagen
Anlage 14	Grundleistungen, Besondere Leistungen, Objektlisten für Tragwerksplanung
Anlage 15	Grundleistungen, Besondere Leistungen, Objektlisten für Technische Ausrüstung

Zeithonorar

Die Grundsätze und die Höhe der Zeithonorare sind nicht mehr Bestandteil der HOAI 2013. Bei der Vereinbarung von Leistungen im Zeithonorar ist deshalb neben den Leistungsbezogenen Regelungen auch eine Regelung zur Höhe des Zeithonorars zu empfehlen.

Die Mindestsatzfiktion nach HOAI ist somit bei Leistungen nach Zeithonorar nicht anwendbar. Damit gelten die Vorschriften des BGB. Wird lediglich die Erbringung von Leistungen im Zeithonorar vereinbart, ohne dass die Höhe des Zeithonorars vereinbart ist, ist die übliche Vergütung nach BGB Abrechnungsgrundlage.

Bonus-Malus-Regelung

Die Bonus-Malus-Regelung in § 7 Abs. 6 HOAI entspricht der Regelung der HOAI 2009. Danach kann das Honorar bei **Baukostenüberschreitungen** gemindert werden oder bei **Kostenunterschreitungen** als Erfolgshonorar vereinbart werden.

Es gibt damit die Möglichkeit, im Planungsvertrag zu vereinbaren, dass bei Überschreitung der einvernehmlich festgelegten anrechenbaren Kosten ein Malus-Honorar in Höhe bis zu 5 % des Honorars vereinbart werden kann. Unklar ist dabei, wie sich diese Regelung in der Praxis tatsächlich verhält.

Architekten als Generalplaner

Bei Ingenieurbauwerken und Verkehrsanlagen gehört die örtliche Bauüberwachung zu den Besonderen Leistungen, für die es keine preisrechtlichen Regelungen gibt. Die örtliche Bauüberwachung ist und bleibt auch künftig eine unverzichtbare Leistung.

Die werkvertragliche Verpflichtung, eine ordnungsgemäße Bauüberwachung durchzuführen wird durch diesen Wegfall nicht eingeschränkt.

Übergangsregelung

Die neue HOAI gilt nicht für Leistungen, die vor dem Inkrafttreten vertraglich vereinbart wurden. Für die vor dem Inkrafttreten dieser HOAI abgeschlossenen Verträge gilt die bisher gültige HOAI weiter. Dies trifft uneingeschränkt auch für mündliche Aufträge zu. Dabei ist zu beachten, dass die Beweislast für das Zustandekommen eines mündlichen Auftrags bei dem Vertragspartner liegt, der das Zustandekommen behauptet.

HOAI Teil 1: Allgemeine Vorschriften

§ 1 Anwendungsbereich

Diese Verordnung regelt die Berechnung der Entgelte für die Grundleistungen der Architekten und Architektinnen und der Ingenieure und Ingenieurinnen (Auftragnehmer oder Auftragnehmerinnen) mit Sitz im Inland, soweit die Grundleistungen durch diese Verordnung erfasst und vom Inland aus erbracht werden.

Sachlicher Anwendungsbereich der HOAI

Aus Gründen der textlichen Vereinfachung werden im Folgenden nur die Begriffe Architekt und Auftragnehmer benutzt.

In § 1 wird der Anwendungsbereich der HOAI geregelt. Die HOAI ist eine Preisrechtsverordnung, die nicht nur für Architekten und Ingenieure gilt, die Mitglied einer Architektenkammer oder Ingenieurkammer sind. Sind Architekten- oder Ingenieurleistungen von den Bestimmungen der HOAI durch Leistungsbilder oder andere Bestimmungen erfasst, ist die HOAI generell anzuwendendes Preisrecht, unberührt von der Qualifikation des Planers.

Damit ist jedoch nichts über die notwendigen berufsqualifizierenden Abschlüsse von Auftragnehmern im Sinne der HOAI ausgesagt. Insofern ist davon auszugehen, dass die HOAI nur die Entgelte regelt und nicht die Frage, wer Leistungen im Sinne der HOAI erbringen darf und wer das nicht darf. Hierfür sind andere Rechtsinstrumente vorgesehen.

Zu beachten ist darüber hinaus, dass die HOAI nur die Entgelte für die entsprechenden Grundleistungen regelt, nicht für Besondere Leistungen. Damit ist eine für die Praxis wichtige Schnittstelle geregelt.

Darüber hinaus ist geregelt, dass die HOAI für Leistungen gilt, die von Büros mit Sitz im Inland und vom Inland aus erbracht werden.

Beispiel

*Nach der herrschenden Rechtsprechung des BGH ist die Anwendung der HOAI **leistungsbezogen** und **nicht personenbezogen**. Das OLG Frankfurt/M[5] hat dazu entschieden, dass die HOAI auch im Verhältnis zum freien Mitarbeiter anzuwenden ist, sofern der freie Mitarbeiter nicht in einem arbeitnehmerähnlichen Dienst- oder Arbeitsverhältnis zum Auftraggeber steht.*

Die HOAI ist unabhängig vom Leistungsumfang (siehe auch Honorartafelwerte als Begrenzung des Regelungsbereiches) zwingend anzuwendendes **Preisrecht**, soweit die Grundleistungen wie oben erwähnt, betroffen sind. Wird z. B. ein Architekt lediglich mit der Vorentwurfsplanung beauftragt, ist auch für diesen – eingeschränkten - Leistungsumfang die HOAI preisrechtliche Grundlage.

---

[5] Urteil des OLG Frankfurt vom 14.03.2002, BauR 2002, 1874

Werden Planungs- und Bauüberwachungsleistungen im Zuge einer **Bauschadenssanierung** eines bestehenden Bauwerkes (z. B. auf Grundlage eines zuvor durch einen Dritten erstellten Bauschadensgutachtens) vereinbart, ist für die Honorarberechnung der Planungs- und Überwachungsleistungen ebenfalls die HOAI anzuwenden[6]. Bei einer Vereinbarung von Einzelleistungen einzelner Leistungsphasen im Zuge einer Bauschadenssanierung können die Regelungen des § 8 HOAI zugrunde gelegt werden.

Anwendung der HOAI bei anteiligen Leistungen eines Leistungsbildes

Es ist auch möglich, die Leistungen der einzelnen Leistungsphasen an unterschiedliche Architekten zu vergeben. Das Prinzip der **aufeinander aufbauenden Leistungsphasen** wird dadurch nicht berührt. Jedoch entsteht bei einer solchen Konstellation ein kalkulatorischer Mehraufwand, da der nachfolgende Architekt sich in die ihm übergebenen Leistungen zunächst einarbeiten muss und darüber hinaus etwaige Mängel abstellen sollte, um selbst ein mangelfreies Ergebnis vorlegen zu können.

Gültigkeit der HOAI

Die HOAI ist durch vertragliche Vereinbarung nicht abdingbar, die Vertragsparteien können also nicht wirksam vereinbaren, dass die HOAI nicht anzuwenden ist. Honoraranfragen von Auftraggebern, die darauf abzielen einen unzulässigen **Preiswettbewerb außerhalb der HOAI** zu erzwingen, sind grundsätzlich unzulässig. Dazu hat das Landgericht Marburg[7] mit Urteil vom 04.11.1993 (4 O 29/93) festgestellt, dass eine Honoraranfrage eines Stadtbauamtes, die so vage abgefasst ist, dass eine **wettbewerbswidrige Unterschreitung** der in der HOAI geregelten Honorare zu befürchten steht, unzulässig und damit zu unterlassen ist. Ebenso der Tenor das OLG Düsseldorf[8] mit Urteil vom 25.04.2000 (20 U 113/99). Dieses Verbot gilt gleichermaßen für private Auftraggeber. Insofern kann der Anwendungsbereich der HOAI auch nach der herrschenden Rechtsprechung nicht durch vertragliche Vereinbarungen geändert oder ganz ausgeschlossen werden.

Nicht von der HOAI geregelte Leistungen

Für Leistungen die nicht von den Grundleistungen in den Leistungsbildern und den sonstigen Bestimmungen der HOAI erfasst sind, darf das **Honorar ohne Bindung an die HOAI** frei vereinbart werden. Höchst- und Mindestsätze sind dabei nicht mehr relevant.

Die HOAI regelt nicht alle Leistungen, die Architekten und Ingenieure erbringen. Die **Abgrenzung** zwischen preisrechtlich geregelter HOAI-Leistung und nicht preisrechtlich geregelten Leistungen sollte nicht verwechselt werden mit der Frage der Technischen oder sonstigen Notwendigkeit von weiteren Leistungen. Die Notwendigkeit von weiteren, also preisrechtlich nicht geregelten Leistungen ist ausschließlich nach den Sachverhalten und nicht nach der HOAI zu beurteilen. Nachfolgende – beispielhaft aufgeführte - Leistungen gehören nicht zum preisrechtlichen Regelungsinhalt der HOAI:

– Beratungsleistungen gem. Anlage 1 zur neuen HOAI,

– Bestandsaufnahmen, technische Substanzerkundungen beim Bauen im Bestand,

---

[6] Urteil des OLG Hamm vom 11.12.2001 21 U 183/00, BauR 2002, 1113

[7] BauR 1994, 271

[8] BauR 2001, 274

- Perspektivische Darstellungen soweit sie nicht zur bürointernen Klärung von Planungsfragen dienen, also vom Auftraggeber eigens beauftragt werden,
- Projektentwicklung, soweit keine Leistungen gemäß HOAI,
- Beratung bei der Grundstücksauswahl (soweit ohne gleichzeitige Erbringung von Grundleistungen nach HOAI),
- Beratende Mitwirkung beim Verkauf von Eigentumswohnungen,
- Beratungtätigkeit ohne Zusammenhang mit Grundleistungen, z. B. beim Kauf einer Immobilie,
- Erstellung von Verkaufsprospekten für Investoren beim Wohnungsbau,
- Mitwirkung bei der Umwandlung von Mietobjekten in Eigentumswohnungen[9],
- Fachliche Unterstützung bei Bauprozessen, soweit nicht in der HOAI geregelt,
- Designerleistungen für Werbemaßnahmen, Schautafeln, Bauschilder oder Broschüren,
- Erstellung von Rettungswegeplänen,
- Erstellung von Feuerwehrplänen[10] für neue oder bestehende Gebäude als isolierte Leistungen ohne gleichzeitige Vereinbarung von Grundleistungen nach § 34 HOAI.
- Leistungen des Prüfingenieurs beim Prüfen der Tragwerkplanung und bei der Vor-Ort-Prüfung durch den Prüfingenieur. Diese Leistungen gelten als delegierbare hoheitliche Leistungen der Bauaufsichtsbehörde. Hierfür werden Gebühren (meistens durch die Bauordnungsämter) fällig.

Für die **nicht in der HOAI** geregelten Leistungen empfiehlt sich eine schriftliche Honorarregelung, die mit einer dazugehörigen Leistungsregelung verknüpft ist. Ist für vereinbarte, nicht in der HOAI erfasste Leistungen keine Honorarregelung getroffen, dann gilt die **übliche Vergütung nach BGB** als angemessen. Im Streitfall entscheidet darüber ein Gericht.

HOAI regelt nicht den Vertragsgegenstand

Die HOAI ist als **Preisrechtsverordnung** auch in der Fassung 2013 nicht für die Regelung des **Vertragsgegenstands** vorgesehen, sondern lediglich für die Honorare. In der Praxis wird dieser Umstand häufig übersehen und die HOAI trotzdem als „Leistungsverzeichnis" für Architekten- und Ingenieurleistungen angesehen, die in einzelnen Leistungsbildern die Einzelleistungen bei der Planung und Bauüberwachung regelt. Das trifft nach der herrschenden Rechtsprechung nicht zu. Was der Architekt im Rahmen seiner **Vertragserfüllung** schuldet, so der Leitsatz des nachstehend genannten BGH-Urteils, ergibt sich aus dem individuell zu vereinbarenden Vertragsgegenstand und **nicht aus den Leistungsbildern** der HOAI.

Nach klarstellenden Urteilen des BGH vom 24.10.1996 (VII ZR 283/95) sowie vom 22.10.1998 (VII ZR 91/97) enthält die **HOAI keine normativen Leitbilder für den Inhalt von Architekten- und Ingenieurverträgen,** sondern lediglich Honorartatbestände Die Honorartatbestände sind in der HOAI sortiert nach Leistungsbildern bzw. Planbereichen und nach Grundleistungen sowie besonderen Leistungen.

Die HOAI regelt somit, für welche Architektenleistungen bzw. Ingenieurleistungen ein preisrechtlich geregeltes Honorar anzuwenden ist und für welche Leistungen das Honorar frei vereinbart werden darf. Außerdem regelt die HOAI die jeweiligen **Mindest- und Höchstsätze** des

---

[9]   Urteil des BGH vom 04.12.1997 VII ZR 177/96, BauR 1998,193
[10] Sind bei der Feuerwehr für evtl. Rettungseinsätze zu hinterlegen

Honorars sowie die Voraussetzungen für die Abrechnung höherer Honorare als in den Mindestsätzen dargestellt.

HOAI – Grundleistungen können Vertragsgegenstand sein

Wenn jedoch die einzelnen Grundleistungen der jeweiligen Leistungsphasen als geschuldete Vertragsbestandteile vereinbart sind, gehören sie auch zu den Leistungspflichten. Als Beispiel können die Bautagesberichte in Leistungsphase 8 gesehen werden. Ist deren Erstellung vereinbart, gehört die Erbringung zu den Leistungspflichten.

Praxis-Tipp	Soweit die Grundleistungen der jeweiligen Leistungsphasen als vertraglich vereinbarter Leistungsinhalt vereinbart sind, werden diese Leistungen auch geschuldet. Denn in einem solchen Fall liegt eine Regelung über die geschuldeten Leistungen im Sinne der o. e. Rechtsprechung vor.

VOF und HOAI

Die VOF als reine Vergabeordnung für öffentliche Auftraggeber im Sinne von § 98 GWB hat keinen Einfluss[11] auf den inhaltlichen Anwendungsbereich der HOAI. Die VOF bestimmt lediglich das **Vergabeverfahren bei Planungs- und Überwachungsaufträgen der öffentlichen Auftraggeber** ab einem in der VOF festgesetzten Schwellenwert, der im Jahre 2013[12] mit netto 200.000 EUR festgesetzt ist. Unterhalb dieses Schwellenwertes ist die Vergabe von Planungs- und Überwachungsleistungen bei öffentlichen Aufträgen nicht konkret geregelt. Es ist jedoch auch im sog. Unterschwellenbereich nach dem allgemeingültigen Wettbewerbsgrundsatz und den jeweiligen Haushaltsrechtlichen Bestimmungen zu verfahren. Danach sollen auch bei Vergaben von Planungsleistungen unterhalb der Schwellenwerte Angebotsvergleichsverfahren, jedoch auf Grundlage der Vorgaben der HOAI, erfolgen. Die Regelungen der § § 22–26 VOF beziehen sich auf Leistungen deren Honorar nach HOAI zu berechnen ist.

Baubegleitende Qualitätsüberwachung

Eine so genannte **baubegleitende Qualitätsüberwachung** wird vereinzelt als externe Qualitätssicherungsmaßnahme ergänzend zu Architektenleistungen angeboten. Die externe Beauftragung einer baubegleitenden Qualitätsüberwachung (damit sind nicht Grundleistungen und auch nicht besondere Leistungen nach HOAI gemeint), die von einem Dritten neben den Architektenleistungen erbracht wird, ist jedoch bei genauer Betrachtung der Zuständigkeiten überflüssig.

Denn die Qualitätsüberwachung ist als Objektüberwachung bzw. Bauüberwachung bereits integrativer Bestandteil der geregelten Architektenleistungen[13] und wird dort nach den Bestimmungen der HOAI honoriert. Diese Leistungen sind, wie oben festgestellt, ohnehin im Rahmen der Grundleistungen der umfassenden **Grundleistungen der Bauüberwachung** nach

---

[11]   siehe § 24 (3) VOF

[12]   Schwellenwert gilt im Erscheinungsjahr dieses Buches

[13]   Leistungsphase 8

HOAI enthalten. Die Bauüberwachung bei anderen Leistungsbereichen (z. B. Technische Ausrüstung) ist unberührt davon ebenfalls preisrechtlich geregelt.

Soweit jedoch die Überwachung spezieller Leistungen als Besondere Leistung erforderlich ist, kann damit nicht die o. e. baubegleitende Qualitätsüberwachung gemeint sein.

Die ingenieurtechnische Kontrolle der Ausführung des Tragwerks auf Übereinstimmung mit den geprüften statischen Unterlagen ist eine Besondere Leistung des Leistungsbildes Tragwerksplanung in der Leistungsphase 8.

Praxis-Tipp	Eine gesonderte Beauftragung von Leistungen der baubegleitenden Qualitätsüberwachung ist nicht praxisgerecht, führt zu Mehrhonorar und kann zu erheblichen Schwierigkeiten bei der Regelung und Abgrenzung von Zuständigkeiten und Haftungsrisiken im Verhältnis zur Bauüberwachung nach Leistungsphase 8 führen.

Soweit jedoch besondere Leistungen im Rahmen der Leistungsphase 8 erforderlich sind (z. B. spezielle Qualitätsprüfungen im Zuge der Bauüberwachung von tragenden Glasbauteilen oder die ingenieurtechnische Kontrolle von Beton- und Stahlbetonarbeiten oder von Stahlhochbauarbeiten), ist eine gesonderte Regelung (Besondere Leistungen) sinnvoll und in vielen Fällen sogar fachtechnisch erforderlich. Diese spezialisierte Art von Bauüberwachung ist im Wesentlichen eine fachlich und inhaltlich auf nur Einzelheiten bezogene anteilige Bauüberwachung, die sich auf spezielle inhaltlich genau von den anderen Leistungen der Bauüberwachung abgegrenzte Teile beschränkt.

Leistungen von extern beauftragten baubegleitenden Qualitätsüberwachungen sind nach einem Urteil des OLG Dresden (7 U 1524/00) **eindeutig erfolgsorientiert** und damit dem Werkvertragsrecht zuzuordnen.

Nachfolgende beispielhaft aufgeführte Leistungen gehören nicht zu den Grundleistungen der Gebäudeplanung, obschon sie in vielen Fällen fachtechnisch erforderlich sind:

– Schallschutzmessungen vor Ort,

– Durchleuchtungsprüfungen (z. B. von Schweißnähten) im Stahlhochbau,

– Ingenieurtechnische Überwachung z. B. als Bewehrungskontrollen durch den Tragwerkplaner (z. B. bei eng geführter Bewehrung in schlanken Betonbauteilen),

– SIGEKO-Leistungen.

Anwendungsbereich der HOAI für Generalunternehmer und Bauträger

Nur wenige Ausnahmen zum Anwendungsbereich sind nach herrschender Rechtsprechung zugelassen. So ist z. B. die HOAI nicht zwingend auf Firmen anwendbar, die in einem Auftrag Bauleistungen und Planungsleistungen[14] anbieten und die Bauleistung dabei den Leistungsschwerpunkt bildet. Dies trifft im Wesentlichen auf **Generalübernehmer** oder **Generalunternehmer** zu, die Planung und Bauausführung aus einer Hand[15] anbieten. Dies gilt auch, wenn es nicht zur kompletten Bauausführung[16] kommt, sondern nur ein Teil ausgeführt wird.

---

[14] Urteil des BGH vom 22.05.1997, VII ZR 290/95

[15] Urteil des BGH vom 22.05.1997, VII ZR 290/95

[16] Urteil des OLG Köln vom 10.12.1999, 19 U 19/99 NJW-RR 2000,611; BauR 9/2000, 1384

Mit Urteil vom 06.02.2003 (Az.: 14 U 38/01) hat das OLG Celle festgestellt, dass auch eine **Pauschalhonorarvereinbarung** unterhalb des Mindestsatzes zulässig ist, wenn ein Auftragnehmer mit der Planung und Bauausführung beauftragt wird.

Bieten **Generalunternehmer** oder Bauträger Architektenleistungen ohne Zusammenhang mit Bauleistungen an, sind diese Anbieter auch an die Regelungen der HOAI gebunden. Dieser Fall tritt bei Projektentwicklungsmaßnahmen häufig auf.

Beispiel

Ein Generalunternehmer bewirbt sich beim Investor zunächst um die Planungsleistungen der Leistungsphasen 1 und 2, die für die Entscheidung, ob das Projekt durchgeführt werden soll oder nicht, als Basis dient. In diesem Fall ist, wenn keine Vereinbarung über eine spätere mögliche Errichtung durch den Generalunternehmer getroffen wird, die HOAI ebenfalls Honorarberechnungsgrundlage mit der Folge, dass der Generalunternehmer die Planungsleistungen nicht unterhalb der Mindestsätze gem. HOAI anbieten darf.

Beauftragt ein Generalunternehmer oder Generalübernehmer seinerseits einen externen Architekten als **Subunternehmer** mit Planungsleistungen aus den Grundleistungen von entsprechenden Leistungsbildern nach der HOAI, dann ist die HOAI für beide Vertragsparteien anzuwendendes Preisrecht.

§ 2 Begriffsbestimmungen

(1) Objekte sind Gebäude, Innenräume, Freianlagen, Ingenieurbauwerke, Verkehrsanlagen. Objekte sind auch Tragwerke und Anlagen der Technischen Ausrüstung.

(2) Neubauten und Neuanlagen sind Objekte, die neu errichtet oder neu hergestellt werden.

(3) Wiederaufbauten sind Objekte, bei denen die zerstörten Teile auf noch vorhandenen Bau- oder Anlagenteilen wiederhergestellt werden. Wiederaufbauten gelten als Neubauten, sofern eine neue Planung erforderlich ist.

(4) Erweiterungsbauten sind Ergänzungen eines vorhandenen Objekts.

(5) Umbauten sind Umgestaltungen eines vorhandenen Objekts mit wesentlichen Eingriffen in Konstruktion oder Bestand.

(6) Modernisierungen sind bauliche Maßnahmen zur nachhaltigen Erhöhung des Gebrauchswertes eines Objekts, soweit diese Maßnahmen nicht unter Absatz 4, 5 oder 8 fallen.

(7) Mitzuverarbeitende Bausubstanz ist der Teil des zu planenden Objekts, der bereits durch Bauleistungen hergestellt ist und durch Planungs- oder Überwachungsleistungen technisch oder gestalterisch mitverarbeitet wird.

(8) Instandsetzungen sind Maßnahmen zur Wiederherstellung des zum bestimmungsgemäßen Gebrauch geeigneten Zustandes (Soll-Zustandes) eines Objekts, soweit diese Maßnahmen nicht unter Absatz 3 fallen.

(9) Instandhaltungen sind Maßnahmen zur Erhaltung des Soll-Zustandes eines Objekts.

(10) Kostenschätzung ist die überschlägige Ermittlung der Kosten auf der Grundlage der Vorplanung. Die Kostenschätzung ist die vorläufige Grundlage für Finanzierungsüberlegungen. Der Kostenschätzung liegen zugrunde:

1. Vorplanungsergebnisse,

2. Mengenschätzungen,

3. erläuternde Angaben zu den planerischen Zusammenhängen, Vorgängen sowie Bedingungen und

4. Angaben zum Baugrundstück und zu dessen Erschließung.

Wird die Kostenschätzung nach § 4 Absatz 1 Satz 3 auf der Grundlage der DIN 276 in der Fassung vom Dezember 2008 (DIN 276-1: 2008-12) erstellt, müssen die Gesamtkosten nach Kostengruppen mindestens bis zur ersten Ebene der Kostengliederung ermittelt werden.

(11) Kostenberechnung ist die Ermittlung der Kosten auf der Grundlage der Entwurfsplanung. Der Kostenberechnung liegen zugrunde:

1. durchgearbeitete Entwurfszeichnungen oder Detailzeichnungen wiederkehrender Raumgruppen,

2. Mengenberechnungen und

3. für die Berechnung und Beurteilung der Kosten relevante Erläuterungen.

Wird die Kostenberechnung nach § 4 Absatz 1 Satz 3 auf der Grundlage der DIN 276 erstellt, müssen die Gesamtkosten nach Kostengruppen mindestens bis zur zweiten Ebene der Kostengliederung ermittelt werden.

§

In § 2 werden **Begriffe** definiert, die in der HOAI verwendet werden und in Bezug auf die Honorarermittlung für Architektenleistungen von Bedeutung sind. Diese Definitionen werden auch Legaldefinition genannt und geben Aufschluss darüber, wie der jeweilige Begriff im Sinne der HOAI zu verstehen ist. Diese Legaldefinitionen bedürfen in Grenzfällen der **Auslegung**, weil im Bauwesen immer wieder individuelle Planungssituationen entstehen, die in das Regelinstrumentarium der HOAI nicht ohne Weiteres hineinpassen. So ist z. B. die häufige Frage, ab wann von einem **Umbau** oder von einem **Erweiterungsbau** auszugehen ist, nicht ohne Auslegung der HOAI zu beantworten.

Auffallend ist, dass in der HOAI der Begriff „Sanierung" nicht vorkommt. Aus diesem Grunde sollte der Begriff im Tagesgeschäft ebenfalls nicht benutzt werden, um Missverständnisse bei der Honorarermittlung zu vermeiden.

Absatz 1 Objekte

Als Objekt werden Gebäude, Innenräume, Freianlagen, Ingenieurbauwerke, Verkehrsanlagen bezeichnet. Tragwerke und Anlagen der Technischen Ausrüstung sind ebenfalls Objekte. Objekte bilden eine von mehreren Abrechnungsgrundlagen bei der Honorarermittlung.

Die Innenräume lösen die bisherigen Raumbildende Ausbauten ab und ersetzen diese somit.

Die früher in älteren Fassungen der HOAI noch aufgeführten sonstigen Bauwerke sind aus der Begriffsbestimmung in § 2 HOAI weggefallen.

Die Objekte stellen die Grundlage für die Anwendung und Honorarermittlung der jeweiligen Leistungsbilder dar. Aus den jeweiligen Objektlisten in der Anlage zur HOAI sind häufig auch Eingruppierungshinweise zu entnehmen. Dabei ist aber zu beachten, dass die Objektlisten vornehmlich – und dort nur als Hilfestellung – für die Eingruppierung in die Honorarzonen vorgesehen sind.

Gebäude

Der Begriff Gebäude kann hilfsweise[17] anhand der neuen Objektliste in Anlage 10.2 zur HOAI definiert werden. Die Definition bzw. Auslegung des Begriffs entscheidet über die Anwendung der zutreffenden Honorartabelle. Die bisherige bauordnungsrechtlich abgeleitete Definition für Gebäude aus der HOAI 2009 ist nicht mehr relevant. Sie wurde aus dem Regelungsbereich herausgenommen, da es hier Überschneidungen mit den Ingenieurbauwerken gab, die teilweise ebenfalls der bauordnungsrechtlichen Definition für Gebäude aus der HOAI 2009 entsprachen.

Schnittstelle Gebäude – Ingenieurbauwerke

Die Schnittstelle zwischen Gebäuden und Ingenieurbauwerken kann hilfsweise auch nach den Objektlisten in Verbindung mit den Regelungen zum Anwendungsbereich in § 41 HOAI vorgenommen werden. Der Begriff Gebäude wird damit begrenzt durch die Definition der Ingenieurbauwerke (siehe dortige Objektliste und Anwendungsbereich in § 41 HOAI).

---

[17] Siehe Hinweise oben im Abschnitt Absatz 1 Objekte

Die Objektlisten sind mit der HOAI 2013 neu aufgestellt worden, was auch bei der Abgrenzung zu anderen Leistungsbildern durchaus eine Rolle spielt. In Anlage 10.2 zur HOAI ist die Objektliste für Gebäude enthalten.

Praxis-Tipp	Hilfsweise (anhand der o. g. Objektlisten) ist z. B. klargestellt, dass Bauwerke der Abfallversorgung zu den Ingenieurbauwerken zählen, was nach der Objektdefinition nach HOAI 2009 nicht eindeutig war.

Innenräume – Allgemeines

Der Begriff Innenräume ersetzt die bisherigen raumbildenden Ausbauten. Als plausible Arbeitshilfe zur Objektdefinition kann die Objektliste in Anlage 10.3 herangezogen werden. In der Objektliste werden jedoch strukturell unterschiedliche Objektarten aufgeführt, nämlich

– einzelne Innenräume (z. B. Konzertsaal),

– Raumbereiche (z. B. Kultur- oder Sakralbereiche), also mehrere Räume

– Gebäude (z. B. Stadthalle)

Das erschwert eine Abgrenzung von Gebäuden und Innenräumen untereinander, wenn z. B. mehrere Innenräume Planungsgegenstand sind. Die Regelung des § 11 HOAI 2013 Absatz 2 bis 3 gilt nicht für Innenräume. Die Regelung des § 11 HOAI 2013 Absatz 1 gilt jedoch übergreifend, so dass davon auszugehen ist, dass eine getrennte Honorarberechnung nach Maßgabe der Objekte gemäß der Objektliste schlüssig erscheint.

Daraus ist zu schließen, dass die Wiederholungsbedingten Honorarreduzierungen nicht für Innenräume gelten.

Praxis-Tipp	Eine konkrete Schnittstelle zwischen Gebäuden und Innenräumen, die sich z. B. anhand von Kostengruppen nach DIN 276 oder einzelnen Gewerken festmachen lässt, enthalten die Objektliste und auch die sonstigen Regelungen der HOAI nicht. Damit ist auch keine eindeutige grundsätzlich anwendbare Schnittstelle gegeben. Eine vertragliche einzelfallbezogene Schnittstellenregelung wird somit empfohlen.

Schnittstelle Gebäude – Innenräume Allgemeines

Da sich in den sonstigen Regelwerken keine praxisgerechte Gliederung abzeichnet und mit der HOAI 2013 keine konkreten Honorar-Schnittstellenregelungen benannt wurden, ergibt sich die Notwendigkeit im Tagesgeschäft eigenständige vertragliche Schnittstellen-Regelungen für Leistung und Honorar bzw. anrechenbare Kosten anzuwenden.

Der BGH hat mit einer Entscheidung vom 11.12.2008 (Az.: VII ZR 235/06) eine konkrete HOAI-konforme Hilfestellung für eine Schnittstellenregelung gegeben. Der BGH urteilte, dass der konkrete Planungsumfang mit seinen Schnittstellen durch den Umfang des Planungsvertrags und nicht durch die preisrechtlichen Regelungen der HOAI bestimmt wird. Damit hat der BGH einen Grundsatz der Vertragsfreiheit noch einmal klargestellt. Die Schnittstelle zwischen Gebäude und Innenräume ist danach auf vertraglicher Ebene zu regeln. Danach bestimmen sich dann in einem weiteren Schritt die anrechenbaren Kosten.

Eine solche Objekt-Abgrenzung kann entweder im Planungsvertrag (soweit das zu diesem Zeitpunkt fachtechnisch schon möglich ist) oder im Zuge der Planungsvertiefung vereinbart werden. Als spätester baufachlich sinnvoller Zeitpunkt stellt sich die Leistungsphase 2 dar in der der Vorentwurf und auch die zugehörige Kostenschätzung erstellt werden. Bis zu diesem Zeitpunkt sollte die Schnittstelle geregelt werden. Diese Regelung spiegelt sich anschließend in den Baubeschreibungen, Vorentwurfszeichnungen (z. B. Skizzen) und der Kostenschätzung (gegliedert in Gebäude einerseits und Innenräume andererseits) wieder.

Freianlagen

Die Freianlagen sind planerisch gestaltete Freiflächen und Freiräume sowie entsprechende Anlagen in Verbindung mit Bauwerken oder in Bauwerken und landschaftspflegerische Freianlagenplanungen in Verbindung mit Objekten.

Beispiel

Freianlagen als begrünte Dachflächen gehören nach dieser Definition zu den Freianlagen. Zu den Freianlagen zählen z. B. Innenhöfe, Dachbegrünungen auf Flachdächern, Fußgängerbereiche (soweit keine Verkehrsanlage), Freibadanlagen (ohne Gebäude), und gestaltete Parkanlagen incl. Wege.

Ist ein Vertrag für Verkehrsanlagen abgeschlossen, handelt es sich aber tatsächlich um Freianlagen, so darf der Architekt das Honorar für Freianlagen abrechnen. Es kommt nicht auf die Bezeichnung der Maßnahme an, sondern auf den **tatsächlichen Vertragsinhalt.** Wird eine Freianlage entgegen den Regeln der HOAI als Verkehrsanlage abgerechnet, kann es sich um eine Unterschreitung der Mindestsätze handeln.

Die Abgrenzung zu landschaftsplanerischen Leistungen ergibt sich hinreichend genau aus den jeweiligen spezifischen Regelungen der HOAI, wobei jedoch nur hilfsweise auf die Objektlisten abzustellen ist, weil die Objektliste nur Beispielcharakter ausübt und nicht vollständig ist.

Bei Freianlagen ist die **Abgrenzung zu landschaftsplanerischen Leistungen** und zu Verkehrsanlagen von großer Bedeutung. Bei der Abgrenzung zwischen Freianlagen und Verkehrsanlagen ist u. a. auf die vorgesehene Nutzung abzustellen. Handelt es sich um eine Freianlage die nicht vorwiegend verkehrstechnischen Anforderungen folgt, sondern den Charakter einer eigenständigen, unberührt von verkehrstechnischen Anforderungen geplanten Freifläche aufweist, ist in der Regel von einer Freianlage auszugehen. Auch Freianlagen können Wege, Plätze und verkehrsberuhigte Zonen enthalten, ohne dadurch zur Verkehrsanlage zu werden.

Zu den Freianlagen können auch solche Freianlagen gehören, die Hochbauten nicht unmittelbar zugeordnet sind, z. B. **Spielplätze, Sportplätze und Botanische Gärten.**

Schnittstelle Gebäude – Innenräume und DIN 276/08

DIN 276-1:2008-12 gilt für die Kostenplanung im Hochbau. Hier ergibt sich auch kein Ansatz zur Gliederung zwischen den Leistungsbildern für Gebäude und Innenräume. Auch die Kostengruppengliederung der DIN 276, die nach Bauelementen ausgerichtet sind, bietet keine konkreten Schnittstellenangaben, nach denen in Gebäude einerseits und Innenräume andererseits gegliedert werden kann.

Als Beispiel ist zu nennen die Kostengruppe 320. Diese Kostengruppe trägt die Bezeichnung Gründung, enthält aber z. B. in der Kostengruppe 325 Bodenbeläge (z. B. Estriche und Oberbodenbeläge wie Fliesen, Mosaikböden, Teppich oder Parkett) für Böden die als unterstes Geschoss gelten. Die Kostengruppen der 1. Ebene und der 2. Ebene, die für die Kostenberechnung und damit auch für die Bestimmung der anrechenbaren Kosten zugrunde zu legen sind, bieten keine klare allgemein anwendbaren Hinweise für sachgemäße Schnittstellen zwischen den Leistungsbildern Gebäude einerseits und Innenräume andererseits.

Beispiel einer Schnittstelle zwischen Gebäude und Innenräumen

Die nachstehende Tabelle zeigt eine mögliche Schnittstellenabgrenzung zwischen Innenräumen und Gebäuden als Einzel-Beispiel. Dabei ist zu beachten, dass die Schnittstelle auch die Ermittlung der anrechenbaren Kosten mit der Kostenberechnung berücksichtigen muss. Daher ist es erforderlich, auch in Bezug auf die Kosten der Technischen Anlagen (Kostengruppe 400), die Bestandteil der fachlich nicht geplanten aber „integrierten" Beiträge anderer an der Planung Beteiligter sind, eine Schnittstelle zu definieren, damit die anrechenbaren Kosten sachgemäß zugrunde gelegt werden können.

Zur besseren Übersichtlichkeit und aus Platzgründen sind nur für die Kostengruppen 340 und 420 die Schnittstellenvereinbarungen in verkürzter Form dargestellt. Die Schnittstellen sind für alle planungsrelevanten Kostengruppen durchzuführen. Der damit einhergehende Zusatzaufwand (auch bei der Fachplanung) ist nur der Schnittstellenabgrenzung und der Ermittlung der anrechenbaren Kosten geschuldet. Wenn dieser Aufwand vermieden werden soll, stehen alternative Regelungen (z. B. Pauschalhonorarvereinbarung mit genauer technischer Schnittstellenregelung) zur Verfügung.

Kostenberechnung und Schnittstellen	Planungsbüro A Gebäude	Planungsbüro B Innenräume
300 Bauwerk – Baukonstruktion		
Kostengruppe 310	Kosten: 170.000 €	Kosten: ---------- €
Kostengruppe 320	Kosten: 2.150.000 €	Kosten: ---------- €
Kostengruppe 330	Kosten: 3.800.000 €	Kosten: 375.000 €
Kostengruppe 340	**Kosten: 1.700.000 €**	**Kosten: 245.000 €**
	Tragende und nichttragende Innenwände (z. B. Mauerwerk oder Gipskarton) ohne Putz.	**Putzarbeiten, Beschichtungen, Malerarbeiten, Wandbekleidungen (z. B. Fliesen, Gitter Geländer, Handläufe, Türen, festeingebaute und bewegliche Verglasungen, Schiebewände, bewegl. Nichttragende Innenwände, baukonstruktive Einbauten, Einbauschränke, Raumteiler.**

Kostenberechnung und Schnittstellen	Planungsbüro A Gebäude	Planungsbüro B Innenräume
400 Bauwerk – Technische Anlagen		
Kostengruppe 410	Kosten: 90.000 €	Kosten: 29.000 €
Kostengruppe 420	**Kosten: 150.000 €**	**Kosten: 34.000 €**
	Trassenführungen/Installationen in Wänden, Wanddurchführungen, Brandschutzmaßnahmen im Wandquerschnitt, Schaltschränke im Wandquerschnitt,	**Heizkörper, Beleuchtung, Aufwandinstallationen, Bekleidungen von Austrittsöffnungen (Gitter, …), sichtbare Installationen und Armaturen bzw. Regler, Bedientableaus**
Kostengruppe 430	Kosten: 40.000 €	Kosten: 8.000 €
Kostengruppe 440	Kosten: 51.000 €	Kosten: 12.000 €

Bei der Kostengruppe 400 kann es auch zu Überlagerungen von anrechenbaren Kosten kommen zwischen den Leistungsbildern Gebäude und Innenräume kommen. Denn es ist durchaus möglich, dass die Kosten der Kostengruppe 400 einerseits vom Innenarchitekten und andererseits auch vom Gebäude-Architekten als sog. Integrationsleistung[18] im Sinne des § 33 Abs. 2 HOAI gelten können.

Nachstehend ist ein weiteres Beispiel zur Erstellung einer Kostenermittlung (Ergebnisse der Kostenermittlung) dargestellt, bei dem beide Objekte, einerseits die Leistungen für Gebäude und andererseits die Leistungen für Innenräume mit ihren Kostenergebnissen abgebildet sind. In diesem Beispiel erfolgt die Gliederung nach Vergabeeinheiten. Unberührt davon ist für die Honorarermittlung die Einteilung in Kostengruppen nach DIN 276 erforderlich.

1. Objekt (Gebäude)		2. Objekt (Innenräume)	
Architekt fachliche Planung	**Kostenberechnung**	**Innenarchitekt fachliche Planung**	**Kostenberechnung**
Gründung	197.080 EUR	Beleuchtung	99.000 EUR
Tragende Wände	1.028.000 EUR	Oberbodenbeläge	141.000 EUR
Tragende Decken	1.143.000 EUR	Wandputz	187.000 EUR
nichttragende Innenwände	544.000 EUR	Deckenputz	150.000 EUR
Außenwände	1.132.000 EUR	nichttragende Abhangdecken	189.990 EUR
Dacheindeckung	219.000 EUR	Malerarbeiten innen	83.000 EUR
Außentüren	29.000 EUR	Innentüren	47.000 EUR
Summe netto	4.292.080 EUR	Summe netto	896.990 EUR

---

[18] Anrechenbare Kosten der Kostengruppe 400

Absatz 2 Neubauten und Neuanlagen

Neubauten oder Neuanlagen sind Objekte aus Nr. 1 (Gebäude, Verkehrsanlagen, Ingenieurbauwerke, Freianlagen, Innenräume, Tragwerke, Anlagen der Technischen Ausrüstung), die neu errichtet werden. Neu errichtet, bedeutet, dass diese Objekte in keiner Weise auf vorhandener Bausubstanz aufbauen. Damit ist gleichzeitig die Grenze zu Wiederaufbauten gezogen. Da Wiederaufbauten honorartechnisch ebenfalls ohne Umbauzuschlag geregelt sind, ist die Abgrenzung zwischen Neubauten und Neuanlagen einerseits und Wiederaufbauten andererseits nur formaler Natur ohne Honorarauswirkungen, soweit eine Neuplanung erforderlich ist. Eine Neuanlage ist z. B. eine komplett neu errichtete Heizungsanlage.

Absatz 3 Wiederaufbauten

Wiederaufbauten sind mit der HOAI 2009 neu definiert worden. Es handelt sich um Objekte bei denen die zerstörten Teile auf noch vorhandenen Bau- oder Anlagenteilen wiederhergestellt werden. Wird eine neue Planung erforderlich, gilt dies als nach dem Wortlaut des Verordnungstextes als Neubau.

Mit dieser Definition kann in der Praxis davon ausgegangen werden, dass eine honorartechnische Abgrenzung zwischen Neubauten und Wiederaufbauten nur formaler Natur ist, weil beide honorartechnisch gleich behandelt werden und weil bei Wiederaufbauten in der Regel eine Neuplanung erforderlich[19] ist.

Ein Wiederaufbau im Sinne dieser Definition setzt voraus, dass noch **Reste des zerstörten Objektes** vorhanden sind und als Grundlage für den Wiederaufbau dienen. Ist das nicht der Fall, handelt es sich um einen Neubau.

Bei Wiederaufbauten kann es jedoch der Fall sein, das vorhandene Bausubstanz mitverarbeitet wird. Der Fall kann z. B. dann eintreten, wenn der Wiederaufbau auf alten vorhandenen Fundamenten erfolgt. Dann gelten die vorhandenen Fundamente als mitverarbeitete Bausubstanz, wenn die konkret mitverarbeitet werden.

Absatz 4 Erweiterungsbauten

Erweiterungsbauten sind Ergänzungen eines vorhandenen Objekts, die an ein vorhandenes Objekt direkt ohne Luftzwischenraum anschließen. In der Praxis handelt es sich gelegentlich auch um einen späteren ergänzenden Bauabschnitt. Ein Erweiterungsbau liegt vor, wenn sich eine räumliche Erweiterung des bisherigen Objektes ergibt.

Aufstockungen gehören ebenfalls in vielen Fällen zu den Erweiterungsbauten. Es handelt sich um einen vertikal ausgerichteten Erweiterungsbau. Bei Aufstockungen ist jedoch zwischen reinen Aufstockungen ohne wesentliche Eingriffe in die Bausubstanz der darunter liegenden Geschosse und Aufstockungen in Verbindung mit Umbauten im Bereich der unteren Geschosse zu differenzieren.

Wenn ein Gebäude umgebaut und gleichzeitig aufgestockt wird, kann es sich im Ergebnis auch um einen Umbau handeln. Hier ist eine einzelfallbezogene Beurteilung vorzunehmen.

Werden auch die unter dem Bereich der Aufstockung liegenden Geschosse umgebaut (z. B. Verstärkung der tragenden Wände und Stützen und der vorhandenen Fundamente, neuer Wärmeschutz auf der Fassade im Bereich unterhalb der Aufstockung), dann kann es sich durchaus

---

[19] Schon allein, um den zwischenzeitlichen technologischen, energetischen und konstruktiven Innovationen Rechnung zu tragen

in der **Gesamtbeurteilung** auch um einen **Umbau** handeln. Handelt es sich um eine **nicht trennbare Maßnahme**, entscheidet der **Schwerpunkt der Maßnahme** über die **endgültige Zuordnung.** Werden bei einem Erweiterungsbau nur anschlussbedingte Umbauten[20] im Anbindungsbereich des Altbaus vorgenommen, handelt es sich nicht um einen Umbau, sondern um einen Erweiterungsbau.

Beispiel

*Greifen Umbauanteil und Erweiterungsbauanteil bei einer Baumaßnahme konstruktiv, gestalterisch, statisch und organisatorisch ineinander, ist einzelfallbezogen zu prüfen, ob eine **honorartechnische Trennung** in Umbau einerseits und Erweiterungsbau andererseits möglich ist oder nicht.*

Bei Erweiterungsbauten kann häufig der Fall eintreten, bei dem vorhandene Bausubstanz (z. B. im Übergangsbereich) mitverarbeitet wird. Der Fall kann z. B. dann eintreten, wenn der Erweiterungsbau in die bestehende Baussubstanz des vorhandenen Altbaues im Übergangsbereich integriert werden muss.

Absatz 5 Umbauten

Umbauten sind nach der HOAI 2013 mit **wesentlichen Eingriffen** in die (vorhandene) Konstruktion oder Bestand verbunden. Die HOAI 2009 ging nur von **Eingriffen in die Konstruktion** oder den Bestand aus. Mit dieser ändernden Klarstellung ist die Definition des Begriffs Umbau wesentlich verändert worden. Nun müssen

– eine Umgestaltung sowie
– wesentliche Eingriffe in Konstruktion oder Bestand

vorliegen, um von einen Umbau auszugehen. Eine Umgestaltung bezieht sich nicht nur auf gestalterische Aspekte der Maßnahme, sondern auch auf

– Änderung, Modifikation, Umformung, Abweichung vom Bisherigen,

Eingriffe: Es kommt nicht allein auf statisch relevante Eingriffe an, auch bauliche bzw. konstruktive Eingriffe ohne Änderung des Tragwerkes gehören zu den relevanten eingriffen. Die Konstruktion im Sinne dieser Regelung besteht nicht nur aus tragender Konstruktion, sondern auch aus nichttragender Konstruktion, so dass auch wesentliche Eingriffe in nichttragende Konstruktionen honorartechnisch Umbauten bedeuten.

Zu den Abgrenzungen zwischen Umbau und Erweiterungsbau wird auf die Ausführungen oben hingewiesen.

Die Abgrenzung zu Instandsetzungen liegt unter anderem im Eingriff in die vorhandene Bausubstanz. Wenn lediglich der Soll-Zustand wieder hergestellt wird, ohne dass sonstige Änderungen stattfinden, handelt es sich um eine Instandsetzung. Die Erneuerung von Teilen einer Fassade ohne konstruktive Änderung, oder der Austausch von Fenstern ohne Verbesserung des Nutzungswertes gehören zur Instandsetzung bzw. Instandhaltung.

---

[20] konstruktive Verbindungen und Anschlussarbeiten zwischen Altbau und Erweiterungsbau

Wird z. B. ein Dachgeschoss baulich so verändert, dass Wände und eine Treppe versetzt werden, handelt es sich um einen Umbau[21].

Mehrere Anbauten (z. B. 2 Fluchttreppenhäuser und Aufzugsanbau) stellen auch in ihrer Gesamtheit keinen Umbau dar. Wird eine Anlage der Technischen Ausrüstung (z. B. Heizung) im Zuge eines Umbaus eines Gebäudes völlig neu geplant, (ohne Übernahme von vorhandenen Teilen der Heizung), dann handelt es sich bei dem betreffenden Objekt der Technischen Anlage nicht um einen Umbau[22], sondern um einen Neubau der betreffenden Anlage.

Die Eingruppierung in Umbau oder Neubau bei Leistungen an Gebäuden ist unberührt von der Eingruppierung anderer Planbereiche vorzunehmen. Es kann durchaus vorkommen, dass beim Leistungsbild Gebäudeplanung ein Umbau und beim Leistungsbild Technische Ausrüstung ein Neubau vorliegt.

Absatz 6 Modernisierungen

Modernisierungen sind mit einer **nachhaltigen Erhöhung des Gebrauchswertes** eines Objektes verbunden. Erfolgt im Rahmen einer vorgesehenen Modernisierung ein wesentlicher Eingriff in den Bestand oder Konstruktion mit einer Umgestaltung des Objekts, handelt es sich um einen Umbau.

Wird im Zuge einer zunächst geplanten Instandsetzung im Rahmen der Planungsvertiefung tatsächlich eine Erhöhung des Gebrauchswertes erzielt, dann handelt es sich ebenfalls um einen Umbau oder eine Modernisierung, nicht mehr um eine Instandsetzung.

Werden im Rahmen einer Modernisierung auch Instandsetzungen durchgeführt, dann handelt es sich jedoch weiterhin um eine Modernisierung.

Beispiel

Der Bundesfinanzhof hat in einem Urteil vom 09.05.1995 (IX R 116/92) den Leitsatz aufgestellt, dass eine nachhaltige Erhöhung des Gebrauchswertes eines Wohngebäudes eine Mieterhöhung rechtfertigt. Bauliche Maßnahmen die eine gerechtfertigte Mieterhöhung nach sich ziehen, können somit hilfsweise in Grenzfällen auch als Anhaltspunkt für eine Modernisierung im Sinne der HOAI gelten, wenn es um die Abgrenzung zu Instandsetzungen geht.

Modernisierungen und Umbauten sind honorarrechtlich nach § 6 Absatz 2 Nr. 5 HOAI 2013 gleichgestellt. Es darf jeweils nur **ein Honorarzuschlag** angewendet werden, also entweder Zuschlag wegen Umbau oder Zuschlag wegen Modernisierung. Damit ist eine Differenzierung zwischen Modernisierung und Umbau honorartechnisch nicht relevant.

Absatz 7 Anrechenbare Kosten aus mitverarbeiteter Bausubstanz

Mit der HOAI 2013 sind die Kosten aus mitverarbeiteter Bausubstanz als Bestandteil der anrechenbaren Kosten aufgenommen worden. Der Verordnungsgeber verlangt eine angemessene Berücksichtigung. Nähere Einzelheiten dazu werden nicht geregelt.

---

[21] OLG Düsseldorf, BauR 1996,893

[22] Urteil des OLG Brandenburg vom 05.11.1999, 4 U 47/99, BauR 2002,1221

Zunächst ist festzustellen, dass diese Regelung im allgemeinen Teil der HOAI übergreifend für alle Leistungsbilder zutrifft, bei denen das Honorar auf Grundlage von anrechenbaren Kosten ermittelt wird. Das bedeutet, dass diese Regelung auch für das Leistungsbild Freianlagen gilt.

Vorgegeben wird durch den Verordnungstext, dass die Vereinbarung über Umfang und Wert der mitzuverarbeitenden Bausubstanz zum Zeitpunkt der Kostenberechnung (soweit diese noch nicht vorliegt, zum Zeitpunkt der Kostenschätzung) schriftlich vorzunehmen ist.

In der Praxis stößt diese Regelung an die Grenzen der Praktikabilität, wenn eine Vertragspartei die schriftliche Vereinbarung verweigert. Wenn sich die Vertragspartner nicht einigen können, werden die Gerichte zu entscheiden haben.

Eine Einigung bereits im Zuge der Kostenschätzung und Kostenberechnung birgt ggf. fachliche bzw. honorartechnische Risiken, da sich häufig erst später zeigt, welche Bausubstanz konkret mitverarbeitet wird.

Beispiel

Wenn bei einem Umbau bis zur Erstellung der Kostenschätzung noch keine Bestandsaufnahme oder technische Substanzerkundung erfolgen konnte (z. B. wegen fehlender Beauftragung) stehen keine hinreichenden baufachlichen Projektkenntnisse zur Verfügung anhand derer Umfang und Wert der mitzuverarbeitenden Bausubstanz fachgerecht abgeschätzt werden kann.

Die Regelung zur Vereinbarung von angemessenen anrechenbaren Kosten aus mitzuverarbeitender Bausubstanz im Zuge der Kostenschätzung bzw. Kostenberechnung erfordert eine

– vollständige Beauftragung aller baufachlich notwendigen Objektplanungen, Fachplanungen, Beratungsleistungen ab Leistungsphase 1,

– Beauftragung der in den jeweiligen Leistungsbildern baufachlich erforderlichen Besonderen Leistungen,

– eindeutige Klärung der Aufgabenstellung des Raumprogramms und der vorgesehenen Nutzung sowie Regelung des räumlichen Planungsumfangs der planerisch bearbeitet werden soll.

Diese Mindestvoraussetzungen müssen erfüllt sein, um die baufachlich erforderlichen Projektkenntnisse zu erhalten, die notwendig sind, um darauf aufbauend die angemessenen anrechenbaren Kosten aus mitverarbeiteter Bausubstanz vereinbaren zu können.

Eine solche Vereinbarung ist für jedes Leistungsbild gesondert zu treffen.

→ **Siehe auch § 4 Abs. 3 HOAI mit ausführlichen Beispielen**

Absatz 8 Instandsetzungen

Instandsetzungen sind **Wiederherstellungen des Soll-Zustandes** ohne Erhöhung des Gebrauchswertes. Instandsetzungen sind in der Regel dann anzutreffen, wenn abgenutzte Bauteile durch gleiche bzw. gleichartige Bauteile ersetzt werden. Instandsetzungen können die Neueindeckung eines Daches, oder der Neueinbau eines (gleichartigen) Fußbodenbelages ohne Erhöhung des Gebrauchswertes sein.

Wird im Zuge einer Instandsetzung eine Erhöhung des Gebrauchswertes erzielt, dann handelt es sich nicht mehr um eine Instandsetzung, sondern um eine Modernisierung.

Werden im Rahmen einer Modernisierung auch Instandsetzungen durchgeführt, dann handelt es sich weiterhin um eine Modernisierung. Instandsetzungen gehen darin praktisch auf. Instandsetzungen können keine Modernisierung enthalten. Modernisierungen können jedoch in Teilen aus einer Instandsetzung bestehen.

Absatz 9 Instandhaltungen

Instandhaltungen sind Maßnahmen zur **Erhaltung des Soll-Zustandes.** Instandhaltungen liegen vor, wenn das in Rede stehende vorhandene Bauteil noch nicht zerstört, sondern lediglich beeinträchtigt bzw. beschädigt ist. Ansonsten gelten die Bedingungen wie bei Instandsetzungen.

Instandhaltungen sind vorbeugende Maßnahmen, sie kommen bei **Architektenleistungen** selten vor.

Abgrenzung zu Modernisierungen: Wird im Rahmen einer Modernisierung eines Kaufhauses auch der abgenutzte Teppichbodenbelag ausgewechselt, dann handelt es sich bei dieser Teilmaßnahme nicht um eine getrennt abzurechnende Instandhaltung, sondern um einen Teil der Modernisierung bzw. des Umbaus. Anteilige Instandhaltungen gehen in Modernisierungen sozusagen auf indem sie Bestandteil dieser Modernisierung werden.

Der Einbau neuer Fenster mit neuen Fensterbänken innen und außen, neuer Fassadenwärmedämmung und neuen Fensterlaibungsflächen wird im Ergebnis als Umbau bzw. Modernisierung gelten, da es sich um Umgestaltungen und wesentliche Eingriffe in die Konstruktion bzw. Bestand handelt.

Beispiel

Der Einbau neuer Fenster mit neuen Fensterbänken innen und außen, neuer Fassadenwärmedämmung und neuen Fensterlaibungsflächen bei einem Verwaltungsgebäude wird im Ergebnis als Umbau bzw. Modernisierung gelten, da es sich um Umgestaltungen und wesentliche Eingriffe in die Konstruktion bzw. Bestand handelt. Die Eingriffe führen neben der Umgestaltung (Fenster und Fassade) auch zu grundlegenden Einflüssen auf das Innenraumklima und gelten damit als wesentlich.

Absatz 10 Kostenschätzung

Der Verordnungstext spricht für sich. Der Kostenschätzung liegen die Skizzen der Vorplanung, erläuternde Angaben zu Planungsbedingungen, Berechnungen von Mengen der Bezugseinheiten nach DIN 277, Angaben zum Baugrundstück und zur Erschließung zugrunde.

Die Kostenschätzung ist mindestens in der 1. Ebene gem. DIN 276/08 zu gliedern (sog. 100er Kostengruppen). Insofern bleibt es bei der Kostenschätzung nach der neuen DIN 276/08 bei der gleichen Tiefenschärfe wie bei der damaligen Kostenschätzung nach der alten DIN 276. Die DIN 276/08 regelt die Kostenschätzung so:

Die Kostenschätzung dient als eine Grundlage für die Entscheidung über die Vorplanung. In der Kostenschätzung werden insbesondere folgende Informationen zu Grunde gelegt:

– Ergebnisse der Vorplanung, insbesondere Planungsunterlagen, zeichnerische Darstellungen,

– Mengenschätzungen (z. B. von Bezugseinheiten der Kostengruppen, nach DIN 277),

- erläuternde Angaben zu den planerischen Zusammenhängen, Vorgängen und Bedingungen,
- Angaben zum Baugrundstück und zur Erschließung.

Keine zwingende Anwendung der DIN 276

Nach dem Wortlaut des Verordnungstextes ist die Kostenschätzung nicht zwingend nach DIN 276 zu erstellen[23]. Wichtig ist hingegen, dass die Gliederung der Kosten der Kostenschätzung den Erfordernissen nach Ermittlung der anrechenbaren Kosten ebenfalls genügt, damit Abschlagsrechnungen nach Leistungsphase 2 oder eine Schlussrechnung (falls der Auftrag nur die Leistungsphasen 1 und 2 umfasst) mit nachvollziehbaren anrechenbaren Kosten erstellt werden kann. Dabei ist darauf zu achten, dass die Anforderungen nach § 33 HOAI eingehalten werden, also eine Gliederung nach Baukonstruktionen, Technische Anlagen, Herrichten, nichtöffentliche Erschließung, Ausstattung und Kunstwerken erfolgt.

In der Kostenschätzung müssen die Gesamtkosten nach Kostengruppen mindestens bis zur 1. Ebene der Kostengliederung ermittelt werden. Die Bezugseinheiten gem. 2. Spiegelstrich können z. B. Flächeneinheiten wie BGF sein. Die Kostenschätzung darf nach den Regeln der DIN 276/08 alternativ nach Vergabeeinheiten gegliedert werden, hierüber sollte jedoch vorsorglich eine Vereinbarung getroffen werden.

Absatz 11 Kostenberechnung

Der Verordnungstext spricht für sich. Die Kostenberechnung nach der neuen DIN 276/08 entspricht inhaltlich der bisherigen Kostenberechnung. Die Kostenberechnung wird zum Abschluss der Leistungsphase 3, der Entwurfsplanung ausgearbeitet.

Grundlage der Kostenberechnung sind die durchgearbeiteten Entwurfsplanungen, ggf. Details wiederkehrender Raumgruppen (z. B. Pflegezimmer in Krankenhäusern). Die Baubeschreibung (in der Systematik der Kostengruppengliederung) mit den Angaben, die für eine Kostenberechnung erforderlich sind, ist nicht im Verordnungstext aufgeführt. Dafür sind jedoch Mengenberechnungen und die für die Kostenberechnung und Beurteilung der Kosten relevante Erläuterungen in § 2 Abs. 11 HOAI aufgeführt.

Die Kostenberechnung ist nach § 6 HOAI Grundlage für die Berechnung des Honorars. Die Kostenberechnung ist mindestens bis in die 2. Ebene gem. DIN 276/08 zu gliedern. Die DIN 276/08 enthält ergänzend zur HOAI nachfolgende Regelungen.

Die Kostenberechnung dient als eine Grundlage für die Entscheidung über die Entwurfsplanung. In der Kostenberechnung werden insbesondere folgende Informationen zu Grunde gelegt:

- Planungsunterlagen, z. B. durchgearbeitete Entwurfszeichnungen (Maßstab nach Art und Größe des Bauvorhabens), gegebenenfalls auch Detailpläne mehrfach wiederkehrender Raumgruppen;
- Berechnung der Mengen[24] von Bezugseinheiten der Kostengruppen;
- Erläuterungen, z. B. Beschreibung der Einzelheiten in der Systematik der Kostengliederung, die aus den Zeichnungen und den Berechnungsunterlagen nicht zu ersehen, aber für die Berechnung und die Beurteilung der Kosten von Bedeutung sind.

---

[23] Siehe § 4 Absatz 1 Satz 3 und § 2 Absatz 10 Nr. 4 HOAI 2013
[24] Gemeint sind die Mengen der Einheiten die der Kostenberechnung zugrunde zu legen sind, wie z. B. m² Außenwand

In der Kostenberechnung müssen die Gesamtkosten nach Kostengruppen mindestens bis zur 2. Ebene der Kostengliederung ermittelt werden. Die Kostenberechnung darf nach den Regeln der DIN 276/08 (Abschnitt 4.2) alternativ nach Vergabeeinheiten gegliedert werden. Darüber sollte eine Vereinbarung getroffen werden.

§ 3 Leistungen und Leistungsbilder

(1) Die Honorare für Grundleistungen der Flächen-, Objekt- und Fachplanung sind in den Teilen 2 bis 4 dieser Verordnung verbindlich geregelt. Die Honorare für Beratungsleistungen der Anlage 1 sind nicht verbindlich geregelt.

(2) Grundleistungen, die zur ordnungsgemäßen Erfüllung eines Auftrags im Allgemeinen erforderlich sind, sind in Leistungsbildern erfasst. Die Leistungsbilder gliedern sich in Leistungsphasen gemäß den Regelungen in den Teilen 2 bis 4.

(3) Die Aufzählung der Besonderen Leistungen in dieser Verordnung und in den Leistungsbildern ihrer Anlagen ist nicht abschließend. Die Besonderen Leistungen können auch für Leistungsbilder und Leistungsphasen, denen sie nicht zugeordnet sind, vereinbart werden, soweit sie dort keine Grundleistungen darstellen. Die Honorare für Besondere Leistungen können frei vereinbart werden.

(4) Die Wirtschaftlichkeit der Leistung ist stets zu beachten.

Absatz 1 Allgemeines

In Absatz 1 wird zunächst eine Abgrenzung zwischen den preisrechtlich geregelten Leistungen und den nicht preisrechtlich geregelten Leistungen, den sog. Beratungsleistungen vorgenommen.

Diese **Beratungsleistungen** sind in ihrer baufachlichen und wirtschaftlichen Bedeutung in Bezug auf die Notwendigkeit im Zusammenhang mit einer insgesamt ordnungsgemäßen Planung und Bauüberwachung gegenüber ihrem früheren Status keineswegs gesunken, sondern im Gegenteil gestiegen. Die Notwendigkeit dieser Planbereiche bzw. Leistungsbilder ist uneingeschränkt geblieben. Allein die verbindliche Honorarregelung ist seit der HOAI 2009 weggefallen.

Es ist nach wie vor auch bei der HOAI 2013 Aufgabe des planenden Architekten, dem Auftraggeber im Rahmen der Erbringung der Leistungsphase 1 die Erbringung der entsprechenden preisrechtlich nicht geregelten Leistungen zu empfehlen, soweit sich deren baufachliche Notwendigkeit ergibt. Das ergibt sich unter anderem aus der Leistungsphase 1 bereits, wie die nachfolgenden Grundleistungen aus der Leistungsphase 1 (siehe Unterstreichung) beispielhaft aufzeigen.

a. Klären der Aufgabenstellung auf Grundlage der Vorgaben oder der Bedarfsplanung des Auftraggebers
b. Ortsbesichtigung
c. Beraten zum gesamten Leistungs- und Untersuchungsbedarf
d. Formulieren der Entscheidungshilfen für die Auswahl anderer an der Planung fachlich Beteiligter
e. Zusammenfassen, Erläutern und Dokumentieren der Ergebnisse

Beispiel

Kaum vorstellbar ist, dass die Planung und Bauüberwachung eines Neubaus ohne vermessungstechnische Leistungen erfolgen kann. Genauso wenig ist vorstellbar, dass bei Gebäuden mit z. B. hohem Glasfassadenanteil auf Fachleistungen im Bereich der ther-

mischen Bauphysik verzichtet werden kann. Die fachliche Notwendigkeit dieser Leistungen ist unberührt von den preisrechtlichen Regelungen.

Für die preisrechtlich nicht geregelten Beratungsleistungen wurden in Anlage 1 zur HOAI Leistungsbilder und Honorartafeln angegeben.

Die Leistungsbilder und die Honorartafeln der **Bauphysik** sind in Anlage 1.2 zur HOAI angegeben. Das Leistungsbild für Bauphysik ist einheitlich für

- Wärmeschutz und Energiebilanzierung
- Bauakustik (Schallschutz)
- Raumakustik

grundlegend neu aufgestellt worden. Die jeweiligen Leistungsphasen entsprechen nunmehr erstmals der systematischen Planungsvertiefung ab Leistungsphase 1 die bereits bei der Objektplanung und Fachplanung eingerichtet wurde. Da das Leistungsbild für die 3 o.g. Bereiche einheitlich ausformuliert wurde, ist einzelfallbezogen zu prüfen, inwieweit projektbezogene Ergänzungen (Besondere Leistungen) hier erforderlich sind.

Bei den im Leistungsbild Bauphysik erfassten Rechenmodellen (siehe z. B. Leistungsphase 3, Leistung a) sind nur die mindestens erforderlichen Rechenmodelle gemeint. Simulation zu bauphysikalischen Prognosen sind keine Grundleistungen[25] in diesem Leistungsbild. Die in der Leistungsphase 6 erfassten Beiträge zu Ausschreibungsunterlagen stellen nur Beiträge dar, die im Zuge der Erstellung der Leistungsbeschreibungen zu verarbeiten sind.

Beispiel

Das Leistungsbild Bauphysik ist nicht darauf eingerichtet, alle bei einer speziellen Zertifizierung anfallenden Leistungen im Rahmen der dortigen Grundleistungen zu erbringen. Die konkreten Leistungen für die Zertifizierung sind nicht, auch nicht in Anlage 1 zur HOAI in den Grundleistungen geregelt.

Die Leistungen und die Honorartafel der Geotechnik sind in Anlage 1.3 zur HOAI aufgeführt.

Die Leistungen und die Honorartafeln der Ingenieurvermessung (Planungsbegleitende Vermessung, Bauvermessung) sind in Anlage 1.4 zur HOAI aufgeführt.

Absatz 2 Grundleistungen

In Absatz 2 wird geregelt, dass Grundleistungen, die zur ordnungsgemäßen Erfüllung eines Auftrags im Allgemeinen erforderlich sind, in den Leistungsbildern erfasst sind.

Mit der HOAI 2013 wird der klarstellende Begriff der Grundleistungen wieder eingeführt. Das erleichtert die Handhabung sehr. Grundleistungen in Teil 2 bis 4 der HOAI 2013 sind die Honorartatbestände, die preisrechtlich geregelt sind.

Diese Regelung kann nicht ohne fachtechnische Erläuterungen stehenbleiben. Denn beim Bauen im Bestand sind allein die Grundleistungen regelmäßig nicht ausreichend, um eine fachgerechte Planung durchzuführen.

---

[25] Der Begriff Grundleistungen hat in diesem Leistungsbild preisrechtlich keine Bedeutung

Im Zuge der Grundleistungen der Leistungsphase 1 (z. B. Klären der Aufgabenstellung, Beraten zum gesamten Leistungs- und Untersuchungsbedarf, Formulieren der Entscheidungshilfen für die Auswahl anderer an der Planung fachlich Beteiligter und Zusammenfassen, Erläutern und Dokumentieren der Ergebnisse) hat der Architekt auf die aus seiner Sicht notwendigen weiteren bzw. besonderen Leistungen hinzuweisen.

Die Regelung in Abs. 2 steht in einem gewissen Widerspruch zum Urteil des OLG Brandenburg, vom 13.03.2008 - 12 U 180/07 wie nachstehend abgedruckt.

Leitsätze:

1. Bei Umbauten, Modernisierungen und Instandsetzungen sind die aufgrund der Gegebenheiten notwendigen Maßnahmen zu klären. Hierzu gehört auch die Bestandsaufnahme, die konstruktive und sonstige Bauschäden erfasst.

2. Nur eine sorgfältige Bestandserkundung kann die Beurteilungsgrundlage schaffen, ob und inwieweit das vorhandene Altgebäude umgebaut werden kann. Dazu gehört die Prüfung, inwieweit sich die Bausubstanz hinsichtlich der vorhandenen Baustoffe, der Bauart und des altersbedingten Abnutzungsgrades für einen Umbau eignet.

3. Vorrangig ist die Beurteilung der Bauqualität, so dass festgestellt werden muss, welche Baumängel vorliegen. Die Bauwerkserkundungspflicht wird umso intensiver, je stärker in den Bestand des Gebäudes eingegriffen werden soll.

Grundleistungen sind abschließend aufgestellt

Die Grundleistungen sind generell abschließend formuliert. Das bedeutet, dass die Grundleistungen nicht durch eigene Formulierungen der Vertragspartner erweitert werden können ohne dass der Bereich der Grundleistungen verlassen wird. Alle Leistungen die zu den Grundleistungen hinzutreten sind Besondere oder Zusätzliche Leistungen deren Honorar preisrechtlich nicht geregelt ist. Grundleistungen in einem Leistungsbild können nicht gleichzeitig Grundleistungen in einem anderen Leistungsbild sein, inhaltliche Überschneidungen kommen nicht vor.

Praxis-Tipp	Werden neben den Grundleistungen weitere Leistungen vereinbart (z. B. Bestandsuntersuchung) ohne dass ein Honorar dafür vereinbart wird, ist das übliche Honorar fällig. Die für diese Fallkonstellation zutreffenden gesetzlichen Regelungen werden durch das BGB getroffen.

VOF-Verfahren

Soweit bei VOF-Verfahren Honorarangebote gefordert werden, die vermischt Grundleistungen und Besondere Leistungen enthalten und in dieser zusammengefassten Form ein Honorar nach den Prozentsätzen der HOAI ergeben, liegt eine kalkulatorische Mindestsatzunterschreitung vor. Denn die Besonderen Leistungen werden üblicherweise nicht zum Nulltarif angeboten und müssen daher aus dem für die Grundleistungen vorgesehenen Honorar „mitbezahlt" werden.

Fragwürdig erscheint auch hier der eingeschobene und angedeutete Hinweis, dass Grundleistungen im Allgemeinen zur Erfüllung eines Auftrags ausreichend sind. Dem kann nicht zugestimmt werden. Zunächst ist darauf hinzuweisen, dass beim Bauen im Bestand mindestens

ordnungsgemäße Bestandspläne und eine technische Substanzerkundung (ggf. durch spezialisierte Fachbüros) als Grundlage der Planungsleistungen erforderlich sind.

Das Gleiche trifft auch für die preisrechtlich nicht geregelten Vermessungsleistungen zu. Diese
Auflistung ist nur beispielhaft, in vielen Fällen gehören auch die Leistungen der Bauphysik zu
den erforderlichen Leistungen.

Leistungsbilder mit den Grundleistungen[26]

Die Leistungsbilder mit den Grundleistungen und den Besonderen Leistungen für die Objektplanung der Architektenleistungen finden sich in der HOAI in

- Anlage 10 für Gebäude und Innenräume
- Anlage 11 für Freianlagen

Die Leistungsbilder mit den Grundleistungen und den Besonderen Leistungen für die Fachplanung finden sich in der HOAI in

- Anlage 14 für Tragwerksplanung
- Anlage 15 für Technische Ausrüstung

Die Leistungsbilder mit den Grundleistungen und den Besonderen Leistungen für die Ingenieurbauwerke und Verkehrsanlagen finden sich in der HOAI in

- Anlage 12 für Ingenieurbauwerke
- Anlage 13 für Verkehrsanlagen

Diese Leistungen fallen z. B. bei Architektenleistungen an, soweit Generalplanungsleistungen
erbracht werden.

Praxis-Tipp	Alle Leistungsbilder mit den Grund- und Besonderen Leistungen für die preisrechtlich geregelten Leistungen und für die Beratungsleistungen sind im Buch im Anhang zusammenfassend abgedruckt.

Bei näherer Betrachtung der Leistungsbilder ergibt sich Folgendes: Die Grundleistungen sind
auf Neubauten bezogen. Altbauspezifische Leistungen sind im Leistungsbild Gebäude in den
Grundleistungen nicht enthalten. Lediglich die Besonderen Leistungen beinhalten Altbauspezifische Leistungen im Leistungsbild.

Praxis-Tipp	Es kann keinesfalls davon ausgegangen werden, dass allein die Leistungen gem. Anlage 10 zur HOAI (Grundleistungen) geeignet sind, die beim Bauen im Bestand im Allgemeinen notwendigen Leistungen für Gebäude umfassend darzustellen. Ohne Besondere Leistungen, wie z. B. Bestandsaufnahme, Technische Bausubstanzerkundung, Erstellen von Bestandszeichnungen, Schadstoffuntersuchungen, sind Maßnahmen im Bestand im Allgemeinen nicht fachgerecht durchführbar.

---

[26] und besonderen Leistungen

Absatz 3 Besondere Leistungen – Allgemeines

Die Besonderen Leistungen wurden neu aufgestellt, ergänzt und den aktuellen Erfordernissen angepasst. Es wurden zur Klarstellung eine Reihe an Besonderen Leistungen in das Leistungsbild Gebäude und Innenräume aufgenommen, die eine bessere Schnittstellenabgrenzung zwischen Grund- und Besonderen Leistungen erleichtern.

Absatz 3 stellt auch klar, dass die Besonderen Leistungen in der HOAI nur beispielhaft aufgelistet sind und auch in solchen Leistungsphasen anfallen können in denen sie nicht aufgeführt sind.

Praxis-Tipp	Der Begriff „Besondere Leistungen" könnte evtl. so verstanden werden, dass damit über „übliche" (Grund-)Leistungen hinausgehende Leistungen gemeint sein könnten. Das trifft nicht zu. Es handelt sich lediglich um Leistungen, deren Honorar preisrechtlich nicht geregelt ist und daher frei vereinbart werden kann.

Für die Besonderen Leistungen gilt, dass das Honorar frei vereinbart werden kann. Ein Schriftformerfordernis als Honoraranspruchsgrundlage ist nicht aufgeführt. Damit gelten für Besondere Leistungen die Bestimmungen des BGB soweit es um deren Fälligkeit geht.

Es besteht keine Verpflichtung Honorare für die Erbringung von Planungsleistungen, die als Besondere Leistung gelten, schriftlich zu vereinbaren (kein Schriftformerfordernis für Honorar- oder Leistungsvereinbarungen). Aus Gründen der Beweislast wird jedoch empfohlen, alle Leistungs- und Honorarvereinbarungen schriftlich zu treffen.

Praxis-Tipp	Soweit für Besondere Leistungen keine schriftliche Leistungs- und Honorarvereinbarung zustande kommt, sollte mittels eines Kaufmännisches Bestätigungsschreibens die mündlich getroffene Leistungsvereinbarung präzise (u. a. mit genauen Angabe des vereinbarten Leistungsinhalts und Umfangs sowie dem weiteren Inhalt der getroffenen Vereinbarungen) bestätigt werden.

Soweit Besondere Leistungen z. B. beim Bauen im Bestand von fachtechnischer Bedeutung sind, wenn es darum geht eine fachgerechte Planung und Bauüberwachung zu ermöglichen ist die allgemeine Hinweis- und Beratungspflicht (insbesondere die „beratenden" Grundleistungen in der Leistungsphase 1) zu beachten, nach der der Auftraggeber auf die Notwendigkeit der Beauftragung von besonderen Leistungen vom Architekten hinzuweisen ist und bei Weigerung einer entsprechenden Beauftragung auf die evtl. eintretenden Risiken bzw. Folgen hinzuweisen ist.

Absatz 3 Besondere Leistungen – Verhältnis zu Grundleistungen

In § 3 Absatz 3 wird geregelt, dass die Besonderen Leistungen nicht abschließend geregelt sind. Einige der aufgeführten Besonderen Leistungen sind beim Bauen im Bestand von elementarer Bedeutung, wenn es darum geht eine fachgerechte Planung und Bauüberwachung zu ermöglichen. Insoweit ist der Verordnungstext in Abs. 2 lediglich bei Neubauten fachlich vertretbar.

Insofern ist hier auch auf die Beratungspflichten in Leistungsphase 1 der planenden Architekten hinzuweisen, nach der der Auftraggeber auf die Notwendigkeit der Beauftragung von besonderen Leistungen vom Architekten hinzuweisen ist. Nachstehend sind die diesbezüglichen Grundleistungen der Leistungsphase 1 aufgeführt, aus denen die Beratungen hinsichtlich der fachtechnisch erforderlichen Besonderen Leistungen hervorgehen:

- Beraten zum gesamten Leistungs- und Untersuchungsbedarf
- Formulieren der Entscheidungshilfen für die Auswahl anderer an der Planung fachlich Beteiligter
- Zusammenfassen, Erläutern und Dokumentieren der Ergebnisse

$\longrightarrow$ **Siehe auch § 34 HOAI Leistungsphasen 1 und 2**

Beispiel

Beratung zum Leistungsbedarf hinsichtlich von Bestandsaufnahmen, technischen Substanzerkundungen oder Grundlagen aus der vorhandenen Bausubstanz als Basis für ggf. gesondert zu erbringende brandschutztechnische und bauordnungsrechtlich erforderliche Nachweise bei Ertüchtigungen (Sonderfachbüro).

Planungsablauf erfolgt nicht in starrer Abfolge von Leistungsphasen

Die Gliederung des Gesamthonorars für die Grundleistungen in 9 Leistungsphasen hat in erster Linie die Funktion, das Honorar in einem geordneten Verfahren für die verschiedenen Stufen der Leistungserbringung rechnerisch zu ermitteln. Die **Einteilung in Leistungsphasen** bedeutet keinesfalls, dass sich der Ablauf der Planung und Bauüberwachung auch terminlich an den jeweiligen Leistungsphasen orientieren und im sturen Hintereinander bewegen muss. In der Praxis werden zum Beispiel sehr oft **zeitlich parallel** oder überlappend Leistungen der Leistungsphasen 5–7 für den Endausbau von Bauwerken erbracht, während auf der Baustelle bereits die Leistungsphase 8 (Bauüberwachung der Rohbauarbeiten, des Daches und der Fassade) in Gange ist. Das Gleiche trifft für die ersten Leistungsphasen zu, wenn es darum geht, den Bauantrag möglichst schnell einzureichen.

Genauso verhält es sich ebenso mit den Besonderen Leistungen die beispielhaft in der HOAI erfasst sind und auch in anderen als den aufgeführten Leistungsphasen auftreten können.

Aus Gründen der Übersichtlichkeit werden die Besonderen Leistungen zunächst in den Leistungsphasen aufgeführt in denen das erstmalige allgemeine Erfordernis[27] vermutet wird. Die dort aufgeführten Besonderen Leistungen können ebenso in späteren Leistungsphasen anfallen.

---

[27] Besondere Leistungen können auch in anderen Leistungsphasen als den in der HOAI aufgeführten erforderlich werden

Parallelbearbeitung von Leistungsphasen

Bei stufenweisen Verträgen, die in einer 1. Stufe lediglich die Leistungsphasen 1–4 zum Inhalt haben, ist zu beachten, dass ein **einseitiges Vorausplanen** bis in die Leistungsphase 5, auch im Interesse eines schnellen Baubeginns, vermieden werden soll. Zeichnet sich das Erfordernis weiterer Leistungen jedoch ab, sollte über jede in der 1. Vertragsstufe nicht enthaltene Leistung eine zusätzliche vertragliche Vereinbarung zum Honorar getroffen werden, um späteren Honorarstreit zu vermeiden. Das einseitige Vorausplanen wird als **Vorprellen** oder **Vorpreschen** bezeichnet und kann zum Verlust des so durch Vorpreschen beanspruchten Honorars führen, wenn die Maßnahme nicht weiter geführt wird.

Werden Leistungen einer im schriftl. Vertrag nicht vereinbarten Leistungsphase fachlich zwingend erforderlich, um den **vereinbarten Erfolg herbeizuführen**, dann können auch die nicht im Vertrag enthaltenen Leistungen abgerechnet werden, wenn darüber eine mündliche Vereinbarung getroffen wurde.

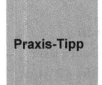

Praxis-Tipp

Dieser Fall kann eintreten, wenn im Planungsvertrag nur die Leistungsphasen 1 bis 4 mit Planbearbeitung bis zur Erzielung der Baugenehmigung vereinbart sind und die Baugenehmigungsbehörde zu besonderen Bauteilen auszugsweise die Ausführungsplanung (z. B. im Stahlhochbau) bzw. den erforderlichen Standsicherheitsnachweis zur Prüfung fordert.

In diesem Fall darf diese **notwendige Leistung abgerechnet** werden, weil sie zur Erfüllung des Vertragsinhaltes zwingend erforderlich war und die Parteien darüber eine (mindestens mündliche) Übereinkunft erzielt haben. Dabei handelt es sich nicht um ein einseitiges **Vorpreschen**, sondern um die **Vertragserfüllung**. Diese Auffassung wurde durch Urteil des OLG Braunschweig vom 27.06.2002 Az.: 8 U 135/00 bekräftigt.

Es ist hier jedoch scharf zu trennen zwischen zwingend **erforderlichen weiteren Grundleistungen** und solchen, die nicht zwingend erforderlich sind. Letztere führen nicht zu zusätzlichem Honoraranspruch. Empfehlenswert ist somit zur Sicherheit, dass generell bei Stufenverträgen über alle später als erforderlich erkannten Leistungen eine schriftliche Honorarvereinbarung getroffen wird.

Absatz 4 Wirtschaftlichkeit der Leistung

In § 3 Absatz 4 ist außerdem geregelt, dass die Wirtschaftlichkeit der Leistung stets zu beachten ist. Hier stellt sich die Frage was damit gemeint sein kann. Die Leistung der Planungsbüros wirtschaftlich zu erbringen, dürfte lediglich im Innenverhältnis des Planungsbüros eine wichtige Rolle spielen, nicht aber in Bezug auf die Höhe des nach Verordnung abzurechnenden Honorars. Sollte damit gemeint sein, dass die Planungsergebnisse wirtschaftliche Lösungen bringen müssen, dann wäre der Verordnungstext entsprechend zu formulieren.

§ 4 Anrechenbare Kosten

(1) Anrechenbare Kosten sind Teil der Kosten für die Herstellung, den Umbau, die Modernisierung, Instandhaltung oder Instandsetzung von Objekten sowie für die damit zusammenhängenden Aufwendungen. Sie sind nach allgemein anerkannten Regeln der Technik oder nach Verwaltungsvorschriften (Kostenvorschriften) auf der Grundlage ortsüblicher Preise zu ermitteln. Wird in dieser Verordnung im Zusammenhang mit der Kostenermittlung die DIN 276 in Bezug genommen, so ist die Fassung vom Dezember 2008 (DIN 276-1:2008-12) bei der Ermittlung der anrechenbaren Kosten zugrunde zu legen. Umsatzsteuer, die auf die Kosten von Objekten entfällt, ist nicht Bestandteil der anrechenbaren Kosten.

(2) Die anrechenbaren Kosten richten sich nach den ortsüblichen Preisen, wenn der Auftraggeber

1. selbst Lieferungen oder Leistungen übernimmt,

2. von bauausführenden Unternehmen oder von Lieferanten sonst nicht übliche Vergünstigungen erhält,

3. Lieferungen oder Leistungen in Gegenrechnung ausführt oder

4. vorhandene oder vorbeschaffte Baustoffe oder Bauteile einbauen lässt.

(3) Der Umfang der mitzuverarbeitenden Bausubstanz im Sinne des § 2 Absatz 7 ist bei den anrechenbaren Kosten angemessen zu berücksichtigen. Umfang und Wert der mitzuverarbeitenden Bausubstanz sind zum Zeitpunkt der Kostenberechnung oder, sofern keine Kostenberechnung vorliegt, zum Zeitpunkt der Kostenschätzung objektbezogen zu ermitteln und schriftlich zu vereinbaren.

Absatz 1 Allgemeines

Der neue § 4 befasst sich lediglich mit den leistungsbildübergreifenden Regelungen zu den anrechenbaren Kosten, die alle Planbereiche der Objektplanung betreffen. Die speziellen Regelungen sind in den jeweiligen Planbereichen enthalten.

Zunächst wird in § 4 Abs. 1 klargestellt, dass die anrechenbaren Kosten Teil der Kosten zur Herstellung, zum Umbau, Modernisierung bzw. Instandsetzung oder Instandhaltung und den damit zusammenhängenden Ausgaben sind. Es ist Im 2. Halbsatz klargestellt, dass auch die damit zusammenhängenden Aufwendungen als anrechenbare Kosten gelten. Die Regelungen des § 4 gelten übergreifend für alle Leistungsbilder, deren Honorare auf der Grundlage von anrechenbaren Kosten ermittelt werden.

Die nachstehende Übersicht zeigt die ergänzenden Regelungen zu den anrechenbaren Kosten bei den entsprechenden Leistungsbildern.

– Gebäude und Innenräume	§ 33 HOAI
– Freianlagen	§ 38 HOAI
– Ingenieurbauwerke	§ 42 HOAI
– Verkehrsanlagen	§ 46 HOAI
– Tragwerksplanung	§ 50 HOAI
– Technische Ausrüstung	§ 54 HOAI

Herstellungskosten und damit zusammenhängende Aufwendungen

Im Verordnungstext ist klargestellt, dass die mit den Herstellungskosten zusammenhängenden Kosten ebenfalls nach den Maßgaben der HOAI ebenfalls Bestandteil der anrechenbaren Kosten sind. Damit ist z. B. klargestellt, dass hier die Kosten der Kostengruppen 300 und 400 auch dann als anrechenbar gelten, wenn diese Kosten „nur" im Zusammenhang mit den Herstellkosten zu sehen sind (z. B. Abbruch und Entfernung von vorhandener Bausubstanz beim Bauen im Bestand). Das bedingt jedoch, dass der Vertragsgegenstand diese Kosten umschließt. Als Beispiel ist hier unter anderem zu nennen die Kostengruppe 394 gemäß DIN 276-1:2008-12.

DIN 276

Soweit die DIN 276 in der HOAI erwähnt wird, ist die DIN 276 in der Fassung vom Dezember 2008 (DIN 276-1:2008-12) bei der Ermittlung der anrechenbaren Kosten zugrunde zu legen. Dabei ist jedoch zu unterscheiden zwischen den Kostengruppengliederungen und den textlichen Angaben in der DIN 276. Soweit der Verordnungstext der HOAI zu verstehen ist, ist mit der Regelung in § 4 HOAI die Kostengruppengliederung der DIN 276 gemeint. Es ist auch möglich, die Gliederung von Kostenermittlungen nach Vergabeeinheiten vorzunehmen, wie in Abschnitt 4.2 der DIN 276 aufgeführt.

Praxis-Tipp

Wird eine rechnerische Gliederung der Kostenermittlungen nach Vergabeeinheiten gemäß Abschnitt 4.2 der DIN 276 vereinbart, sollte berücksichtigt werden, dass die unmittelbare Ermittlung der anrechenbaren Kosten davon unberührt gewährleistet sein sollte, damit die Möglichkeit besteht, eine ordnungsgemäße Honorarabrechnung vorzunehmen. Eine Ausnahme davon kann ggf. eine wirksame Pauschalhonorarvereinbarung darstellen.

Anrechenbare Kosten und Kostenberechnung

Für die Gebäudeplanung und Innenräume[28] sind als wichtigste rechnerische Honorargrundlage genannt:

- Kostenberechnung
- Kostenschätzung (soweit noch keine Kostenberechnung vorliegt)

Damit ist klargestellt, dass für die Leistungen der Leistungsphasen 1–9 die Kostenberechnung als Honorargrundlage besteht, während die Kosten des **Kostenanschlags** und der **Kostenfeststellung** nach der neuen HOAI in Bezug auf die Höhe der anrechenbaren Kosten nicht mehr relevant sind. Nach der HOAI 2013 gehört der Kostenanschlag auch nicht mehr zu den Grundleistungen.

Diese Regelung führt zu einer stark steigenden Bedeutung der **Kostenberechnung** zum Entwurf. In der Vergangenheit hatte die Kostenberechnung zum Entwurf ihre zentrale Bedeutung darin, dem Auftraggeber einen hinreichend genauen Überblick über die Kosten der vorgesehenen Baumaßnahme zu verschaffen und damit die Basis für die Finanzierung endgültig zu legen. In Bezug auf das Honorar bildete die Kostenberechnung nach der alten HOAI 1996 lediglich die Basis für die anrechenbaren Kosten der Leistungsphasen 1–4. Dies machte ca. 27 % des

---

[28] Und für alle anderen Leistungsbilder auch

Gesamthonorars bei Gebäuden und ca. 26 % des Gesamthonorars beim Raumbildenden Ausbau aus.

Die HOAI 2009 und die Fassung von 2013 haben in diesem Punkt für eine bedeutsame Änderung gesorgt. Danach ist das Honorar für alle Leistungsphasen auf der Grundlage der anrechenbaren Kosten, die sich aus der Kostenberechnung ergeben, zu ermitteln.

Kostenberechnung als wichtige Planungsleistung

Beim Bauen im Bestand wird die Problematik der Bedeutung der Kostenberechnung oder Kostenentwicklung besonders deutlich. Es dürfte hier in Zukunft kaum möglich sein, eine fachgerechte Kostenberechnung ohne **Bestandsaufnahme** der vorhandenen Bausubstanz durchzuführen.

Zu groß erscheint das Risiko, dass die Kosten der Kostenberechnung nicht die später tatsächlich anfallenden Kosten verhältnisgerecht abbilden und damit die Honorarberechnung der jeweils Beteiligten unsachgemäß beeinflussen.

Gleiches trifft für die Planungsgrundlagen zu. Die Erstellung einer Kostenberechnung ohne die Beiträge der anderen erforderlichen Fachplaner und Berater birgt ähnliche Kostenrisiken in Verbindung mit der Beeinflussung der Honorarermittlung.

Praxis-Tipp Aufgrund der o. g. Risiken rückt die Beratung der Planungsbüros in Bezug auf Einschaltung aller neben der Gebäudeplanung notwendigen Planungsinhalte noch stärker in den Vordergrund der Planung. Ebenso wird die Beauftragung von notwendigen Besonderen Leistungen zu Beginn der Planung immer wichtiger.

Die Regelung, dass die Kostenberechnung die Honorargrundlage für alle Leistungsphasen darstellt, gewinnt im Zusammenhang mit der Frage nach der Honorierung bei **Änderungsplanungen ebenfalls** große Bedeutung. Diesbezüglich ist auf die Regelungen in § 10 HOAI hinzuweisen.

Umsatzsteuer und behördeninterne Verwaltungsvorschriften

Inwieweit Verwaltungsvorschriften (siehe § 4 Abs. 1 Satz 2) als Grundlage für die Ermittlung von anrechenbaren Kosten heranzuziehen sind, ist nicht endgültig in allen Einzelfällen unumstritten. Die entsprechende Formulierung im Verordnungstext ist somit im Ergebnis nicht eindeutig klärend. Denn in den verschiedenen Regelungen zur HOAI ist nachvollziehbar geregelt, welche Kosten zu den anrechenbaren Kosten gehören und welche nicht.

Soweit Verwaltungsvorschriften Einfluss auf die Höhe des Honorars in der Weise nehmen, dass Mindestsatzunterschreitungen bewirkt werden, ist davon auszugehen, dass die Preisrechtsvorschriften der HOAI Vorrang haben. Denn es ist nicht hinnehmbar, dass mittels Verwaltungsvorschriften der Mindestsatz unterschritten werden darf. Die mögliche Folge wäre, dass öffentlichen Auftraggeber mittels Verwaltungsvorschriften die anrechenbaren Kosten und damit das Honorar der Höhe nach einseitig beeinflussen könnten.

Soweit die Verwaltungsvorschriften lediglich eine andere Gliederung vorgeben, ohne dass die Höhe der anrechenbaren Kosten betroffen ist, bestehen keine Vorbehalte. Die DIN 276 erwähnt in Abschnitt 4.2 auch die Möglichkeit die Kostenermittlung ausführungsorientiert (z. B. nach

Gewerken bzw. Vergabeeinheiten) aufzustellen. Das ist insoweit unproblematisch wie mit einer solchen Gliederung die Ermittlung der anrechenbaren Kosten sachgerecht möglich ist.

Die Umsatzsteuer ist nicht Bestandteil der anrechenbaren Kosten. Inwieweit die Kostenschätzung bzw. Kostenberechnung die Umsatzsteuer enthalten ist davon unberührt. Wichtig ist jedoch, dass in den Kostenermittlungen jeweils angegeben wird, ob die Kosten die Umsatzsteuer enthalten oder nicht.

Generell gilt, dass die in den Kosten enthaltene **Mehrwertsteuer** nicht Bestandteil der anrechenbaren Kosten ist. Das soll für den Rechnungsempfänger von Honorarrechnungen nachvollziehbar dargestellt werden. Während die Regelung zur Mehrwertsteuer in der HOAI eindeutig die Netto-Kosten präferiert, ist nach DIN 276 bei Kostenermittlungen freigestellt, ob die Kostenangaben der Kostenermittlung Mehrwertsteuer enthalten oder nicht. Es sollte jedoch nachvollziehbar angegeben werden, ob die Kosten die Umsatzsteuer enthalten oder nicht.

> **Praxis-Tipp**
>
> Bei gewerblichen Auftraggebern wird häufig die gesamte Kostenplanung und Kostensteuerung auf Basis der Netto-Kosten durchgeführt, während bei Endverbrauchern, wozu auch öffentliche Auftraggeber gehören, die Kostenermittlungen in der Regel die Mehrwertsteuer enthalten und deshalb alle Kosten als Brutto-Kosten angegeben werden. Dies ist jedoch bei jeder Kostenermittlung zu vereinbaren.

Darüber hinaus wird noch vorgegeben, dass die anrechenbaren Kosten nach allgemein anerkannten Regeln der Technik auf der Grundlage ortsüblicher Preise zu ermitteln sind. Diese Regelung ist nicht eindeutig.

Absatz 2 – Ortsübliche Preise

Die Anforderung nach **ortsüblichen Preisen** ist nachvollziehbar, sie war auch in der alten HOAI enthalten. Damit ist gemeint, dass die regionalen Preisunterschiede bei den Kostenermittlungen zu berücksichtigen sind. Die Anforderung kann aber nicht dazu führen, dass hier bereits die spätere Vergabeart (freih. Vergabe, beschränkte Ausschreibung oder öffentliche Ausschreibung) und damit eine evtl. Begrenzung des Anbieterkreises berücksichtigt wird.

Die Ausschreibungsart kann Einflüsse auf die späteren tatsächlichen Kosten haben. Bei einer bundesweiten öffentlichen Ausschreibung treten die ortsüblichen Preisbedingungen zugunsten eines landesweiten Wettbewerbs zurück und führen damit zu einer breiten Streuung von Angebotspreisen und einer weiten Öffnung für viele Anbieter. Damit können auch Anbieter aus anderen Regionen an der Preisfindung beteiligt werden, die aus anderen Regionen mit anderen ortsüblichen Preisen kommen. Die Anforderung nach Angabe von ortsüblichen Preisen kann somit nur so verstanden werden, dass das Planungsbüro im Rahmen der Erstellung der Kostenermittlung die ortsüblichen Preise unberührt vom späteren Vergabeverfahren ermittelt. Die verfahrensbedingten Angebotspreisschwankungen sind dann im Rahmen der Auftraggeberentscheidungen über das jeweilige Vergabeverfahren zu disponieren.

> **Beispiel**
>
> Liegen in der Region, in der ein Gebäude geplant wird, die Preise für Metallfassadenarbeiten, ohne Tarife zu unterschreiten, außergewöhnlich niedrig, dann ist das, unberührt

vom späteren Vergabeverfahren, bei der Kostenermittlung im Rahmen der ortsüblichen Preise zu berücksichtigen. Zeigt sich später bei der Ausschreibung, dass ortsübliche Angebotspreise nicht zu erzielen sind, weil die regionalen Anbieter nicht am Wettbewerb teilnehmen, liegt nicht automatisch ein Fehler bei der Kostenermittlung vor.

In Absatz 2 wird geregelt, welche Kosten als anrechenbare Kosten anzusetzen sind, wenn andere als ortsübliche Investitionskosten anfallen. Das kann bei Eigenleistungen sein, oder wenn vorhandene Baustoffe eingebaut werden. Möglich sind auch Konstellationen bei denen besondere Vergünstigungen gewährt werden oder Leistungen in Gegenrechnung ausgeführt werden.

→   **siehe auch § 33 HOAI**

Einbau vorhandener oder vorbeschaffter Baustoffe und Bauteile

Bei Um- oder Erweiterungsbauten, Sanierungen oder Instandsetzungen sind nicht selten vorhandene Baustoffe oder Bauteile auszubauen und an anderer Stelle des betreffenden Bauwerkes wieder zu verwenden. Darüber hinaus gibt es Fälle, in denen der Auftraggeber Baustoffe, die einzubauen sind, selbst beschafft. Das sind bei Baudenkmälern z. B. vorbeschaffte historische Dachziegel oder Fenster die aus Abbruchsubstanz anderer Objekte gesichert wurden.

Die Kosten dieser vorhandenen oder selbstbeschafften Bauteile oder Baustoffe gehören ebenfalls zu den anrechenbaren Kosten (siehe § 4 Absatz 2 Nr. 4 HOAI). Auch hier stellt sich die Frage nach der kalkulatorischen Berücksichtigung dieser Kosten bereits bei Erstellung der Kostenberechnung. Denn die Kostenberechnung, die als Bestandteil der Entwurfsplanung erstellt wird, ist die Grundlage des Honorars für alle Leistungsphasen.

 Praxis-Tipp   Bei der Planung sollte beachtet werden, dass die vorhandenen oder selbstbeschafften Baustoffe oder Bauteile möglichst bei der Entwurfsplanung bzw. der Kostenberechnung zum Entwurf geklärt sein sollten. Die Kostenberechnung in diesem Fall wäre z. B. 2-spaltig aufzustellen. Die 1.Spalte enthält kassenwirksame Kosten, die 2.Spalte die anrechenbaren Kosten.

Die Höhe der Anrechenbarkeit der Kosten von vorhandenen Bauteilen oder Baustoffen, die vom **Auftraggeber bereitgestellt** und anschließend eingebaut werden, richtet sich u. a. nach deren

– Erhaltungszustand und

– Wert zum Zeitpunkt des Einbaus.

Der Wert zum Zeitpunkt des Einbaues wird durch ortsübliche Preise gebildet. Diese Regelung ist klar abzugrenzen von der Regelung zur mitverarbeiteten Bausubstanz in § 4 Absatz 3 HOAI. Der Regelung zur Anrechenbarkeit von vorhandenen oder vorbeschafften Baustoffen oder Bauteilen nach § 4 Absatz 2 Nr. 4 HOAI kommt beim Bauen im Bestand ebenfalls eine honorarbeeinflussende Funktion zu.

Beispiel

Werden bei der Modernisierung eines Altbaus vorhandene Baustoffe z. B. wie Holzbalken, Türzargen oder Dachziegel zu Baubeginn ausgebaut und anschließend wieder eingebaut, dann ist dies ein Fall der nach § 4 Absatz 2 Nr. 4 HOAI 2013 geregelt ist. Dann gelten die ortsüblichen Preise (incl. Lohnanteile), für diese vorhandenen und wieder eingebauten Bauteile und Baustoffe als anrechenbare Kosten. Dies ist möglichst bei der Kostenberechnung[29] zu berücksichtigen, da zu diesem Zeitpunkt die notwendigen Planungsinformationen im Regelfall vorliegen.

§

Wird demgegenüber vorhandene Bausubstanz im Gebäude verbleiben und mitverarbeitet ohne dass ein Ausbau und Wiedereinbau erfolgt, dann sind diese Kosten der mitverarbeiteten Bausubstanz nach der o. g. Regelung gemäß § 4 Absatz 2 Nr. 4 HOAI 2013 zu berücksichtigen.

Eigenleistungen

Eigenleistungen sind nicht nur bei Einfamilienhäusern, sondern auch im **gewerblichen Bereich** anzutreffen. Teilweise erbringen auch die Bauabteilungen von Industrieunternehmen oder Leasinggeber mit ihrem eigenen Personal eigene Bauleistungen, also Eigenleistungen. Bei dieser Art von Eigenleistungen reduzieren sich zwar die „kassenwirksamen" Baukosten, aber die Planungs- und Überwachungsleistungen der Planungsbeteiligten bleiben davon unberührt. Aus diesem Grund können die so künstlich reduzierten kassenwirksamen Kosten nicht zu einem gleichermaßen (künstlich) reduzierten Honorar führen. Bei Eigenleistungen sind für die betroffenen Gewerke statt der so reduzierten Kosten, die

– **ortsüblichen angemessenen Gesamtkosten** des betreffenden Gewerkes als anrechenbare Kosten anzusetzen, die z. B. bei externer Beauftragung (incl. ortsüblicher Lohnkostenanteile) angefallen wären.

Die HOAI regelt diesen Fall der Eigenleistung. Künstliche Reduzierungen der kassenwirksamen Baukosten sind somit nicht honorarwirksam.

Konsequent ist, dass bei **Eigenleistungen** des Auftraggebers die **Leistungspflicht** des Planers, soweit im Vertrag nichts anderes geregelt ist, nicht eingeschränkt ist. Soll für den Bereich der Eigenleistungen keine Planung und Bauüberwachung durch den Architekten vorgenommen werden, so ist dies im Vertrag[30] zu regeln. Ist die Überwachung bei Eigenleistung aus dem Vertragsumfang herausgenommen, sollte dies bei der Honorarvereinbarung entsprechend berücksichtigt sein, z. B. durch anteiliges Herausnehmen der entsprechenden anrechenbaren Kosten für die LPH 8.

Praxis-Tipp

Bei Eigenleistungen können die Kostenermittlungen nach DIN 276 zweispaltig aufgestellt werden, wobei die erste Spalte grundsätzlich ortsübliche angemessene Gesamtpreise (also die anrechenbaren Kosten mit Lohnkostenanteilen) insgesamt enthält und die zweite Spalte dann die Belange des Auftraggebers (z. B. die durch Eigenleistungen reduzierten Kostenansätze) enthalten kann. Damit ist einerseits dem Interesse des Auftraggebers, andererseits der HOAI entsprochen.

---

[29] Nachvollziehbar, das bedeutet, dass der Rechnungsempfänger die rechnerisch prüfen kann.

[30] bzw. durch Vereinbarung im Zuge der weiteren Planungsvertiefung

Folgendes Berechnungsbeispiel aus der Praxis zeigt die Bedeutung der in Rede stehenden Honorarunterschiede:

Errichtet sich ein Stahlbauunternehmen zum Teil mit eigenen Facharbeitern ein neues Produktions- und Verwaltungsgebäude[31] für 8 Mio. EUR anrechenbare Kosten und „spart" dadurch ca. 13 % der gesamten Baukosten, dann würde diese Reduzierung – umgerechnet auf das Honorar – ca. 85.000 EUR an Honorardifferenz nur für Architektenleistungen bei Leistungsphase 1–9 ausmachen.

Die **Personalkosten** für die Facharbeiter sind in diesem Falle nicht dem Neubauetat, sondern dem Personalkostenbereich des Unternehmens zugeordnet. Solche rein rechnerischen Verschiebungen haben jedoch keine Auswirkung auf die Höhe des Architektenhonorars. Es gelten deshalb die **ortsüblichen Kosten bei Eigenleistungen incl. ortsüblicher Lohnkostenanteile**, die der Planer in Ermangelung tatsächlich abgerechneter Kosten, als anrechenbare Kosten ansetzen darf.

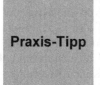

Praxis-Tipp

Es sollte spätestens im Zuge der Erstellung der Kostenberechnung geklärt werden, ob der Auftraggeber Eigenleistungen anstrebt, vorhandene Baustoffe übernimmt, besondere Vergünstigungen oder Leistungen in Gegenrechnung in der Kostenberechnung bereits berücksichtigt sehen will. Wenn das der Fall ist, wäre dies bei der Ermittlung der anrechenbaren Kosten entsprechend zu berücksichtigen. So dass ortsübliche anrechenbare Kosten die Basis für die Honorarberechnung sind.

Soweit sich zeigt, dass Eigenleistungen, sonst nicht übliche Nachlässe, Lieferungen in Gegenrechnung Eingang in die Kostenansätze der Kostenberechnung finden, steht die Klärung der anrechenbaren Kosten an. Die Baukosten und die anrechenbaren Kosten (beeinflusst durch Eigenleistungen oder Leistungen in Gegenrechnung) sind dann in den betreffenden Kostengruppen unterschiedlich hoch. Kommt es zu keiner Einigung über die anrechenbaren Kosten unter Einschluss der Eigenleistungsanteile, kann das Planungsbüro eigene Annahmen für die anrechenbaren Kosten auf Basis ortsüblicher Kosten incl. Lohnkostenanteile treffen. Dabei sind die ortsüblichen Tariflöhne zugrunde zu legen. Der Bundesgerichtshof hat mit Urteil vom 27.10.1994 (VII ZR 217/93) noch auf Basis der veralteten HOAI entschieden,

> „dass ein Planer in seiner Honorarrechnung die **anrechenbaren Kosten schätzen** *darf, wenn er die Grundlagen für die Ermittlung der anrechenbaren Kosten in zumutbarer Weise nicht selbst besorgen kann und der Auftraggeber ihm die erforderlichen Auskünfte dazu nicht gibt. In diesem Fall genügt der Architekt seiner Darlegungslast hinsichtlich der anrechenbaren Kosten, wenn er die von ihm selbst geschätzten anrechenbaren Kosten schlüssig ermittelt hat und ordnungsgemäß in die Ermittlung der anrechenbaren Kosten nach DIN 276/81 einfließen lässt."*

Diese Grundsatzentscheidung wird durch die neue HOAI 2013 nicht berührt, so dass davon auszugehen ist, dass dieser Grundsatz auch für die Ermittlung der anrechenbaren Kosten nach der neuen HOAI 2013 gilt.

---

[31] Hier: Das Gewerk Stahl- und Metallbau

Praxis-Tipp

Sollte der Architekt mangels anderweitiger Angaben eigenen Annahmen treffen, obliegt es dem Auftraggeber, die vom Architekten geschätzten anrechenbaren Kosten begründet zu bestreiten. Begründet bedeutet in diesem Fall, dass der Auftraggeber **substanzielle Kritik** an der Höhe der eingesetzten anrechenbaren Kosten vorzutragen hat. Das o. e. BGH-Urteil zeigt, dass der Architekt hilfsweise in der Lage ist, seine eigene Honorarrechnung ordnungsgemäß zu erstellen.

Das Oberlandesgericht Düsseldorf hat mit älterem Urteil vom 28.05.1999 (22 U 248/98) festgestellt, dass ein Tragwerkplaner für die Berechnung seines Honorars die anrechenbaren Kosten auch als Produkt des Rauminhaltes des geplanten Baukörpers und durchschnittlicher Baukosten pro m³ BRI schätzen darf, solange der Auftraggeber seiner **Auskunftspflicht** über die anrechenbaren Kosten nicht genügt.

Sonst nicht übliche Vergünstigungen

Als anrechenbare Kosten gelten ortsübliche Preise, wenn von Baufirmen sonst nicht übliche Vergünstigungen gewährt werden. Auch hier stellt sich die Frage nach den kalkulatorischen Grundlagen der Erstellung der Kostenberechnung. Wird bereits bei der Kostenberechnung eingerechnet, dass ein mit dem Auftraggeber befreundetes Unternehmen die Stahlbetonfertigteile zu einem sonst nicht üblichen Preis liefern will, sind bereits bei der Kostenberechnung einerseits die vergünstigten Investitionskosten zu berücksichtigen und andererseits für die anrechenbaren Kosten die ortsüblichen Preise ohne besondere Vergünstigungen. Diese Fälle treten in der Praxis häufig dann auf, wenn die Kostenberechnung zur Projektfinanzierung herangezogen wird und damit die tatsächlichen Investitionen abbilden soll. Demgegenüber sind die anrechenbaren Kosten in solchen Fällen gesondert zu ermitteln.

Beispiel

Wenn ein Bauunternehmer mit dem Auftraggeber des Planungsbüros befreundet ist und ihm 50 % Preisnachlass gewährt, weil der Auftraggeber dem Bauunternehmer an anderer Stelle im Gegenzug Leistungen erbringt, dann ist das eine sonst nicht übliche Vergünstigung. In diesen Fällen gelten die ortsüblichen Preise (incl. Lohnanteile), als honorarfähige Kosten.

→   **Siehe auch § 33 HOAI**

Absatz 3 – Anrechenbare Kosten aus mitverarbeiteter Bausubstanz

Mit der HOAI 2013 sind die Kosten aus mitverarbeiteter Bausubstanz (siehe auch Regelung in § 2 Abs.7) als Bestandteil der anrechenbaren Kosten aufgenommen worden. Im Folgenden wird die mitverarbeitete Bausubstanz auch als mvB abgekürzt.

Der Verordnungsgeber verlangt eine angemessene Berücksichtigung. Nähere Einzelheiten dazu werden nicht geregelt. Diese Regelung ist aufgrund eines BGH-Urteils[32] aus dem Jahre 1986

---

[32] BauR 1986, 593

im Jahre 1996 in die HOAI aufgenommen worden. Der BGH hatte die Mitverarbeitung von vorhandener Bausubstanz als anrechenbar eingestuft. Im Jahre 2009 ist diese Regelung weggefallen. Jetzt in der HOAI 2013 ist diese Regelung – in geänderter Form – wieder in die HOAI aufgenommen worden.

Folgt man der vorgenannten Rechtsprechung des BGH, dann wäre hier wieder der alte Zustand hergestellt. Die Änderung gegenüber dem alten Zustand (HOAI 1996) besteht im Wesentlichen darin, dass die Vereinbarung zur Höhe der mitverarbeiteten Bausubstanz im Regelfall zum Zeitpunkt der Kostenberechnung vorzunehmen ist.

Zunächst ist festzustellen, dass diese Regelung im allgemeinen Teil der HOAI übergreifend für alle Leistungsbilder zutrifft, bei denen das Honorar auf Grundlage von anrechenbaren Kosten ermittelt wird. Das bedeutet, dass diese Regelung auch für das Leistungsbild Freianlagen gilt.

Beispiel

Die Regelungen zur mitverarbeiteten Bausubstanz gelten auch für die Planungs- und Überwachungsleistungen bei Freianlagen und Innenräume (Grundleistungen). Dabei ist zugrunde zu legen, dass es sich um Bausubstanz, also solche Substanz handeln muss, die durch Bauleistungen hergestellt ist (§ 2 Absatz 7 HOAI).

Zeitpunkt der Vereinbarung

Vorgegeben wird nach dem Verordnungstext, dass die Vereinbarung über Umfang und Wert der mitzuverarbeitenden Bausubstanz zum Zeitpunkt der Kostenberechnung soweit diese noch nicht vorliegt, zum Zeitpunkt der Kostenschätzung schriftlich vorzunehmen ist.

Zu diesem Zeitpunkt verfügt der Planer im Regelfall über die Erkenntnisse aus der Bestandsaufnahme und der Technischen Substanzerkundung. Mit diesem Kenntnisstand kann der Planer einschätzen

a) welche vorhandene Bausubstanz entfernt wird und damit in den investiven Kosten bereits enthalten ist (z. B. Kostengruppe 394),

b) welche vorhandene Bausubstanz die verbleibt auch mitzuverarbeiten ist,

c) welche vorhandene Bausubstanz wie und mit welchem Kostenaufwand ertüchtigt werden muss (z. B. vorhandene zu ertüchtigende Deckenkonstruktionen),

Die Kosten nach a) gehen in die anrechenbaren Kosten (Kostengruppe 300) ein und sind daher als sogenannte Abbruchkosten nicht Bestandteil der mitverarbeiteten Bausubstanz, sondern der investiven Kosten. Die Bausubstanz die vorhanden ist und mitverarbeitet wird, siehe Ziff. b), ergibt sich im Zuge der Entwurfsplanung ebenfalls. Dazu wird die vorhandene Bausubstanz zunächst

– identifiziert,

– hinsichtlich ihres Umfangs ermittelt,

– mit einem Äquivalenzwert[33] bewertet,

– bei verminderten Erhaltungszustand entsprechend angepasst,

– bei vermindertem Leistungsumfang der Mitverarbeitung entsprechend bewertet.

---

[33] Wert den ein vergleichbares Bauteil nach heutigen Herstelltechniken, Gestaltungsgrundsätzen und heutigem Standard sowie aktueller Ausführungsart ausmachen würde (vergleichbarer Neubauwert)

Die Bausubstanz, die nicht im Sinne der HOAI mitverarbeitet (oder abgebrochen) wird, ist danach nicht einzurechnen. Der Erhaltungszustand ist bei der Ermittlung der anrechenbaren Kosten aus mitverarbeiteter Bausubstanz zu berücksichtigen. Der Ertüchtigungsaufwand an der vorhandenen Bausubstanz, der Aufwand der erforderlich ist, um die betreffende vorhandene Bausubstanz auf den funktional und technisch erforderlichen Mindeststand zu bringen, stellt im Regelfall die Kosten dar, die dem verminderten Erhaltungszustand entsprechen, also um den der sog. Äquivalenzwert oder Neubauwert zu vermindern ist.

Die terminliche Einordnung der Ermittlung der mitverarbeiteten Bausubstanz in den Planungsprozess zeigt das nachfolgende Bild.

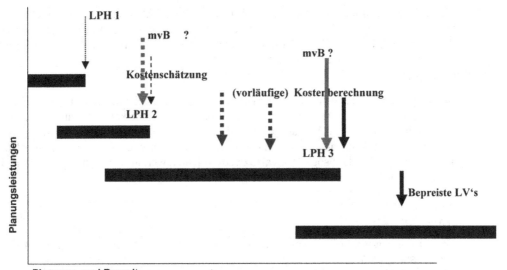

Die anrechenbaren Kosten aus mitverarbeiteter Bausubstanz (mvB) werden im Regelfall im Zuge der LPH 3 ermittelt und den sonstigen anrechenbaren Kosten zugeordnet. Der durchgehende rote Pfeil zeigt dies. Anschließend wird die Kostenberechnung erstellt.

Soweit die Grundlagen für eine sachgerechte Kostenermittlung nicht vorliegen (z.B. Bestandsaufnahme, Technische Substanzerkundung) besteht die Möglichkeit eine vorläufige Kostenberechnung zu erstellen die dann, wenn alle Angaben vorliegen endgültig erstellt werden kann. Das ist u.a. auch deshalb wichtig, damit eine sachgerechte Honorarermittlungsgrundlage zur Verfügung steht, die alle Inhalte der Entwurfsplanung zugrunde legt.

Die als punktierter Pfeil dargestellte Alternative, die Ermittlung der anrechenbaren Kosten aus mvB zur Kostenschätzung, empfiehlt sich z.B. falls ein Vertrag lediglich die Leistungsphasen 1 bis 2 umfasst.

Mögliches Ermittlungsverfahren zur mitverarbeiteten Bausubstanz

Die HOAI lässt den Vertragspartnern Ermessenspielraum zur individuellen Regelung der anrechenbaren Kosten aus mitverarbeiteter Bausubstanz. Es kann also einerseits eine individuelle Vereinbarung sein, die getroffen wird. Aber es kann auch ein allgemein anwendbares Berechnungsschema sein, welches bei der Anwendung auf die Umstände des Einzelfalls ausgerichtet wird. Ein geeignetes Berechnungsprinzip ist aber auch deshalb notwendig, um bei evtl. unterschiedlichen Auffassungen einen fachgerechten Maßstab zur Verfügung zu stellen.

Nachstehend wird anhand eines Beispiels ein mögliches Ermittlungsprinzip für die mitverarbeitete Bausubstanz (mvB) dargestellt. Die rechnerischen Grundlagen können dabei anhand folgender Formel zugrunde gelegt werden:

anr. Kosten mvB = Menge [**M**] x Wert [**W**] x Wertfaktor [**WF**] x Leistungsfaktor [**LF**]

Menge [**M**]:

Die Menge der mitverarbeiteten Bausubstanz ist einzelfallbezogen zu ermitteln. Nicht zur Menge [**M**] gehört die Bausubstanz die nach den Ergebnissen der Entwurfsplanung abgebrochen und entfernt wird. Diese Kosten tauchen in den Kostenermittlungen an anderen Stellen (als „investive" Baukosten) jeweils auf.

Wert [**W**]:

Der Wert (Äquivalenzwert oder Neubauwert) der mitverarbeiteten Bausubstanz gehört zu den umstrittenen Faktoren. Der Verordnungsgeber hat hierzu keine konkret klarstellende Regelung zur Ermittlung getroffen. Er hat lediglich die Angemessenheit als Anforderung genannt. Die Angemessenheit kann anhand der nachfolgenden Hinweise zugrunde gelegt werden. Es ist davon auszugehen, dass sog. Äquivalenzwerte (Neubauwertansätze von zeitgemäßen Baukonstruktionen unter den heutigen Bedingungen) anzusetzen sind.

Beispiel

Wenn die mitverarbeitete Bausubstanz z. B. aus der Zeit vor der „industriellen Revolution" besteht, stellt sich die Frage nach der Höhe des Ausgangswertes konkret. Nach der Definition oben wird davon auszugehen sein, dass ein vergleichbares Neubauteil nach durchschnittlichem heutigem Ausführungsstand den Ausgangswert [W] darstellen kann. Zeitliche Einflüsse wie z. B. Abschreibung oder Alterungsabschlag als sachfremde Kriterien werden somit nicht zugrunde gelegt, sondern nur der Erhaltungszustand, der häufig unberührt vom Alter des Bauteils ist.

Wertfaktor [**WF**]:

Soweit Bauteile die mitverarbeitet werden, nicht in einem voll funktionstauglichen Zustand sind, ist eine entsprechende verhältnisgerechte Minderung vorzunehmen. Zur Definition dieses Wertes kann unter anderem auf das Urteil des BGH vom 9. Juni 1986 (VII ZR 260/84) zurückgegriffen werden. Danach zählt der effektive, dem Erhaltungszustand entsprechende Wert, der als Bestandteil der mitzuverarbeitenden Bausubstanz in die anrechenbaren Kosten einfließt. Der Erhaltungszustand kann z. B. durch Bauschäden oder Instandhaltungsrückstau beeinflusst werden.

Beispiel: Wenn vorhandene Bausubstanz, die mitverarbeitet wird, einen mangelhaften Erhaltungszustand aufweist und nicht einwandfrei funktionstüchtig ist, kann nur ein dem tatsächlichem Erhaltungszustand entsprechender Wert zugrunde gelegt werden. Evtl. können die Ertüchtigungskosten (was aber je Einzelfall unterschiedlich sein kann) die Differenz zwischen Erhaltungszustand und Äquivalenzwert darstellen und damit der Ermittlung des Wertes unter Berücksichtigung des Erhaltungszustands dienen.

Da die Ermittlung der anrechenbaren Kosten zum Zeitpunkt der Kostenberechnung vorgesehen ist (s. o.), bestehen dann, wenn die erforderlichen Bestandsaufnahmen durchgeführt wurden entsprechende Erkenntnisse. Es ist also wichtig, dass die entsprechenden Besonderen Leistungen beauftragt werden, vergl. auch entspr. Grundleistungen in Leistungsphase 1.

Die nachstehenden Tabellen zeigen zwei alternative mögliche Ansätze zur Ermittlung des Wertfaktors.

WF (möglicher Ansatz):

Wert [**W**], Ausgangskosten bzw. Äquivalenzwert

./.   Abzug durch verminderten Erhaltungszustand

./.   Abzug durch Bauschäden am Bauteil

=   Wert bereinigt durch Erhaltungszustand

WF (möglicher alternativer Ansatz):

Wert [**W**], Ausgangskosten bzw. Äquivalenzwert

./.   Abzug durch investive Ertüchtigungskosten

=   Wert bereinigt durch Erhaltungszustand

Leistungsfaktor [**LF**]:

Mit dem Leistungsfaktor soll eine Berücksichtigung des Anteils der Grundleistungen, bei denen die vorhandene Bausubstanz mitverarbeitet wird, erfolgen. Dabei wird zugrunde gelegt, dass die Mitverarbeitung in den jeweiligen Leistungen bzw. Leistungsphasen unterschiedlich sein kann. So kann z. B. die planerische Mitverarbeitung in der Leistungsphase 3 sehr intensiv und weit umfassend sein, während bei der Leistungsphase 7 die Mitverarbeitung nicht so umfassend ist. Bei der Leistungsphase 7 sind – verhältnisgerecht betrachtet – weniger Grundleistungen mit der Mitverarbeitung der vorhandenen Bausubstanz betraut als in den vorhergehenden Leistungsphasen. Im Leistungsbild Gebäude ist z. B. die Prüfung und Wertung von Nebenangeboten mit Auswirkungen auf die Planung als Besondere Leistung ohnehin nicht preisrechtlich geregelt, so dass diesbezüglich ebenfalls eine andere Ermittlung des Honorars erfolgt. Bei den Grundleistungen in der Leistungsphase 7 ist demnach keine so umfassende und intensive Mitverarbeitung zu vermuten, wie bei der Vorplanung.

Zum Leistungsfaktor kann das Urteil des BGH vom 27. Februar 2003 (VII ZR 11/02) herangezogen werden. Danach ist im Zuge der Honorarermittlung darzulegen, ob und inwieweit vorhandene Bausubstanz in den einzelnen Leistungsphasen bzw. Grundleistungen mitverarbeitet wurde. Zitat aus dem o. e. Urteil:

„Hat der Architekt oder Ingenieur bei den Grundleistungen einzelner Leistungsphasen vorhandene Bausubstanz nicht technisch oder gestalterisch mitverarbeitet, ist es nicht angemessen, diese Bausubstanz insoweit bei den anrechenbaren Kosten zu berücksichtigen."

Weiter an anderer Stelle:[34]

> *„Für die insoweit notwendige Auslegung der Verordnung ist unter anderem der in der Begründung dazu zum Ausdruck gekommene Wille des Verordnungsgebers heranzuziehen. Aus der Begründung zur Verordnung ergibt sich, dass der Umfang der Anrechnung insbesondere von der Leistung des Auftragnehmers abhängen soll. Danach sollen nur in entsprechend geringem Umfang die Kosten anerkannt werden können, wenn die Mitverarbeitung nur geringe Leistungen erfordert."*

Die nachstehende Übersicht zum Umfang der Mitverarbeitung in den jeweiligen Leistungsphasen ist dem Gutachten zur HOAI 2013 für das Bundeswirtschaftsministerium[35] entnommen und zeigt durchschnittliche, allgemein anzuwendende Werte für den Leistungsfaktor in den jeweiligen Leistungsphasen. Danach werden beim Bauen im Bestand z. B. in den Leistungsphasen 1 – 6 durchschnittlich im Mittel 90% der Grundleistungen im Allgemeinen unter Mitverarbeitung der vorhandenen Bausubstanz erbracht.

Leistungsbild / Leistungsphasen	Leistungsfaktor [LF]
Leistungsbild Gebäude	
Leistungsphase 1 bis 6	0,9
Leistungsphase 7	0,3
Leistungsphase 8	0,6
Leistungsphase 9	0,5
Leistungsbild Innenräume	
Leistungsphase 1 bis 6	0,9
Leistungsphase 7	0,5
Leistungsphase 8	0,6
Leistungsphase 9	0,5
Leistungsbild Freianlagen	
Leistungsphase 1 und 3	0,9
Leistungsphase 2, 4 und 5	1,0
Leistungsphase 6 und 8	0,6
Leistungsphase 7	0,3
Leistungsphase 9	0,5

Die Leistungsfaktoren für die weiteren Leistungsbilder sind außerdem dem oben erwähnten Gutachten der Arge HOAI zu entnehmen. Diese Leistungsfaktoren stellen Erfahrungswerte dar, die zwar nicht preisrechtlich geregelt sind, aber aufgrund der breiten Plausibilitätsbasis aner-

---

[34] Urteil des BGH vom 27. Februar 2003 (VII ZR 11/02)

[35] HOAI-Gutachten der ARGE HOAI – GWT-TUD/BÖRGERS/Kalusche/Siemon im Auftrag des Bundeswirtschaftsministeriums

kannt sind. Damit eigenen sie sich in der Praxis. Es steht den Parteien jedoch genauso gut frei, die Leistungsfaktoren einzelfallbezogen zu vereinbaren. Dabei ist das Angemessenheitsprinzip zugrunde zu legen.

Beispiel einer Ermittlung zur mitverarbeiteten Bausubstanz

Nachstehendes Beispiel betrifft ein Bauelement einer Kostgengruppe (hier: tragende Decken bei denen die nichttragenden unteren Bekleidungen und die Beläge oberhalb der tragenden Decken nicht berücksichtigt werden, da diese Anteile abgebrochen und entfernt werden).

$$\textbf{anr. Kosten mvB} \quad = \quad \text{Menge [M]} \quad \times \quad \text{Wert [W]} \quad \times \quad \text{Wertfaktor [\textbf{WF}]} \quad \times \quad \text{Leistungsfaktor [\textbf{LF}]}$$
$$= \quad 1.350\,\text{m}^2 \quad \times \quad 100\,\text{€/m}^2 \quad \times \quad 0{,}85 \quad \times \quad 0{,}9$$

Der Wertfaktor ergibt sich in diesem Beispiel dadurch, dass die tragende Decke die mitverarbeitet wird, durch eine sog. Aufbetonplatte (sog. Druckplatte) ertüchtigt werden muss und insoweit eine Wertminderung erfährt. Der Leistungsfaktor in Höhe von 0,9 gilt z. B. für die Leistungsphasen 1–6 (Gebäude).

Beispiel einer Ermittlung über mehrere Leistungsphasen

Da die Leistungsfaktoren [LF] gemäß dem o. g. Gutachten in den Leistungsphasen je unterschiedlich sind, stellt sich die Frage einer Bildung eines gemittelten Leistungsfaktors über alle beauftragten Leistungsphasen. Mit diesem gemittelten Leistungsfaktor werden die anrechenbaren Kosten, die im Zuge der Kostenberechnung festgelegt werden, einheitlich in allen Leistungsphasen anfallen. Dazu werden die beauftragten Leistungsphasen mit der jeweiligen Gewichtung versehen verhältnisgerecht betrachtet und damit ein sog. Gesamtleistungsfaktor gebildet.

Gesamtleistungsfaktor [GLF] für Leistungsphasen 1–9 =

$$\frac{\left[(2\%\times0{,}9)+(7\%\times0{,}9)+(15\%\times0{,}9)+(3\%\times0{,}9)+(25\%\times0{,}9)+(10\%\times0{,}9)+(4\%\times0{,}3)+(32\%\times0{,}6)+(2\%\times0{,}5)\right]\times100\%}{100\,\%\,\text{Leistungsumfang (Addition der beauftragten LPH's)}}$$

Jeder Klammerausdruck betrifft eine beauftragte Leistungsphase. Innerhalb des Klammerausdrucks wird der jeweilige %-Anteil der Leistungsphase mit dem jeweiligen Leistungsfaktor multipliziert. Daraus ergeben sich die je Leistungsphase gewichteten Leistungsfaktoren, die in ihrer Addition durch den Umfang der beauftragten Leistungsphasen geteilt werden.

Beispiel: Werden nur die Leistungsphasen 1–7 beauftragt, kann die verhältnisgerechte Anwendung der Leistungsfaktoren so aussehen:

Gesamtleistungsfaktor [GLF] für Leistungsphasen 1–7 in diesem Beispiel =

$$\frac{\left[(2\%\times0{,}9)+(7\%\times0{,}9)+(15\%\times0{,}9)+(3\%\times0{,}9)+(25\%\times0{,}9)+(10\%\times0{,}9)+(4\%\times0{,}3)+(0\%\times0{,}6)+(0\%\times0{,}5)\right]\times100\%}{66\,\%\,\text{Leistungsumfang (Addition der beauftragten LPH's)}}$$

Die nachstehende Abbildung zeigt das Prinzip der Ermittlung der mitverarbeiteten Bausubstanz (mvB), als rechnerischer Prozesse für jedes in Frage kommende Bauteil.

KoGr.	Bezeichnungen	Baukosten	mvB [M]	mvB [W]	mvB [WF]	mvB [GLF]	anr. Kosten
350	Decken		+ (	x	x	x	) =
351	Deckenkonstruktionen		+ (	x	x	x	) =
352	Deckenbeläge		+ (	x	x	x	) =
353	Deckenbekleidungen		+ (	x	x	x	) =

Werte in Klammern sollten in einer Erläuterung als Anlage zur Honorarrechnung nachvollziehbar dargelegt werden.

Praxis-Tipp Die mit diesem Beispiel vorgestellte Ermittlungsmethode kann aufgrund der breiten Anwendungsakzeptanz als geeignete Methode angesehen werden, wenn es darum geht eine angemessene Berücksichtigung der mitverarbeiteten Bausubstanz vorzunehmen.

Mitverarbeitete Bausubstanz – fehlende Planungsgrundlagen

Gegebenenfalls wird der Fall auftreten, wonach auch bei erstellter Vorplanung oder Entwurfsplanung noch längst nicht alle Kenntnisse über die vorhandene Bausubstanz vorliegen, z. B. wenn

– keine Bestandsaufnahme vorliegt,

– keine technische Substanzerkundung durchgeführt wurde,

– keine Untersuchungen des bestehenden Tragwerks vorgenommen wurden,

– Leistungen zur Bauphysik (z. B. Thermische Bauphysik, Bauakustik, Raumakustik) entgegen der Empfehlung der Objektplaner beim Umbau nicht beauftragt wurden.

In diesen Fällen bestehen baufachliche Kenntnislücken in Bezug auf die Mitverarbeitung von vorhandener Bausubstanz, die eine sachgerechte Vereinbarung zum Umfang und Wert der mitverarbeiteten Bausubstanz nicht ermöglichen. Die Gefahr im Zuge der Planungsvertiefung zu einem weitreichend anderen Umfang zu kommen ist groß.

Sollten diese fachtechnischen Unklarheiten eine sachgerechte Vereinbarung zu Umfang und Wert der mitverarbeiteten Bausubstanz im Wege stehen, sollte die Kostenberechnung diesbezüglich als „vorläufig" erstellt werden und dann bei Vorliegen der fehlenden Grundlagen ergänzt werden. Damit wird zweierlei erreicht:

– Vermeidung von unsachgemäßen – zu niedrigen - Ansätzen bei den anr. Kosten,

– Vermeidung von Honorarverlusten durch unvollständige Ansätze bei der Kostenberechnung im investiven Bereich

– Vermeidung von Fehlern bei der Kostenberechnung

Mitverarbeitete Bausubstanz – Stufenverträge bzw. getrennte Vergaben

Bei Stufenverträgen kann ein z. B. allein mit der Bauüberwachung später beauftragtes Büro die Anforderung „zum Zeitpunkt der Kostenberechnung" schlicht nicht erfüllen. Inwieweit sich das Planungsbüro zwingend der Ermittlung des Vorgängerbüros anschließen muss, ist nicht geregelt. Eine zwingende Übernahme der Vereinbarung aus der Vereinbarung des vorhergehenden Planungsbüros ist in der HOAI 2013 nicht vorgesehen. Denn es ist durchaus nicht unüblich, dass im Zuge der Bauüberwachung der Umfang der mitverarbeiteten Bausubstanz ein anderer ist als in vorhergehenden Leistungsphasen.

Praxis-Tipp

Insofern ist das allein mit der Bauüberwachung beauftragte Planungsbüro gehalten, selbst eine Ermittlung der anrechenbaren Kosten aus mitverarbeiteter Bausubstanz für den Umfang der beauftragten Leistungen aufzustellen, falls in der vorhergehenden Kostenberechnung ein Mangel besteht. Für diesen Fall besteht nach Auffassung des Verfassers eine Regelungslücke.

Mitverarbeitung vorhandener Bausubstanz in den Leistungsphasen

Nachfolgende Tabelle zeigt Beispiele zur Mitverarbeitung vorhandener Bausubstanz in den jeweiligen Leistungsphasen anhand des Leistungsbildes Gebäude; die Mitverarbeitung entspricht fachtechnisch der „Tiefenschärfe" der jeweiligen Leistungsphasen.

Leistungsphase 1 Grundlagenermittlung

– Abwägung, ob die planerische Aufgabenstellung im vorhandenen Altbaubestand (vorh. Bausubstanz) grundsätzlich überhaupt möglich ist

– Abwägung der Frage, ob z. B. Tragwerkplaner oder Fachingenieur sich auch mit der vorhandenen Bausubstanz planerisch beschäftigen müssen und wenn ja, mit welchen besonderen Leistungen (z. B. Bestandsuntersuchung altes Tragwerk, verdeckte Bauschäden, alte Techniktrassenführungen untersuchen…)

– Abschätzung, ob evtl. Schadstoffe im Altbau vorhanden sind (Asbest, PCP, PCB, Beschichtungen, Mineralfaserstoffe) und evtl. Empfehlung zur Einschaltung eines Sonderfachbüros.

– Formulierung von Entscheidungshilfen für die etwaige Mitverarbeitung durch weitere Planungsbeteiligte

– Klärung, ob ein Büro für Bauhistorische Untersuchungen (Farbuntersuchungen, Holzuntersuchungen …) erforderlich ist

Leistungsphase 2 Vorplanung

– Skizzenhafte Mitverarbeitung bzw. funktionale und gestalterische Einbindung der vorhandenen Altbausubstanz bei den Freihandskizzen

– Grundsatzprüfung, welche Anteile der Altbausubstanz funktionell und konstruktiv weiter verwendbar sind

– Ermittlung der Schätzkosten aus Mitverarbeitung vorhandener Bausubstanz (z. B. Verstärkung von Sparren, …) und Aufnahme in die Kostenschätzung nach DIN 276.

– Bei Baudenkmälern: Denkmalrechtliche Voranfrage zur vorgesehenen Veränderbarkeit des Altbaues gem. Vorplanung

– Einarbeitung der Ergebnisse der weiteren Planungsbeteiligten aus der mitverarb. vorh. Bausubstanz (z. B. Angaben des Tragwerkplaners zur Verwendbarkeit alter Holzbalkendecken…)

Leistungsphase 3 Entwurfsplanung

– Entwurfliche bzw. funktionale Mitverarbeitung der Altbausubstanz bei den Zeichnungen (Grundrisse, Schnitte, Ansichten)

– Gestalterische Mitverarbeitung durch Einbindung vorh. Bauteile in neue Planungen, bes. bei gestalterischen Grundsatzlösungen

– Einbeziehung der Kostenanteile aus Mitverarbeitung (z. B. Deckenverstärkungen, Putzausbesserungen) und Schutz der vorh. Bausubstanz in die Kostenberechnung nach DIN 276

Baurechtliche Abstimmung, ob die Altbausubstanz im Hinblick auf die Genehmigungsfähigkeit geeignet ist (z. B. alte Wände im Treppenhaus auch als F90-Wand geeignet?)

Leistungsphase 4 Genehmigungsplanung

– Einbeziehung der vorh. Bausubstanz in die Genehmigungsplanung (z. B. beim Brandschutz, Fluchtwegekonzept, Rauchabschnittsbildung…)

– Zusammentragen der für die vorh. Altbausubstanz notwendigen Nachweise (z. B. Brandschutzgutachten bei Umnutzung)

– Klärung, ob Standsicherheitsnachweis (und evtl. Prüfstatik) für tragende Altbausubstanz erforderlich ist (z. B. bei Umbau von Versammlungsstätten)

– Evtl. denkmalrechtlicher Genehmigungsantrag und denkmalpflegerische Abstimmungen

Leistungsphase 5 Ausführungsplanung

– Ausführungszeichnungen einschl. mitverarbeiteter Altbausubstanz als Ausschreibungs- und Ausführungsgrundlage.

– Detailzeichnungen zur konstruktiven Verbindung zwischen vorh. Altbausubstanz und neuen Bauteilen

– Materialtechn. Abstimmung Alt-Neu, z. B. Befestigungsart einer neuen F-90-Tür in alter mitverarbeiteter Bausubstanz (Bauartzulassungen betreffen nur F-90-Türen in Neubauwänden)

– Winddichte Ganzglasfassade an Klinker-Altbau mit Bautoleranzen

– Planerische Festlegung v. Schutzmaßnahmen für die vorh. Bausubstanz

Leistungsphase 6 Vorbereitung der Vergabe

– LV-Positionen die zur Mitverarbeitung der Altbausubstanz erforderlich sind, z. B. spezielle Bearbeitung des vorhandenen Untergrundes (z. B. Befestigen neuer Feuerschutzplatten an alten Holz- oder Stahlstützen)

– LV-Beschreibung von Einbaubedingungen zur Angebotskalkulation (z. B. Stahlträger für Deckenverstärkung zunächst in Einzelteilen mit Kopfplatten in Altbau einbringen, anschl. Im Altbau zu langen Trägern verschrauben).

– LV-Beschreibung für Maßnahmen an der vorhandenen Altbausubstanz (z. B. evtl. Schutzmaßnahmen; Behinderungen im Ablauf; prov. Abschottungen, prov. Zugangswege bzw. Zwischenlager im Gebäudeinneren … als Kalkulationsgrundlage

– LV-Positionen zur Befestigung neuer Bauteile an der mitverarb. Bausubstanz (z. B. Einbau einer neuen Treppe im Altbau)

Leistungsphase 7 Mitwirkung bei der Vergabe

– Angebotswertung, hinsichtlich der angebotenen Neu-Materialien und Bauverfahren in Bezug auf Verträglichkeit mit der vorh. Altbausubstanz (neuer Fugenmörtel in altem Mauerwerk Treibminerale; neue Anstrichsysteme auf vorh. Altbaufassade…)

– Beurteilung der Angebote im Hinblick auf die Verträglichkeit mit dem Altbau z. B. Unterfangungen, Deckenverstärkungen…)

– Beurteilung von Nebenangeboten und Alternativen soweit die Altbausubstanz betreffend.

Leistungsphase 8 Bauüberwachung

– Bauüberwachung von Maßnahmen an der vorhandenen Altbausubstanz

  • Befestigung Neu an Alt z. B.

  • neuer Fassadenputz auf altem Untergrund; neues deckenhängendes Röntgengerät in Altbaudecke eines Krankenhausumbaues; untere Lastverteilung neuer Träger in der Altbausubstanz

  • Überwachung von Brandschutzmaßnahmen, z. B. Einbau von T-30-Türen in Altbauwände (Übereinstimmung mit Bauartzulassung); Befestigung neuer Feuerschutzbekleidung an Altbausubstanz

  • Überwachung bei Neuverfugung von altem Natursteinmauerwerk, Ausbesserungen vorhandener Putzflächen (Untergrundhaftung…)

– Überwachung von Sicherungsmaßnahmen (Abdeckfolien, Sicherungsgerüste, Unterfangungen…) an der Altbausubstanz

– Terminplanung unter Berücksichtigung der Bedingungen aus der vorhandenen mitverarbeiteten Bausubstanz (z. B. geringere Baugeschwindigkeit).

– Überwachung bezüglich der befristeten höheren Belastung vorh. Bausubstanz während der Bauzeit.

– Kontrolle der Altbausubstanz im Rahmen der Abrechnung (z. B. Beschädigung durch Unternehmer?)

Leistungsphase 9 Objektbetreuung und Dokumentation

– Objektbegehung zur Mängelfeststellung an der mitverarbeiteten vorhandenen Bausubstanz

Unvollständige fachliche Basis für Ermittlung der anrechenbaren Kosten

Soweit keine Bestandsaufnahmen oder Technische Substanzerkundungen durchgeführt wurden, fehlen die entsprechenden Kenntnisse, um die anrechenbaren Kosten aus mitverarbeiteter Bausubstanz fachgerecht ermitteln zu können. In diesem Zusammenhang zeigt sich die Bedeutung und Auswirkung der ordnungsgemäßen Vereinbarung und Erbringung von Besonderen Leistungen beim Bauen im Bestand.

Die Regelung zur Vereinbarung von angemessenen anrechenbaren Kosten aus mitzuverarbeitender Bausubstanz im Zuge der Kostenschätzung bzw. Kostenberechnung erfordert im Ergebnis eine

– Klärung der Aufgabenstellung und des Raumprogramms sowie der vorgesehenen Nutzungen, Standards

– Beauftragung und Durchführung aller baufachlich notwendigen Objektplanungen, Fachplanungen, Beratungsleistungen ab Leistungsphase 1

– Beauftragung der in den jeweiligen Leistungsbildern baufachlich erforderlichen Besonderen Leistungen[36]

Diese Mindestvoraussetzungen müssen erfüllt sein, um die baufachlich erforderlichen Projektkenntnisse zu erhalten, die notwendig sind, um darauf aufbauend die angemessenen anrechenbaren Kosten aus mitverarbeiteter Bausubstanz vereinbaren zu können.

Das gilt auch für Generalplaner die mit Subplanern entsprechende Verträge abschließen.

Soweit dem Planungsbüro die Grundlagen für diese Ermittlungen nicht zur Verfügung gestellt werden, sollte das Planungsbüro auch keine Verantwortung für die rechnerische Richtigkeit der Kostenermittlung in der zu erwartenden Form übernehmen. Die Ertüchtigungskosten sind damit ebenfalls nicht mit der gebotenen Tiefenschärfe und rechnerischen Genauigkeit ermittelbar. Gleiches trifft auch für die aus der Mitverarbeitung sich ergebenden anrechenbaren Kosten zu. Diese Defizite können dazu führen, dass die Kostenberechnung diesbezüglich unvollständig sein kann, was dem Auftraggeber im Rahmen der Beratungspflichten des Planungsbüros rechtzeitig kommuniziert werden sollte.

Beispiel

Wenn bei einem Umbau bis zur Erstellung der Kostenschätzung oder Kostenberechnung noch keine Bestandsaufnahme oder technische Substanzerkundung erfolgen konnte (z. B. wegen fehlender Beauftragung) stehen keine hinreichenden baufachlichen Projektkenntnisse zur Verfügung anhand derer Umfang und Wert der mitzuverarbeitenden Bausubstanz fachgerecht abgeschätzt werden kann.

Die nachstehende Abbildung zeigt die möglichen Einflüsse von Bestandsuntersuchungen oder nachträgliche Erkenntnisse auf die Baukosten nach DIN 276/08.

Kostenanteile und deren „Zurverfügungstellung"	Einflüsse auf Gebäudeplanung	Kostenplanung (z. B.: Entwurf)
Bestandsuntersuchung	Konstruktionsänderungen	Eingang in Kosten gem. DIN 276
Nachträgliche Erkenntnisse	Konstruktionsänderungen	Eingang in Kosten gem. DIN 276

---

[36] z. B. technische Substanzerkundung der vorhandenen Bausubstanz

Vertragsbeendigung vor Erstellung einer vollständigen Kostenermittlung

Die anrechenbaren Kosten bei vorzeitig beendeten Vertragsverhältnissen können Gegenstand von Auseinandersetzungen sein, soweit der Vertrag vor Erstellung der Kostenberechnung bzw. Kostenschätzung beendet wurde und noch nicht alle Fachbeiträge der weiteren an der Planung Beteiligten integriert werden konnten. In diesen Fällen sollte der Gebäudeplaner für fehlende Daten begründete Annahmen treffen und seiner Ermittlung der anrechenbaren Kosten hinzufügen. Es macht Sinn diese Annahmen gesondert kenntlich zu machen (z. B. eigene Spalte mit entsprechender Bezeichnung) und fachlich zu erläutern. Das gilt u. a. für folgende Beiträge die in die Kostenschätzung bzw. Kostenberechnung eingehen:

- Kosten für Schadstoffausbau bei Umbauten
- Nutzungsspezifische Anlagen der Kostengruppe 470
- Technische Anlagen allgemein (Kostengruppe 400)
- Vorgesehene Baukonstruktive Einbauten
- Gründung (z. B. Hangsicherung)
- Bauzwischenzustände (Kostengruppen 300 und 400)
- Mitverarbeitete Bausubstanz beim Bauen im Bestand

Anrechenbare Kosten je Abrechnungseinheit

Die anrechenbaren Kosten sind nach den Vorschriften der HOAI je Objekt gesondert aufzustellen. Die nachfolgende Abbildung zeigt dies anhand eines Umbaus und 2 Erweiterungsbauten.

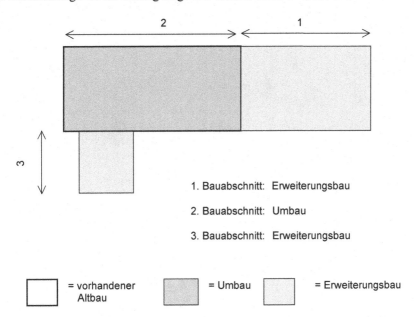

1. Bauabschnitt: Erweiterungsbau

2. Bauabschnitt: Umbau

3. Bauabschnitt: Erweiterungsbau

= vorhandener Altbau   = Umbau   = Erweiterungsbau

Folgende Beispiele können für die Praxis von Bedeutung sein, wenn es darum geht zu entscheiden, ob ein oder mehrere Gebäude vorliegen.

Gebäude	Gebäude	Anzahl Objekte
Sporthalle	Angebauter 1-geschossiger Umkleidetrakt	1 Objekt
Sporthalle	Fachunterrichtsräume mit Abstand von 10 m	2 Objekte
Wohnhaus	Freistehende Garage	2 Objekte
Produktionsgebäude	Verwaltungsgebäude	2 Objekte
Reihenhaus	Reihenhaus (konstruktiv und funktional getrennt)	2 Objekte

§ 5 Honorarzonen

(1) **Die Objekt-, Bauleit- und Tragwerksplanung wird den folgenden Honorarzonen zugeordnet:**

   1. **Honorarzone I:**   sehr geringe Planungsanforderungen,

   2. **Honorarzone II:**   geringe Planungsanforderungen,

   3. **Honorarzone III:**   durchschnittliche Planungsanforderungen,

   4. **Honorarzone IV:**   hohe Planungsanforderungen,

   5. **Honorarzone V:**   sehr hohe Planungsanforderungen.

(2) **Flächenplanungen und die Planung der technischen Ausrüstung werden den folgenden Honorarzonen zugeordnet:**

   1. **Honorarzone I:**   geringe Planungsanforderungen,

   2. **Honorarzone II:**   durchschnittliche Planungsanforderungen,

   3. **Honorarzone III:**   hohe Planungsanforderungen.

(3) **Die Honorarzonen sind anhand der Bewertungsmerkmale in den Honorarregelungen der jeweiligen Leistungsbilder der Teile 2 bis 4 zu ermitteln. Die Zurechnung zu den einzelnen Honorarzonen ist nach Maßgabe der Bewertungsmerkmale und gegebenenfalls der Bewertungspunkte sowie unter Berücksichtigung der Regelbeispiele in den Objektlisten der Anlagen dieser Verordnung vorzunehmen.**

Allgemeines

Die Honorarzonen gehören zu den wesentlichen Säulen der Honorarberechnung. Mit der Eingruppierung in verschiedene Honorarzonen wird den unterschiedlichen Schwierigkeitsgraden von Planung und Bauüberwachung bei der Honorarermittlung Rechnung getragen.

Die Honorarzone wird anhand der Kriterien der HOAI bestimmt und bedarf deshalb keiner zwingenden Regelung im Planungsvertrag. Die Honorarzonen stellen nämlich aus regelungstechnischer Sicht ausschließlich den Schwierigkeitsgrad der Planung und Bauüberwachung dar. Sie sind eine der wesentlichen Säulen der Honorarberechnung. Mit der Eingruppierung in verschiedene Honorarzonen wird den unterschiedlichen Schwierigkeitsgraden von Planung und Bauüberwachung bei der Honorarermittlung Rechnung getragen.

In der Praxis der Planungstätigkeit kann außerdem aus rein baufachlichen Gründen nicht davon ausgegangen werden, dass bei Abfassung eines **Planungsvertrags** generell bereits Klarheit über die Honorarzone besteht.

Auch aus diesen praktischen Erwägungen heraus hat der Verordnungsgeber geregelt, dass die Honorarzone ausschließlich durch die HOAI bestimmt wird. So sind z. B. Wohngebäude einerseits der Honorarzone III und andererseits auch der Honorarzone IV zuzuordnen, je nach Schwierigkeitsgrad, der sich meistens erst im Zuge der Planungsvertiefung zeigt.

Die Regelungen in § 5 zu den Honorarzonen sind planbereichsübergreifend und lediglich grundsätzlicher Natur. In Absatz 1 werden die Honorarzonen der Objektplanung, Bauleit- und Tragwerksplanung geregelt. In Absatz 2 werden die Honorarzonen für die Flächenplanung und Planung der Technischen Ausrüstung geregelt.

Der Verordnungstext in Absatz 1 spricht für sich. Je nach Grad der Anforderungen ist die Honorarzone einzustufen. Die Beschreibung der Anforderungen ist jedoch sehr allgemein gehalten formuliert, so dass es unmittelbar notwendig ist, die spezifischen Regelungen je Planbereich anzuwenden.

Die für die Gebäudeplanung und Innenräume objektspezifischen Hinweise zur Eingliederung in die zutreffende Honorarzone sind in § 35 Absatz 2 – 6 sowie in Anlage 10.2 und 10.3 (Objektliste) zur HOAI vorgenommen worden.

Die zutreffende Honorarzone wird durch die HOAI bestimmt

Eine im Vertrag festgelegte Honorarzone, die sich später als nicht zutreffend zeigt, ist **unwirksam** und somit nicht bei der Honorarabrechnung zu berücksichtigen, wenn damit eine Mindestsatzunterschreitung oder Höchstsatzüberschreitung einhergeht. Das Landgericht Stuttgart hat mit Urteil vom 18.10.1996 (Az.: 15 O 1/96) für Recht erkannt, dass die Einordnung in eine objektiv zu niedrige Honorarzone eine unzulässige Mindestsatzunterschreitung darstellen kann und demzufolge die zutreffende Honorarzone bei der Honorarberechnung zu berücksichtigen ist.

Praxis-Tipp Eine zu niedrige Honorarzone ist unwirksam, wenn dadurch der Mindestsatz nach HOAI unterschritten wird und keine Ausnahme, die die Unterschreitung des Mindestsatzes rechtfertigt, vorliegt.

Sollte im Zuge der Vertragsanbahnung keine Einigung über die Honorarzone möglich sein dann ist es nach der herrschenden Rechtsprechung nicht schädlich, wenn auf eine Vereinbarung einer Honorarzone im Vertrag verzichtet wird.

Praxis-Tipp In der Regel stellt sich erst im Zuge der Planungsvertiefung heraus welche Anforderungen an die Gestaltung oder die Einbindung in die Umgebung gestellt werden. Damit ist auch baufachlich nachvollziehbar, dass die Honorarzoneneingruppierung von den Planungsinhalten abhängt und nicht zwingend in allen Fällen bei Vertragsabschluss bereits festgelegt werden kann.

→   **Siehe auch § 35 HOAI (Honorarzone) sowie Anlage 10.2-10.3 (Objektliste) HOAI**

In Absatz 3 ist geregelt, dass die Honorarzoneneingliederung nach Maßgabe der Bewertungsmerkmale zu ermitteln ist. Der nachfolgende Satz legt fest, dass die Zurechnung zu den einzelnen Honorarzonen nach Maßgabe der Bewertungsmerkmale und gegebenenfalls der Bewertungspunkte sowie unter Berücksichtigung der Regelbeispiele in den Objektlisten vorzunehmen ist.

Die Honorarzone wird anhand der Kriterien der HOAI bestimmt und bedarf deshalb keiner zwingenden Regelung im Planungsvertrag. Die je Planung bzw. Bauvorhaben individuell zutreffende **Honorarzone** ist somit **nicht verhandelbar** und unterfällt somit auch keinem Spielraum bei der Ausgestaltung des Honorars.

Liegt jedoch trotz falsch eingruppierter Honorarzone keine Mindestsatzunterschreitung vor, weil die Honorarsatzvereinbarung oder andere Berechnungsgrundlagen dazu führen, dass im Ergebnis aller Honorarvereinbarungen ein Honorar zwischen Mindest- und Höchstsatz vorliegt, dann ist die falsch gewählte Honorarzone nicht zwingend zu ändern, da die Vertragsparteien im Ergebnis eine zwischen Mindest- und Höchstsatz liegende Vereinbarung getroffen haben. Nur wenn die falsche Honorarzoneneingruppierung dazu führt, dass dadurch der Regelungsbereich des Preisrechts (also Mindest- bzw. Höchstsatz) verlassen wird, ist eine Korrektur unter rechtlich zulässigen Aspekten möglich, was im Einzelfall zu entscheiden ist.

Kommt die Punktebewertung zu einem rein rechnerischen Mittelwert innerhalb einer Honorarzone, bedeutet das nicht, dass damit gleichsam der Mittelsatz vereinbart ist.

Beispiel

Kommt eine Punktebewertung zum Ergebnis von 24 Punkten, so ist damit lediglich die Honorarzone ermittelt, nicht jedoch der Honorarsatz. Der Mittelsatz kann nicht zwingend aus dem rechnerischen Mittelwert der Punktebewertung zwischen 2 Honorarzonen abgeleitet werden.

Zeitpunkt der Honorarzoneneingruppierung

In der Praxis der Planungstätigkeit kann aus baufachlichen Gründen der Planungsentwicklung nicht davon ausgegangen werden, dass bereits bei Abfassung eines Planungsvertrages endgültig Klarheit über die Honorarzone besteht. So sind z. B. Wohngebäude einerseits der Honorarzone III und andererseits auch der Honorarzone IV zuzuordnen, je nach Schwierigkeitsgrad, der sich meistens erst im Zuge der Planungsvertiefung zeigt. Außerdem bestimmen Kriterien wie z. B.

– Anforderungen an die Einbindung in die Umgebung
– Gestalterische Anforderungen

die Zuordnung zur Honorarzone entscheidend mit. Diese Kriterien entwickeln sich aber erst im Zuge der Grundlagenermittlung, Vorplanung und Entwurfsplanung. Somit können sich ursprünglich vorgesehene Honorarzoneneingruppierungen, die im Vertrag vereinbart sind, als unzutreffend erweisen.

Auch aus diesen praktischen Erwägungen heraus hat der Verordnungsgeber geregelt, dass die Honorarzone ausschließlich durch die HOAI bestimmt wird.

Absatz 3 Das Verhältnis von Objektliste zu Verordnungstext

In der Anlage 10.2 und 10.3 zur HOAI ist die Objektliste angefügt. In § 5 und § 35 ist der zugehörige Verordnungstext enthalten. Die Objektliste enthält ausgewählte Beispiele für eine Zuordnung in Honorarzonen. Bei den in der **Objektliste** aufgeführten Objekten mit entsprechenden Zuordnungen handelt es sich jedoch nur um Regelbeispiele, was sich auch aus dem Wortlaut der Anlage 3 ergibt. Darin heißt es, dass es „... *werden in der Regel folgenden Honorarzonen zugeordnet* ...". Im Wortlaut des § 5 ist dargelegt, dass die Eingruppierung u. a. anhand der Regelbeispiele vorzunehmen ist.

Im Verordnungstext in § 35 Absatz 4 (Gebäude) und Absatz 5 (Innenräume) wird dazu klargestellt, dass immer dann, wenn die Honorarzoneneingliederung nicht zweifelsfrei klar ist, zunächst Anzahl der Bewertungspunkte zu ermitteln ist.

Auch in diesem Zusammenhang ist zu beachten, dass die Regelbeispiele lediglich als Regelbeispiele zu betrachten sind. Diese Regelbeispiele können naturgemäß die Anforderungen an die Einbindung in die Umgebung und die gestalterischen Anforderungen nicht einzelfallspezifisch abbilden und sind daher nur als allgemeine Hilfe zu berücksichtigten (§ 5 Absatz 3 HOAI), nicht jedoch entscheidungserheblich für die Eingruppierung.

Die Berücksichtigung als Hilfestellung bedeutet lediglich eine formlose Berücksichtigung. Es wäre jedoch baufachlich nicht sachgerecht, die Objektliste mit einer festen Einflussgröße in die Honorarzoneneingruppierung einfließen zu lassen. Das würde dem Sinn der Regelbeispiele (mehr als Regelbeispiele können die nicht einzelfallbezogenen Objektlisten auch nicht sein) widersprechen.

Beispiel

Im Einführungserlass des Bundesministeriums für Verkehrs, Bau und Stadtentwicklung vom 19.08.2013 wird zu § 5 Absatz 3 HOAI Folgendes ausgeführt:
„Die Systematik zur Bestimmung der Honorarzonen gilt unverändert fort. Die Honorarzone ist zunächst aufgrund der Bewertungsmerkmale und gegebenenfalls der Bewertungspunkte zu ermitteln. Durch die Regelbeispiele in den Objektlisten soll die Zuordnung erleichtert werden."

Damit ist klargestellt, dass die Regelbeispiele nur die Zuordnung erleichtern sollen, aber keine verbindliche Vorgabe darstellen. Das ist insbesondere vor den oben bereits ausgeführten einzelfallspezifischen Sachverhalten bei den Bewertungsmerkmalen (z. B. Einbindung in die Umgebung, Gestaltung usw.) von Bedeutung.

So sind zum Beispiel Berufsschulen in den Regelbeispielen nur in der Honorarzone III eingetragen worden (ohne nachvollziehbare Gründe in Abweichung von der bisherigen Eingruppierung nach der bisherigen Objektliste, was baufachlich unverständlich ist) obwohl die Berufsschulen erfahrungsgemäß in den meisten Fällen der Honorarzone IV zuzuordnen sind, wenn man die Einzelbewertungskriterien bei konkreten Objekten anstatt die Objektliste mit ihren Regelbeispielen zugrunde legt.

Praxis-Tipp — Da in den meisten Fällen Bewertungsmerkmale aus unterschiedlichen Honorarzonen anwendbar sind oder Zweifel in Bezug auf die Eingruppierung bestehen, ist letztlich die Eingruppierung nach den Bewertungskriterien der Regelfall und nicht die Regelbeispiele aus den Objektlisten.

Die projektbezogenen Anforderungen an die **Einbindung in die Umgebung** oder die gestalterischen Anforderungen finden bei den Regelbeispielen keine sachgemäße Würdigung[37], so dass

---

[37] Die Regelbeispiele sind objektneutral, denn es gibt für sie keine konkreten objektbezogenen Anhaltspunkte für die Einbindung in die Umgebung und die Anforderungen an die Gestaltung

die Objektliste mit ihren Regelbeispielen nicht als primärer Maßstab zur Honorarzoneneingruppierung geeignet ist.

Honorarzone beim Bauen im Bestand

Der BGH hat mit seinem Urteil vom 11.12.2008, AZ: VII ZR 235/06 den Gebäudebezug[38]
beim Bauen im Bestand – wenn nur Teile eines vorhandenen Objektes umgebaut werden –
zugunsten des Vertragsumfangs verlassen, so dass bei Teilumbauten nicht mehr das gesamte
Objekt unberührt vom konkreten Umfang des Umbaus als Grundlage zur Honorarzoneneingruppierung dient.

Wird nur ein Teil eines vorhandenen Objekts umgebaut, dann ist nach dem oben erwähnten
Urteil nur der betreffende Teil des Objekts der den Vertragsgegenstand ausmacht, Grundlage
der Honorarzoneneingruppierung. Denn der Vertragsumfang bildet das Objekt der Planung.

Mit dem Begriff Regelbeispiele in den Objektlisten wird insbesondere beim Bauen im Bestand
ebenfalls klargestellt, dass es sich lediglich um sog. Regelbeispiele handelt, die nicht einzelfallbezogen nach Umbauanforderungen ausgestaltet sind. Auch hier gilt also, dass z. B. Anforderungen an die Einbindung in die bauliche Umgebung der umzubauenden Altbaus individuell
zu beurteilen ist. Außerdem gilt hier ebenfalls das oben beschriebene zur Einbindung in die
Umgebung und zu den Anforderungen an die Gestaltung.

Im Ergebnis kann daher festgestellt werden, dass beim Bauen im Bestand die Regelbeispiele
der Objektlisten allenfalls als ganz grober Anhaltspunkt dienen können, nicht jedoch entschei-
dungserheblichen Einfluss auf die Eingruppierung ausüben.

$\rightarrow$ **Siehe auch § 35 HOAI**

---

[38] Die Berücksichtigung des Gesamtobjektes als Eingruppierungsgrundlage bei nur anteiligen Umplanungen hat der BGH abgelehnt, wenn der Vertragsgegenstand nicht das Gesamtobjekt umfasst

§ 6 Grundlagen des Honorars

(1) Das Honorar für Leistungen nach dieser Verordnung richtet sich

1. für die Leistungsbilder des Teils 2 nach der Größe der Fläche und für die Leistungsbilder der Teile 3 und 4 nach den anrechenbaren Kosten des Objekts auf der Grundlage der Kostenberechnung oder, sofern keine Kostenberechnung vorliegt, auf der Grundlage der Kostenschätzung

2. nach dem Leistungsbild,

3. nach der Honorarzone,

4. nach der dazugehörigen Honorartafel.

(2) Honorare für Leistungen bei Umbauten und Modernisierungen gemäß § 2 Absatz 5 und Absatz 6 sind zu ermitteln nach

1. den anrechenbaren Kosten,

2. der Honorarzone, welcher der Umbau oder die Modernisierung in sinngemäßer Anwendung der Bewertungsmerkmale zuzuordnen ist,

3. den Leistungsphasen,

4. der Honorartafel und

5. dem Umbau- oder Modernisierungszuschlag auf das Honorar.

Der Umbau- oder Modernisierungszuschlag ist unter Berücksichtigung des Schwierigkeitsgrads der Leistungen schriftlich zu vereinbaren. Die Höhe des Zuschlags auf das Honorar ist in den jeweiligen Honorarregelungen der Leistungsbilder der Teile 3 und 4 geregelt. Sofern keine schriftliche Vereinbarung getroffen wurde, wird unwiderleglich vermutet, dass ein Zuschlag von 20 Prozent ab einem durchschnittlichen Schwierigkeitsgrad vereinbart ist.

(3) Wenn zum Zeitpunkt der Beauftragung noch keine Planungen als Voraussetzung für eine Kostenschätzung oder Kostenberechnung vorliegen, können die Vertragsparteien abweichend von Absatz 1 schriftlich vereinbaren, dass das Honorar auf der Grundlage der anrechenbaren Kosten einer Baukostenvereinbarung nach den Vorschriften dieser Verordnung berechnet wird. Dabei werden nachprüfbare Baukosten einvernehmlich festgelegt.

Allgemeines

Die Regelungen des Absatz 1 sprechen für sich. Auf die Einzelregelungen wird Bezug genommen.

In § 6 werden die Grundlagen des Honorars dargestellt. Für die Gebäudeplanung und die Innenräume sind als wichtigste rechnerische Grundlage in Absatz 1 genannt

– Kostenberechnung

– Kostenschätzung (soweit noch keine Kostenberechnung vorliegt)

Damit ist klargestellt, dass für die Leistungen der Leistungsphasen 1–9 lediglich die Kostenberechnung als Honorargrundlage besteht, während die Kosten des **Kostenanschlags** und der

Kostenfeststellung nach der HOAI 2013 in Bezug auf die Höhe der anrechenbaren Kosten nicht relevant sind.

Diese Regelung führt zu einer hohen Bedeutung der **Kostenberechnung** zum Entwurf. In der Vergangenheit hatte die Kostenberechnung zum Entwurf ihre zentrale Bedeutung lediglich darin, dem Auftraggeber einen hinreichend genauen Überblick über die Kosten der vorgesehenen Baumaßnahme zu verschaffen und damit die Basis für die Finanzierung endgültig zu legen

Die HOAI 2009 hat in diesem Punkt für eine bedeutsame Änderung gesorgt, die auch in der Fassung der HOAI 2013 so gilt. Danach ist das Honorar für alle Leistungsphasen auf der Grundlage der anrechenbaren Kosten, die sich aus der Kostenberechnung[39] ergeben, zu ermitteln.

Unklar bleibt zunächst, wie nach dem Verordnungstext mit Kostensteigerungen, die aus der Sphäre des Auftraggebers stammen und nach der Erstellung der Kostenberechnung anfallen, aber nicht auf Planungsänderungen basieren, umzugehen ist.

Bei der Gliederung der Kosten des Projektes in die Kosten der jeweiligen Kostengruppen die für die jeweiligen Planbereiche als anrechenbare Kosten gelten, kann es evtl. **Interessenkonflikte** geben als in der Vergangenheit. Der frühere Glättungseffekt[40], wonach größere Abweichungen von anrechenbaren Kosten der Kostengruppen untereinander in den anrechenbaren Kosten des Kostenanschlags und der Kostenfeststellung teilweise ausgeglichen wurden, fällt mit der neuen HOAI weg.

Kostenberechnung als wichtige Planungsleistung

Beim Bauen im Bestand wird die o. e. Problematik der Kostenverschiebung oder Kostenentwicklung besonders deutlich. Es dürfte hier in Zukunft kaum möglich sein, eine fachgerechte Kostenberechnung ohne **Bestandsaufnahme** der vorhandenen Bausubstanz und ohne technische Substanzerkundung der vorhandenen Bausubstanz durchzuführen.

Zu groß wäre das Risiko auf die vorgenannten Bestandserkundungen zu verzichten, wenn dann die Kosten der Kostenberechnung nicht die später tatsächlich anfallenden Kosten verhältnisgerecht abbilden (und damit auch die Honorarberechnung der jeweils Beteiligten unsachgemäß beeinflusst würde).

Gleiches trifft für die weiteren fachtechnischen Planungsgrundlagen zu. Die Erstellung einer Kostenberechnung ohne die Beiträge der anderen erforderlichen Fachplaner und Berater birgt erhebliche Kostenrisiken.

| Praxis-Tipp | Aufgrund der o. g. Risiken rückt die Beratung der Planungsbüros in Bezug auf Einschaltung aller neben der Gebäudeplanung notwendigen Planungsinhalte noch stärker in den Vordergrund der Planung. Ebenso wird die Beauftragung von notwendigen Besonderen Leistungen des eigenen Leistungsbildes zu Beginn der Planung immer wichtiger. |

---

[39] Soweit diese nicht vorliegt, nach der Kostenschätzung

[40] Wie er in der HOAI 1996 noch durch die 3-stufige Ermittlung der anrechenbaren Kosten vorhanden war

Kostenberechnung und Änderungsplanung

Die Regelung, wonach die Kostenberechnung die Honorargrundlage für alle Leistungsphasen darstellt, gewinnt im Zusammenhang mit der Frage nach der Honorierung bei **Änderungsplanungen** große Bedeutung. Die neue HOAI 2013 hat die **Änderungsplanungen** in § 10 grundlegend neu geregelt. Diese Regelungen sind von erheblicher Bedeutung bei der Honorarermittlung bei künftigen Änderungen der Planung. Nach § 10 ist die dem Honorar zugrunde liegende Vereinbarung anzupassen, wenn Planungsänderungen eintreten.

Das nachstehende Bild zeigt die Kostenberechnung als Honorargrundlage für alle Leistungsphasen.

Leistungsphase	**Honorargrundlage**	soweit Kostenberechnung noch nicht vorliegt
Leistungsphase 1	Kostenberechnung	Kostenschätzung
Leistungsphase 2	Kostenberechnung	Kostenschätzung
Leistungsphase 3	Kostenberechnung	Kostenschätzung
Leistungsphase 4	Kostenberechnung	Kostenschätzung
Leistungsphase 5	Kostenberechnung	Kostenschätzung
Leistungsphase 6	Kostenberechnung	Kostenschätzung
Leistungsphase 7	Kostenberechnung	Kostenschätzung
Leistungsphase 8	Kostenberechnung	Kostenschätzung
Leistungsphase 9	Kostenberechnung	Kostenschätzung

Kostenberechnung – Mehrere Objekte

Die HOAI bezieht die Ermittlung der anrechenbaren Kosten auf ein jeweiliges Objekt (z. B. ein Gebäude). Häufig stellt sich die Frage, ob ein Objekt oder mehrere Objekte vorliegen. Die

Frage ist vor dem Hintergrund der degressiv verlaufenden Honorartafelwerte von Bedeutung. Ein großes Objekt führt zu einem geringeren Honorar als zwei oder mehrere kleinere Objekte bei insgesamt gleichen anrechenbaren Kosten.

Beispiel

Bei Planungsvertiefungen kann es vorkommen, dass der ursprünglich vorgesehene Planungsansatz, ein größeres Bauwerk als eine Einheit zu planen, im Zuge der Vorentwurfsplanung in eine Planungslösung mündet, die zwei oder mehrere Objekte nach den Bestimmungen der HOAI zur Folge hat und in dieser Form in den weiteren Phasen der Planungsvertiefung weitergeführt wird.

Dann ergeben sich eigenständige Objekte mit jeweils eigenständigen anrechenbaren Kosten. Im Ergebnis bedeutet das, dass die Beteiligten Planer und Fachberater in solchen Fällen die Kostenermittlungen und die anrechenbaren Kosten dementsprechend gliedern sollten, um eine sachgerechte Honorargrundlage zu erhalten.

§

Absatz 1 Kostenschätzung

Soweit die Kostenberechnung noch nicht vorliegt, ist die Kostenschätzung als Honorargrundlage anzuwenden. Dabei ist zu beachten, dass die Anforderungen an die Gliederung der anrechenbaren Kosten in voll anrechenbar, beschränkt anrechenbar, bedingt anrechenbar und nicht anrechenbar auch bei der Kostenschätzung berücksichtigt wird, damit eine prüfbare Honorarabrechnung aufgestellt werden kann. Insofern muss die Kostenschätzung neben den Anforderungen nach DIN 276/08 auch die Anforderung an die Gliederung der anrechenbaren Kosten erfüllen.

Absatz 2 Umbau- oder Modernisierungszuschlag

Die Regelungen zum Umbau- und Modernisierungszuschlag sind neu aufgestellt. Dabei sind insbesondere die Regelungen in Bezug auf die schriftlichen Vereinbarungen von Bedeutung. Bei überdurchschnittlichem Schwierigkeitsgrad sind auch höhere Umbauzuschläge möglich.

Übergreifende Regelung in § 6 Abs. 2 Sätze 2 bis 4	Hinweise:
Der Umbau- oder Modernisierungszuschlag ist unter Berücksichtigung des Schwierigkeitsgrads der Leistungen schriftlich zu vereinbaren.	1. Zuschlag von 20% nur bei fehlender schriftl. Vereinbarung <u>ab</u> durchschnittl. Schwierigkeitsgrad.
Die Höhe des Zuschlags auf das Honorar ist in den jeweiligen Honorarregelungen der Leistungsbilder der Teile 3 und 4 geregelt.	2. Die Berücksichtigung des Schwierigkeitsgrades gilt generell.
Sofern keine schriftliche Vereinbarung getroffen wurde, gilt unwiderleglich vermutet, dass ein Zuschlag von 20 Prozent ab einem durchschnittlichen Schwierigkeitsgrad vereinbart ist.	3. Der Schwierigkeitsgrad kann hilfsweise in der Regel auch anhand der Honorarzone abgeleitet werden.

Spezialregeln in den Leistungsbildern	Hinweise
Gebäude § 36 (1): Für Umbauten und Modernisierungen von Gebäuden kann bei einem durchschnittlichen Schwierigkeitsgrad ein Zuschlag gemäß § 6 Absatz 2 Satz 3 bis 33 Prozent auf das ermittelte Honorar schriftlich vereinbart werden.	1. Als Zuschlag auf das ermittelte Honorar geregelt. 2. Schriftlich: Nur bei Honorarzone III Obergrenze, keine genaue Untergrenze. Bei Honorarzone I, II, IV und V keine genaue Unter-/Obergrenze aber § 6 Abs. 2 Satz 2 beachten.
Freianlagen § 40 (6): § 36 Absatz 1 ist für Freianlagen entsprechend anzuwenden.	1. Als Zuschlag auf das ermittelte Honorar geregelt. 2. Schriftlich: Nur bei Honorarzone III Obergrenze, keine genaue Untergrenze. Bei Honorarzone I, II, IV und V keine genaue Unter- Obergrenze aber § 6 Abs. 2 Satz 2 beachten.
Innenräume § 36 (2): Für Umbauten und Modernisierungen von Innenräumen in Gebäuden kann bei einem durchschnittlichen Schwierigkeitsgrad ein Zuschlag gemäß § 6 Absatz 2 Satz 3 bis 50 Prozent auf das ermittelte Honorar schriftlich vereinbart werden.	1. Als Zuschlag auf das ermittelte Honorar geregelt. 2. Schriftlich: Nur bei Honorarzone III Obergrenze, keine genaue Unter-Obergrenze aber § 6 Abs. 2 Satz 2 beachten.

Praxis-Tipp Die Regelung nach § 6 Absatz 2 HOAI, wonach der Schwierigkeitsgrad der Leistungen zu berücksichtigen ist, wirkt aktiv. Damit wird klargestellt, dass nicht ohne Weiteres völliger Spielraum bei der Bemessung der Höhe des Umbauzuschlags besteht.

Die Höhe des Umbauzuschlags kann auch hilfsweise anhand von baufachlichen Kriterien begründet werden. Diese Kriterien können einzelfallspezifisch erarbeitet werden. Die nachstehende Tabelle zeigt ein Beispiel für die Bildung von Kriterien zur Vereinbarung einer angemessenen Höhe des Umbauzuschlags.

Beispiel eines Bewertungsschemas zur Einschätzung des Schwierigkeitsgrads in Bezug auf den Umbauzuschlag nach § 6 Absatz 2 HOAI.

Nr.	Kriterien	Aufwand normal	erhöht
1	Einbindung in bestehende Baukonstruktion	X	
2	geringe Bausumme in Relation zur Anzahl der Gewerke		X
3	komplexe Konstruktion (z. B. Tragwerksrelevant)		X
4	außergewöhnliche Terminplanung (z. B. viele kleinteilige Vorgänge mit vielen Abhängigkeiten)		X
5	hoher zeichnerischer Detaillierungsaufwand bei vielen Einzelheiten die Sonderlösungen darstellen	X	
6	erhöhter Aufwand für Einweisung von ausf. Unternehmen		X
7	Häufigkeit von Besprechungsterminen/Besprechungsaufwand		X
8	Baustellenpräsenz		X
9	Abrechnungsaufwand durch besondere Kleinteiligkeit		X
10	Aufwand bei Koordination v. Nutzern, Träger öffentl. Belange (Behörden…), und mehreren Abteilungen des AG		X
11	Anforderungen an Baustellenlogistik (z. B. Materialtransport, Zwischenlagerung in Albausubstanz, Zwischenzustände)	X	
12	Aufrechterhaltung des laufenden Betriebs		X
13	erhöhtes Haftungsrisiko	X	

Umbauzuschlag und Besondere Leistungen

Der Umbauzuschlag ist kein kalkulatorischer Ersatz für etwaige Besondere Leistungen wie z. B. eine Bestandsaufnahme oder eine technische Substanzerkundung. Der Umbauzuschlag ist ein von Besonderen Leistungen unberührter übergreifender Zuschlag auf das Honorar der die allgemeinen Komplexitäts- und aufwandsbezogenen Zusatzaufwände berücksichtigen soll, soweit sie nicht als Besondere Leistungen in den Leistungsbildern geregelt sind. Sinngemäß das Gleiche trifft für etwaige anrechenbare Kosten aus mitverarbeiteter Bausubstanz zu. Sie bilden eine einzelfallbezogene Honorarbemessungsgrundlage die sich unmittelbar am Planungsgegenstand orientiert, aber ebenso wenig austauschbar mit einem Zuschlag (Umbauzuschlag) ist. Der Umbauzuschlag hat danach nichts mit der Honorarregelung bezüglich der anrechenbaren Kosten zu tun und ist davon unberührt. Die drei Honorarbemessungskriterien

– Umbauzuschlag,

– Anrechenbare Kosten aus mitverarbeiteter vorhandener Bausubstanz,

– Besondere Leistungen (z. B. technische Substanzerkundung)

stellen jeweils eigenständige, nicht gegenseitig kalkulatorisch austauschbare oder ersetzbare Honorarbemessungskomponenten dar, die speziell auf Umbauten oder Modernisierungen ausgerichtet sind und damit die ansonsten auf Neubauten zugeschnittenen Honorarregelungen ergänzen.

Absatz 3 Baukostenvereinbarung

Wenn bei Beauftragung noch keine Planungen als Voraussetzung für eine Kostenschätzung oder Kostenberechnung vorliegen, können die Vertragsparteien abweichend von Absatz 1 alternativ vereinbaren, dass das Honorar auf Grundlage der anrechenbaren Kosten aus einer **Baukostenvereinbarung** berechnet wird.

Das ist das so genannte Baukostenvereinbarungsmodell. Danach können die Parteien die Baukosten bei Auftragserteilung festschreiben und daraus die anrechenbaren Kosten ermitteln. Der Verordnungsgeber fordert in diesem Fall **nachprüfbare Baukosten** die einvernehmlich festgelegt werden. Nachprüfbar bedeutet, dass diese Kosten durch Vergleich mit ähnlichen Projekten geprüft werden können.

Um diese Prüfung zu ermöglichen, sollte die Baukostenvereinbarung die formale Gliederungstiefe einer Kostenberechnung zum Entwurf haben und eine Baubeschreibung sowie Mengenangaben (z. B. m² BGF, m³ BRI…) enthalten. Diese Gliederungstiefe kann aber nur formal verstanden werden. Denn inhaltlich ist aufgrund der noch nicht begonnenen Planung naturgemäß noch keine hinreichende Angabe möglich. Mit der Maßgabe der Nachprüfbarkeit kommt das Baukostenvereinbarungsmodell einer im Vertragsabschluss vorgezogenen Kostenberechnung nur formal nahe. Allerdings mit dem fachlichen Unterschied, das die vorgezogene Kostenberechnung auf Annahmen statt auf einem Entwurf basiert.

Praxis-Tipp	Dieses Baukostenvereinbarungsmodell ist risikoreich. Denn bei Auftragserteilung ist in der Regel noch vieles, was die Baukosten und der individuellen Planungs- und Überwachungsaufwand beeinflusst, unklar Das Baukostenvereinbarungsmodell dürfte daher gerade bei komplexen Projekten mit erheblichen Unsicherheiten verbunden sein.

In der amtlichen Begründung zur HOAI 2009 (als diese Regelung eingeführt wurde) ist klargestellt, dass mit dieser Regelung des Baukostenvereinbarungsmodells nur fachkundige Bauherrn umgehen sollten. Aus der Baukostenvereinbarung, die zum Zeitpunkt der Beauftragung vereinbart wird, müssen die anrechenbaren Kosten nachvollziehbar ermittelt werden können. Ansonsten sind die Regelungen der HOAI uneingeschränkt anwendbar. Es ist davon auszugehen, dass bei der Baukostenvereinbarung die Gliederung gemäß DIN 276/08 einzuhalten ist.

Beispiel

Das Baukostenvereinbarungsmodell mit der Vereinbarung der Baukosten zur Auftragserteilung dürfte in der Praxis schwierig werden, weil bereits bei mittleren Projekten 4 bis 6 oder mehr eigenständige Planungsbüros mit Kostenermittlungen betraut sind (z. B. Architekt, Landschaftsarchitekt, Fachplaner für ELT, Fach-Ing. für GWA und HLS. Diese Büros bereits zur Auftragserteilung - ohne Planungsergebnisse - zu einer gemeinsamen und plausiblen Baukostenvereinbarung für alle Kostengruppen zu bewegen, dürfte nur schwer machbar sein. Das trifft insbesondere vor dem Hintergrund zu, dass mit jedem der einzelnen Büros eine eigene Baukostenvereinbarung zu treffen wäre.

Baukostenvereinbarung in der Praxis

Zu beachten ist, dass bei mittleren und insbesondere größeren Projekten mit mehreren Planungsbüros bereits bei Auftragserteilung eine Baukostenvereinbarung nach dem Baukostenvereinbarungsmodell in den Vertrag aufzunehmen ist, die der Auftraggeber mit allen beteiligten Planungsbüros jeweils einzeln abschließen muss. Das bedingt eine Einigung der unterschiedlichen beteiligten Büros über die Baukosten bereits zur Auftragserteilung. Die Praxis wird zeigen, ob dieses Baukostenvereinbarungsmodell bei größeren und mittleren Projekten geeignet erscheint.

Da es sich bei dieser Regelung zur Baukostenvereinbarung um eine alternative **Kann-Vorschrift** handelt, steht es den Beteiligten frei, das Baukostenvereinbarungsmodell anzuwenden.

Bei kleinen Projekten[41] kann das Baukostenvereinbarungsmodell ggf. geeignet sein, im Wettbewerb mit anderen Anbietern[42] eine kostenorientierte Auftragsform für Planungsaufträge anzubieten, ohne jedoch eine verbindliche Kostengarantie zu vereinbaren.

Ob das Baukostenvereinbarungsmodell ausschließlich die Investitionskosten beeinflusst, oder auch der Nachhaltigkeit des Bauens dient, bleibt abzuwarten.

In der Praxis hat sich das Baukostenvereinbarungsmodell bisher nicht durchgesetzt, es zeigt keine signifikanten Vorteile auf.

---

[41] Einfamilienhausbau
[42] zum Beispiel Generalunternehmer

§ 7 Honorarvereinbarung

(1) Das Honorar richtet sich nach der schriftlichen Vereinbarung, die die Vertragsparteien bei Auftragserteilung im Rahmen der durch diese Verordnung festgesetzten
Mindest- und Höchstsätze treffen.

(2) Liegen die ermittelten anrechenbaren Kosten oder Flächen außerhalb der in den
Honorartafeln dieser Verordnung festgelegten Honorarsätze, sind die Honorare frei
vereinbar.

(3) Die in dieser Verordnung festgesetzten Mindestsätze können durch schriftliche Vereinbarung in Ausnahmefällen unterschritten werden.

(4) Die in dieser Verordnung festgesetzten Höchstsätze dürfen nur bei außergewöhnlichen oder ungewöhnlich lange dauernden Leistungen durch schriftliche
Vereinbarung überschritten werden. Dabei bleiben Umstände, soweit sie bereits für
die Einordnung in die Honorarzonen oder für die Einordnung in den Rahmen der
Mindest- und Höchstsätze mitbestimmend gewesen sind, außer Betracht.

(5) Sofern nicht bei Auftragserteilung etwas anderes schriftlich vereinbart worden ist,
wird unwiderleglich vermutet, dass die jeweiligen Mindestsätze gemäß Absatz 1 vereinbart sind.

(6) Für Planungsleistungen, die technisch-wirtschaftliche oder umweltverträgliche Lösungsmöglichkeiten nutzen und zu einer wesentlichen Kostensenkung ohne Verminderung des vertraglich festgelegten Standards führen, kann ein Erfolgshonorar
schriftlich vereinbart werden. Das Erfolgshonorar kann bis zu 20 Prozent des vereinbarten Honorars betragen. Für den Fall, dass schriftlich festgelegte anrechenbare
Kosten überschritten werden, kann ein Malus-Honorar in Höhe von bis zu 5 Prozent
des Honorars schriftlich vereinbart werden.

Absatz 1 Schriftliche Vereinbarung bei Auftragserteilung

Die Bestimmungen des § 7 Absatz 1 sind für die Höhe des Honorars von großer Bedeutung. Es
wird dabei davon ausgegangen, dass bereits bei Auftragserteilung eine schriftliche Vereinbarung über die Höhe des Honorars zu treffen ist. Diese Ausgangsposition ist nicht praxisnah,
denn Honorarvereinbarungen werden in vielen Fällen nicht bereits bei Auftragserteilung
schriftlich getroffen. Vielfach werden zunächst Skizzen und Kostenrahmenüberlegungen ausgearbeitet, bevor der schriftliche Planungsvertrag abgeschlossen wird. Insofern sind die Regelungen praxisfern, da damit eine wirksame Überschreitung des Mindestsatzes oder die Vereinbarung eines Pauschalhonorars zwischen Mindest- und Höchstsatz praktisch in den meisten
Fällen ausgeschlossen ist.

Denn die vor Abfassung des schriftlichen Vertrags erbrachten Leistungen sorgen in vielen
Fällen dafür, dass der schriftliche Vertrag nicht mehr bei Auftragserteilung zustande kommt,
sondern zuvor eine mündliche Beauftragung erfolgte. Diese Problematik gilt als schwierige
Rechtsfrage, die je Einzelfall zu beantworten ist. Häufig fallen aus diesem Grunde Honorare,
die nicht schriftlich und bei Auftragserteilung vereinbart wurden, auf den Mindestsatz zurück.

Absatz 2 Freie Honorarvereinbarung außerhalb der Tafelwerte

In Absatz 2 wird klargestellt, dass das Honorar für Planungsleistungen frei vereinbar ist, soweit
die anrechenbaren Kosten oberhalb oder unterhalb der Tafelwerte der jeweiligen Planbereiche

liegen. Dabei ist zu beachten, dass auch in diesen Fällen die Kosten der **Kostenberechnung** oder das **Kostenvereinbarungsmodell** für die gesamten Planungsleistungen relevant sind. Damit ergibt sich eine gravierende Änderung gegenüber der alten HOAI von 1996, mit der 3-stufigen Ermittlung der anrechenbaren Kosten.

Beispiel

Werden im Zuge der Kostenberechnung für eine Modernisierung eines Altbaus Baukosten in Höhe von ca. 27.000 EUR ermittelt[43], die zu anrechenbaren Kosten von 24.500 EUR führen, dann sind die Tafelwerte für die Objektplanung unterschritten und eine freie Honorarvereinbarung möglich. Ergeben sich anschließend bei der Auftragsvergabe Kosten von 29.200 EUR, bleibt es bei der freien Honorarvereinbarung nach § 7 (2) HOAI. Denn die Kosten des Kostenanschlags die sich aus den beauftragten Kosten ergeben, sind nach der neuen HOAI keine anrechenbaren Kosten mehr.

Liegt jedoch eine Planungsänderung vor, bei der auch die Kostenberechnung neu zu erstellen ist, kann die Regelung nach den Tafelwerten wieder greifen.

Bei größeren Objekten oberhalb der Tafelwerte bleibt es auch dann bei der **freien Honorarvereinbarung** wenn die Kostenberechnung und die sich daraus ergebenden anrechenbaren Kosten zwar oberhalb der Tafelwerte der HOAI liegen, die Auftragsvergabe und spätere Abrechnung jedoch wieder Kosten ergeben, die in den Bereich der Tafelwerte fallen[44].

Praxis-Tipp

Wurde ein Pauschalhonorarvertrag abgeschlossen der das Honorar für verschiedene Objekte zusammenfasst, ist die Frage, ob die Tafelwerte überschritten sind und eine freie Honorarvereinbarung möglich ist, anhand der jeweiligen Objekte (Grundlage: sachgemäße Objektgliederung) konkret zu prüfen.

Absatz 3 Mindestsatzunterschreitung in Ausnahmefällen

Absatz 3 regelt, dass das Honorar in Ausnahmefällen den Mindestsatz durch schriftliche Vereinbarung unterschritten werden darf. Zu den Ausnahmen wird im Wortlaut des Verordnungstextes keine weitere Angabe gemacht.

Bei der fachlichen Beurteilung, ob es sich um eine Mindestsatzunterschreitung handelt oder nicht, ist zunächst eine Honorarberechnung nach den Einzelbestimmungen der HOAI auf Basis des Mindestsatzes zu erstellen, um daran anschließend eine vergleichende Bewertung in Bezug auf eine Mindestsatzunterschreitung vornehmen zu können. Auf dieser Basis ist dann zu entscheiden, ob der Mindestsatz unterschritten wurde oder nicht. Dabei ist zu berücksichtigen, dass auch hier die Ermittlung der anrechenbaren Kosten nach der Kostenberechnung oder dem Baukostenvereinbarungsmodell erfolgt.

---

[43] Dabei wird zugrunde gelegt, dass die Kostenberechnung mangelfrei ist

[44] Zugrunde gelegt wird, dass die Objektgliederung korrekt ist und die Kostenberechnung damit auch auf das entsprechende Objekt bezogen ist

In § 44 Absatz 7 (Ingenieurbauwerke) ist z. B. eine Regelung getroffen, die sich auf eine mögliche Mindestsatzunterschreitung bezieht.

Wirksamkeit von Mindestsatzunterschreitungen

Eine **Auftragshäufung** rechtfertigt nach der Rechtsprechung auf der Grundlage der HOAI 1996 **keine Mindestsatzunterschreitung,** so ein Urteil des Kammergerichtes Berlin vom 16.11.2000 (10 U 9785/98). Auch eine Mehrfachbeauftragung (gleich lautender Auftrag über eine Vorplanung an mehrere Büros) durch eine Gemeinde rechtfertigt keine Mindestsatzunterschreitung.

Mit bemerkenswertem Urteil durch das Landgericht Freiburg[45] wurde dies noch einmal bekräftigt. Solche Auftragskonstellationen entstehen gelegentlich wenn ein Auftraggeber eine Art „regional beschränkten Planungswettbewerb" durchführen will.

Persönliche Kontakte und die Mitgliedschaft im gleichen Verein sind ebenfalls nach der Rechtsprechung (jedoch auf Grundlage der HOAI 1996) kein Grund für eine Mindestsatzunterschreitung, ebenso wenig wie die Bürostruktur eines Architekten.[46] Diese Grundsätze basieren auf der Rechtsprechung nach der alten HOAI 1996 und dürften auch bei der neuen HOAI gelten.

Mindestsatzunterschreitungen ergeben sich auch ggf. bei folgenden Konstellationen:

– Zu niedriger kalkulatorischer Ansatz der anrechenbaren Kosten bei Pauschalhonorarvereinbarungen

– Zu niedrige kalkulierte anrechenbare Kosten im Rahmen einer Pauschalhonorarvereinbarung auf Grundlage des Baukostenvereinbarungsmodells

– „Rechnerische" Herausnahme von Grundleistungen[47] aus der Honorarvorkalkulation, ohne jedoch eine entspr. Leistungsreduzierung im Vertragsgegenstand vorzunehmen (auch bei Pauschalhonorarkalkulationen).

– Kalkulatorische Zusammenfassung mehrerer eigenständiger Gebäude bei der Ermittlung der anrechenbaren Kosten, entgegen den Bestimmungen der HOAI

– Einordnung in eine zu niedrige Honorarzone

– Reduzierung von v. H.-Sätzen, ohne Leistungsreduzierung im Vertragsgegenstand

Diese oben aufgelisteten möglichen Mindestsatzunterschreitungen können zum Teil später ggf. revidiert werden (Rechtsfrage).

Beispiel

Eine zu niedrige Kostenberechnung oder ein zu niedriger Kostenansatz beim Baukostenvereinbarungsmodell sind nur schwer als solche konkret ermittelbar und können erfahrungsgemäß der Höhe nach nur schwer angepasst werden, weil Ermessensspielräume in vielen Fällen bestehen. Außerdem bestehen oft fachliche Unklarheiten bei den inhaltlichen Grundlagen der urspr. Kostenermittlung.

Keine Mindestsatzunterschreitung stellt hingegen der **Verzicht auf Nebenkosten** dar.

---

[45] Urteil des LG Freiburg vom 17.05.2002, 12 O 29/02, DAB 01/2003, 38

[46] Urteil des BGH vom 15.04.1999, VII ZR 309/98, WIA 9/2001, 9

[47] Der Begriff *Grundleistungen* taucht in der neuen HOAI 2009 nicht auf.

Wirksamkeit von Pauschalhonorarvereinbarungen

Wird eine Honorarpauschale bei Auftragserteilung vereinbart, muss sie zwischen Mindest- und Höchstsatz liegen. Bei Pauschalhonoraren unterhalb des Mindestsatzes ergibt sich in der Praxis nicht selten, dass die Pauschalhonorarvereinbarung das Kriterium **schriftlich bei Auftragserteilung** nicht erfüllt und bereits aus diesem Grund unwirksam ist.

Liegt das unwirksam (weil nicht schriftlich bei Auftragserteilung) vereinbarte Pauschalhonorar unter dem Mindestsatz, oder zwischen Mindest- und Höchstsatz, fällt im Zuge der Umdeutung der Vertragsregelung der Mindestsatz an.

Ausnahmen von dieser Auffassung haben sich in der Rechtsprechung jedoch verfestigt, darauf wird nachfolgend eingegangen. Hat der Auftraggeber nachvollziehbar auf die Wirksamkeit der schriftlichen Honorarvereinbarung **vertraut und sich danach eingerichtet**, dass es ihm später **nicht mehr zumutbar** ist den Mindestsatz zu bezahlen, kann es evtl. bei der vereinbarten Unterschreitung des Mindestsatzes bleiben. Der Auftraggeber darf jedoch nach der bisherigen Rechtsprechung zur alten HOAI nicht darauf vertrauen, wenn ihm selbst **bekannt ist,** dass es sich um eine Mindestsatzunterschreitung[48] handelt. Zwar handelt der Architekt widersprüchlich, wenn er zunächst eine Honorarvereinbarung unterzeichnet, die klar unter dem Mindestsatz liegt; das widersprüchliche Verhalten steht der Geltendmachung des Mindestsatzes nicht entgegen, wenn auch dem Auftraggeber bei Abschluss der Vereinbarung die Mindestsatzunterschreitung bekannt war. Bei dieser Problematik handelt es sich um eine Rechtsfrage, die einzelfallbezogen zu beurteilen ist.

Eine Pauschalhonorarvereinbarung kann ausnahmsweise in verschiedenen Einzelfällen trotz Mindestsatzunterschreitung wirksam sein, wenn nachfolgende Maßgaben erfüllt sind:

– Der Architekt sich widersprüchlich zu seinem Verhalten bei Vertragsabschluss verhält und
– der Auftraggeber auf die Wirksamkeit der Pauschalhonorarvereinbarung vertrauen durfte und vertraute und
– der Auftraggeber sich auf das niedrige Pauschalhonorar eingerichtet hat.

Bewusste Mindestsatzunterschreitung ist unwirksam

Der Bundesgerichtshof hat sich im Jahre 2008 mit der Frage beschäftigt, ob eine vertraglich vereinbarte Mindestsatzunterschreitung zwischen Fachleuten, nämlich einem Bauträger als Auftraggeber und einem Planungsbüro als Auftragnehmer, wirksam ist. Damit hat der BGH eine im Tagesgeschäft gelegentlich auftauchende Frage behandelt.

Der Bundesgerichtshof hatte zu entscheiden, ob ein Bauträger Vertrauensschutz genießt wenn er Honorarvereinbarungen abschließt, die unterhalb des Mindestsatzes der alten HOAI 1996 liegen. Das klare Urteil des BGH vom 18.12.2008 (VII ZR 189/06) in Kurzform lautet sinngemäß:

Ein Bauträger der Honorarvereinbarungen abschließt, die unterhalb des Mindestsatzes der HOAI liegen, genießt in der Regel kein Vertrauensschutz wenn er gegen das Preisrecht der HOAI verstößt und ihm dieser Verstoß bewusst ist.

Wirksam vereinbartes Pauschalhonorar und Änderungen der Planung

Eine wirksam[49] vereinbarte Pauschalhonorarvereinbarung, ohne dass der Planungs- bzw. Leistungsinhalt präzise vereinbart ist, kann nur in bestimmten Fällen geändert werden. Denn wenn

---

[48] Urteil des Kammergerichtes Berlin vom 16.11.2000, KG-Report 13/2001, 210

[49] Unter anderem schriftlich und bei Auftragserteilung im Rahmen zwischen Mindest- und Höchstsatz

unklar ist, auf welchen konkreten Vertragsumfang sich die Pauschalvereinbarung bezieht (z. B. bei Vermischung von Grundleistungen und weiteren nicht ganz eindeutig bezeichneten Leistungen) wird ebenso schwer ermittelbar sein, ob und inwieweit das Honorar angemessen ist.

Eine Ausnahme bildet der **Wegfall der Geschäftsgrundlage**. Ein Wegfall der Geschäftsgrundlage tritt z. B. bei **schwerwiegenden Änderungen** ein. Schwerwiegend können sein, die völlige Änderung der Bauwerksgründung infolge neuer Erkenntnisse aus dem Bodengutachten oder **schwerwiegende Auflagen** aus der Baugenehmigung die nicht vorhersehbar waren und dem erwarteten Kostenziel in wesentlichen Punkten entgegenstehen.

Ein Wegfall der Geschäftsgrundlage kann auch entstehen, wenn der Auftraggeber die Planungsgrundlagen schwerwiegend ändert und infolge der Änderung die Baukosten wesentlich verändert werden, wenn also das **Planungsziel neu formuliert** wird. Dann liegt u. U. ein neuer Auftrag vor.

Geschäftsgrundlage/Kostenänderungen: Das OLG Frankfurt/M[50] hat entschieden, dass eine Kostenerhöhung in Höhe von 12 % gegenüber dem ursprünglichen Kostenansatz noch keinen Wegfall der Geschäftsgrundlage rechtfertigt.

Die Rechtsprechung nimmt bei Bauleistungen eine Abweichung von über 20 % gegenüber der urspr. Vereinbarung als wesentliche Änderung an, die ein Festhalten an der vereinbarten Pauschale unzumutbar[51] macht.

Dauert die **Planung und Bauausführung länger** als ursprünglich vereinbart, liegt in vielen Fällen kein Wegfall der Geschäftsgrundlage vor, z.B. wenn die Verlängerung 5 Monate ausmachte. Für den Wegfall der Geschäftsgrundlage liegt die Darlegungslast bei dem, der aus der Behauptung Vorteile ziehen möchte.

Änderungen bei Pauschalhonorarvereinbarungen mit präzisem Vertragsinhalt

Änderung des Vertragsinhaltes: Wird bei einem Pauschalhonorarvertrag der **Vertragsinhalt nachträglich geändert**, besteht in der Regel ein **Anspruch** auf Anpassung der Honorarpauschale. Der Architekt muss dabei nachweisen, dass die zusätzlich vom Auftraggeber verlangte Leistung nicht bereits Inhalt des bestehenden Pauschalhonorarvertrages ist. Um diesen Nachweis führen zu können ist ein Abgleich der zusätzlich verlangten Leistung mit dem bisher vereinbarten Leistungsumfang notwendig. Der ursprünglich vereinbarte Planungsumfang muss somit hinreichend nachvollziehbar sein.

 Praxis-Tipp   Wenn Pauschalhonorarvereinbarungen getroffen werden, sollte gleichzeitig damit auch eine präzise Leistungsvereinbarung getroffen werden. Damit wird das Pauschalhonorar auf den dort geregelten Leistungsinhalt begrenzt. Abweichungen davon sind dann Änderungen.

Ausnahmefälle bei Mindestsatzunterschreitungen

Ein **Ausnahmefall**, bei dem es bei einer vereinbarten **Mindestsatzunterschreitung** bleiben kann, stellt nach derzeitiger Rechtslage ein Investorenprojekt dar, bei dem der Investor die

---

[50] Urteil vom   BauR 1985, 585
[51] Urteil OLG Stuttgart vom 07.08.2000, 6 U 64/00, IBR 2000, 93

Preise der Eigentumswohnungen u. a. auf Basis der zu niedrig vereinbarten Honorare kalkuliert hat und die Honorardifferenz zum Mindestsatz im Nachhinein nicht mehr von den Käufern der Eigentumswohnungen verlangen kann.

Wenn der Investor darauf vertrauen durfte, dass **keine weiteren Forderungen** mehr an ihn gestellt werden und er sich in der Weise darauf eingerichtet hat, dass ihm eine **weitere Zahlung nach Treu und Glauben nicht mehr zugemutet** werden kann, kann es bei der Mindestsatzunterschreitung bleiben.

Einen weiteren Ausnahmefall hatte das Kammergericht mit Urteil vom 27.07.2001 (Az.: 4 U 3760/00) festgestellt. In diesem Fall hatte der Architekt zunächst ein unter den Mindestsätzen liegendes Honorar vereinbart. Auch im weiteren Verlauf der Planungsvertiefung hatte der Architekt z. B. bei seinen Kostenermittlungen die Finanzierungsgrundlage waren, immer wieder das zu niedrige Honorar als Bestandteil der Kostengruppe 7 angegeben. Erst mit der Schlussrechnung am Ende des Projektes wurde nach HOAI abgerechnet. Somit war in diesem Fall die Anhebung des Honorars auf den Mindestsatz für den AG nach Ansicht der Richter nicht zumutbar. Hierzu liegen aber unterschiedliche Auffassungen vor.

Absatz 4 Höchstsatzüberschreitung in Ausnahmefällen

In Absatz 4 wird geregelt, das die **Höchstsätze** nur bei außergewöhnlichen oder ungewöhnlich lange dauernden Leistungen durch schriftliche Vereinbarung überschritten werden dürfen. Damit ist klargestellt, dass eine einvernehmliche Vereinbarung zwischen den Vertragspartnern erforderlich ist, wenn der Höchstsatz überschritten werden soll.

Außergewöhnliche Leistungen können z. B. vorliegen, wenn ein Objekt geplant wird, dass in Bezug auf den Schwierigkeitsgrad nicht preisrechtlich geregelt ist. Ungewöhnlich lange dauernde Maßnahmen sind in Bezug zum jeweiligen Einzelfall zu beurteilen. So kann ein kleines Einfamilienhaus mit einer Bauzeit von 3 Jahren als ungewöhnlich lange andauernde Leistung eingestuft werden.

> *Beispiel*
>
> *Bei einem Krankenhausbau (Hauptversorgungsklinik) der von Planungsbeginn bis zur Inbetriebnahme in einen Zeitraum von 7 Jahren mit einzelnen Unterbrechungen (z. B. nach der Entwurfsplanung) abgewickelt wird, kann noch nicht von einer ungewöhnlich lange andauernden Leistung ausgegangen werden, weil diese Zeiträume nicht ungewöhnlich sind.*

Diese Regelung der HOAI kann somit auch baufachlicher Sicht als nicht hinreichend konkret bezeichnet werden. Die Praxis zeigt, dass die Bedingungen, die zur Überschreitung des Höchstsatzes berechtigen können, eher selten anzutreffen sind.

Absatz 5 Mindestsatz und Auftragserteilung

Praxisfremd ist die aus der alten HOAI übernommene Anforderung den Honorarsatz, soweit er den Mindestsatz überschreitet, bereits **bei Auftragserteilung schriftlich** zu vereinbaren. Besonders schwer verständlich ist, dass diese Anforderung auch durch eine spätere einvernehmliche **schriftliche Vereinbarung** nicht „geheilt" werden kann.

Der Honorarsatz, soweit er über dem Mindestsatz liegt, ist also wie in der alten HOAI schriftlich bei Auftragserteilung zu vereinbaren.

Da aber zu Beginn einer Projektplanung oft weder anrechenbare Kosten noch der genaue Planungsumfang feststehen, kann der Architekt einem Auftraggeber im Zuge der Vertragsanbahnung keine im Einzelnen genaue **Preisauskunft** über die Honorardifferenz zwischen Mindest- und Höchstsatz oder einem Honorarsatz oberhalb des Mindestsatzes, z. B. dem Mittelsatz, geben. Eine solche Preisauskunft wird als Grundlage für die Entscheidung, ob der Mindestsatz oder ein höherer Satz als der Mindestsatz vereinbart werden soll, aber einem Auftraggeber nur schwer vorzuenthalten sein.

Praxis-Tipp

Um dem Auftraggeber eine grobe Auskunft zu geben, bietet es sich an, eine Modellhonorarermittlung aufzustellen und die möglichen Honorarhöhen bei den Mindestsätzen und darüber liegenden beispielhaften Sätzen darzulegen und zu erläutern. Auf dieser Basis kann dann bei Auftragserteilung eine Entscheidung über den Honorarsatz getroffen werden.

Hier besteht Korrekturbedarf im Zuge der nächsten HOAI-Novelle, weil aufgrund dieser praxisfernen Regelung zum Honorarsatz häufig ohne weitere Dispositionen auf den Mindestsatz zurückgegriffen wird. Wäre es möglich, den Honorarsatz ohne Terminbindung an die Auftragserteilung auch nach Auftragserteilung zu regeln, könnte nachdem die ersten zeichnerischen Unterlagen und eine Kostenschätzung vorliegen, noch der Honorarsatz vereinbart werden.

Wird ein mündlicher Vertrag abgeschlossen, gilt in der Regel nach wie vor der Mindestsatz als wirksam vereinbart.

Bauträger, die neben der Bauausführung auch nebenbei Planungsleistungen erbringen, sind im Verhältnis zu ihrem Auftraggeber nicht an die Mindest- und Höchstsätze der HOAI[52] gebunden. Erbringt der Bauträger jedoch in einem Fall nur Planungsleistungen, so ist er wieder an die HOAI gebunden[53] und unterliegt auch der Mindestsatzfiktion. Erbringen Planungsbüros für Bauträger oder Generalunternehmer Planungsleistungen, dann ermittelt sich das Honorar für die Grundleistungen nach den Regeln der HOAI.

Absatz 5 Was schriftlich bei Auftragserteilung in der Praxis bedeutet

Sofern bei Auftragserteilung nicht etwas anderes schriftlich vereinbart wurde, gelten die Mindestsätze als vereinbart. Wenn also der Mittelsatz vereinbart werden soll, ist diese Regelung **schriftlich und bei Auftragserteilung** zu treffen. In der Praxis ist das jedoch wie oben bereits erwähnt, nur schwer durchsetzbar.

Schriftformerfordernis: Beide Vertragsparteien müssen die getroffene Honorarvereinbarung auf einer Vertragsurkunde unterzeichnen. Wechselseitige **Bestätigungsschreiben** reichen im Ernstfall nicht aus, um eine Überschreitung des Mindestsatzes entsprechend dem Schriftformerfordernis wirksam zu vereinbaren. Von Bauherrenseite darf nur eine bevollmächtigte Person unterzeichnen. Das **kaufmännische Bestätigungsschreiben** hat an dieser Stelle keine Wirkung.

---

[52] Urteil des BGH vom 22.05.1997, VII ZR 290/95, BauR 97, 677

[53] Urteil des OLG Oldenburg vom 19.09.2001, 2 U 170/01, BauR 2002, 332

Bei öffentlichen Auftraggebern gibt es diesbezüglich **unterschiedliche Auffassungen.** Das Oberlandesgericht Düsseldorf hat in einem Fall entschieden, dass ein öffentlicher Auftraggeber, der sich auf das Schriftformerfordernis[54] beruft, treuwidrig handeln kann. Der öffentliche Auftraggeber kannte die Honorarwünsche des Architekten und hatte daraufhin das schriftliche Honorarangebot des Architekten mit einem gesonderten Schreiben angenommen.

Absatz 6 Bonus-Malus-Regelung und Baukostenlimit

In Absatz 6 ist eine neue sog. Bonus-Malus-Regelung eingeführt worden. Damit soll nach dem Willen des Verordnungsgebers eine Stärkung der Wirtschaftlichkeit bei den Investitionskosten erreicht werden. Im Verordnungstext taucht der Begriff Investitionskosten zwar nicht auf, aber es ist aus dem Text erkennbar, dass mit dieser Regelung die Investitionskosten gemeint sind. Wären die **Lebenszykluskosten** gemeint, dann wäre die Regelung der HOAI nicht nachvollziehbar. Denn geringere Lebenszykluskosten können teilweise höhere Investitionskosten erfordern.

Die in der alten HOAI 1996 bereits enthaltene Regelung mit einem Honorarbonus bei Kostenreduzierungen war bereits aufgrund ihrer äußerst schwierigen Umsetzung in der Praxis kaum verbreitet. Auch die Regelung der neuen HOAI, dürfte in der Praxis erhebliche Durchsetzungsprobleme mit sich bringen.

Die Bonus-Malus-Regelung ist eine Kann-Vorschrift, die Anwendung steht den Vertragsparteien frei. Die Anforderung wesentliche Kostensenkung ohne **Verminderung des vertraglich festgelegten Standards** ist nicht ohne Weiteres in der Praxis umsetzbar. Eine solche Honorarregelung bedarf zunächst der einvernehmlichen Festsetzung eines vertraglich festgelegten Standards als Ausgangsgröße. Sollten später Kostensenkungen realisiert werden, stellt sich die Frage der Definition des Standards und Abweichungen davon.

Eine Ausgangsbasis für ein **Erfolgshonorar** wird am sinnvollsten in der Kostenberechnung der Entwurfsplanung und der zugehörigen Baubeschreibung (die dann allerdings wichtige Einzelheiten des Standards enthalten sollte) gesehen. In diesem Planungsstadium liegen einerseits solide Kostendaten vor und andererseits besteht noch genügend planerischer Handlungsspielraum für Kostensenkungen ohne Standardminderungen.

Das Erfolgshonorar bemisst sich nach den (gegenüber der ursprünglichen Ausgangskostenplanung) eingesparten Kosten und darf maximal 20 % des vereinbarten Honorars betragen. Das bedeutet, dass max. 120 % des vereinbarten Honorars anfallen können, wenn der Höchstsatz des Erfolgshonorars vereinbart wird.

Schließlich verlangt die Regelung, dass es sich um eine **wesentliche Kostensenkung** handeln muss, damit ein Erfolgshonorar fällig wird. Hier handelt es sich um einen unbestimmten Rechtsbegriff. Im Zuge einer entsprechenden Honorarvereinbarung wäre festzulegen, ab wann eine wesentliche Kostensenkung im Sinne der HOAI vorliegt, damit eine eindeutige vertragliche Nachvollziehbarkeit erreicht wird.

Ungeregelt ist, welche Kostengruppen als Ausgangsbasis gelten sollen. Außerdem können auch nicht beeinflussbare Situationen zu Kostenveränderungen führen.

---

[54] Urteil OLG Düsseldorf vom 18.01.2000, 23 U 204/95, (Rev. nicht ang.) IBR 2000,610

> **Beispiel**
>
> *Einsparungsbemühungen des Architekten bei den Gebäudekosten können ggf. durch nicht beeinflussbare Kosten der Ausstattung oder der Technischen Anlagen oder Freianlagen neutralisiert werden. Das gilt auch umgekehrt.*

In der Praxis wird vom Erfolgshonorar aus den oben genannten Gründen kaum Gebrauch gemacht, weil das Instrumentarium zu viele Ansätze für Auseinandersetzungen im Zuge der Honorarabrechnung bietet. So ist z. B. eine wesentliche Bedingung für das Erfolgshonorar, dass der ursprüngliche Ausgangsstandard nicht verändert wird. Dies lässt großen Interpretationsraum und gefährdet dadurch die Abrechnung grundsätzlich. Denn der Ausgangsstandard müsste, um Streit zu verhindern, präzise definiert werden.

Absatz 6 Malus-Honorar

Nach dieser Regelung kann im Falle eines Überschreitens der einvernehmlich festgelegten anrechenbaren Kosten ein Malus Honorar vereinbart werden, das eine Höhe bis zu 5 % des Honorars ausmachen kann.

Auffallend ist, dass bei dieser Regelung im Gegensatz zum Erfolgshonorar einvernehmlich festgelegte **anrechenbare Kosten** die Ausgangsbasis bilden sollen. Anrechenbare Kosten ergeben sich aus der Kostenberechnung (oder nach dem Baukostenvereinbarungsmodell). Warum beim Malushonorar der Verordnungsgeber die anrechenbaren Kosten als Ausgangsbasis heranzieht bleibt unklar. Für alle Planungsbüros ist dieser Unterschied jedoch wichtig. Denn die Veränderung der anrechenbaren Kosten verhält sich u. U. anders als die Veränderung der Baukosten. Bei Gebäuden gehören z. B. auch die Kosten der Kostengruppe 400 zu den anrechenbaren Kosten, mit der Folge, dass bei Erhöhungen der Kosten aus der Kostengruppe 400 ebenfalls das Malushonorar greift, was im Ergebnis unschlüssig ist. Denn die Kosten der Kostengruppe 400 werden maßgeblich von den Fachplanern undnicht vom Gebäudeplaner gestaltet.

Vereinbarungen über ein evtl. Malus-Honorar bedürfen einer genauen Festlegung der in die Gegenüberstellung einzubeziehenden Kosten. Denn nicht alle Kostenarten bzw. Kostengruppen unterliegen dem Einflussbereich des Architekten, z. B. konkursbedingte Ersatzvornahmen oder Änderungsvorschläge bei Ausschreibungen. Die nicht beeinflussbaren Kosten sollten nicht als Ausgangsbasis zur Ermittlung des Malus-Honorars vereinbart werden.

Baukostengrenze

Die Höhe der Baukosten ist in den letzten Jahren zunehmend als Anforderung an die Planung in den Mittelpunkt gerückt. Nachdem die DIN 276 die Kostenobergrenze als eines von mehreren möglichen Planungszielen[55] eingeführt hat, gehen auch die Gerichte stärker auf die ggf. vereinbarten Kostenobergrenzen ein. Die neue DIN 276 in der Fassung 2008 enthält ebenfalls entsprechende Regelungen (sog. Kann- Regelungen) zu Baukostenobergrenzen und zu Kostensteuerungsmethoden. Nach diesen Regelungen können die Baukosten durch Architektenleistungen nach 2 Prinzipien gesteuert werden:

---

[55] Bedarf jedoch der einvernehmlichen Regelung

- Einhaltung der vereinbarten Leistungsumfänge und Standards bei Anpassung des Budgets (ggf. also Erhöhung der bereitgestellten Mittel)

oder

- Einhaltung des vereinbarten Budgets bei Reduzierung der Standards und ggf. des Leistungsumfangs (z. B. Reduzierung der BGF oder des BRI).

Eine Baukostengarantie, bei der die Planungsumfänge und Planungsinhalte einerseits und die Kosten andererseits fest garantiert werden, ist nicht in der DIN 276 vorgesehen.

Beispiel

Gehen in einem Architektenvertrag sowohl der Architekt als auch der Bauherr gemeinsam von einer bestimmten Kostenbasis aus und machen diese zur Grundlage ihres Vertrags, handelt es sich um eine vertragliche Vereinbarung eines Kostenlimits. (OLG Celle, Urteil vom 07.01.2009 - 14 U 115/08).

Werden keine vertraglichen Vereinbarungen über Kostengrenzen getroffen, ist das vereinbarte Raumprogramm, die vereinbarten Qualitäten bzw. Standards umzusetzen.

Die Richter des OLG Celle haben mit dem o. g. Urteil vom 07.01.2009 - 14 U 115/08).aber auch klargestellt, dass ein Kostenlimit nur im Einvernehmen zustande kommen kann. Eine einseitige Anordnung des Bauherrn reicht nicht aus, um ein verbindliches Kostenlimit durchzusetzen. Die Richter stellten klar, dass

„ ... einseitige finanzielle Vorstellungen des Auftraggebers nicht ausreichen, selbst wenn der Planer sie zur Kenntnis genommen haben sollte, ohne akzeptierend darauf zu reagieren ... "

Damit liegt nämlich nach Ansicht des OLG Celle keine zugesicherte Eigenschaft vor, sondern allenfalls eine einseitige Anordnung über deren Durchführbarkeit zu streiten wäre. Es fehlt hier am beiderseitigen Bindungswillen. In solchen Fällen soll der Planer jedoch rein vorsorglich beratend tätig werden und mitteilen, ob diese einseitige Vorstellung möglich erscheint oder nicht, wenn ja unter welchen Rahmenbedingungen.

Inhalt und Umfang eines Baukostenlimits[56]

Im Rahmen der Architektenleistungen kann nicht auf alle Kosten planerisch Einfluss genommen werden. Eine ganze Anzahl von Kostengruppen unterfällt nicht dem Einfluss des Architekten. Insofern sind Kostenlimitvereinbarungen nur für bestimmte Kostenarten fachlich sinnvoll. Empfehlenswert ist, ein Kostenlimit lediglich auf die Kostengruppen zu beziehen, die im Rahmen der Architektenleistungen maßgeblich beeinflusst werden können. Folgende Kostengruppen eignen sich für ein Kostenlimit:

- Baukonstruktion Kostengruppe 300 (ohne 370),
- Technische Anlagen Kostengruppe 400 (ohne 470),

Bei der Kostengruppe 400 ist jedoch zu beachten, dass diese Kosten vom Fachplaner maßgeblich gestaltet werden. Insofern wäre einzelfallbezogen zu prüfen, ob und inwieweit hier eine Einbeziehung in eine Kostengrenze für den Architekt Sinn macht. Für die Außenanlagen (Kostengruppe 500), die Einrichtung (Kostengruppe 600) und die Nebenkosten (Kostengruppe 700)

---

[56] Für weiterführende Informationen siehe: Siemon, Klaus D.; Baukosten bei Neu- und Umbauten, 4. Aufl., Vieweg + Teubner, Wiesbaden 2009.

wird lediglich eine allgemeine Zielgröße vorgeschlagen, da keine eigenen Einflussmöglichkeiten des Architekten (Ausnahme: Generalplanung) bestehen. Damit kann sich eine Vereinbarung zu den Baukosten aus einem Kostenlimit und einem unverbindlichen Teil zusammensetzen.

§ 8 Berechnung des Honorars in besonderen Fällen

(1) Werden dem Auftragnehmer nicht alle Leistungsphasen eines Leistungsbildes übertragen, so dürfen nur die für die übertragenen Phasen vorgesehenen Prozentsätze berechnet und vereinbart werden. Die Vereinbarung hat schriftlich zu erfolgen.

(2) Werden dem Auftragnehmer nicht alle Grundleistungen einer Leistungsphase übertragen, so darf für die übertragenen Grundleistungen nur ein Honorar berechnet und vereinbart werden, das dem Anteil der übertragenen Grundleistungen an der gesamten Leistungsphase entspricht. Die Vereinbarung hat schriftlich zu erfolgen. Entsprechend ist zu verfahren, wenn dem Auftragnehmer wesentliche Teile von Grundleistungen nicht übertragen werden.

(3) Die gesonderte Vergütung eines zusätzlichen Koordinierungs- oder Einarbeitungsaufwands ist schriftlich zu vereinbaren.

Absatz 1   Beauftragung einzelner Leistungsphasen

Je Leistungsbild sieht die HOAI einzelne Leistungsphasen vor. Diese Leistungsphasen bilden die kleinste rechnerische Einheit der Honorarermittlung in der HOAI. In jeder Leistungsphase sind verschiedene Honorartatbestände (Grundleistungen) aufgelistet, die für einen Großteil der Planungsanforderungen bei Neubauten üblich sind.

Die HOAI als Preisrechtsverordnung lässt die **Privatautonomie bei Inhaltsbestimmungen** von Architektenverträgen unangetastet und gestattet es den Vertragsparteien somit, nur ausgewählte Leistungsphasen aus dem gesamten Leistungsbild oder auch einzelne Leistungen einer Leistungsphase zu beauftragen.

Leistungsphasen können i. d. R. nicht ausgelassen werden

Die Planung und Bauüberwachung in den jeweiligen Leistungsphasen stellt ein einheitliches geistiges Werk dar, bei dem die einzelnen Planungsschritte (jeweils vertiefend) **aufeinander aufbauen.**

Es ist baufachlich nicht vorgesehen, einzelne Leistungsphasen bei der Planung einfach auszulassen bzw. zu überspringen. Ohne Grundlagenermittlung kann keine Vorplanung erstellt werden und ohne Vorplanung keine Entwurfsplanung. Die Ausführungsplanung kann nicht ohne Entwurf und Genehmigungsplanung erstellt werden. Das System der **zwingend fachlich aufeinander aufbauenden Leistungsphasen** als Planungsvertiefungsschritte wird auch in der Rechtsprechung anerkannt.

Beispiel

Gelegentlich ist zu beobachten, dass Bauaufträge an ausführende Unternehmen allein aufgrund von Entwurfsplanungen (ohne Ausführungsplanung) erteilt werden. Damit erhalten die ausführenden Bauunternehmen aufgrund der fehlenden Ausführungsplanung einen breiten Korridor für die eigene fachtechnische Leistungsbestimmung bei der Bauausführung. Dieser Korridor führt jedoch auch zu einem erhöhten Risiko in Bezug auf die Wirtschaftlichkeit, da der ausführende Unternehmer innerhalb des Korridors eigene Auslegungsmöglichkeiten hat. In diesen Fällen entsteht der vorgenannte Korridor dadurch, dass der ausführende Unternehmer die Ausführungsplanung selbst betreibt.

Getrennte Beauftragung von einzelnen Leistungsphasen

Eine nach vollständigen Leistungsphasen getrennte Beauftragung von Planungsleistungen bzw. Überwachungsleistungen an verschiedene Architekten ist möglich, führt grundsätzlich jedoch zu einer Leistungsverteilung des ursprünglich einheitlichen geistigen Werkes der Architektenleistungen auf verschiedene Beteiligte. Dabei ist das Honorar je Leistungsphase nach den in der HOAI angegebenen v. H.-Sätzen getrennt abzurechnen.

Auch für diese Fallkonstellation gilt die Ermittlung der anrechenbaren Kosten nach der Kostenberechnung[57] (. Die anrechenbaren Kosten können somit von einem anderen Architekten ermittelt worden sein, z. B. wenn zunächst die Leistungsphasen 1–5 an einen Architekten beauftragt werden und anschließend die Leistungsphasen 6–9 an einen anderen Architekten.

Praxis-Tipp	Für die Praxis bedeutet das, dass sich die auf Ausschreibung und Bauüberwachung spezialisierten Planungsbüros vor Vertragsabschluss mit den Kostenermittlungen der Vorgängerbüros befassen sollten (z. B. Plausibilitätsprüfung).

Die durch die getrennte Beauftragung von Leistungsphasen entstehende Schnittstelle zwischen 2 Planungsbüros führt gemäß § 7 (1) HOAI nicht zu einer schnittstellenbedingten Honorarerhöhung, wenn die Schnittstelle nicht innerhalb von Leistungsphasen liegt. Jedoch ist der nachfolgende Planer gehalten, die Vorgängerleistung zu prüfen, um etwaige eigene Mängel bei der weiteren Planungsvertiefung bzw. Bauüberwachung zu vermeiden.

Schnittstelle = Haftungsgrenze

Bei getrennter Beauftragung von Leistungsphasen ist zu bedenken, dass an der Leistungsgrenze auch eine Haftungsgrenze entsteht. Das bedeutet, dass das Büro welches mit der Bauüberwachung[58] betraut ist, nur eine mangelfreie Planung umsetzen darf. Setzt das bauüberwachende Büro eine mangelhafte Planung eines anderen Planungsbüros baulich um, stellt sich unmittelbar die Frage nach einer evtl. Haftung des bauüberwachenden Büros.

Beispiel

Ein Auftraggeber beauftragte die Entwurfsplanung und die Ausführungsplanung unterschiedlicher Büros. Die Ausführungsplanung übernahm einen Planungsmangel der Entwurfsplanung, so dass die Ausführungsplanung an derselben Stelle mangelhaft war, wie die Entwurfsplanung. Später bei der Geltendmachung von Schadensersatz stellte das Kammergericht Berlin klar, dass beide Planungsbüros jeweils hälftig den entstandenen Schaden zu tragen haben. Da in diesem Fall der Auftraggeber den Schadensersatz vom Büro, das die Ausführungsplanung erstellte, beansprucht hatte, bekam er lediglich 50 % des Anspruchs zugesprochen[59]. Die andere Hälfte hatte sein anderer Auftragnehmer, der Entwurfsplaner zu tragen.

---

[57]   oder ggfs. nach dem Kostenvereinbarungsmodell gemäß § 6 Absatz 3 HOAI

[58]   Leistungsphase 8

[59]   Urteil Kammergericht Berlin vom 14.04.2009, 21 U 10/07 (zum Redaktionsschluss noch nicht rechtskräftig)

Getrennte Beauftragung der Leistungsphase 8

Der Architekt der mit der Bauüberwachung beauftragt ist, hat die ihm zur Bauüberwachung vorgelegte Planung auf Mängel zu kontrollieren, bevor er deren Umsetzung veranlasst.

Die HOAI sieht für diesen Zusatzaufwand keine verbindliche Honorarregelung vor, es bleibt den Parteien die Möglichkeit, diesen Aufwand im Rahmen des Honorarsatzes zwischen Mindest- und Höchstsatzes bei der Leistungsphase 8 zu berücksichtigen, oder eine andere Regelung (z. B. Einarbeitungspauschale) zu treffen.

Schnittelle zwischen Leistungsphase 7 und 8

Bei getrennter Beauftragung der Leistungsphase 8 stellt sich die Frage nach der Aufstellung und Prüfung von Nachtragsangeboten bei Bauarbeiten. Diese Leistung der Nachtragsprüfung gehört nicht in die Leistungsphase 8 und ist daher keine der Bauüberwachung inhaltlich zugeordnete Leistung, da hierdurch ggf. fachliche bzw. ändernde Eingriffe in die Ausführungsplanung bzw. Vorbereitung der Vergabe zu erwarten sind, was zu unkontrollierbaren Haftungsrisikoverteilungen führen könnte. Aus diesem Grunde ist die Prüfung von Nachtragsangeboten in der Leistungsphase 7[60] enthalten.

Praxis-Tipp

Die planerseitige Aufstellung von Nachtragsangeboten ist Angelegenheit des mit der Leistungsphase 6 beauftragten Planungsbüros. Der ausführende Unternehmer gibt darin sodann seine Angebotspreise an. Die Prüfung von Nachtragsangeboten erfolgt in der Leistungsphase 7 im Rahmen der dortigen Grundleistungen.

Damit dürfte, bei nach Leistungsphasen getrennter Beauftragung, eindeutig sein, dass das lediglich mit der Bauüberwachung beauftragte Büro keine Nachtragsangebote aufstellen oder prüfen muss. Dieser Aspekt wird bei der Abwicklung von Baumaßnahmen sehr häufig übersehen.

Freistellungsverordnungen und Erfordernis von Leistungsphase 4

Mit Blick auf die Freistellungsverordnungen[61] der Bundesländer, wonach Baugenehmigungen bei kleinen und mittleren Baumaßnahmen (z. B. bei Vorliegen eines rechtskräftigen Bebauungsplanes) nicht mehr erforderlich sind[62], kann festgehalten werden, dass die Notwendigkeit der Leistungsphase 4 bei der Objektplanung davon unberührt bestehen bleibt.

Die Leistungen der Leistungsphase 4 sind trotz Freistellung von der Notwendigkeit der Beantragung einer Baugenehmigung notwendig, es fehlt lediglich an der behördlichen Genehmigung. In verschiedenen Bundesländern ist die Genehmigungsplanung zwar nicht mehr bei der Baubehörde einzureichen, aber auf der Baustelle komplett vorzuhalten, um evtl. stichprobenartige Kontrollen durch die Baubehörde zu ermöglichen.

---

[60] Bei Ingenieurbauwerken und Verkehrsanlagen ist das jedoch anders geregelt

[61] Der Umfang der Freistellung v. Baugenehmigungen ist je Bundesland unterschiedlich geregelt

[62] ggf. Anzeigepflicht

Praxis-Tipp Wird die gesamte Bauplanung mit Freianlagenplanung als Bestandteil des Bauantrags eingereicht, so fällt das Honorar nicht lediglich für das Leistungsbild Gebäude, sondern in dem hier vorliegenden Fall auch für das Leistungsbild Freianlagen an.

Die komplette Genehmigungsplanung aus dem Planbereich Architektur und ergänzend die sonstigen nach wie vor erforderlichen Genehmigungen (z. B. Entwässerungsgenehmigung, Genehmigung zum Betrieb eines Aufzuges usw.) sowie der Standsicherheitsnachweis sollten als einheitlicher Abschluss der Leistungsphase 4 auch bei genehmigungsfreien Baumaßnahmen dem Auftraggeber überreicht werden. Damit hat der Auftraggeber nach Erteilung der Baugenehmigung die fachliche Sicherheit eines ordnungsgemäß genehmigten Planwerks (Entwurf).

Durch die **Freistellungsverordnungen**, also die Freistellung von der Erteilung einer Baugenehmigung, ist die materiell rechtliche Verantwortung der Architekten in Leistungsphase 4 gegenüber der vormaligen Praxis deutlich gestiegen. Denn die Baubehörde prüft die freigestellten Maßnahmen nicht mehr bauordnungsrechtlich. Das materielle Haftungsrisiko für Planungsbüros ist diesbezüglich angestiegen. Auch hieran wird die nach wie vor große Bedeutung der Leistungsphase 4 deutlich.

Schließlich hat die wegfallende Genehmigungsgebühr der Baubehörde eine Vergünstigung der Baukosten in Kostengruppe 700 zur Folge.

Absatz 2 Anteilige Leistungen aus Leistungsphasen

Die HOAI als Preisrechtsverordnung enthält als kleinste rechnerische Einheit der preisrechtlichen Regelungen die jeweiligen Leistungsphasen in den entsprechenden Leistungsbildern. Der Honoraranteil, der auf die gesamten Grundleistungen einer Leistungsphase entfällt, wird in Teil 3 und 4 der Verordnung für die Objekt- und Fachplanung jeweils geregelt. Diese Prozentsätze sind bei der Beauftragung mit allen Grundleistungen einer Leistungsphase nach § 8 Abs. 1 HOAI 2013 heranzuziehen.

Grundlagen zur Bewertung von einzelnen Grundleistungen

In der HOAI ausdrücklich nicht geregelt sind die Honoraranteile, die auf die einzelnen Grundleistungen einer Leistungsphase entfallen. Die Regelung des § 8 Abs. 2 HOAI 2013 sieht vor, dass bei der Beauftragung mit „… nicht allen Grundleistungen einer Leistungsphase … nur ein Honorar vereinbart werden darf, das dem Anteil der übertragenen Grundleistungen an der gesamten Leistungsphase entspricht…". In einem vergleichbaren Kontext steht die neue Vorschrift des § 10 HOAI 2013 zur Honorierung von Änderung- und Zusatzleistungen.

Werden beauftragte Grundleistungen nicht erbracht, kann das vereinbarte Honorar allenfalls unter gewährleistungsrechtlichen Gesichtspunkten[63] um den Honoraranteil gemindert werden, der auf die nicht erbrachte Grundleistung entfällt.[64] Diese Rechtsfrage wird nachstehend jedoch nicht Gegenstand der weiteren Ausführungen sein, sondern die Frage nach den baufachlichen Anwendungsbereichen der o. g. Regelungen.

Der BGH hatte bereits entschieden, dass die in der Praxis entwickelten Bewertungstabellen als Anhaltswerte für Grundleistungen in bestimmten Anwendungsfällen (z. B. wenn die einzelnen

---

[63] Zum Beispiel fruchtloser Ablauf einer gesetzten Nacherfüllungsfrist oder Nichtzumutbarkeit einer Nachfristsetzung, da die in Rede stehende Grundleistung nicht mehr benötigt wird

[64] BGH, Urteil vom 11.11.2004 - VII ZR 128/03 - ; BGH, Urteil vom 24.06.2004 - VII ZR 259/02 -

Grundleistungen als zu erbringende Arbeitsschritte vereinbart sind) geeignete Grundlagen für die Bewertung von Leistungen darstellen können.[65]

Regelungen in der HOAI einzelne Grundleistungen betreffend

Die HOAI 2013 regelt verschiedene preisrechtliche Sachverhalte, in denen die einzelnen Grundleistungen einer Leistungsphase für sich betrachtet werden müssen, um der Praxis des Tagesgeschäfts und dem Verordnungstext gleichermaßen zu entsprechen. Der erste Fall ist der, in dem nicht alle Leistungen einer Leistungsphase übertragen werden (§ 8 Abs. 2). Der zweite Fall ist der, der die Honorierung von Planungsänderungen regelt (§ 10 Absatz 2).

Konkrete Anwendungsfälle aus der Planungs- und Überwachungspraxis

Nachstehend sind einige wichtige Beispiele aus der Planungs- und Bauüberwachungspraxis zur Anwendung der Bewertungstabellen aufgeführt:

- Berücksichtigung von anteilig bereits vergüteten Grundleistungen einer oder mehrerer Leistungsphasen nach einem vorangegangenen Wettbewerb (bei entsprechender vertraglicher Vereinbarung);
- Abgrenzung bei „Gemengelage" von preisrechtlich verbindlich geregelten einzelnen Grundleistungen und preisrechtlich unverbindlich geregelten Leistungen in einem einheitlichen Vertrag, z. B. bei einer Machbarkeitsstudie;
- Pauschalhonorar- oder sonstige Honorarvereinbarungen für beauftragte Grundleistungen einer oder mehrerer Leistungsphasen mit Herausnahme einzelner Grundleistungen (z. B. Wirksamkeitskontrolle nach § 7 Abs. 1 HOAI 2013);
- Beauftragung von projektspezifischen Besonderen Leistungen anstelle von einzelnen Grundleistungen z. B. Ersatz der Grundleistungen h) und i) in Leistungsphase 8 bei Gebäuden durch individuelle formulierte Besondere Leistungen);
- Honorarabschlagsrechnungen nach Leistungsstand mit Leistungsangabe gem. § 15 Abs. 2 HOAI 2013;
- Wiederholung von einzelnen Grundleistungen einzelner Leistungsphasen bei Änderungsanordnungen des Auftraggebers unter den Voraussetzungen des § 10 HOAI;
- Vorkalkulation von Honoraren bei beabsichtigten Planungsänderungen zum Zweck einer Pauschalhonorarvereinbarung zwischen Mindest- und Höchstsatz bei Auftragserteilung von Änderungen und der „Einigung" im Sinne von § 10 HOAI 2013,
- Honorarabschlagsrechnungen nach Leistungsstand mit Leistungsangabe gem. § 15 Abs. 2 HOAI 2013;
- nicht oder nur teilweise erbrachte, aber beauftragte Grundleistungen (Minderung des Honorars um den nicht erbrachten Honoraranteil nach Fn. 1);
- Vorzeitige Vertragsbeendigung durch Kündigung oder Vertragsaufhebung mit bis zur Kündig oder Vertragsaufhebung erbrachten Teilleistungen einer oder mehrere Leistungsphasen
- Auftrag an Folgeplaner, der auf den teilweise erbrachten Grundleistungen einer oder mehrerer Leistungsphasen eines Dritten anschließen muss (z. B. im Falle einer vorzeitigen Vertragsbeendigung);
- Wiederholung von Grundleistungen einzelner Leistungsphasen im Zusammenhang mit dem Gewährleistungsrecht (Selbst- bzw. Ersatzvornahme);

---

[65] BGH, Urteil vom 16.12.2004 – VII ZR 174/03 -

– Bestimmung der Kosten einer notwendigen Sanierungsplanung zur Beseitigung von Planungs- oder Ausführungsmängeln;

– Kalkulatorische Bewertung und Abgrenzung der Mehraufwendungen aus Bauzeitverzögerungen (in Leistungsphase 8) zum Zweck der Erzielung einer angemessenen Honorarvereinbarung für den Verzögerungszeitraum.

Bei diesen Beispielen sind Bewertungen der einzelnen Grundleistungen eine wichtige Grundlage. Grundsätzlich wird vorgeschlagen, die Bewertungen in zwei Arbeitsschritten durchzuführen. Der erste Arbeitsschritt kann darin bestehen, eine objektbezogene Grobbewertung auf Basis der Prozentwerte gem. den Orientierungswerttabellen durchzuführen. Der zweite Arbeitsschritt kann darin bestehen, die projektspezifischen Einzelheiten bzw. Projektbedingungen angemessen zu berücksichtigen, um im Ergebnis so die einzelfallbezogene Bewertung zu erreichen.

Weiterhin wird in der Fachliteratur zum Teil vorgeschlagen, für unterschiedliche Projektgrößen entsprechend unterschiedlich inhaltlich ausgestaltete Leistungsbilder zugrunde zu legen (bezogen auf den Umfang der Grundleistungen)[66]. Lechner/Stifter schlagen dazu ein sog. 3-Säulenmodell vor. Das Modell enthält 3 unterschiedliche Projektgrößenordnungen (1. 0,1-0,5 Mio. €[67]; 2. 0,5-5,0 Mio. €; 3. 5,0-50,0 Mio. €) mit jeweils unterschiedlichen Leistungsinhalten. Auch das kann im Einzelfall Grundlage einer Bewertung der einzelnen Grundleistungen und der darauf entfallenden Honoraranteile sein.

Unreflektierte Honorarreduzierungen – nicht im Sinne der HOAI

Gelegentlich werden mit der Teilbeauftragung jedoch unreflektierte Honorarreduzierungen beabsichtigt. Dabei besteht die Gefahr, dass die Risikoverlagerung erheblich schwerwiegender ist, als die Reduzierung von Honorar, die sich in dieser Folge nicht als Einsparung manifestiert. Aus diesen Gründen werden unreflektierte Honorarreduzierungen nicht als Zielführend eingestuft.

Im Ergebnis sollten deshalb allenfalls solche Grundleistungen in Betracht gezogen werden, die fachtechnisch ohne Weiteres weggelassen werden können[68]. Das kann z. B. der Fall sein, wenn ein Auftraggeber bei einem kleinen Projekt mit geringer Komplexität (z. B. Anbau eines Wintergartens) ausdrücklich auf eine Kostenschätzung in der Leistungsphase 2 oder auf bepreiste Leistungsverzeichnisse in der Leistungsphase 6 verzichtet, weil bei sehr engen Terminabläufen des Projektes dies aus seiner Sicht keinen Sinn macht. Denn die Kostenberechnung wäre in diesem Beispiel gemäß Terminplan für die Planung des Wintergartens ca. 2 Wochen nach der Kostenschätzung zu erstellen. Die bepreisten Leistungsverzeichnisse können allenfalls 2 Wochen vor Angebotseinholung vorgelegt werden mit der Folge, dass dann eher die eingehenden geprüften Angebote Sinn machen, insbesondere bei kleinen privaten Projekten.

In diesem Fall könnte ein Kostenrahmen als Projektstart, anschließend die Kostenberechnung und danach die Angebote der ausführenden Unternehmen eine Basis für die zu treffenden Entscheidungen sein. Bei nicht besonders engem Terminplan kann bei dem hier genannten sehr kleinen Projekt z. B. die Kostenschätzung wieder ein wesentliches Element der Kostensteuerung sein.

---

[66] Kommentar zur HOAI 2013, 2. Aufl. Univ. Prof. H. Lechner, Dipl. Ing. D. Stifter, Seite 241
[67] Kostenangaben in: Projektgröße
[68] Kommentar zur HOAI 2013, 2. Aufl. Univ. Prof. H. Lechner, Dipl. Ing. D. Stifter, Seite 241

Zusätzlicher Koordinierungs- und Einarbeitungsaufwand

Nach § 8 Abs. 3 HOAI 2013 ist die gesonderte Vergütung eines zusätzlichen koordinierungs- und Einarbeitungsaufwands schriftlich zu vereinbaren, wenn nicht alle Grundleistungen einer Leistungsphase beauftragt werden. Diese Regelung trägt dem Umstand Rechnung, wonach die Leistungsphase die kleinste rechnerische Einheit der Preisrechtsregelungen ist und eine weitere Zerteilung kalkulatorisch mit strukturellen Mehraufwendungen verbunden ist (größerer Schnittstellenanteil).

Danach gilt, dass in Fällen, wenn von der Regelung des Abs. 2 Gebrauch gemacht wird, der entsprechende Zuschlag schriftlich zu vereinbaren ist. Die Schriftlichkeit war nach HOAI 2009 nicht erforderlich. Der Zeitpunkt der schriftlichen Vereinbarung ist in der HOAI 2013 nicht geregelt.

Mit dieser Regelung wird im Ergebnis einerseits die anteilige Beauftragung von Leistungsphasen in § 8 Abs. 2 HOAI 2013 geregelt und andererseits (als Ausgleich für eine evtl. Splittung der Leistungsphaseninhalte auf 2 Beteiligte) ein kalkulatorischer Ausgleich nach Abs. 3 berücksichtigt.

Der zusätzliche Einarbeitungsaufwand kann sich z. B. darin begründen, dass die nun von Dritten erbrachten Grundleistungen aus der betreffenden Leistungsphase einem speziellen Integrationsprozess (durch den Objektplaner der nur die anteilige Leistungsphase in Auftrag hat) unterworfen werden müssen. Der zusätzliche Koordinationsaufwand kann sich in einer zusätzlichen Schnittstelle von Planungsbeteiligten und in dem ebenfalls speziellen Koordinationsaufwand begründen. Werden Grundleistungen nicht beauftragt, weil sie evtl. bei sehr kleinen Projekten nicht erforderlich sind, können ebenfalls entsprechende Aufwendungen an den so entstehenden Schnittstellen entstehen.

Dieser kalkulatorische Ausgleich in Bezug auf den Koordinierungs- und Einarbeitungsaufwand ist der Höhe nach nicht geregelt. Dem ist aus baufachlichen Erwägungen folgend zuzustimmen, weil einzelfallbezogen jeweils sehr unterschiedliche Situationen vorliegen können.

Die Vertragsparteien können sich im Zuge der Vertragsverhandlungen (falls die Herausnahme einzelner Grundleistungen z. B. bei kleinen Projekten beabsichtigt ist) einheitlich auf die Herausnahme von Grundleistungen einerseits und den Einarbeitungs- und Koordinierungsaufwand andererseits einigen und dies schriftlich regeln.

Praxis-Tipp Mit der Regelung nach § 8 Absatz 3 HOAI wird klargestellt, dass eine Zerteilung einzelner Leistungsphasen im Ergebnis zu einem verhältnismäßig höheren Honorar des Architekten führt.

Der Einarbeitungs- und Koordinierungsaufwand ist keine besondere Leistung, er ist sachlich und auch formal hier den Leistungsbildern zugeordnet. Dieser Aufwand ist auch nicht mit den sonst üblichen Einarbeitungen oder den Koordinierungen mit Büros anderer Planbereiche zu verwechseln. Er ist im Rahmen der **Abrechnung nachvollziehbar** darzulegen. Besondere Prüffähigkeitskriterien wie bei den Grundleistungen gibt es nicht. An die Prüffähigkeit werden die allgemeinen Anforderungen gestellt.

In Fällen unvollständig beauftragter Leistungen greift die Beratungspflicht des Architekten. Danach muss der Architekt bei unzureichender Beauftragung über die notwendige fachgerechte Beauftragung beraten und die Risiken, die sich aus unzureichender Beratung ergeben, aufzeigen.

Orientierungswerte für einzelne Grundleistungen

Um die oben genannten Fallkonstellationen im Tagesgeschäft zu bewältigen, werden nachstehen Orientierungswerte für einzelne Grundleistungen bereitgestellt. Die Orientierungswerte zur Bewertung einzelner Grundleistungen bilden naturgemäß nicht alle objektspezifischen Einzelheiten ab, die bei unterschiedlichen Projektkonstellationen anfallen.

Die Vielfalt der jeweiligen Planungs- und Überwachungsanforderungen ist sehr groß, so dass nur Orientierungswerte genannt werden können, auf deren Grundlage eine konkrete Bewertung erfolgen kann. Aus diesem Grund können sich für einzelfallbezogene Umstände auch andere Werte ergeben.

Die nachstehenden Orientierungswerttabellen enthalten aus diesen Gründen sog. Von-Bis-Werte. Diese Von-Bis-Werte stellen jedoch keine oberen oder unteren festen Grenzwerte dar, sondern sind auch in dieser Form als Orientierungswerte zu verstehen. Die Spreizung der Orientierungswerte stellt den eingeschätzten Schwankungsbereich des Regelfalls dar, der sich aber im Ergebnis aller Bewertungen immer im preisrechtlich zulässigen Bereich bewegen muss.

Es wäre auch nicht HOAI-konform, dass von den jeweiligen Orientierungswerten nur die unteren Werte addiert und dann – im Ergebnis als Mindestsatzunterschreitung - vereinbart werden. Eine solche Auslegung der Orientierungswerte entspricht ebenfalls nicht dem vorgesehenen Zweck und ist daher abzulehnen.

Mit der HOAI 2013 werden die Prozentsätze des Gesamthonorars, das auf die Leistungsphasen entfällt, in den meisten Leistungsbildern neu gewichtet. Bei der Bewertung der einzelnen Grundleistungen wurden die Prozentsätze aus der HOAI 2013 zu Grunde gelegt. Zur Erläuterung wird schließlich darauf hingewiesen, dass bei den zum Teil neuen Grundleistungen wie z. B. dem „… Prüfen und Werten der Angebote zusätzlicher und geänderte Leistungen der ausführenden Unternehmer…" aus Lph 7 (bei Gebäuden und Innenräumen, Freianlagen und der Technischen Ausrüstung) das Verständnis[69] der Leistung zu Grunde gelegt wurde, das in der Studie „Aktualisierungsbedarf zur Honorarstruktur der Verordnung über die Honorare für Architekten- und Ingenieurleistungen" zum Ausdruck gebracht wurde.[70]

Es gab außerdem Veränderungen bei den Inhalten der Grundleistungen in den verschiedenen Leistungsphasen ohne dass entsprechende Anpassungen der %-Werte gemäß dem BMWI-Gutachten vorgenommen wurden. In diesem Zusammenhang ist als Beispiel auf die Leistungsphase 6 beim Leistungsbild Gebäude hinzuweisen. Dies ist bei den Orientierungswert-Tabellen ebenfalls zugrunde gelegt. Die in der HOAI 2013 verbindlich geregelten %-Werte für die jeweiligen Leistungsphasen bilden die preisrechtlichen Vorgaben, für die Bewertungtabellen.

Hinweise zur Höhe der Orientierungswerte bzw. Zusammenfassung

Bestimmte Grundleistungen sind für sich genommen fachtechnisch und auch kalkulatorisch nicht einzeln zu handhaben bzw. in der Praxis abzuwickeln und daher bei den Orientierungswerten ebenfalls nicht einzeln für sich zu betrachten. In diesem Fällen wurde eine kalkulatorische Zusammenfassung angesetzt. Darüber hinaus sind verschiedene Honorartatbestände fachlich nicht sinnvoll voneinander trennbar, so dass auch an diesen Stellen eine kalkulatorische Zusammenführung vorgenommen wurde. Schließlich haben sich durch die fortschreitende

---

[69] Nach diesem Verständnis sollen die durch Planungsänderungen verursachten Prüfungen von Nachtragsangeboten gesondert vergütet werden, was dem Text aus dem Leistungsbild jedoch nicht zu entnehmen ist

[70] HOAI-Gutachten der ARGE HOAI – GWT-TUD/BÖRGERS/Kalusche/Siemon im Auftrag des Bundeswirtschaftsministeriums, Anlagenband 1 Anlage 4.6 und 4.8 m.w.N.

EDV-Entwicklung praktische sog. Verschmelzungseffekte ergeben, so dass auch diesbezüglich eine Zusammenfassung an verschiedenen Stellen durchgeführt wurde. Hinzu kommen einzelne Doppelungen[71] innerhalb eines Leistungsbildes.

Zusammenfassung

Die Orientierungswerte für Grundleistungen dienen als Anhaltspunkt und fachliche Empfehlung in der Breite. Einzelfallbezogene Bewertungen bzw. Beurteilungen zur Höhe der angemessenen anteiligen Honorare erfordern eine jeweilige einzelfallbezogene Bearbeitung bzw. Bewertung einschließlich fachtechnischer Erläuterung. Die Tabellen sind nur für die oben genannten Zwecke als fachtechnische Hilfe vorgesehen und können Basis einer entsprechenden vertraglichen Vereinbarung zur Bewertung der beauftragten Grundleistungen sein.[72] Eine Anzahl von einzelnen Grundleistungen lässt sich nicht einzeln betrachten. Bei diesen Grundleistungen sind zusammengefasste Bewertungshinweise gegeben worden. Unreflektierte Zerteilungen von Leistungsphasen ohne baufachliche Systematik sind daher abzulehnen.

Der Bundesgerichtshof hat mit Urteil vom 16.12.2004 (VII ZR 174/03) festgestellt, dass **Bewertungstabellen** als Orientierungshilfe zur Bewertung von Einzelleistungen geeignet sind.

Beispiel

*Wird z. B. ein Architekt mit der Planung und Bauüberwachung beauftragt und mit einem Generalunternehmer ein Pauschalfestpreis für die Errichtung vereinbart, dann kann im Vertrag eine Reduzierung des v. H.-Satzes bei der Bauüberwachung für **entfallene Einzelaufmaße** vereinbart werden. Aber auch dies ist nur eingeschränkt sinnvoll, da der Architekt im Zuge der Prüfung von Abschlagsrechnungen auch weiterhin eine Prüfung hinsichtlich des erreichten Leistungsstandes beim Generalunternehmer vorzunehmen hat, um Überzahlungen jeweils bei den Abschlägen zu vermeiden. Dieses Beispiel zeigt, das fachtechnische Erfordernis, jeweils einzelfallbezogen vorzugehen.*

Nachstehend ist die Orientierungswerttabelle für das Leistungsbild Gebäude abgedruckt.

Orientierungswerte für das Leistungsbild Gebäude (Siemon-Tabellen)

Leistungsphase 1	Von	Bis
a) Klären der Aufgabenstellung auf Grundlage der Vorgaben oder der Bedarfsplanung des Auftraggebers	0,75%	1,00%
b) Ortsbesichtigung		in a) enth.
c) Beraten zum gesamten Leistungs- und Untersuchungsbedarf	0,75%	1,00%
d) Formulieren der Entscheidungshilfen für die Auswahl anderer an der Planung fachlich Beteiligter		in c) enth.
e) Zusammenfassen, Erläutern und Dokumentieren der Ergebnisse	0,10%	0,50%
Gesamt 2%		

---

[71] z. B. preisrechtl. Regelung zu Nachtragsprüfungen in den beiden Leistungsphasen 7 und 8 beim Leistungsbild Technische Ausrüstung

[72] auch um Streitigkeiten bei der Vertragsabwicklung in den oben bei Ziff. 3 genannten Fällen zu vermeiden bzw. zu minimieren

Leistungsphase 2	Von	Bis
a) Analysieren der Grundlagen, Abstimmen der Leistungen mit den fachlich an der Planung Beteiligten	0,25%	0,50%
b) Abstimmen der Zielvorstellungen, Hinweisen auf Zielkonflikte		in a) enth.
c) Erarbeiten der Vorplanung, Untersuchen, Darstellen und Bewerten von Varianten nach gleichen Anforderungen, Zeichnungen im Maßstab nach Art und Größe des Objekts	3,00%	3,50%
d) Klären und Erläutern der wesentlichen Zusammenhänge, Vorgaben und Bedingungen (z. B. städtebauliche, gestalterische, funktionale, technische, wirtschaftliche, ökologische, bauphysikalische, energiewirtschaftliche, soziale, öffentlich-rechtliche)	1,00%	2,00%
e) Bereitstellen der Arbeitsergebnisse als Grundlage für die anderen an der Planung fachlich Beteiligten sowie Koordination und Integration von deren Leistungen		in d) enth.
f) Vorverhandlungen über die Genehmigungsfähigkeit	0,10%	0,50%
g) Kostenschätzung nach DIN 276, Vergleich mit den finanziellen Rahmenbedingungen	0,75%	1,50%
h) Erstellen eines Terminplans mit den wesentlichen Vorgängen des Planungs- und Bauablaufs	0,10%	0,50%
i) Zusammenfassen, Erläutern und Dokumentieren der Ergebnisse	0,10%	0,50%
Gesamt 7%		

Leistungsphase 3	Von	Bis
a) Erarbeiten der Entwurfsplanung, unter weiterer Berücksichtigung der wesentlichen Zusammenhänge, Vorgaben und Bedingungen (z. B. städtebauliche, gestalterische, funktionale, technische, wirtschaftliche, ökologische, soziale, öffentlich-rechtliche) auf Grundlage der Vorplanung und als Grundlage für die weiteren Leistungsphasen und die erforderlichen öffentlich-rechtlichen Genehmigungen unter Verwendung der Beiträge anderer an der Planung fachlich Beteiligter. Zeichnungen nach Art und Größe des Objekts im erforderlichen Umfang und Detaillierungsgrad unter Berücksichtigung aller fachspezifischen Anforderungen, z. B. bei Gebäuden im Maßstab 1:100, z. B. bei Innenräumen im Maßstab 1:50 bis 1:20	10,00%	12,00%
b) Bereitstellen der Arbeitsergebnisse als Grundlage für die anderen an der Planung fachlich Beteiligten sowie Koordination und Integration von deren Leistungen	0,50%	1,50%
c) Objektbeschreibung	0,25%	0,75%
d) Verhandlungen über die Genehmigungsfähigkeit	0,50%	1,00%
e) Kostenberechnung nach DIN 276 und Vergleich mit der Kostenschätzung	1,00%	2,00%
f) Fortschreiben des Terminplans	0,25%	0,50%
g) Zusammenfassen, Erläutern und Dokumentieren der Ergebnisse	0,25%	0,50%
Gesamt 15%		

Leistungsphase 4		
a) Erarbeiten und Zusammenstellen der Vorlagen und Nachweise für öffentlich-rechtliche Genehmigungen oder Zustimmungen einschließlich der Anträge auf Ausnahmen und Befreiungen, sowie notwendiger Verhandlungen mit Behörden unter Verwendung der Beiträge anderer an der Planung fachlich Beteiligter		
b) Einreichen der Vorlagen		in a) enth.

c) Ergänzen und Anpassen der Planungsunterlagen, Beschreibungen und Berechnungen	in a) enth.
Gesamt 3%	

Leistungsphase 5	Von	Bis
a) Erarbeiten der Ausführungsplanung mit allen für die Ausführung notwendigen Einzelangaben (zeichnerisch und textlich) auf Grundlage der Entwurfs- und Genehmigungsplanung bis zur ausführungsreifen Lösung, als Grundlage für die weiteren Leistungsphasen	10,00%	13,00%
b) Ausführungs-, Detail- und Konstruktionszeichnungen nach Art und Größe des Objekts im erforderlichen Umfang und Detaillierungsgrad unter Berücksichtigung aller fachspezifischen Anforderungen, z. B. bei Gebäuden im Maßstab 1:50 bis 1:1, z. B. bei Innenräumen im Maßstab 1:20 bis 1:1	10,00%	13,00%
c) Bereitstellen der Arbeitsergebnisse als Grundlage für die anderen an der Planung fachlich Beteiligten, sowie Koordination und Integration von deren Leistungen		in a) + b) enth.
d) Fortschreiben des Terminplans	0,25%	0,75%
e) Fortschreiben der Ausführungsplanung aufgrund der gewerkeorientierten Bearbeitung während der Objektausführung	0,50%	1,00%
f) Überprüfen erforderlicher Montagepläne der vom Objektplaner geplanten Baukonstruktionen und baukonstruktiven Einbauten auf Übereinstimmung mit der Ausführungsplanung		in a) + b) enth.
Gesamt 25%		

Leistungsphase 6	Von	Bis
a) Aufstellen eines Vergabeterminplans	0,00%	0,25%
b) Aufstellen von Leistungsbeschreibungen mit Leistungsverzeichnissen nach Leistungsbereichen, Ermitteln und Zusammenstellen von Mengen auf Grundlage der Ausführungsplanung unter Verwendung der Beiträge anderer an der Planung fachlich Beteiligter	8,00%	9,00%
c) Abstimmen und Koordinieren der Schnittstellen zu den Leistungsbeschreibungen der an der Planung fachlich Beteiligten		in b) enth.
d) Ermitteln der Kosten auf Grundlage vom Planer bepreister Leistungsverzeichnisse	1,00%	2,00%
e) Kostenkontrolle durch Vergleich der vom Planer bepreisten Leistungsverzeichnisse mit der Kostenberechnung		in d) enth.
f) Zusammenstellen der Vergabeunterlagen für alle Leistungsbereiche		in b) enth.
Gesamt 10%		

Leistungsphase 7	Von	Bis
a) Koordinieren der Vergaben der Fachplaner	0,10%	0,50%
b) Einholen von Angeboten	0,00%	0,25%
c) Prüfen und Werten der Angebote einschließlich Aufstellen eines Preisspiegels nach Einzelpositionen oder Teilleistungen, Prüfen und Werten der Angebote zusätzlicher und geänderter Leistungen der ausführenden Unternehmen und der Angemessenheit der Preise	2,75%	3,50%
d) Führen von Bietergesprächen		in c) enth.
e) Erstellen der Vergabevorschläge, Dokumentation des Vergabeverfahrens		in c) enth.
f) Zusammenstellen der Vertragsunterlagen für alle Leistungsbereiche	0,10%	0,25%

§

g) Vergleichen der Ausschreibungsergebnisse mit den vom Planer bepreisten Leistungsverzeichnissen oder der Kostenberechnung	0,25%	0,50%
h) Mitwirken bei der Auftragserteilung	0,00%	0,25%
Gesamt 4%		

Leistungsphase 8	Von	Bis
a) Überwachen der Ausführung des Objektes auf Übereinstimmung mit der öffentlich-rechtlichen Genehmigung oder Zustimmung, den Verträgen mit ausführenden Unternehmen, den Ausführungsunterlagen, den einschlägigen Vorschriften sowie mit den allgemein anerkannten Regeln der Technik	20,00%	23,00%
b) Überwachen der Ausführung von Tragwerken mit sehr geringen und geringen Planungsanforderungen auf Übereinstimmung mit dem Standsicherheitsnachweis		in a) enth.
c) Koordinieren der an der Objektüberwachung fachlich Beteiligten		in a) enth.
d) Aufstellen, Fortschreiben und Überwachen eines Terminplans (Balkendiagramm)	0,50%	1,00%
e) Dokumentation des Bauablaufs (z. B. Bautagebuch)	0,25%	0,50%
f) Gemeinsames Aufmaß mit den ausführenden Unternehmen		in g) enth.
g) Rechnungsprüfung einschließlich Prüfen der Aufmaße der bauausführenden Unternehmen	4,00%	7,00%
h) Vergleich der Ergebnisse der Rechnungsprüfungen mit den Auftragssummen einschließlich Nachträgen	1,00%	1,50%
i) Kostenkontrolle durch Überprüfen der Leistungsabrechnung der bauausführenden Unternehmen im Vergleich zu den Vertragspreisen		in h) enth.
j) Kostenfeststellung, z. B. nach DIN 276	0,50%	1,00%
k) Organisation der Abnahme der Bauleistungen unter Mitwirkung anderer an der Planung und Objektüberwachung fachlich Beteiligter, Feststellung von Mängeln, Abnahmeempfehlung für den Auftraggeber	1,00%	3,00%
l) Antrag auf öffentlich-rechtliche Abnahmen und Teilnahme daran		in k) enth.
m) Systematische Zusammenstellung der Dokumentation, zeichnerischen Darstellungen und rechnerischen Ergebnisse des Objekts	0,10%	0,25%
n) Übergabe des Objekts		in k) enth.
o) Auflisten der Verjährungsfristen für Mängelansprüche		in k) enth.
p) Überwachen der Beseitigung der bei der Abnahme festgestellten Mängel	0,25%	1,50%
Gesamt 32%		

Leistungsphase 9	Von	Bis
a) Fachliche Bewertung der innerhalb der Verjährungsfristen für Gewährleistungsansprüche festgestellten Mängel, längstens jedoch bis zum Ablauf von 5 Jahren seit Abnahme der Leistung, einschließlich notwendiger Begehungen	0,25%	1,00%
b) Objektbegehung zur Mängelfeststellung vor Ablauf der Verjährungsfristen für Mängelansprüche gegenüber den ausführenden Unternehmen	1,00%	1,75%
c) Mitwirken bei der Freigabe von Sicherheitsleistungen		in b) enth.
Gesamt 2%		

Orientierungswerte für das Leistungsbild Tragwerksplanung (Siemon-Tabellen)

Leistungsphase 1	Von	Bis
a) Klären der Aufgabenstellung aufgrund der Vorgaben oder der Bedarfsplanung des Auftraggebers im Benehmen mit dem Objektplaner	3,00%	3,00%
b) Zusammenstellen der die Aufgabe beeinflussenden Planungsabsichten		in a) enth.
c) Zusammenfassen, Erläutern und Dokumentieren der Ergebnisse		in a) enth.
Gesamt 3%		

Leistungsphase 2	Von	Bis
a) Analysieren der Grundlagen	0,50%	2,00%
b) Beraten in statisch-konstruktiver Hinsicht unter Berücksichtigung der Belange der Standsicherheit, der Gebrauchsfähigkeit und der Wirtschaftlichkeit		in a) enth.
c) Mitwirken bei dem Erarbeiten eines Planungskonzepts einschließlich Untersuchung der Lösungsmöglichkeiten des Tragwerks unter gleichen Objektbedingungen mit skizzenhafter Darstellung, Klärung und Angabe der für das Tragwerk wesentlichen konstruktiven Festlegungen für zum Beispiel Baustoffe, Bauarten und Herstellungsverfahren, Konstruktionsraster und Gründungsart	7,50%	9,00%
d) Mitwirken bei Vorverhandlungen mit Behörden und anderen an der Planung fachlich Beteiligten über die Genehmigungsfähigkeit		in c) enth.
e) Mitwirken bei der Kostenschätzung und bei der Terminplanung	0,50%	1,00%
f) Zusammenfassen, Erläutern und Dokumentieren der Ergebnisse	0,10%	0,25%
Gesamt 10%		

Leistungsphase 3	Von	Bis
a) Erarbeiten der Tragwerkslösung, unter Beachtung der durch die Objektplanung integrierten Fachplanungen, bis zum konstruktiven Entwurf mit zeichnerischer Darstellung	9,00%	10,00%
b) Überschlägige statische Berechnung und Bemessung	3,00%	4,00%
c) Grundlegende Festlegungen der konstruktiven Details und Hauptabmessungen des Tragwerks für zum Beispiel Gestaltung der tragenden Querschnitte, Aussparungen und Fugen; Ausbildung der Auflager- und Knotenpunkte sowie der Verbindungsmittel		in a) enth.
d) Überschlägiges Ermitteln der Betonstahlmengen im Stahlbetonbau, der Stahlmengen im Stahlbau und der Holzmengen im Ingenieurholzbau	0,75%	1,25%
e) Mitwirken bei der Objektbeschreibung bzw. beim Erläuterungsbericht		in i) enth.
f) Mitwirken bei Verhandlungen mit Behörden und anderen an der Planung fachlich Beteiligten über die Genehmigungsfähigkeit		in a) enth.
g) Mitwirken bei der Kostenberechnung und bei der Terminplanung	0,50%	1,00%
h) Mitwirken beim Vergleich der Kostenberechnung mit der Kostenschätzung		in g) enth.
i) Zusammenfassen, Erläutern und Dokumentieren der Ergebnisse	0,10%	0,50%
Gesamt 15%		

Leistungsphase 4	Von	Bis
a) Aufstellen der prüffähigen statischen Berechnungen für das Tragwerk unter Berücksichtigung der vorgegebenen bauphysikalischen Anforderungen	20,00%	25,00%

§

b) Bei Ingenieurbauwerken: Erfassen von normalen Bauzuständen		in a) enth.
c) Anfertigen der Positionspläne für das Tragwerk oder Eintragen der statischen Positionen, der Tragwerksabmessungen, der Verkehrslasten, der Art und Güte der Baustoffe und der Besonderheiten der Konstruktionen in die Entwurfszeichnungen des Objektplaners	5,00%	10,00%
d) Zusammenstellen der Unterlagen der Tragwerksplanung zur Genehmigung		in a) enth.
e) Abstimmen mit Prüfämtern und Prüfingenieuren oder Eigenkontrolle		in a) enth.
f) Vervollständigen und Berichtigen der Berechnungen und Pläne		in a) enth.
Gesamt 30%		

Leistungsphase 5	Von	Bis
a) Durcharbeiten der Ergebnisse der Leistungsphasen 3 und 4 unter Beachtung der durch die Objektplanung integrierten Fachplanungen	5,00%	9,00%
b) Anfertigen der Schalpläne in Ergänzung der fertig gestellten Ausführungspläne des Objektplaners	9,00%	15,00%
c) Zeichnerische Darstellung der Konstruktionen mit Einbau- und Verlegeanweisungen, zum Beispiel Bewehrungspläne, Stahlbau- oder Holzkonstruktionspläne mit Leitdetails (keine Werkstattzeichnungen)	14,00%	20,00%
d) Aufstellen von Stahl- oder Stücklisten als Ergänzung zur zeichnerischen Darstellung der Konstruktionen mit Stahlmengenermittlung	2,00%	5,00%
e) Fortführen der Abstimmung mit Prüfämtern und Prüfingenieuren oder Eigenkontrolle		in a) enth.
Gesamt 40%		

Leistungsphase 6	Von	Bis
a) Ermitteln der Betonstahlmengen im Stahlbetonbau, der Stahlmengen in Stahlbau und der Holzmengen im Ingenieurholzbau als Ergebnis der Ausführungsplanung und als Beitrag zur Mengenermittlung des Objektplaners	0,50%	1,50%
b) Überschlägiges Ermitteln der Mengen der konstruktiven Stahlteile und statisch erforderlichen Verbindungs- und Befestigungsmittel im Ingenieurholzbau	0,00%	1,00%
c) Mitwirken beim Erstellen der Leistungsbeschreibung als Ergänzung zu den Mengenermittlungen als Grundlage für das Leistungsverzeichnis des Tragwerks	0,50%	1,00%
Gesamt 2%		

Orientierungswerte für das Leistungsbild Technische Ausrüstung (Siemon-Tabellen)

Leistungsphase 1	Von	Bis
a) Klären der Aufgabenstellung aufgrund der Vorgaben oder der Bedarfsplanung des Auftraggebers im Benehmen mit dem Objektplaner	0,75%	1,00%
b) Ermitteln der Planungsrandbedingungen und Beraten zum Leistungsbedarf und ggf. zur technischen Erschließung	0,75%	1,00%
c) Zusammenfassen, Erläutern und Dokumentieren der Ergebnisse	0,10%	0,25%
Gesamt 2%		

Leistungsphase 2	Von	Bis
a) Analysieren der Grundlagen, Mitwirken beim Abstimmen der Leistungen mit den Planungsbeteiligten	0,25%	0,50%
b) Erarbeiten eines Planungskonzepts, dazu gehören z. B.: Vordimensionieren der Systeme und maßbestimmenden Anlagenteile, Untersuchen von alternativen Lösungsmöglichkeiten bei gleichen Nutzungsanforderungen einschließlich Wirtschaftlichkeitsvorbetrachtung, zeichnerische Darstellung zur Integration in die Objektplanung unter Berücksichtigung exemplarischer Details, Angaben zum Raumbedarf	5,50%	6,50%
c) Aufstellen eines Funktionsschemas bzw. Prinzipschaltbildes für jede Anlage		in b) enth.
d) Klären und Erläutern der wesentlichen fachübergreifenden Prozesse, Randbedingungen und Schnittstellen, Mitwirken bei der Integration der technischen Anlagen	1,00%	2,00%
e) Vorverhandlungen mit Behörden über die Genehmigungsfähigkeit und mit den zu beteiligenden Stellen zur Infrastruktur		in d) enth.
f) Kostenschätzung nach DIN 276 (2.Ebene) und bei der Terminplanung	0,50%	1,00%
g) Zusammenfassen, Erläutern und Dokumentieren der Ergebnisse	0,10%	0,25%
Gesamt 9%		

§

Leistungsphase 3	Von	Bis
a) Durcharbeiten des Planungskonzepts (stufenweise Erarbeitung einer Lösung) unter Berücksichtigung aller fachspezifischen Anforderungen sowie unter Beachtung der durch die Objektplanung integrierten Fachplanungen, bis zum vollständigen Entwurf	4,00%	7,00%
b) Festlegen aller Systeme und Anlagenteile		in a) enth.
c) Berechnen und Bemessen der technischen Anlagen und Anlagenteile, Abschätzen von jährlichen Bedarfswerten (z. B. Nutz-, End- und Primärenergiebedarf) und Betriebskosten; Abstimmen des Platzbedarfs für technische Anlagen und Anlagenteile; Zeichnerische Darstellung des Entwurfs in einem mit dem Objektplaner abgestimmten Ausgabemaßstab mit Angabe maßbestimmender Dimensionen Fortschreiben und Detaillieren der Funktions- und Strangschemata der Anlagen Auflisten aller Anlagen mit technischen Daten und Angaben z. B. für Energiebilanzierungen Anlagenbeschreibungen mit Angabe der Nutzungsbedingungen	9,00%	12,00%
d) Übergeben der Berechnungsergebnisse an andere Planungsbeteiligte zum Aufstellen vorgeschriebener Nachweise; Angabe und Abstimmung der für die Tragwerksplanung notwendigen Angaben über Durchführungen und Lastangaben (ohne Anfertigen von Schlitz- und Durchführungsplänen)	0,10%	0,25%
e) Verhandlungen mit Behörden und mit anderen zu beteiligenden Stellen über die Genehmigungsfähigkeit		in a) enth.
f) Kostenberechnung nach DIN 276 (3.Ebene) und bei der Terminplanung	0,75%	1,50%
g) Kostenkontrolle durch Vergleich der Kostenberechnung mit der Kostenschätzung		in f) enth.
h) Zusammenfassen, Erläutern und Dokumentieren der Ergebnisse	0,10%	0,25%
Gesamt 17%		

Leistungsphase 4	
a) Erarbeiten und Zusammenstellen der Vorlagen und Nachweise für öffentlich-rechtliche Genehmigungen oder Zustimmungen, einschließlich der Anträge auf Ausnahmen oder Befreiungen sowie Mitwirken bei Verhandlungen mit Behörden	2,00% 2,00%
b) Vervollständigen und Anpassen der Planungsunterlagen, Beschreibungen und Berechnungen	in a) enth.
Gesamt 2%	

Leistungsphase 5	Von Bis	
a) Erarbeiten der Ausführungsplanung auf Grundlage der Ergebnisse der Leistungsphasen 3 und 4 (stufenweise Erarbeitung und Darstellung der Lösung) unter Beachtung der durch die Objektplanung integrierten Fachplanungen bis zur ausführungsreifen Lösung	4,00% 6,00%	
b) Fortschreiben der Berechnungen und Bemessungen zur Auslegung der technischen Anlagen und Anlagenteile Zeichnerische Darstellung der Anlagen in einem mit dem Objektplaner abgestimmten Ausgabemaßstab und Detaillierungsgrad einschließlich Dimensionen (keine Montage- oder Werkstattpläne) Anpassen und Detaillieren der Funktions- und Strangschemata der Anlagen bzw. der GA Funktionslisten, Abstimmen der Ausführungszeichnungen mit dem Objektplaner und den übrigen Fachplanern	8,00% 11,00%	
c) Anfertigen von Schlitz- und Durchbruchsplänen	2,00% 4,00%	§ 55 (2) HOAI
d) Fortschreibung des Terminplans	0,10% 0,50%	
e) Fortschreiben der Ausführungsplanung auf den Stand der Ausschreibungsergebnisse und der dann vorliegenden Ausführungsplanung des Objektplaners, Übergeben der fortgeschriebenen Ausführungsplanung an die ausführenden Unternehmen	0,50% 1,00%	
f) Prüfen und Anerkennen der Montage- und Werkstattpläne der ausführenden Unternehmen auf Übereinstimmung mit der Ausführungsplanung	2,00% 4,00%	§ 55 (2) HOAI
Gesamt 22%		

Leistungsphase 6	Von Bis
a) Ermitteln von Mengen als Grundlage für das Aufstellen von Leistungsverzeichnissen in Abstimmung mit Beiträgen anderer an der Planung fachlich Beteiligter	2,25% 3,00%
b) Aufstellen der Vergabeunterlagen, insbesondere mit Leistungsverzeichnissen nach Leistungsbereichen, einschließlich der Wartungsleistungen auf Grundlage bestehender Regelwerke	2,50% 3,50%
c) Mitwirken beim Abstimmen der Schnittstellen zu den Leistungsbeschreibungen der anderen an der Planung fachlich Beteiligten	in a) u. b) enth.
d) Ermitteln der Kosten auf Grundlage der vom Planer bepreisten Leistungsverzeichnisse	1,00% 2,00%
e) Kostenkontrolle durch Vergleich der vom Planer bepreisten Leistungsverzeichnisse mit der Kostenberechnung	in d) enth.
f) Zusammenstellen der Vergabeunterlagen	in b) enth.
Gesamt 7%	

Leistungsphase 7	Von	Bis
a) Einholen von Angeboten	0,00%	0,10%
b) Prüfen und Werten der Angebote, Aufstellen der Preisspiegel nach Einzelpositionen, Prüfen und Werten der Angebote für zusätzliche oder geänderte Leistungen der ausführenden Unternehmen und der Angemessenheit der Preise	3,50%	4,25%
c) Führen von Bietergesprächen		in b) enth.
d) Vergleichen der Ausschreibungsergebnisse mit den vom Planer bepreisten Leistungsverzeichnissen und der Kostenberechnung	0,50%	1,00%
e) Erstellen der Vergabevorschläge, Mitwirken bei der Dokumentation der Vergabeverfahren		in b) enth.
f) Zusammenstellen der Vertragsunterlagen und bei der Auftragserteilung	0,10%	0,25%
Gesamt 5%		

Leistungsphase 8	Von	Bis
a) Überwachen der Ausführung des Objekts auf Übereinstimmung mit der öffentlich-rechtlichen Genehmigung oder Zustimmung, den Verträgen mit den ausführenden Unternehmen, den Ausführungsunterlagen, den Montage- und Werkstattplänen, den einschlägigen Vorschriften und den allgemein anerkannten Regeln der Technik	16,00%	22,00%
b) Mitwirken bei der Koordination der am Projekt Beteiligten	0,50%	1,00%
c) Aufstellen, Fortschreiben und Überwachen des Terminplans (Balkendiagramm)	0,25%	0,50%
d) Dokumentation des Bauablaufs (Bautagebuch)	0,25%	0,50%
e) Prüfen und Bewerten der Notwendigkeit geänderter oder zusätzlicher Leistungen der Unternehmer und der Angemessenheit der Preise	0,00%	1,00%
f) Gemeinsames Aufmaß mit den ausführenden Unternehmen		in g) enth.
g) Rechnungsprüfung in rechnerischer und fachlicher Hinsicht mit Prüfen und Bescheinigen des Leistungsstandes anhand nachvollziehbarer Leistungsnachweise	8,00%	10,00%
h) Kostenkontrolle durch Überprüfen der Leistungsabrechnungen der ausführenden Unternehmen im Vergleich zu den Vertragspreisen und dem Kostenanschlag.	0,75%	1,25%
i) Kostenfeststellung		in h) enth.
j) Mitwirken bei Leistungs- u. Funktionsprüfungen	0,10%	0,25%
k) fachtechnische Abnahme der Leistungen auf Grundlage der vorgelegten Dokumentation, Erstellung eines Abnahmeprotokolls, Feststellen von Mängeln und Erteilen einer Abnahmeempfehlung	2,50%	4,00%
l) Antrag auf behördliche Abnahmen und Teilnahme daran		in k) enth.
m) Prüfung der übergebenen Revisionsunterlagen auf Vollzähligkeit, Vollständigkeit und stichprobenartige Prüfung auf Übereinstimmung mit dem Stand der Ausführung	0,50%	0,75%
n) Auflisten der Verjährungsfristen der Ansprüche auf Mängelbeseitigung		in k) enth.
o) Überwachen der Beseitigung der bei der Abnahme festgestellten Mängel	0,25%	1,50%
p) Systematische Zusammenstellung der Dokumentation, der zeichnerischen Darstellungen und rechnerischen Ergebnisse des Objekts	0,10%	0,25%
Gesamt 35%		

§

Leistungsphase 9	Von	Bis
a) Fachliche Bewertung der innerhalb der Verjährungsfristen für Gewährleistungsansprüche festgestellten Mängel, längstens jedoch bis zum Ablauf von 5 Jahren seit Abnahme der Leistung, einschließlich notwendiger Begehungen	0,25%	0,75%
b) Objektbegehung zur Mängelfeststellung vor Ablauf der Verjährungsfristen für Mängelansprüche gegenüber den ausführenden Unternehmen	0,50%	0,75%
c) Mitwirken bei der Freigabe von Sicherheitsleistungen		in b) enth.
Gesamt 1%		

Einzelleistungen und Vertragsgegenstand

Was der Architekt im Rahmen seiner Vertragserfüllung schuldet, ergibt sich aus dem individuell zu vereinbarenden **Vertragsgegenstand** und nicht aus den Leistungsbildern bzw. Einzelleistungen (Grundleistungen) der HOAI. Nach klarstellenden Urteilen des BGH vom 24.10.1996 (VII ZR 283/95) sowie vom 22.10.1998 (VII ZR 91/97) enthält die **HOAI, das gilt auch für die HOAI 2009, keine normativen Leitbilder** für den **Inhalt von Architekten- und Ingenieurverträgen**, sondern als so genannte Gebührentatbestände und Leistungsbilder für die Berechnung des Honorars der Höhe nach.

Sehr häufig werden jedoch die Grundleistungen der Leistungsbilder zum Vertragsgegenstand gemacht. Damit sind die so vereinbarten Leistungen auch geschuldet.

Die HOAI regelt aus Gründen der Vielfalt der jeweils individuellen Planungsanforderungen, die Honorare für die als Grundleistungen bezeichneten Honorartatbestände möglichst ergebnisorientiert und lässt dem Architekten auf dem Wege seiner Leistungserbringung bis zum vereinbarten bzw. geschuldeten Erfolg den notwendigen Spielraum.

Der **Spielraum endet** dort, wo **erforderliche Grundleistungen**, weggelassen werden. Werden im Einzelfall nicht erforderliche Einzelleistungen einer Leistungsphase folgerichtig nicht erbracht, besteht ohne Weiteres zunächst kein Anspruch des Auftraggebers auf Honorarminderung. Bei einer Beauftragung der Leistungsphase 1 und 2 kann der Erfolg in der Klärung der Aufgabenstellung, Beratung zum gesamten Leistungsbedarf, der Ausarbeitung des Vorentwurfes, der Kostenschätzung und einer ordnungsgemäßen Baubeschreibung nach den vereinbarten Anforderungen bestehen.

Honorarauswirkungen bei teilweiser Erbringung von Grundleistungen

Der BGH hat mit Beschluss vom 14.06.2007 VII ZR 184/06 (Zurückweisung der Nichtzulassungsbeschwerde) klargestellt, dass die Nichterbringung einzelner Leistungsphasen nicht automatisch zur Honorarkürzung durch den Auftraggeber berechtigt. Eine Kürzung kommt dann in Betracht, wenn die Voraussetzungen des Leistungsstörungsrechts oder des werkvertraglichen Gewährleistungsrechts erfüllt sind. Danach muss dem planenden oder bauüberwachenden Architekten **Gelegenheit** zur **Nacherfüllung** gegeben werden. Gelegenheit zur **Nacherfüllung** bedeutet, dass dem Architekten eine **Fristsetzung** zur **Mangelbeseitigung** gesetzt werden muss und ein fruchtloser Fristablauf eintritt.

Soweit der Auftraggeber aber kein **Erfüllungsinteresse** mehr hat, sich z. B. der Mangel im Bauwerk realisiert hat oder eine nachträgliche Erbringung keinen Sinn macht, ist eine **Fristsetzung** nicht mehr erforderlich. Eine Fristsetzung ist auch dann nicht erforderlich, wenn der Architekt eine Mangelbeseitigung endgültig verweigert hat.

Fehlendes Erfüllungsinteresse des Auftraggebers

Das Erfüllungsinteresse ist ein bedeutsamer Aspekt, wenn es um die Frage der Honorarminderung geht. Macht eine Nachfrist keinen Sinn, weil der AG die zu spät erfüllte Vertragspflicht (z. B. Kostenberechnung) nicht mehr benötigt, liegt ein fehlendes Erfüllungsinteresse des AG vor. Im Bereich der Kostenermittlungen oder des **Bautagebuches** können Leistungen vorliegen, bei denen der Auftraggeber im Nachhinein kein Erfüllungsinteresse mehr hat, denn diese Leistungen sind im Nachhinein für den Auftraggeber nicht mehr verwertbar.

So hat das Oberlandesgericht Celle mit Urteil vom 11.10.2005 (14 U 68/04) entschieden, das eine Honorarkürzung um 0,5 % des Gesamthonorars für die Leistungen aus dem Leistungsbild bzw. Grundleistungen[73] gerechtfertigt ist, wenn kein **Bautagebuch** erstellt worden ist. Einer Fristsetzung zur **Nacherfüllung** bedarf es in diesem Falle nicht, da kein Erfüllungsinteresse des Bauherrn mehr vorliegt. Der Honorarabzug ist ohne Fristsetzung möglich.

Das Oberlandesgericht Hamm[74] hat eine Honorarminderung als gerechtfertigt angesehen, da der Planer die Kostenermittlungen nicht zum erforderlichen Zeitpunkt erstellt hatte. Die Begründung lautete, dass der Auftraggeber beim Vorliegen der Kostenfeststellung kein Erfüllungsinteresse mehr an der Erstellung einer Kostenberechnung oder Kostenschätzung mehr hat. Diese nachträglichen Ermittlungen sind nicht mehr für den vorgesehenen Zweck verwertbar.

Der Bundesgerichtshof hat sich mit Urteil vom 11.11.2004 (VII ZR 128/03) genauso geäußert, indem er klarstellte, dass die jeweiligen Kostenermittlungen in den Leistungsphasen zu erbringen sind in denen sie grundsätzlich erbracht werden müssen. Das bedeutet, die Kostenschätzung muss im Zuge der Leistungsphase 2 erbracht werden. Sie kann nicht später nachgeholt werden. Dann hat der Auftraggeber regelmäßig kein Erfüllungsinteresse mehr. Im vorliegenden Fall war deshalb die Honorarminderung berechtigt.

Es gibt unterschiedliche Leistungen bei denen der Auftraggeber im Nachhinein regelmäßig kein Erfüllungsinteresse mehr haben dürfte. Das oben genannte Bautagebuch gehört zweifelsfrei dazu. Auch das Auflisten der Gewährleistungsfristen, nach Ablauf der Gewährleistungsfristen, gehört dazu. Umgekehrt kann klargestellt werden, dass eine Reihe von Leistungen immer zum Erfüllungsinteresse des Auftraggebers zählen, die allgemein erforderlichen Leistungen. Zu den im Allgemeinen tatsächlich erforderlichen Leistungen zählen mindestens die nachfolgend aufgelisteten Einzelleistungen aus den Leistungsphasen 2 und 3 wenn keine spezifizierten Grundleistungen vereinbart wurden:

– Kostenermittlungen nach DIN 276 je nach Leistungsphase
– Zeichnerische Darstellungen in der Planungsvertiefung je nach Leistungsphase
– Baubeschreibungen und Leistungsbeschreibungen jeweils mit der je Leistungsphase geforderten Detailgenauigkeit
– Herstellung der Genehmigungspflicht der Planung

Diese erforderlichen Leistungen werden mindestens immer zu erbringen sein, um Honorarabzüge zu vermeiden.

Praxis-Tipp Empfohlen wird, im Tagesgeschäft die vereinbarten Einzelleistungen je Leistungsphase generell zu erbringen, wenn Honorarverluste sicher

---

[73] Der Begriff Grundleistungen taucht in der neuen HOAI nicht mehr auf.
[74] Urteil vom 24.01.2006 Az.: 21 U 139/01

| **Praxis-Tipp** | ausgeschlossen werden sollen. Dies gilt insbesondere vor dem Hintergrund, dass z. B. die Ergebnisse der Leistungsphasen 1–3 zu dokumentieren sind. |

Beispiele für nicht einzeln beauftragte Grundleistungen

Wenn die Leistungen der Leistungsphasen 1–4 beauftragt sind ohne dass die einzelnen Grundleistungen als geschuldete Arbeitsschritte vereinbart werden, kommt es – neben den anderen werkvertraglichen Pflichten – bei der Frage der Vollständigkeit der Leistungsphase 4 im Wesentlichen darauf an, dass der Planer eine genehmigungsfähige Planung erarbeitet hat. Das hat das Oberlandesgericht Karlsruhe mit Urteil vom 21.09.2004 (17 U 191/01) festgestellt. Der BGH hat mit Beschluss vom 14.04.2005 (VII ZR 241/04) die Nichtzulassungsbeschwerde der Revision zurückgewiesen und das Urteil damit rechtskräftig werden lassen.

> **Beispiel**
>
> *Wird im Zuge der ohne weitere Differenzierung im Vertragsgegenstand beauftragten Leistungsphasen 1 und 2 eine ordnungsgemäße genehmigungsfähige Vorplanung einschließlich der textlichen Baubeschreibung und Kostenschätzung erbracht, besteht kein Anspruch des Auftraggebers das Honorar zu mindern, wenn die Vorverhandlung mit den Behörden über die Genehmigungsfähigkeit nicht nachweisbar erfolgte.*

Die Rechtsprechung hat sich auch mit dem Weglassen von nicht notwendigen Einzelleistungen befasst. Je nach Vertragsgegenstand, wenn z. B. nicht alle Honorartatbestände als Leistungsinhalt vereinbart sind, ist eine ergebnisorientierte Leistungserbringung des Architekten erforderlich, ohne dass alle einzelnen in der HOAI aufgeführten Grundleistungen erbracht werden. Dies wird auch aus Sicht der herrschenden Rechtsprechung gestützt.

Durch Urteil des OLG Bamberg[75] vom 11.03.2002 (4 U 26/01) ist klargestellt, dass auch bei vereinzelt nicht erbrachten einzelnen Grundleistungen das ungeschmälerte Honorar abgerechnet werden darf, soweit die Leistung des Planers im Ergebnis die mangelfreie Erstellung des vereinbarten Bauwerkes und des vereinbarten geistigen Werkes erzielt hat und die benötigten Leistungen erbracht wurden. Dem Urteil liegt zugrunde, dass die Leistung des Architekten am Ergebnis orientiert, mängelfrei war.

Honorarkürzungen sind nach dem Urteilstenor nur dann möglich, wenn benötigte Leistungen aus dem Grundleistungskatalog, die der Auftraggeber zwingend für seine Zwecke benötigt (z. B. Kostenschätzung für Finanzierungsverhandlungen mit einem Kreditinstitut) vom Architekten nicht erbracht wurden.

Im oben erwähnten Urteil des OLG Bamberg wird im Sinne des allgemeinen Werkvertragsrechtes unterschieden zwischen **benötigten Leistungen** und **nicht benötigten Leistungen.**

Diese Unterscheidung ist jedoch einzelfallbezogen zu betrachten. So ist für einen Auftraggeber eines Gebäudes mit thermisch hochanspruchsvoller Fassadenkonstruktion die Übergabe der Ausführungsplanung und der geprüften Werkstattplanung von großer Bedeutung für die Bauunterhaltung. Demgegenüber ist bei einem einfachen Mauerwerksbau mit Wärmedämmung die Übergabe aller Ausführungspläne nicht so bedeutend für die spätere Bauunterhaltung.

---

[75] WIA Wirtschaftsdienst für Ingenieure & Architekten 7/2002

Baufachliche Gliederung bei Teilbeauftragung von Leistungsphasen

Gesondert zu beurteilen ist die baufachliche **Gliederung von Planungsinhalten,** wenn die Schnittstelle nicht an Leistungsphasen oder einzelnen Grundleistungen festgemacht wird, sondern an Gewerken der Bauausführung. In der Praxis ist dies zu beobachten, wenn sich Architektenleistungen nur auf bestimmte Gewerke beziehen sollen oder verschiedene Leistungen am gleichen Objekt einerseits von einem Innenarchitekten und andererseits von einem Architekten ausgeführt werden.

Hier ist eine präzise **Leistungsgrenze und auch Honorargrenze** zu ziehen. Die Leistungsgrenze versteht sich als nachvollziehbare inhaltliche Regelung zum Vertragsgegenstand.

Beispiel

1. *Bei großen Projekten werden gelegentlich Spezialbüros nur für die Fassadenplanung eingesetzt.*
2. *Beim Einfamilienhausbau wird in gelegentlichen Fällen die Planung und Bauüberwachung bestimmter Ausbaugewerke nicht beauftragt.*
3. *Die Planung eines Gebäudes wird von Architekt und Innenarchitekt gemeinsam mit jeweils abgegrenzten Gewerken erbracht.*

Die in der Vergangenheit schwierige Frage nach der Honorarermittlung bei Beauftragung der Planung und Bauüberwachung von nicht allen Gewerken eines Objekts hat der BGH durch Urteil vom 11.12.2008 (Az.: VII ZR 235/06) gelöst.

Während früher galt, dass die gesamten anrechenbaren Kosten des Gebäudes Ausgangsbasis für die Honorarermittlung waren und anteilige Beauftragungen (z. B. nur ein Teil eines Gebäudes oder einzelne Gewerke) mittels Relationsrechnung zu ermitteln waren, ist nach dem o. g. Gerichtsurteil die Abrechnung wesentlich einfacher.

Die beteiligten Planungsbüros (z. B. Architekt und Innenarchitekt) legen die Gewerke oder die Bauteile, bzw. den räumlichen Umfang, sowie die entsprechenden Kostengruppen, die ihren jeweiligen Planungsumfang betreffen fest und vereinbaren diesen Umfang als jeweiligen abgegrenzten Vertragsumfang. Mit dem so bestimmten Vertragsumfang ist gleichfalls das jeweilige Objekt bestimmt. Denn nach dem o. g. Gerichtsurteil des BGH bestimmt sich das Objekt bei nur anteiligen Planungen nach dem vereinbarten Planungsumfang und nicht anhand des Gesamtobjektes. Damit ist die aufwendige Relationsrechnung nicht mehr notwendig.

Beispiel

1. *Wird bei einer Klinik lediglich die Normalpflegeabteilung, bestehend aus 3 Bettengeschossen modernisiert, ist das Objekt des Vertragsgegenstands damit definiert. Es sind somit lediglich die 3 Bettengeschosse Vertragsumfang und Basis der Ermittlung der anrechenbaren Kosten.*
2. *Wird der Architekt mit der Planung eines Wohnhauses beauftragt, jedoch ohne die Gewerke Innenputz, Malerarbeiten, Bodenbelagarbeiten, Deckenbekleidungsarbeiten, Fliesenarbeiten, Einbauschränke die vom Innenarchitekten gemäß getroffener Vereinbarung geplant werden, dann gehören die vorgenannten Gewerke zu den anrechenbaren Kosten des Innenarchitekten.*

§ 9 Berechnung des Honorars bei Beauftragung von Einzelleistungen

(1) Wird die Vorplanung oder Entwurfsplanung bei Gebäuden und Innenräumen, Freianlagen, Ingenieurbauwerken, Verkehrsanlagen, der Tragwerksplanung und der Technischen Ausrüstung als Einzelleistung in Auftrag gegeben, können für die Leistungsbewertung der jeweiligen Leistungsphase

1. für die Vorplanung höchstens der Prozentsatz der Vorplanung und der Prozentsatz der Grundlagenermittlung herangezogen werden und

2. für die Entwurfsplanung höchstens der Prozentsatz der Entwurfsplanung und der Prozentsatz der Vorplanung herangezogen werden.

Die Vereinbarung hat schriftlich zu erfolgen.

(2) Zur Bauleitplanung ist Absatz 1 Satz 1 Nummer 2 für den Entwurf der öffentlichen Auslegung entsprechend anzuwenden. Bei der Landschaftsplanung ist Absatz 1 Satz Nummer 1 für die vorläufige Fassung sowie Absatz 1 Satz 1 Nummer 2 für die abgestimmte Fassung entsprechend anzuwenden. Die Vereinbarung hat schriftlich zu erfolgen.

(3) Wird die Objektüberwachung bei der Technischen Ausrüstung oder bei Gebäuden als Einzelleistung in Auftrag gegeben, können für die Leistungsbewertung der Objektüberwachung höchstens der Prozentsatz der Objektüberwachung und die Prozentsätze der Grundlagenermittlung und Vorplanung herangezogen werden. Die Vereinbarung hat schriftlich zu erfolgen.

Absatz 1 Beauftragung der Leistungsphasen 2 oder 3

Diese Regelung betrifft zunächst die Honorare bei Beauftragung der Leistungsphasen 2 (Vorplanung) oder Leistungsphase 3 (Entwurfsplanung). Bei der Regelung der Absätze 1 und 3 handelt es sich jeweils um eine Kann-Vorschrift. Das heißt, dass hier eine Vereinbarung möglich ist, soweit beide Vertragspartner Einvernehmen darüber erzielen. Eine einseitige Vorgabe ist nicht möglich.

Die oben genannten Regelungen beziehen sich ausschließlich auf die Leistungsphasen 2 oder 3 in ihrer jeweiligen Gesamtheit[76]. Die Beauftragung von **Einzelleistungen** aus Leistungsphasen ist in § 8 geregelt. Auch die ansonsten mögliche Beauftragung von einzelnen Leistungsphasen an unterschiedliche Beteiligte ist in § 8 geregelt.

Im Ergebnis bedeutet das, dass bei einer Einzelbeauftragung der Leistungsphase 2 die v. H.-Sätze der Leistungsphase 1 ebenfalls beauftragt werden dürfen. Der Sinn dieser Regelung könnte darin bestehen, dass auch bei einer Einzelbeauftragung der Leistungsphase 2 die Leistungsphase 1 nicht unberücksichtigt werden soll, da die jeweiligen Leistungsphasen i. d. R. fachlich aufeinander aufbauen. Bei näherer Betrachtung erschließt sich der Sinn dieser Regelung nur bedingt. Denn nach der herrschenden Meinung in der Fachwelt ist es fachtechnisch weder plausibel noch irgendwie sinnvoll die Leistungsphase 2 ohne eine vorherige Erbringung der Leistungsphase 1 zu vereinbaren. Es ist ggf. davon auszugehen, dass mit dieser Regelung

---

[76] Gemeint ist die Gesamtheit der jeweiligen Leistungsphasen 2 oder 3

eine etwaige Einarbeitungsphase in das Projekt gemeint sein könnte, wenn ab Leistungsphase 2 ein anderer Auftragnehmer[77] tätig wird, was aber konkret nicht erkennbar ist.

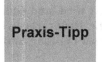 **Praxis-Tipp** Insofern ist davon auszugehen, dass die Regelungen des Absatz 1 in der Praxis nur eine untergeordnete Rolle spielen dürften. Denn bei fachgerechter Planung erfolgt grundsätzlich die Beauftragung der Leistungsphasen 1 und 2, sowie nach Bedarf Leistungsphase 3.

Absatz 2 Bauleitplanung

Die Regelung in Absatz 2 betrifft die Flächenplanung (z. B. Bauleitplanung oder Landschaftsplanung).

Absatz 3 Beauftragung der Leistungsphase 8

In Absatz 3 wird die Einzelbeauftragung der Objektüberwachung für Gebäude und für die Technische Ausrüstung geregelt. Auch hier gilt, dass es sich um eine Kann-Vorschrift handelt. Somit kommen die nachstehend aufgeführten Abrechnungsregeln nur zum Tragen, wenn beide Vertragspartner darüber eine Vereinbarung getroffen haben.

Unklar ist im Ergebnis, welcher fachtechnische oder rechnerische unmittelbare Bezug zwischen den Leistungen der Leistungsphasen 1 und 2 einerseits und der Leistungsphase 8 andererseits besteht. Es ist davon auszugehen, dass mit dieser Regelung eine etwaige Einarbeitungsphase in das Projekt gemeint sein könnte, was aber konkret nicht erkennbar ist.

§

---

[77] Wäre evtl. bei VOF-Verfahren ggfs. in Einzelfällen denkbar

§ 10 Berechnung des Honorars bei vertraglichen Änderungen des Leistungsumfangs

(1) Einigen sich Auftraggeber und Auftragnehmer während der Laufzeit des Vertrages darauf, dass der Umfang der beauftragten Leistung geändert wird, und ändern sich dadurch die anrechenbaren Kosten oder Flächen, so ist die Honorarberechnungsgrundlage für die Grundleistungen, die infolge des veränderten Leistungsumfangs zu erbringen sind, durch schriftliche Vereinbarung anzupassen.

(2) Einigen sich Auftraggeber und Auftragnehmer über die Wiederholung von Grundleistungen, ohne dass sich dadurch die anrechenbaren Kosten oder Flächen ändern, ist das Honorar für diese Grundleistungen entsprechend ihrem Anteil an der jeweiligen Leistungsphase schriftlich zu vereinbaren.

Allgemeines

Die Regelungen des § 10 HOAI 2013 bündeln die Regelungen zur Honorarberechnung bei Änderungen des Leistungsumfangs und bei Wiederholungen von Grundleistungen, ohne dass sich die anrechenbaren Kosten ändern. Nicht geregelt ist der Fall bei dem Grundleistungen wiederholt werden und sich gleichsam die anrechenbaren Kosten ändern. Insofern stellt die Regelung in Absatz 2 eine Kuriosität dar. Denn in den weitaus meisten Fällen gehen Änderungen der Planung durch wiederholte Grundleistungen mit der Änderung von Kosten und anrechenbaren Kosten einher.

Es ist jedoch davon auszugehen, dass dieser Fall bei dem sich die anrechenbaren Kosten infolge der Wiederholung von Grundleistungen ändern, vergleichbar mit dem in Absatz 2 geregelten Fall zu sehen ist und demzufolge die gleichen Abrechnungsregeln anzunehmen sind.

Änderungen der anrechenbaren Kosten: In der Regel kann davon ausgegangen werden, dass Änderungen bei der Planung auch Änderungen der anrechenbaren Kosten mit sich bringen. Dazu ist jedoch auf die Kostenberechnung mit der entsprechenden Kostenermittlungstiefe Bezug zu nehmen. Die Kostenänderungen müssen sich in der Kostenberechnung, die die Grundlage für die Ermittlung der anrechenbaren Kosten bildet, auch fachlich abbilden und nachvollziehen lassen.

Die Regelung des neuen § 10 macht die bisherigen, verstreut in der HOAI angeordneten Regelungen aus der HOAI 2009, hinfällig.

Planungsänderungen gehören zum Bestandteil des **Tagesgeschäfts.** Aber nicht jede Planungsänderung[78] des Architekten löst über die einmal vergüteten Leistungen hinausgehendes Honorar aus. Honorarpflichtige Planungsänderungen bedürfen folgender Grundlagen:

– Die Änderung kommt auf Basis einer diesbezüglichen Einigung zustande,
– die bisherige Planung ist frei von Mängeln und entspricht dem ursprünglich vereinbarten Planungsziel.

---

[78] Mangelbeseitigungen und Planungsoptimierungen die der Architekt selbst veranlasst, lösen i. d. R. keinen gesonderten Honoraranspruch aus.

Praxis-Tipp Optimiert der Architekt aus eigener Veranlassung seine Planung und erzielt er darüber Einvernehmen mit dem Auftraggeber, handelt es sich nicht um eine honorarpflichtige Änderung der Planung.

Dokumentation (Grundleistung in den Leistungsphasen 1-3) wird besonders bedeutend

Besondere Bedeutung erlangt im Tagesgeschäft die Dokumentation der jeweiligen Planungsschritte bzw. Leistungsphasen, um eine fachlich unstreitige Ausgangsbasis bei Änderungen, und damit die Änderung an sich, nachvollziehbar darlegen zu können. Für die Leistungsphasen 1-4 ergibt sich die nachfolgende Empfehlung, sie gilt insbesondere auch bei sich im Tagesgeschäft häufig abzeichnender zeitlich überlappender Bearbeitung von Leistungsphasen:

- Zielgerichtet die Beendigung der jeweiligen Leistungsphase zu dokumentieren (siehe neue Grundleistungen je am Ende der Leistungsphasen 1-3).
- Jeweils am Ende jeder Leistungsphase eine Erläuterung und Dokumentation der in der betreffenden Leistungsphase erzielten Planungsergebnisse vorzunehmen, unberührt von der o. e. zeitlichen Überlappung von Leistungsphasen,
- Die Dokumentation in allgemein verwendbarer Form (z. B. digital als pdf-Format) und übersichtlich gegliedert dem Auftraggeber zu übergeben.
- Entscheidende Zwischenschritte innerhalb einer Leistungsphase anfallen, sollten ebenfalls dokumentiert und erläutert werden. Denn es können auch Änderungen im Zuge der Bearbeitung einer Leistungsphase anfallen, mit der Folge, dass auch hier die jeweiligen einvernehmlich erbrachten Arbeitsschritte als Ausgangsbasis des Änderungshonorars zur Verfügung stehen.
- Die Erläuterung und Dokumentation wichtiger Arbeitsschritte (z. B. Grundrisslösung, Fassadenplanung, Baukörpergliederung etc.) sollten mit Anschreiben in denen die Arbeitsergebnisse nachvollziehbar aufgelistet sind, übergeben werden.

Keine Erheblichkeitsschwelle bei Änderungshonorar

Das Kammergericht (KG Berlin, Urteil vom 14.2.2012, A z. 7 U 53/08) sprach dem Planungsbüro ein änderungsbedingtes Zusatzhonorar für eine Änderung eines Malerleistungsverzeichnisses zu und machte in diesem Zusammenhang sechs wichtige Aussagen, unter welchen Voraussetzungen Planungsänderungen zusätzlich zu honorieren sind:

- Eine Planungsänderung liegt vor, wenn eine einmal abgestimmte Planungslösung im Nachhinein (also nach Beendigung des entsprechenden Planungsschrittes) in geänderter Form neu erstellt wird.
- Es darf keine fehlerhafte Ursprungsplanung in Bezug auf den Änderungsinhalt vorliegen; die Änderung darf also keine Mangelbeseitigung darstellen.
- Die Änderung muss vom Auftraggeber veranlasst werden.
- Eine Änderung liegt vor, wenn eine geforderte Leistung nicht Bestandteil eines abgeschlossenen Planungsvertrags ist (wenn also eine Leistung zweimal gefordert wird wie hier die Ausschreibung der Malerarbeiten, im Vertrag aber nur die einmalige Erbringung geregelt ist).
- Es ist „honorarunschädlich", wenn es sich um relativ geringfügige Änderungen handelt.

Im vorliegenden Fall ging es um eine nochmalige Planung für Malerarbeiten für ein Treppenhaus. Der Fall ist deshalb relevant, weil es um eine kleine Planungsänderung geht, die keine

Grundrissänderung oder Änderung bei der Baukörpergestaltung darstellt, sondern lediglich Änderungen in den Leistungsphasen 6 und 7 beim Gewerk Malerarbeiten umfasst.

Das Architekturbüro hat im vorliegenden Fall ursprünglich einen üblichen einfarbigen Farbanstrich in einem Treppenhaus vorgesehen. Später stellte sich heraus, dass eine verdeckte historische Gestaltung des Treppenhauses unter den vorhandenen Farben vorhanden war, die wiederhergestellt werden sollte. Der Auftraggeber entschied sich für die Herstellung der historischen Ausgestaltung des Treppenhauses und damit für die Änderung der ursprünglichen Vereinbarung.

Eine Änderung liegt danach vor, wenn eine geforderte Leistung nicht Bestandteil eines abgeschlossenen Planungsvertrags ist (wenn also eine Leistung zweimal gefordert wird wie z. B. hier die Ausschreibung der Malerarbeiten, jedoch nur die einmalige Erbringung im Vertrag geregelt ist).

Einigung der Vertragspartner

Die Absätze 1 und 2 legen eine Einigung der Vertragspartner zugrunde. Das bedeutet u. a., dass die bisherige Planung einvernehmlich erfolgte mangelfrei erbracht wurde und anschließend eine Änderung gegenüber dieser Lösung nach einer Einigung über die Änderung vorgenommen werden soll. Ein einseitiges Anordnungsbefugnis sieht der Verordnungstext somit nicht vor. Ob sich eine Anordnungsbefugnis aus anderen rechtlichen Gründen ergibt, ist umstritten.

Die Einigung bezieht sich nach dem Wortlaut des Verordnungstextes nur auf die beabsichtigte Änderung, nicht auf die Höhe des Änderungshonorars welches in Folge der Einigung über die Änderung anfällt. Ist die Einigung über die Änderung erfolgt, dann ist das Honorar entsprechend den Einzelregelungen in den Absätzen 1 und 2 zu bemessen.

Praxis-Tipp   In diesem Kontext gewinnt die Dokumentation der Ergebnisse der Leistungen in den Leistungsphasen 1–3 Bedeutung. Denn die Dokumentation der in den Leistungsphasen 1–3 erbrachten Leistungen stellt im Regelfall die einvernehmlich erbrachte Planung dar und kann damit als Ausgangsbasis für die Änderungshonorarberechnung herangezogen werden.

Es wird im Ergebnis durch den Verordnungsgeber lediglich eine Einigung über die vorgesehenen Änderungen verlangt. Eine Einigung über die Höhe des damit ausgelösten Honorars ist damit nicht zwingend, sondern die zwingende Folge der Einigung über die Änderung. Das Honorarberechnungsprinzip ist in den beiden Absätzen 1 und 2 jeweils geregelt.

Absatz 1 Änderung des Leistungsumfangs

Abs.1 betrifft die Honorarregelungen im Falle einer Änderung des Umfangs der Leistung. **Änderung des Beauftragten Leistungsumfangs:** Was unter Änderung des beauftragten Leistungsumfangs zu verstehen ist unterliegt einem Auslegungsspielraum. Zunächst kann der Begriff des Leistungsumfangs räumlich gedeutet werden. Der Leistungsumfang kann aber auch inhaltlich geändert werden.

Eine Änderung des Umfangs der Leistung kann z. B. darin bestehen, dass eine Veränderung des geplanten Bauumfangs in m³ BRI erfolgt. Als Umfang der beauftragten Leistungen kann neben dem oben erwähnten veränderten räumlichen Umfangs der zu beplanenden Fläche oder Rauminhalte auch eine Veränderung des inhaltlichen Planungsumfangs angesehen werden (z. B. zusätzliche Beauftragung von ergänzenden Leistungsphasen eines Stufenvertrags).

Für beide Fälle gilt, dass dann die Honorarberechnungsgrundlage die sich infolge der Änderung ergibt, anzupassen ist. Honorarberechnungsgrundlagen können sein:

- anrechenbare Kosten
- Leistungsphasen
- Honorarzone
- Leistungsbild

Beispiel

Es erfolgt eine Änderung des Leistungsumfangs dadurch, dass das Planungsbüro statt ursprünglich 4 Geschosse mit 600 m² BGF nun 5 Geschosse mit 690 m² BGF planen soll. Dann ändern sich zum einen die anrechenbaren Kosten und zum Anderen die Leistungen in dem betreffenden Leistungsbild (ggf. Wiederholungsplanung in Teilbereichen).

---

1. Praxisbeispiel: Änderung der Planung nach erteilter Baugenehmigung

Es wurde ein 8-Familienhaus mit Tiefgaragenplätzen geplant. Nach Fertigstellung des Entwurfes und der Erteilung der Baugenehmigung wurde das 8-Familienhaus in ein 7-Familienhaus auf Verlangen des Auftraggebers umgeplant und entsprechend der Umplanung anschließend ausgeführt. Statt ursprünglich 12 Stellplätze wurden nur noch 6 Stellplätze in der Tiefgarage geplant. Das Kellergeschoss wurde um 3m schmaler, das Bauvolumen änderte sich dadurch. Das Raum- und Funktionsprogramm änderte sich bei ansonsten unveränderter Nutzung als Wohngebäude. Eine Rampe zum Kellergeschoss wurde verlegt.

Infolge dieser Änderungen mussten die Zeichnungen des Kellergeschosses, der Grundriss des Erdgeschosses, die Schnitte und die Ansichten neu erstellt werden. Planerisch unverändert blieben dagegen die oberen Geschosse. Es handelt sich nicht um eine Änderung des gesamten Entwurfes, sondern um eine bereichsweise Änderung, wie sie in der Praxis sehr häufig vorkommt. In diesem Fall löste die zwar **bereichsweise Änderung** aber dennoch eine völlige Neuerstellung der bisher erstellten Pläne, Berechnungen und Baubeschreibung, kurz gesagt der bereits erbrachten Leistungsphasen aus.

Dieser Fall lag dem Oberlandesgericht Düsseldorf zur Entscheidung über ein Planänderungshonorar vor. Das OLG Düsseldorf hat mit Urteil vom 18.01.2002 (22 U 110/01) dem Architekten einen neuen Honoraranspruch (auf Grundlage der HOAI 1996) für alle nochmals erbrachten Grundleistungen der Leistungsphasen 1–4 zugesprochen.[79]

Es handelt sich hierbei nach der Urteilsbegründung um eine **erneute Planung mit tief greifenden Änderungen für dasselbe Gebäude** nach grundsätzlich verschiedenen Anforderungen. Die betreffenden Leistungsphasen sind neu zu erstellen gewesen. Weiter heißt es in dem Urteil, dass es um den Honoraranspruch dem Grunde nach zu erwirken ausreicht, wenn das

---

[79] Dieser Entscheidung lag die HOAI 1996 zugrunde.

Änderungsverlangen des Auftraggebers am Ende von gemeinsamen Überlegungen (Auftraggeber/Architekt) steht.

Honorarberechnung: Die nachfolgende Übersicht zeigt die Grundsätze der Ermittlung des Honorars für die 2. Planung in den Leistungsphasen 1–4. Dabei ist zu beachten, dass die Richter auch die Leistungsphasen 1 bis 4 noch ein weiteres Mal als honorarfähig anerkannten. Der Grund hierfür liegt in den **grundsätzlich verschiedenen Anforderungen**, die ein neues geistiges Werk von Beginn an erforderlich werden lassen und somit auch die Grundlagenermittlung noch einmal neu zu erbringen ist.

In diesem Fall war die Klärung der Aufgabenstellung noch einmal zu erbringen, weil die Wiederholungsplanung auf Grundlage neu zu definierender Aufgabenstellung (optimale Ausnutzung des Grundstückes) basierte. Das folgende Bild zeigt die Änderung der Leistungsphasen 1–4.

Beide Planungen werden auf Basis der jeweils dann zutreffenden (unterschiedlichen) Kostenberechnung abgerechnet.

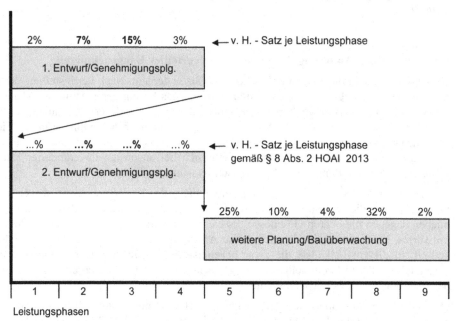

2. Praxisbeispiel: Änderung durch Reduzierung des Bauumfangs nach LPH 2

Als 2. Beispiel wird der Fall einer Planungsänderung auf Veranlassung des Auftraggebers genannt, bei dem die Änderung nach Vorlage des Vorentwurfes incl. Kostenschätzung vorgenommen wurde. Nach Fertigstellung der Vorplanung bei Beginn der Entwurfsplanung wurde vom Auftraggeber gebeten die Planung wesentlich zu ändern, worauf man sich schließlich einigte. Damit gingen einige funktionelle Änderungen mit dem Ziel einher, die Baukosten zu reduzieren. Der Planung lag keine Kostenobergrenze zugrunde, sondern ein Raumprogramm, welches infolge der Reduzierungen ebenfalls geändert wurde.

Dieser Fall wurde vom Kammergericht Berlin mit Urteil vom 18.02.2002 (27 U 7390/00) entschieden. Der Architekt durfte die urspr. erbrachten Leistungen bis einschließlich Vorplanung nach der höheren Kostenschätzung abrechnen.

Dieser Grundsatz dürfte auch bei der neuen HOAI zutreffen. Denn auch hier kann es vorkommen, dass die Planung nach der Vorplanung weitgehend geändert wird.

Im Vertrag war bei dem hier vorliegenden Fall vereinbart, dass bis zur Vorlage der Kostenberechnung auf Basis der Kostenschätzung abzurechnen war. Bei der Abrechnung nach der Kostenschätzung ist das Gericht von einer Beendigung des bisherigen Konzeptes (ähnlich einer Vertragsbeendigung nach Leistungsphase 2) ausgegangen, das einer vorzeitigen Vertragsbeendigung gleich zu setzen ist. Damit war die Abrechnung der Leistungsphasen 1 und 2 nach der höheren Kostenschätzung berechtigt.

3. Praxisbeispiel: Wegfall des geplanten Dachgeschosses

Die nachfolgende Grafik stellt eine Änderung mit Reduzierung der anrechenbaren Kosten dar. Es war zunächst geplant ein Gebäude komplett umzubauen. Unmittelbar nach Eingang der Angebote (noch vor Angebotsprüfung[80]) hat der Auftraggeber entschieden, auf den Ausbau des Dachgeschosses zu **verzichten**.

Durch den **Wegfall** des ausgebauten **Dachgeschosses** unmittelbar nach Angebotseingang vor Angebotswertung wird der Kostenanschlag in Leistungsphase 7 um das wegfallende Dachgeschoss reduziert. Es steht dem Architekten für die bis zur Leistungsphase 6 und für einen Teil der Leistungsphase 7 erbrachten Leistungen das Honorar incl. ausgebauten Dachgeschosses zu. Denn der Architekt hat bis einschließlich Leistungsphase 6 das Dachgeschoss mit geplant, ausgeschrieben und in Leistungsphase 7 die Zusammenstellung der Verdingungsunterlagen einschl. Angebotseinholung erbracht.

Für die Leistungen nach der Änderung ist der verringerte Kostenansatz den anrechenbaren Kosten zugrunde zu legen. Dafür ist die Kostenberechnung entsprechend zu ändern und den entsprechend geänderten Leistungsphasen zugrunde zu legen.

Das nachstehende Bild zeigt diesen Fall. Die **hinterlegten Flächen** stellen die anrechenbaren Kosten in den jeweiligen Leistungsphasen dar. Nachdem in der Leistungsphase 7 der Wegfall eines Teils der Planung, des Dachgeschosses, vereinbart wurde, muss die 1. Kostenberechnung geändert werden und eine 2. Kostenberechnung erstellt werden, wenn diese Berechnungsmethode der Honorarkalkulation auf Grundlage der HOAI Honorare für Grundleistungen gewählt wird.

---

[80] In der Leistungsphase 7

Änderung der Planung durch Wegfall des ausgebauten Dachgeschosses

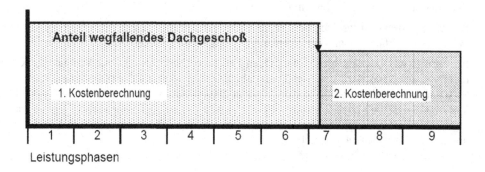

Leistungsphasen

Bei diesem Beispiel stellt sich die Rechtsfrage wann noch von einer Änderung der Planung und ab wann von einer Teilkündigung auszugehen ist. Wenn beispielsweise mehr als die Hälfte des Bauumfangs durch Reduzierung wegfällt, kann auch eine Teilkündigung zugrunde gelegt werden, was jedoch in jedem Einzelfall gesondert zu entscheiden ist.

4. Praxisbeispiel: Hinzutretender Planungsumfang

Wird der räumliche Planungsumfang erweitert, sind für den Erweiterungsumfang ebenfalls die betreffenden Leistungsphasen, (ggf. von der **Grundlagenermittlung),** für den hinzutretenden Bereich zu bearbeiten. Im Ergebnis führt das dazu, dass bei Erweiterung des Planungsumfanges (siehe Grafik unten) die Kostenberechnung neu aufzustellen bzw. zu ergänzen ist.

> **Beispiel**
>
> *Das Oberlandesgericht Jena hat mit Urteil vom 26.03.2002 (3 U 353/01) einem Architekten, der bei einer Umbaumaßnahme nach Fertigstellung der Genehmigungsplanung seine Zeichnungen ändern musste und dafür das Honorar ab der **Leistungsphase 1** für den Änderungsbereich noch einmal berechnete, Recht gegeben. Die nachfolgende fachliche Begründung des Gerichtes ist von grundlegender Bedeutung.*

In Bezug auf den räumlichen Änderungsbereich, den hinzutretenden Bauumfang (siehe nachstehende Skizze) muss der Architekt im vorliegenden Fall noch einmal in Leistungsphase 1 beginnen und für diesen Teilbereich, u. a. die Aufgabenstellung klären, und prüfen, ob an dieser Änderung die weiteren Planungsbeteiligten ebenfalls noch einmal zu beteiligen sind. Beide beispielhaft genannten Leistungen sind Grundleistungen der Leistungsphase 1 was zeigt, dass bei hinzutretendem Bauumfang regelmäßig im Hinblick auf den neuen Bauumfang die gesamte Planung zu durchlaufen ist.

Das Gericht ging in diesem Einzelfall sogar von einer komplett neuen Notwendigkeit der Leistungsphase 1 aus. Gelegentlich dürfte ein Teil der wiederholten Grundleistungen verwendbar sein, was dann zu einem reduzierten v. H.-Satz in der Leistungsphase 1 führen kann.

Das nachstehende Bild zeigt die Entscheidung als Grafik.

Erweiterung des Planungsumfanges

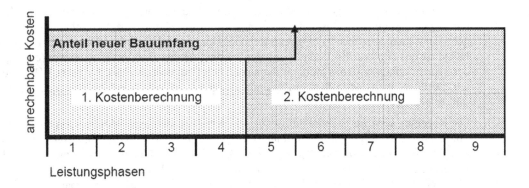

5. Praxisbeispiel: Mischform Hinzutretender Planungsumfang und Wiederholung von Grundleistungen

Werden im räumlichen Änderungsbereich (vergl. graue Anteile an der Planung) alle vertraglich vereinbarten Leistungen erneut erbracht, dann sind die vertraglich für die ursprüngliche Planung vereinbarten v. H.-Sätze uneingeschränkt für die Änderung ebenfalls anzusetzen.

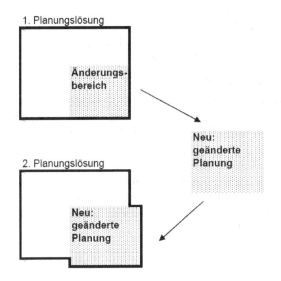

Beispiel:
Die Kosten des Änderungsumfangs bilden die Grundlage der anrechenbaren Kosten für das Änderungshonorar.

Der v. H.-Satz in den betreffenden Leistungsphasen bezieht sich nur auf den Änderungsumfang, nicht auf das gesamte Gebäude. Ist also die Entwurfsplanung im Änderungsumfang komplett neu zu erstellen, fällt dafür der volle v. H.-Satz nach HOAI an.

Der Änderungsbereich wird in diesem Beispiel als sog. Wegwerfplanung gesondert abgerechnet. Die neue geänderte Planung ersetzt die Wegwerfplanung und ändert somit die Kostenberechnung, die die Honorargrundlage für alle Leistungsphasen bildet. Ergebnis wird die Wegwerfplanung einzeln abgerechnet und die neue Kostenberechnung ersetzt die bisherige Kostenberechnung (vergl. unteres Bild oben).

Absatz 1 und 2 – Schriftliche Vereinbarung

Die schriftliche Anpassung ist im Verordnungstext vorgegeben. Jedoch ist die Schriftlichkeit nicht Voraussetzung eines Honoraranspruchs dem Grunde nach. Kommt eine schriftliche Honorarvereinbarung nicht zustande, weil eine Partei die schriftliche Vereinbarung verweigert, geht damit kein entsprechender grundsätzlicher Honorarverlust einher. Denn nach § 3 Absatz 1 HOAI ist das Honorar für Grundleistungen verbindlich geregelt. Im Falle einer Verweigerung der Schriftlichkeit wird das Honorar dann nach den Grundsätzen des § 3 Absatz 1 HOAI ermittelt. Darüber hinaus ist in diesem Zusammenhang auf § 8 Abs.1 und 2 hinzuweisen, die ebenfalls relevant sind.

Die Regelung lässt im Ergebnis in Bezug auf den Anspruch einer **Honoraranpassung** keinen Spielraum, denn es heißt im Verordnungstext „... *ist die Honorarberechnungsgrundlage durch schriftliche Vereinbarung anzupassen ...*". Danach ist eine Honoraranpassung zwingend. Die Regelung ist ausdrücklich nicht als Kann-Vorschrift formuliert. Sie sorgt für eine angemessene Pflichtenverteilung im Bereich der Zusammenarbeit der jeweiligen Vertragspartner.

Absatz 2 Wiederholte Erbringung von Grundleistungen

Auch in Absatz 2 wird der Einigungsvorbehalt im Verordnungstext formuliert als Basis für die Wiederholung der Grundleistungen. Wird aufgrund einer Einigung ein einmal **vollendeter Planungsschritt**, eine Leistungsphase oder Teile einer Leistungsphase noch einmal neu bearbeitet, dann handelt es sich um eine **Wiederholung von Grundleistungen**, die ein nochmaliges Honorar für die wiederholten Leistungen rechtfertigt. Diesen Fall regelt Absatz 2, jedoch verbunden mit der Maßgabe, dass sich die anrechenbaren Kosten dadurch nicht ändern.

Die Regelung des Absatzes 2 ist insofern unverständlich. Denn in den meisten Fällen ändern sich bei der Wiederholung von Grundleistungen die anrechenbaren Kosten, denn bei einer Wiederholung von Grundleistungen wird sinnvollerweise die Planung nicht mit identischen baufachlichen technischen und funktionalen Ergebnissen wiederholt.

Honorarermittlung - auf Basis der Grundleistungen

Das Änderungshonorar wird nach den Regelungen des Absatz 2 als **wiederholte Leistung aus dem Leistungsbild** nach den anrechenbaren Kosten, der Honorarzone, dem vereinbarten Honorarsatz, und den zugehörigen v. H.-Sätzen entsprechend der HOAI ermitteln lassen.

Das Prinzip der Honorarermittlung wird in diesem Fall somit anders gestaltet als in Absatz 1. Das Honorar für diese Grundleistungen die wiederholt erbracht werden, ist entsprechend ihrem Anteil an dem Honorar der jeweiligen Leistungsphase schriftlich zu vereinbaren. Damit wird zunächst klargestellt, dass es sich hier nur um wiederholte Grundleistungen handelt. Darüber hinaus ist klargestellt, dass die Leistungen vom Änderungshonorar betroffen sind, die wiederholt werden müssen, um Absatz 2 anwenden zu können.

Beispiel

Wird im Zuge der Entwurfsplanung der Vorentwurf in einem kleinen anteiligen Gebäudebereich nochmals mit anderen funktionalen Vorgaben neu erstellt, dann kann z. B. der Fall eintreten, dass die Kostenschätzung nicht noch einmal wiederholt erstellt werden soll, sondern nur die zeichnerischen und baukonstruktiven sowie funktional ausgerichteten Grundleistungen der Leistungsphase 2. Dann ist für die wiederholte Leistungsphase 2 im Änderungsbereich nur der entsprechende anteilige Prozentsatz zugrunde zu legen.

Alternative Honorarermittlung als Zeithonorar oder als Pauschale

Auch bei der Anwendung des Absatzes 2 gilt, dass schriftlich und bei Auftragserteilung der Planungsänderung ein Zeithonorar oder ein Pauschalhonorar die Änderungen betreffend vereinbart werden kann. Damit wird die Honorierung von Planungsänderungen bei der Abwicklung der Planungsverträge vereinfacht. Denn es dürfte nicht einfach sein, bei Planungsänderungen grundsätzlich immer – auch bei geringfügigen Änderungen – das Honorarermittlungsprinzip der HOAI mit anrechenbaren Kosten, Honorarzone usw. anzuwenden.

Der Bundesgerichtshof hat mit seinem Urteil des BGH vom 17.04.2009 (Az.: VII ZR 164/07) eine grundlegende Neueinstufung des Zeithonorars vorgegeben. Die bisherige Auffassung, nach der die Honorare für Leistungen, die als Grundleistungen geregelt sind, nicht nach Zeithonorar abzurechnen sind, ist bereits bei der alten HOAI nicht mehr anwendbar.

Der Fall: Im vorliegenden Fall hatten die Parteien, bestehend aus Bauherr und ausführenden Firmen ein Büro beauftragt, im Streit stehende Minderungen der Vergütung von Baufirmen zu ermitteln sowie darüber hinaus als Schlichter bei Vergütungsstreitfragen tätig zu werden. Der BGH stellte in seiner Urteilsbegründung erfreulicherweise Folgendes klar: Auch wenn die Leistungen, die die Parteien vereinbart hatten, zum Teil dem Regelungsbereich der HOAI (Grundleistungen der Bauüberwachung) unterliegen, hindert das die Beteiligten nicht an der wirksamen Vereinbarung eines Zeithonorars.

Der BGH hat auch bestätigt, dass die in der alten HOAI als Grundleistungen geregelten Leistungen durchaus nach Zeithonorarabrechnung vereinbart werden dürfen. Denn, so der BGH, es gibt keine Regelung in der HOAI, die die Honorarberechnung für Grundleistungen nach Zeithonorar ausschließt. Das gilt erst recht bei der neuen HOAI. Die Richter des BGH haben klargestellt, dass

„die Vereinbarung eines Zeithonorars wirksam ist, wenn die sonstigen Regelungen der HOAI einschl. des Preisrahmens zwischen Mindest- und Höchstsatz (nach den Honorartabellen) eingehalten werden. Es ist kein Grund ersichtlich, warum anstelle eines Pauschalhonorars nicht eine Abrechnung nach Zeitaufwand vereinbart werden kann."

Abrechnung von Zeithonoraren

Der BGH hat auch Regeln zur Abrechnung des Zeithonorars aufgestellt und der Praxis damit eine gute Handreichung zur Honorarabrechnung bei Zeithonoraren gegeben. Überzogene Anforderungen an die Auszeichnung der Nachweise für das Zeithonorar wurden abgelehnt. Zur Begründung seines Honoraranspruchs beim Zeithonorar muss das Planungsbüro darlegen, wie viele Stunden für die Erbringung der Vertragsleistungen mit welchen Stundensätzen angefallen sind.

Der BGH hat festgestellt, dass die Abrechnung so gegliedert sein muss, wie in der Honorarvereinbarung geregelt.

Praxis-Tipp Wird z. B. in der Honorarvereinbarung geregelt, dass die Abrechnung des Zeithonorars Nachweise enthalten soll in der die geleisteten Tätigkeiten nach Art, Mitarbeiter, Zeitdauer der jeweiligen Tätigkeiten sowie Gliederung nach Kalendertagen aufgeschlüsselt sind, dann sind diese Angaben in der Abrechnung zu machen.

Sind diese Angaben nicht vereinbart, sind sie auch nicht zwingend erforderlich. Dann sind nur die Arbeitszeiten und die darauf je bezogenen Tätigkeiten und Arbeitsstunden aufzulisten.

Sollte der Auftraggeber mit den verbrauchten Arbeitsstunden nicht einverstanden sein, muss er eine unwirtschaftliche Abwicklung begründen. Ein bloßes Kürzen der Stundenanzahl ohne Begründung ist nicht ausreichend. Daraus ergibt sich die Anforderung an die Zeithonorarabrechnung wonach der Rechnungsempfänger immer in die Lage gesetzt sein muss, die Wirtschaftlichkeit des Ablaufs der einzelnen Tätigkeiten zu überprüfen.

Praxis des Tagesgeschäfts

Es wird daher vorgeschlagen, diese Art der o. e. vereinfachten Abwicklung anzuwenden. Die Anwendung wird erleichtert indem neben der Pauschale oder dem Zeithonorar eine Grobkalkulation nach HOAI beigefügt wird aus der erkennbar ist, dass das vereinbarte Honorar angemessen ist.

Nachstehend ist beispielhaft eine Honorarvereinbarung nach diesem Prinzip abgedruckt. Beachten Sie, dass die schriftliche Honorarvereinbarung auf einer Urkunde bei Auftragserteilung der Änderung erforderlich ist, um eine wirksame Honorarvereinbarung zu treffen.

Beispiel

*Bei den anrechenbaren Kosten kann von den unmittelbaren Kosten des **Änderungsumfangs** ausgegangen werden. Damit ist das Objekt für die Änderungsplanung fachgerecht begrenzt. Mit Urteil vom 11.12.2008 (VII ZR 235/06) hat der Bundesgerichtshof klargestellt, dass der Vertragsgegenstand das Objekt, welches Gegenstand der Planung ist, darstellt. Das bedeutet, dass auch bei Änderungsplanungen der räumliche Umfang der Änderungsplanung den Vertragsgegenstand für die Änderungsvereinbarung darstellt. Damit gelten auch die Kosten des Vertragsgegenstands der Änderungsvereinbarung als Grundlage für die Ermittlung der anrechenbaren Kosten und des Änderungshonorars.*

Nachtragsvereinbarung Nr. _2_

zum Planungsvertrag vom ....

betreffend Umbau des Verwaltungsgebäudes der .... - Schule

1. Nachtragsleistung

Beschreibung der Leistung: *Leistungen der Gebäudeplanung gemäß dem Planungsvertrag § ... Abs. ....*
(Leistungsphasen 1-8) der Verwaltungsbereiche gemäß dem zu ändernden Planungsumfang wie in Anlage 1 zu
dieser Nachtragsvereinbarung farbig eingetragen[1]*.*

Die Änderungsplanungen für die weiteren Planbereiche sind gesondert mit den weiteren Planungsbeteiligten
vereinbart, so dass die Koordination mit den entsprechenden Planungsbeteiligten ermöglicht wird.

Im Rahmen der Planungsvertiefung hat der Auftraggeber eine Planungsänderung im räumlichen Umfang gemäß
der Darstellung in Anlage 1 veranlasst.

2. Honorar

Honorar: *Das Honorar*[2] *für die Leistungen gemäß Ziffer1 dieser Nachtragsvereinbarung wird mit*
pauschal .... € zuzügl. ..... Nebenkosten und zuzüglich Mehrwertsteuer vereinbart.

3. Termine und weiteres Vorgehen

Termine: *Die Leistungen gem. Ziffer 1 sind bis zum .... zu erbringen. Insgesamt wird die*
Vertragsfrist für die Planung und Bauüberwachung gemäß dem Vertrag vom .... auf den
.... (Inbetriebnahme und Übergabe) festgelegt:

4 Weitere Vereinbarungen

Die Leistungsanforderungen und sonstigen Vertragsvereinbarungen gem. Planungsvertrag vom
.... gelten auch für diese Nachtragsleistungen.

Auftragnehmer: Auftraggeber:

.........., den ...., den ....

---

[1] In der Anlage zur Nachtragsvereinbarung ist eine Planübersicht beigefügt, die farbig markiert den räumlichen Bereich der
Änderungsplanung kennzeichnet Außerdem ist die ursprüngliche Planung des betreffenden Bereiches beigefügt

[2] Nach HOAI ist das Honorar als Zeithonorar oder als Pauschale möglich, aber auch auf Basis einer Einzelkalkulation nach
den Leistungen der Leistungsbilder

Anderes Objekt statt Planungsänderung

Ein unverändertes **Raumprogramm** führt meistens nicht zu grundsätzlich verschiedenen Anforderungen, es sei denn, dass trotz unveränderten Raumprogramms eine wesentliche, durch-
greifende Änderung (z. B. bei Konstruktion und Gestaltung) vorgenommen wurde.

Anhand des nachfolgenden Praxisbeispiels wird aufgezeigt, wann es sich um dasselbe Gebäude
handelt und ab wann von einem anderen Gebäude, also einem neuen Planungsauftrag, auszugehen ist.

Änderung der Planung nach erteilter Baugenehmigung: Es wurde ein 8-Familienhaus mit Tiefgaragenplätzen geplant. Nach Fertigstellung des Entwurfes und der Erteilung der Baugenehmigung wurde das 8-Familienhaus auf Verlangen des Auftraggebers in ein 7-Familienhaus umgeplant und entsprechend der Umplanung anschließend ausgeführt. Statt ursprünglich 12 Stellplätze wurden nur noch 6 Stellplätze in der Tiefgarage geplant. Das Kellergeschoss wurde um 3m schmaler, das Bauvolumen änderte sich dadurch. Das Raum- und Funktionsprogramm änderte sich bei ansonsten unveränderter Nutzung als Wohngebäude. Eine Rampe zum Kellergeschoss wurde an eine andere Position verlegt.

Infolge dieser Änderungen mussten die Zeichnungen des Kellergeschosses, der Grundriss des Erdgeschosses, die Schnitte und die Ansichten neu erstellt werden. Planerisch unverändert blieben dagegen die oberen Geschosse.

In diesem Fall löste die **Änderung** aber dennoch eine völlige Neuerstellung der bisher erstellten Pläne, Berechnungen und Baubeschreibung, kurz gesagt der bereits erbrachten Leistungsphasen aus.

Dieser Fall lag dem Oberlandesgericht Düsseldorf zur Entscheidung über ein Planungsänderungshonorar vor. Das OLG Düsseldorf hat mit Urteil vom 18.01.2002 (22 U 110/01) dem Architekten einen neuen Honoraranspruch für alle nochmals erbrachten Grundleistungen der Leistungsphasen 1–4 zugesprochen.

Es handelt sich hierbei nach der Urteilsbegründung um eine **erneute Planung mit tief greifenden Änderungen für dasselbe Gebäude** nach grundsätzlich verschiedenen Anforderungen. Die betreffenden Leistungsphasen sind neu zu erstellen gewesen.

Beispiel

Grundsätzlich verschiedene Anforderungen in Bezug auf die Nutzung bestehen z. B. dann, wenn die Grundrissgestaltung und Ansichten des geplanten Bauwerks durch andere Nutzungen oder durch andere betriebliche Anforderungen planerisch neu gefasst oder geändert werden. Wird in einem Krankenhaus die Abteilung für Neugeborene verlegt und in die bisher für die Abteilung Neugeborene vorgesehene Fläche die Abteilung für Chirurgie geplant, dann handelt es sich im betreffenden Planungsumfang um eine Planung nach grundsätzlich verschiedenen Anforderungen.

Die nachfolgende Tabelle zeigt einige Beispiele für andere Objekte:

1. Planung	2. Planung (anderes Objekt)
Wohnhaus mit 5 Wohneinheiten	Wohn- und Geschäftshaus, 4 Büros und Geschäftseinheiten, 2 Wohneinheiten
Ärztehaus	Verwaltungsgebäude
Anbau eines Fachunterrichtstraktes an eine Schule	Anbau eines Mensabauwerkes an eine Schule
Umbau ehem. Fabrik zu Tagungsstätte der Volkshochschule	Umbau ehem. Fabrik zu Wohnzwecken (Eigentumswohnungen)
Modernisierung einer Normalpflegeabteilung einer Klinik	Umbau der Normalpflegeabteilung zur Ambulanz / Notfallaufnahmeabteilung

Anderes Objekt bei gleicher Nutzung

Neben der Nutzung und Konstruktion in Bezug auf die Beurteilung, ob ein anderes Objekt vorliegt, kann auch die Konstruktion für sich bereits ausschlaggebend sein.

So kann bei gleicher Nutzung als Wohngebäude mit 70 Wohneinheiten auch eine grundlegende Neuplanung eines anderen Objektes vorliegen, wenn ursprünglich Geschosswohnungsbau als Blockrandbebauung mit 6 Geschossen Gebäudehöhe vorgesehen war und nach einer neuen Planungsvorgabe eine Gartenstadtstruktur mit freistehenden Wohnhäusern, umfassenden Grünflächen je Wohnhaus und max. 1 Geschoss sowie ausgebautes Dachgeschoss zu planen ist. In diesem Fall handelt es sich ebenfalls nicht mehr um dasselbe Objekt, obwohl die Nutzung als Wohnfläche im Ergebnis unverändert ist.

§

§ 11 Auftrag für mehrere Objekte

(1) Umfasst ein Auftrag mehrere Objekte, so sind die Honorare vorbehaltlich der folgenden Absätze für jedes Objekt getrennt zu berechnen.

(2) Umfasst ein Auftrag mehrere vergleichbare Gebäude, Ingenieurbauwerke, Verkehrsanlagen oder Tragwerke mit weitgehend gleichartigen Planungsbedingungen, die derselben Honorarzone zuzuordnen sind und die im zeitlichen und örtlichen Zusammenhang als Teil einer Gesamtmaßnahme geplant und errichtet werden sollen, ist das Honorar nach der Summe der anrechenbaren Kosten zu berechnen.

(3) Umfasst ein Auftrag mehrere im Wesentlichen gleiche Gebäude, Ingenieurbauwerke, Verkehrsanlagen oder Tragwerke, die im zeitlichen oder örtlichen Zusammenhang unter gleichen baulichen Verhältnissen geplant und errichtet werden sollen, oder mehrere Objekte nach Typenplanung oder Serienbauten, so sind die Prozentsätze der Leistungsphasen 1 bis 6 für die erste bis vierte Wiederholung um 50 Prozent, für die fünfte bis siebte Wiederholung um 60 Prozent und ab der achten Wiederholung um 90 Prozent zu mindern.

(4) Umfasst ein Auftrag Grundleistungen, die bereits Gegenstand eines anderen Auftrages über ein gleiches Gebäude, Ingenieurbauwerk oder Tragwerk zwischen den Vertragsparteien waren, so ist Absatz 3 für die Prozentsätze der beauftragten Leistungsphasen in Bezug auf den neuen Auftrag auch dann anzuwenden, wenn die Grundleistungen nicht im zeitlichen oder örtlichen Zusammenhang erbracht werden sollen.

Absatz 1 Allgemeines

Die Regelungen des § 11 sind neu gefasst worden. Abs.1 spricht grundsätzlich für sich. Die Regelungen des § 11 gelten nur für den Fall, dass mehrere Objekte vorliegen. Ist unklar, ob ein oder mehrere Objekte vorliegen, dann ist zunächst zu prüfen, ob mehrere Objekte oder nur ein Objekt vorliegt. Der Begriff Objekte wurde gewählt, weil damit klar ist, dass nicht nur Gebäude gemeint sind. Die nachstehenden Ausführungen beziehen sich auf Gebäude. Innenräume sind von der Regelung des § 11 HOAI nicht betroffen.

Mehrere Objekte

Die Anwendung des § 11 HOAI basiert auf der Grundlage, dass mehrere eigenständige Objekte bzw. Gebäude vorliegen. Wann ein Objekt oder ggf. mehrere Objekte vorliegen, ist nur einzelfallbezogen zu entscheiden. Einige Beurteilungshinweise können jedoch als maßgebend gelten.

Wesentlich dürfte sein, ob ein Gebäude ggf. eigenständig existieren und auch konstruktiv einzeln bestehen kann. Ob mehr die funktionellen oder mehr die konstruktiven Kriterien im Vordergrund der Beurteilung stehen, entscheidet sich am konkreten Fall. Dabei wird nach den anerkannten Grundsätzen der allgemeinen Anschauung des täglichen Lebens vorzugehen sein.

Ein Wohngebäude kann eigenständig existieren, obschon es mittels Verbindungsgang mit einem anderen Wohnhaus verbunden ist. Ist das der Fall, wird meistens von 2 eigenständigen Gebäuden bzw. Objekten auszugehen sein. Der Verbindungsgang kann, je nach Konstruktion, ebenfalls ein eigenes Objekt darstellen. Besteht zwischen den Gebäuden ein Zwischenraum, kann man immer von getrennten Gebäuden ausgehen.

Beispiel

Reihenhäuser, die z. B. aus Schallschutzgründen über doppelte Haustrennwände und eigene Gründungen verfügen, sind mehrere Objekte. Das gilt auch, wenn Gemeinschaftseinrichtungen (z. B. zusammengefasste Grundleitungen) bei der Erschließung vorliegen. Denn die nichtöffentliche Erschließung ist honorartechnisch unberührt vom Gebäude zu betrachten.

Eine Verbindung von **Versorgungsleitungen** auf dem Grundstück (Fernwärme, Strom, Abwasser) sorgt nicht dafür, dass ein Gebäude deshalb seine Eigenständigkeit verliert. Wäre das so, würde eine Fernwärmeversorgung aus vielen eigenständigen Gebäuden im Sinne der HOAI ein Gebäude machen. Das erscheint weder plausibel, noch entspricht das dem Willen des Verordnungsgebers. Insofern sind die Argumente der technischen Versorgung nur von untergeordneter Bedeutung, wenn es um die Eigenständigkeit von Gebäuden geht.

Die Beurteilung, ob es sich um ein oder mehrere Gebäude handelt, soll sich grundsätzlich auf mehrere Kriterien beziehen, die je Planungsaufgabe individuell auftreten. Aufgrund der sehr breit gefächerten Planungsaufgaben, ist nur die individuelle Lösung dieser Frage geboten.

Beispiel

Werden 2 eigenständige Gebäude durch einen Verbindungsgang miteinander verbunden, handelt es sich nach wie vor um 2 eigenständige Gebäude[81]. Eine Brandwand zwischen 2 Gebäuden spricht für eine Trennung (z. B. Reihenhäuser), so dass auch hier im Regelfall von 2 Gebäuden auszugehen ist.

Absatz 2 Mehrere vergleichbare Gebäude

In Abs.2 werden Voraussetzungen für eine zusammengefasste Honorarermittlung erwähnt. Diese Voraussetzungen können wie folgt zusammengefasst werden: Umfasst ein Auftrag mehrere

– vergleichbare Gebäude mit
– weitgehend gleichartigen Planungsbedingungen, die
– derselben Honorarzone zuzuordnen sind und
– im zeitlichen und örtlichen Zusammenhang als

Teil einer Gesamtmaßnahme geplant und errichtet werden sollen, ist das Honorar nach der Summe der anrechenbaren Kosten zu berechnen. Die o. g. Bedingungen müssen kumulativ vorliegen, um von einer gemeinsamen Abrechnung der betreffenden Objekte auszugehen. Liegt eines der genannten Kriterien nicht vor, so erfolgt keine zusammengefasste Honorarabrechnung der einzelnen Objekte.

Erkennbar ist zunächst, dass Innenräume und Freianlagen von dieser Regelung nicht betroffen sind, denn beide sind in der Aufzählung nach Abs.2 nicht genannt.

Nachvollziehbar dürfte auch sein, dass Gebäude mit unterschiedlichen Honorarzonen nicht von der zusammengefassten Honorarermittlung betroffen sind. Insofern ist zugrunde zu legen, dass

---

[81] OLG München, BauR 1991, 650

die Frage nach evtl. vergleichbaren Objekten auf der Ebene von Objekten gleicher Honorarzone zu betrachten sei. Denn bei unterschiedlichen Honorarzonen macht eine solche Betrachtung keinen Sinn.

Vergleichbare Gebäude können nach dem in der Praxis herrschenden Verständnis solche Gebäude sein sie über

– vergleichbare geplante Nutzungsanforderungen
– vergleichbare geplante Nutzflächenverhältnisse
– vergleichbare Tragwerke der Gebäude (incl. Vergleichbare Gründung)
– vergleichbare funktionale Anforderungen
– vergleichbare gestalterische Planungsanforderungen
– vergleichbare nichttragende Ausbauten

verfügen. Sind die vorgenannten Kriterien untereinander bei den betreffenden Gebäuden nicht vergleichbar, ist nicht davon auszugehen, dass vergleichbare Gebäude vorliegen.

Darüber hinaus wird in Abs.2 erwähnt, dass die vergleichbaren Gebäude mit weitgehend gleichartigen Planungsbedingungen behaftet sein müssen. Auch hier stellt sich die Frage, was konkret unter weitgehend gleichartigen Planungsbedingungen zu verstehen ist. Planungsbedingungen dürften nur die Bedingungen, nicht aber die Planungsinhalte als solche sein. Insofern können als Planungsbedingungen z. B.

– Bedingungen aus der Sphäre des Auftraggebers
– Bedingung aus städtebaulichen Vorgaben (z. B. Bebauungsplan)
– Bedingungen zu zeitlichen Vorgaben für Planung oder Bauüberwachung

angesehen werden. Nach dem Verständnis des Verordnungstextes müssen die Kriterien „vergleichbare Gebäude" mit weitgehend gleichartigen Planungsbedingungen gleichermaßen, also kumuliert vorliegen. Eine gewisse Bedeutung kommt der terminlichen Komponente der weitgehend gleichartigen Planungsbedingungen zu. Sind die zeitlichen Planungsbedingungen (z. B. Gliederung nach Bau- oder Planungsabschnitten) unterschiedlich, kann das ggf. dazu führen, dass dieses Kriterium des § 11 nicht erfüllt ist.

Der zeitliche und örtliche Zusammenhang lässt ebenfalls weiten Auslegungsspielraum. Der zeitliche Zusammenhang kann bedeutend sein, wenn die in Rede stehenden Gebäude zeitlich versetzt planerisch bearbeitet werden. Ein größerer zeitlicher Versatz führt beim Planungsbüro i. d. R. dazu, dass kalkulatorisch ein eigenes Objekt (ähnlich einem eigenen getrennt abzurechnenden Auftrag) vorliegt.

Die im Verordnungstext gewählte Formulierung „als Teil einer Gesamtmaßnahme" ist missverständlich, da unklar ist was als Gesamtmaßnahme zu verstehen ist. Eine Gesamtmaßnahme kann auch aus 3 unterschiedlichen Gebäuden bestehen, die getrennt abgerechnet werden, weil sie bereits aus baufachlichen Gründen jeweils eigenständige Objekte sind. Insofern ist das Kriterium „als Teil einer Gesamtmaßnahme" im Zusammenhang mit den o. e. Kriterien nicht zielführend.

Honorarzone

Sind bei einem einheitlichen Auftrag mehrere vergleichbare Gebäude trotz ansonsten weitgehend gleichartiger Planungsbedingungen und eines zeitlichen sowie örtlichen Zusammenhanges nicht derselben Honorarzone zuzuordnen, dann ist die entspr. Bedingung nicht erfüllt, mit der Folge, dass eine getrennte Honorarabrechnung für die betreffenden Objekte erfolgt.

Planungsgegenstand ist ein Wohngebäude mit einem freistehenden Garagenbauwerk auf dem gleichen Grundstück. Das Wohngebäude ist der Honorarzone 3 zugeordnet. Das freistehende Garagengebäude ist der Honorarzone 2 zugeordnet. Beide Objekte werden im zeitlichen und örtlichen Zusammenhang geplant. Aufgrund der unterschiedlichen Honorarzoneneingruppierung erfolgt die getrennte Honorarabrechnung.

Liegen bei Objekten im zeitlichen und örtlichen Zusammenhang unterschiedliche Honorarzoneneingruppierungen vor, ist nach der Regelung des § 11 Absatz 2 HOAI eine getrennte Honorarberechnung vorzunehmen.

Zeitlicher und örtlicher Zusammenhang

Auch das Kriterium zeitlicher und örtlicher Zusammenhang ist mit Ermessensspielräumen verbunden. Als zeitlicher und örtlicher Zusammenhang können z. B. folgende Kriterien zu verstehen sein:

– gleiches Grundstück bzw. gleiche örtliche Grundstückslage (z. B. unmittelbare nebeneinander angeordnete Nachbargrundstücke mit gleichem Grundstückszuschnitt und gleicher Geländemodellierung),

– Grundstücke die durch eine Straße getrennt sind, können ebenfalls u. U. als örtlicher Zusammenhang gesehen werden, wenn der Grundstückszuschnitt und die Geländemodellierung gleich ist,

– Zeitlicher Zusammenhang kann bestehen, wenn sich die Planungsleistungen (z. B.: Leistungen der Leistungsphasen 1–3) zeitlich überlappen bzw. zeitweise parallel verlaufen,

– Zeitlicher Zusammenhang kann auch bestehen, wenn sich die Bauüberwachung jeweils zeitlich überlappt bzw. parallel verläuft.

Kein zeitlicher Zusammenhang wird vorliegen, wenn z. B. die Planung mit den Leistungsphasen 1–5 abgeschlossen ist, die Bauüberwachung seit Monaten läuft und dann ein weiteres Objekt im örtlichen Zusammenhang, beginnend mit Leistungsphase 1 und 2, geplant werden soll. Für das Architekturbüro liegt eine so weitgehende zeitliche Trennung nicht mehr im Bereich des zeitlichen Zusammenhangs. Bei Großprojekten kann häufig trotz teilweise parallel verlaufender Planungsleistungen ein zeitlicher Zusammenhang verneint werden.

Ein Großprojekt wird in einem Zeitraum von 4 Jahren in den Leistungsphasen 1–5 bearbeitet, in einem weiteren Zeitraum von 1 Jahr erfolgen 80 % der Auftragsvergaben an die Baufirmen und der Baubeginn. Zu diesem Zeitpunkt wird der Auftrag erteilt, in unmittelbarer Nähe ein weiteres Objekt zu planen. Dann kann zwar von einem örtlichen Zusammenhang, nicht aber von einem zeitlichen Zusammenhang ausgegangen werden.

Absatz 3 Im Wesentlichen gleiche Gebäude

Abs. 3 regelt die Abrechnung, wenn im Wesentlichen gleiche Gebäude vorliegen, die im zeitlichen oder örtlichen Zusammenhang unter gleichen baulichen Verhältnissen geplant und errichtet werden. Unklar ist wie sich die „im wesentlichen gleichen Gebäude gemäß Abs. 3" zu den im Abs. 2 genannten „vergleichbaren Gebäuden" voneinander unterscheiden lassen. Es kann jedoch festgehalten werden, dass im Wesentlichen gleiche Gebäude weit mehr Gemeinsamkeiten im Sinne des § 11 aufweisen als die in Abs. 2 genannten vergleichbaren Gebäude.

Die Unterscheidung ist honorarrelevant, da die Honorarfolgen der Absätze 2 und 3 unterschiedlich sind. Hier stellt sich die Frage wie die Praxis auf diese Unklarheit reagiert.

Die Zusammenfassung der Gebäude nach Abs. 2 (vergleichbare Gebäude) betrifft alle Leistungsphasen, während die Regelung nach Abs. 3 (im Wesentlichen gleiche Gebäude) eine Reduzierung bei den %-Werten der Leistungsphasen 1–6 betrifft.

Als im Wesentlichen gleiche Gebäude können solche Gebäude bezeichnet werden die allenfalls in Details Unterschiede aufweisen. Solche Details können z. B. in geringen grundrissbezogenen Unterschieden (die jedoch nicht tragwerksrelevant sind) bestehen, die auch nicht mit geänderten Funktionen zusammenhängen. Werden funktionale Grundlagen unterschiedliche Ausprägung aufweisen, kann nicht mehr von im Wesentlichen gleichen Gebäuden ausgegangen werden.

Nach der alten amtlichen Begründung zur HOAI 1996 liegen im Wesentlichen gleichartige Gebäude vor, wenn Grundriss und Tragwerk nicht wesentlich geändert sind. Diese Begründung darf mindestens auch für die hier geregelten im Wesentlichen gleichen Gebäude als grobe Abgrenzung angewendet werden, wenngleich die hier vorliegende Regelung sogar noch eine engere Auslegung erfordert, die darüber hinausgeht. Vor diesem Hintergrund ist die Begrifflichkeit im Wesentlichen gleiche Gebäude tatsächlich enger auszulegen.

Kleine Veränderungen, wie unterschiedliche Fensteranordnung und geringe Abweichungen im Grundrisszuschnitt bei nichttragenden Wänden gleicher Gebäudekubatur sind bei im Wesentlichen gleichen Gebäuden hinnehmbar.

Praxis-Tipp *Die tragenden Wände, Stützen und Balken, bzw. Decken und Platten sowie die Grundrissanordnungen müssen jedoch gleich angeordnet und gleich dimensioniert sein, wenn im Wesentlichen gleiche Gebäude vorliegen sollen. Ausnahmen davon kann es dennoch geben.*

Unterschiedliche Anordnungen der Technischen Anlagen (z. B. Heizungsanlagen) spielen bei der Beurteilung in Bezug auf die Gleichheit von eigenständigen Gebäuden nur eine untergeordnete Rolle. Denn hier geht es um das Gebäude. Anders kann der Fall liegen, wenn infolge der Heizung oder Klimaanlage die Gebäudestruktur bei tragenden Wänden und Nutzungen geändert wird.

Zusammenfassung zu Absatz 2 und 3

Die Regelungen der Absätze 2 und 3 können als mehrstufige Honoraranpassungsregel verstanden werden. Dabei ist die fachtechnische Abgrenzung beider Regelungen untereinander in der Praxis zum Teil nur schwer möglich.

Wenn nur die Bauüberwachung (Leistungsphase 8) Vertragsbestandteil ist, kann die mehrstufig verstandene Honorarregelung jedoch dazu führen, dass bei im Wesentlichen gleichen Gebäuden ein höheres Honorar anfällt als bei mehreren vergleichbaren Gebäuden.

Dem Honorarvorteil einer getrennten Abrechnung steht der Mehraufwand einer organisatorisch getrennten Abwicklung und Ermittlung der anrechenbaren Kosten gegenüber.

Absatz 4 Mehrere Aufträge

Hier wird die Honorarberechnung geregelt, wenn unterschiedliche Aufträge erteilt wurden. Dabei wird auf die Regelung in Absatz 3 Bezug genommen. Diese Regelungen sprechen für sich. Es ist erfahrungsgemäß davon auszugehen, dass die Regelung des Absatzes selten in der Planungspraxis anzutreffen ist.

§

§ 12 Instandsetzungen und Instandhaltungen

(1) **Honorare für Grundleistungen bei Instandsetzungen und Instandhaltungen von Objekten sind nach den anrechenbaren Kosten, der Honorarzone, den Leistungsphasen und der Honorartafel, der die Instandhaltungs- und Instandsetzungsmaßnahme zuzuordnen ist, zu ermitteln.**

(2) **Für Grundleistungen bei Instandsetzungen und Instandhaltungen von Objekten kann schriftlich vereinbart werden, dass der Prozentsatz für die Objektüberwachung oder Bauoberleitung um bis zu 50 Prozent der Bewertung dieser Leistungsphase erhöht wird.**

Diese Regelungen beziehen sich auf die Instandsetzungen und Instandhaltungen gemäß § 2 Absatz 8 HOAI. Auf die dortige Begriffsbeschreibung zur Instandsetzung wird Bezug genommen. Absatz 1 spricht für sich.

Absatz 2 regelt, dass der Prozentsatz für die Objektüberwachung (Ingenieurbauwerke und Verkehrsanlagen: Bauoberleitung) um bis zu 50% der Bewertung dieser Leistungsphase erhöht werden kann. Ein Schriftformerfordernis bei Auftragserteilung ist nicht geregelt, so dass hier die (erforderliche) schriftliche Vereinbarung auch später getroffen werden kann.

Zu beachten ist, dass sich die Honorarreglung auf die Erhöhung der %-Werte der Leistungsphase 8 bezieht, während bei Umbauten oder Modernisierungen der Umbauzuschlag auf alle Leistungsphasen bezogen ist.

Da es sich hier um eine sog. Kann-Vorschrift handelt, steht es den Vertragsparteien durchaus frei, alternative Regelungen auch für andere Leistungsphasen zu treffen, weil die Regelung in Absatz 2 lediglich die Leistungsphase 8 betrifft.

Instandsetzungen sind **Wiederherstellungen des Soll-Zustandes** ohne Erhöhung des Gebrauchswertes. Instandhaltungen sind Maßnahmen zur **Bewahrung des Soll-Zustandes.** Die Häufigkeit von Instandsetzungen ist in den zurückliegenden Jahren stetig gestiegen. Im Rahmen der **Bauunterhaltung** werden auch künftig verstärkt Instandsetzungen auftreten. Zu beachten ist die Abgrenzung zu Modernisierungen und Umbauten.

Instandsetzungen im Zuge von Modernisierungen oder Umbauten gehen darin auf. Die Abgrenzung zu Umbauten und Modernisierungen ist in Bezug auf die insgesamt unterschiedliche Honorarberechnung bedeutsam.

§ 13 Interpolation

Die Mindest- und Höchstsätze für Zwischenstufen der in den Honorartafeln angegebenen anrechenbaren Kosten und Flächen sind durch lineare Interpolation zu ermitteln.

Hier wird die lineare Interpolation des Honorars für die Beträge der anrechenbaren Kosten geregelt, die zwischen den in der Honorartafel angegebenen Werten liegen.

Darüber hinaus ist die Interpolation auch im Bereich des Honorarsatzes, z. B. zwischen Mindest- und Höchstsatz vorzunehmen, soweit ein höherer als der Mindestsatz vereinbart ist.

So ist beim Mittelsatz das arithmetische Mittel zwischen Mindest- und Höchstsatz anzusetzen. Wird ein Honorarsatz von 33 % über dem Mindestsatz vereinbart, dann ist die Differenz zwischen Mindest- und Höchstsatz zu 33 % anzusetzen.

Die rechnerische Interpolation soll in die Honorarrechnung aufgenommen werden, um die Prüfbarkeit zu gewährleisten. Es reicht ggf. aus, wenn die **Ausgangswerte** und das **Ergebnis** der **Interpolation** nachvollziehbar dargestellt[82] sind.

Extrapolation ist nicht vorgesehen

Für Werte außerhalb der Honorartabellen der HOAI ist eine Extrapolation nicht vorgesehen. Überschreitet das Honorar die Tafelwerte der anrechenbaren Kosten, so ist es frei vereinbar. Mangels Vereinbarung ist das Honorar in der üblichen Höhe geschuldet. Die übliche Höhe unterliegt den Bestimmungen des BGB.

Dabei können die so genannten **RIFT-Tabellen** als übliche Höhe angenommen werden.

Unterschreitet das Honorar die Tafelwerte dann ist das Honorar frei vereinbar.

§

---

[82] OLG Düsseldorf, BauR 1996,893

§ 14 Nebenkosten

(1) Der Auftragnehmer kann neben den Honoraren dieser Verordnung auch die für die Ausführung des Auftrags erforderlichen Nebenkosten in Rechnung stellen; ausgenommen sind die abziehbaren Vorsteuern gemäß § 15 Absatz 1 des Umsatzsteuergesetzes in der Fassung der Bekanntmachung vom 21. Februar 2005 (BGBl. I S. 386), das zuletzt durch Artikel 2 des Gesetzes vom 8. Mai 2012 (BGBl. I S. 1030) geändert worden ist. Die Vertragsparteien können bei Auftragserteilung schriftlich vereinbaren, dass abweichend von Satz 1 eine Erstattung ganz oder teilweise ausgeschlossen ist.

(2) Zu den Nebenkosten gehören insbesondere:

1. Versandkosten, Kosten für Datenübertragungen,

2. Kosten für Vervielfältigungen von Zeichnungen und schriftlichen Unterlagen sowie für die Anfertigung von Filmen und Fotos,

3. Kosten für ein Baustellenbüro einschließlich der Einrichtung, Beleuchtung und Beheizung,

4. Fahrtkosten für Reisen, die über einen Umkreis von 15 Kilometern um den Geschäftssitz des Auftragnehmers hinausgehen, in Höhe der steuerlich zulässigen Pauschalsätze, sofern nicht höhere Aufwendungen nachgewiesen werden,

5. Trennungsentschädigungen und Kosten für Familienheimfahrten in Höhe der steuerlich zulässigen Pauschalsätze, sofern nicht höhere Aufwendungen an Mitarbeiter oder Mitarbeiterinnen des Auftragnehmers auf Grund von tariflichen Vereinbarungen bezahlt werden,

6. Entschädigungen für den sonstigen Aufwand bei längeren Reisen nach Nummer 4, sofern die Entschädigungen vor der Geschäftsreise schriftlich vereinbart worden sind,

7. Entgelte für nicht dem Auftragnehmer obliegende Leistungen, die von ihm im Einvernehmen mit dem Auftraggeber Dritten übertragen worden sind.

(3) Nebenkosten können pauschal oder nach Einzelnachweis abgerechnet werden. Sie sind nach Einzelnachweis abzurechnen, sofern bei Auftragserteilung keine pauschale Abrechnung schriftlich vereinbart worden ist.

Diese Regelung ist aus der alten HOAI übernommen worden. Die wichtigste Klausel zu den Nebenkosten findet sich in Absatz 3. Hier greift das Kriterium **schriftlich und bei Auftragserteilung**. Das bedeutet, dass die pauschale Abrechnung der Nebenkosten nur dann möglich ist, wenn dies schriftlich und bei Auftragserteilung vereinbart wurde.

Die Nebenkosten nach Einzelnachweis dürfen auch abgerechnet werden, wenn **keine Nebenkostenklausel** vereinbart ist. Eine Nebenkostenerstattung darf im Vertrag (schriftlich und bei Auftragserteilung) ausdrücklich ausgeschlossen werden. Bei **längeren Reisen** ist eine Entschädigung vor Antritt der Geschäftsreise schriftlich zu vereinbaren (vergl. (2), Nr. 6).

Erfordernis der Nebenkosten

Erste Abrechnungsvoraussetzung ist die **Notwendigkeit** der Nebenkosten. Den Nachweis dazu hat der Auftragnehmer zu führen.

Praxis-Tipp

An diesen Nachweis können aber keine überhöhten Anforderungen gestellt werden. Die ordnungsgemäße, nachvollziehbare Auflistung bei Einzelabrechnung in chronologischer Abfolge, gegliedert nach Nebenkostenarten reicht in der Regel aus. Belege sind der Rechnung beizufügen, soweit dies möglich ist. Bei büroeigenen Plottern werden nachvollziehbare tabellarische Auflistungen der gedruckten Pläne und der zugehörige Kostenfaktor mit Einheit ausreichen.

Die **Aufzählung der Nebenkosten** im Verordnungstext ist nur beispielhaft, zu den Nebenkosten können auch solche Auslagen gehören, die nicht im Verordnungstext aufgelistet sind. Das trifft insbesondere bei EDV-Techniken der Visualisierung zu. Werden z. B. Zeichnungen auf Datenträger (CD) versendet oder als Planungsergebnis dem Auftraggeber übergeben, dann gehören nach allgemeiner Auffassung in der Fachwelt diese Datenträgerkosten auch zu den Nebenkosten.

Nebenkostenpauschale in der Praxis

Eine Nebenkostenpauschale kann wirksam **schriftlich bei Auftragserteilung** vereinbart werden. Bei einer Pauschale sollte eine hinreichend genaue Inhaltsbestimmung erfolgen, um Unklarheiten bzw. Unterdeckungen zu vermeiden. Unterdeckungen können z. B. durch zu viele **Planausfertigungen** gegenüber der Vorkalkulation auftreten. Dieser Fall kann insbesondere bei Baumaßnahmen mit vielen Planungsbeteiligten und beratenden Fachbüros auftreten, bei denen Koordinationsprozesse und Planungsabstimmungen zu erwarten sind.

Häufig werden dabei nicht selten 7 und mehr Planausfertigungen verteilt, um alle Beteiligten und den Auftraggeber mit den notwendigen Zeichnungen zu versorgen. Soweit dieser Prozess mittels Datenübertragung elektronisch erfolgt, entstehen geringere Druckkosten aber hohe Bereitstellungskosten für Technik.

Die nachfolgenden Kriterien spielen bei der Kalkulation von **Nebenkostenpauschalen** eine wesentliche Rolle und sollten deshalb in einer Nebenkostenpauschalregelung berücksichtigt werden:

- Anzahl der Planausfertigungen, die dem Auftraggeber und den verschiedenen Planungsbeteiligten jeweils zu übergeben sind.
- Anzahl der in der Nebenkostenpauschale enthaltenen Ausschreibungsexemplare.
- Reisekosten für regelmäßige Teilnahme an Besprechungen, z. B. Besprechungen, zu denen der Projektsteuerer einlädt (insbesondere wenn nicht alle Leistungsphasen beauftragt sind).
- Kosten für das Baustellenbüro, sollten aus der Pauschale herausgelassen werden. Wird ein Baustellenbüro benötigt, sollte die Kostenübernahme durch den Auftraggeber gesondert vereinbart werden.
- Reisekostenregelung gemäß § 7 (2), Nr.6 bei längeren Reisen. Sonderreisen (z. B. Besichtigungen) sollten außerhalb der Pauschale auf Einzelnachweis vereinbart werden.
- Reisekosten für Baustellentermine von Architekten, die nicht mit den Leistungen der Leistungsphase 8 beauftragt sind.
- Regelung zur Übergabe der endgültigen Planausfertigungen am Ende der Baumaßnahme.
- Bei Generalplanern mit Subplanern an verschiedenen Orten sind einzelfallbezogene Reisekostenregelungen zwischen den beiden zu treffen.

Sinnvoll ist darüber hinaus eine Vereinbarung, die sicherstellt, dass alle über der kalkulierten Pauschale hinausgehenden Auslagen nach Einzelnachweis gesondert abzurechnen sind.

Sonderthema: Auslagen für Ausschreibungsunterlagen

Bei den Kosten für Ausschreibungsunterlagen ist eine **klarstellende Regelung** im Planungsvertrag zu empfehlen. Das liegt daran, dass je nach Ausschreibungsverfahren sehr unterschiedlich hoch ausfallende Auslagen entstehen können, deren Übernahme nicht selten strittig ist. Außerdem ist die Leistung Nr. b) in Leistungsphase 7 diesbezüglich missverständlich formuliert (Einholung von Angeboten).

Bei **öffentlichen Auftraggebern** sind die Vervielfältigung und der Versand generell nicht in die Nebenkostenpauschale für Planungsleistungen nach HOAI aufzunehmen, was aber vorsorglich geregelt werden sollte. Denn der öffentliche Auftraggeber[83] erhält bei öffentlichen Ausschreibungen, die den Regelfall darstellen, nach VOB/A für die Ausschreibungsunterlagen bereits ein Entgelt[84] von den Anbietern, welches nach VOB/A den Selbstkosten für Vervielfältigung und Versand entsprechen darf. Will der öffentliche Auftraggeber die Vervielfältigung und den Versand dennoch einem Dritten (evtl. auch dem Architekten) übertragen, kann vereinbart werden, dass dieser das Entgelt (Selbstkosten gem. § 20 VOB/A) von den Anbietern direkt vor Versand anfordert bzw. vom Auftraggeber erstattet bekommt. Es kann aber auch eine andere Vereinbarung je nach Bedarf getroffen werden.

Praxis-Tipp Aus Gründen der Korruptionsprävention haben eine Anzahl von Bundesländern Erlasse ausgegeben, die bestimmen, dass der Versand von Ausschreibungsunterlagen eine nicht delegierbare Auftraggeberleistung darstellt.

Die Kosten für Vervielfältigungen und Versand von Ausschreibungen sollten deshalb grundsätzlich nicht in die Nebenkostenpauschale aufgenommen werden, sondern gesondert geregelt werden.

Möglich ist auch eine Regelung nach der die **Vervielfältigung** und der **Versand** von Ausschreibungsunterlagen generell nicht in der Nebenkostenpauschale enthalten ist und auf Einzelnachweis gesondert abgerechnet wird. Diese Regelung wird meistens bei privaten Baumaßnahmen angewendet, bei denen der Architekt die Angebote selbst einholt.

Höhe der Nebenkostenpauschale

In den 80er Jahren des letzten Jahrhunderts waren Nebenkostenpauschalen in Höhe von bis zu 10 % des Honorars nicht selten anzutreffen. Bedingt durch die EDV sind in den letzten Jahren völlig neue Zeichentechniken entstanden, die immer mehr zeichnerische Darstellungen ermöglichen (z. B. räumliche Darstellungen, fotorealistische Zeichnungen und Farbausdrucke). Die Zeichnungsdichte in der Planung hat sich deutlich erhöht. Das hat seinen Grund u. a. in der komplexeren Zusammenhängen, besseren Arbeitstechniken in der Planung und gestiegenen Anzahl von Schnittstellen der Bautechnik sowie den damit verbundenen Haftungsrisiken. Auch der Koordinationsaufwand hat sich in den letzten Jahren deutlich erhöht.

---

[83] Öffentl. Auftraggeber haben in der Vergangenheit den Angebotsversand oft selbst erledigt
[84] Nur bei öffentlichen Ausschreibungen

Nebenkostenpauschalen in Höhe von 10 % des Honorars bei Architektenleistungen sind daher aktuell keinesfalls als überhöht einzustufen. Im Übrigen hängt eine solche Bewertung u. a. von der Komplexität der Baumaßnahme, dem beauftragten Leistungsumfang und der Entfernungen untereinander ab. Außerdem dürfte entscheidungserheblich sein, inwieweit die Planung und die Planverteilung innerhalb des Planungsteams per EDV (papierlos) erfolgt.

Abrechnung von Nebenkosten auf Einzelnachweis

Bei der Abrechnung von Nebenkosten auf Einzelnachweis taucht immer wieder die Frage auf, welche **Nachweise** ein Architekt zu führen hat. Bezug nehmend auf das Urteil des OLG Hamm vom 05.06.2002 (Az.: 25 U 170/01) kann festgestellt werden, dass bei **Fahrtkosten, Portokosten** und bürointernen **Kopierkosten** eigene Belege als sortierte Auflistung mit nachvollziehbarer Kostenaufstellung des Auftragnehmers ausreichen. Bei Fremdkosten (Lichtpausanstalten...) sind Nachweise in Form von **Rechnungen** beizubringen und gelten damit als Nachweis. Bei büroeigenen Telefonkosten ist ein Einzelnachweis kaum sinnvoll möglich. Hier bietet sich an, eine Pauschale auf Grundlage einer bürointernen Aufteilung der Telefonkosten der Abrechnung zugrunde zu legen. Es muss nachvollziehbar sein, wie der Architekt auf die Telefonkostenpauschale rechnerisch kommt.

Geht eine Geschäftsreise über den Umkreis von 15 km hinaus, dann dürfen die gesamten Kosten abgerechnet werden, nicht nur die über den Umkreis von 15km hinausgehenden Kosten. Hat ein Architekturbüro **mehrere Niederlassungen,** so ist bei Abrechnung auf Einzelnachweis festzulegen, von welcher Niederlassung aus die Reisekosten abzurechnen sind.

§ 1

§ 15 Zahlungen

(1) Das Honorar wird fällig, wenn die Leistung abgenommen und eine prüffähige Hono-rarschlussrechnung überreicht worden ist, es sei denn, es wurde etwas anderes schriftlich vereinbart.

(2) Abschlagszahlungen können zu den schriftlich vereinbarten Zeitpunkten oder in angemessenen zeitlichen Abständen für nachgewiesene Leistungen gefordert werden.

(3) Die Nebenkosten sind auf Einzelnachweis oder bei pauschaler Abrechnung mit der Honorarrechnung fällig.

(4) Andere Zahlungsweisen können schriftlich vereinbart werden.

Allgemeines – Abnahme

Die Regelung nach Absatz 1 ist in Bezug auf die Abnahme neu. Rechtlich dürfte die Abnahme nicht neu sein. Im Tagesgeschäft jedoch ist hier insbesondere mit Blick auf viele kleinere und mittlere Maßnahmen eine durchaus neue Situation anzutreffen. Von der Regelung zur Abnahme sind alle Leistungsbilder betroffen, auch die Leistungsbilder der Flächenplanung. Es besteht jedoch die Möglichkeit etwas anderes zu vereinbaren.

Die Abnahme von Planungs- und Überwachungsleistungen kann sich als schwierig erweisen. Das gilt u. a. für die Abnahme des sogenannten „geistigen Anteils" des Werkes. Aber auch für die Abnahme des rein technisch ausgerichteten Anteils wie z. B. der Ausführungsplanung und der Bauüberwachung. Letztere gelten als wesentliche Voraussetzung für die anschließende Baubetreuung, die als Facility-Management inzwischen ausgebildet ist.

Insofern stellt sich die Frage, ob es sinnvoller ist von der Ausnahmeregelung (etwas anderes schriftlich vereinbaren) Gebrauch zu machen.

Darüber hinaus ergibt sich ein praktisches Problem damit, dass die Architektenleistungen i. d. R., auch wenn LPH 9 nicht Vertragsbestandteil ist, oft erst weit nach Inbetriebnahme des fertigen Bauwerks beendet werden. Dabei kann z. B. an die Kostenfeststellung gedacht werden. Diesbezüglich besteht Handlungsbedarf auf vertraglicher Ebene, um Architekten vor erheblichen Honorarunterdeckungen zu schützen.

Das sieht die HOAI 2013 auch vor, indem sie in § 15 Abs.1 die Ausnahme „es sei denn, es wurde etwas anderes schriftlich vereinbart" vorsieht.

Praxis-Tipp

Die nach Absatz 1 mögliche andere Vereinbarung könnte z. B. wie folgt formuliert werden: „Die Vertragsparteien vereinbaren gemäß § 15 Abs. 1 HOAI, dass das Honorar fällig wird, wenn die Leistungen erbracht sind und eine prüffähige Schlussrechnung überreicht wird. Abschlagszahlungen werden in angemessenen zeitlichen Abständen für erbrachte Leistungen geleistet."

Auf der folgenden Seite ist ein Beispiel eines möglichen Abnahmeformulars abgebildet.

(Teil-) **Abnahme**
von Architektenleistungen / Ingenieurleistungen

Auftraggeber: Auftragnehmer:

....

....

Vertragsgegenstand: ....

Vertrag vom ....

Abgenommene Leistungen Die abzunehmenden Leistungen sollen jeweils fachgerecht definiert und in sich abgrenzbar sein

Grundleistungen der Leistungsphase 1 bis .... Beschreibung der Leistungen ....

....

Bes. Leistungen: ....

....

Sonstige Leistungen: ....

Die vorgenannten Leistungen wurden beendet am: ....

Feststellungen des Abnehmenden

Keine / Folgende Mängel wurden festgestellt: Nummerierte Aufzählung der Mängel ist empfehlenswert

1. ....

2. ....

Die Mängel Nr. .... sind zu beseitigen bis zum: ....

Die Mängel Nr. .... sind zu beseitigen bis zum: ....

3.   Folgende   Unterlagen   sind   noch   zu   übergeben:

....

An der Abnahme haben teilgenommen: ....

Auftraggeber: Auftragnehmer:

....

Bevollmächtigter Vertreter

.... den .... den ....

Abschlagszahlungen – Allgemeines

In Ansatz 2 geregelt, dass Abschlagszahlungen nach schriftlich vereinbarten Zeitpunkten oder in angemessenen Zeitabständen für nachgewiesene Leistungen verlangt werden können. In Absatz 2 wird als eine Alternative auf vereinbarte Zeitpunkte der Abrechnung abgehoben, die nur bei entsprechender Vereinbarung eine Rolle spielen.

Praxis-Tipp

Um nicht wegen evtl. fehlender Vereinbarungen über Zahlungszeitpunkte mit Abschlagsrechnungen zu scheitern, sollte in Planungsverträgen vereinbart werden, dass das Architekturbüro Zahlungen in angemessenen Zeitabständen für nachgewiesene Leistungen beanspruchen darf.

Den Nachweis über erbrachte Leistungen muss der Rechnungssteller vorlegen. Sinnvoll ist daher die in den Leistungsphasen 1 – 3 in den Grundleistungen jeweils geregelten Dokumentationen zu erstellen.

Zahlungen bedingen grundsätzlich die Vorlage einer **prüffähigen Honorarrechnung.** Ist die Rechnung nicht prüffähig, wird der Honoraranspruch nicht fällig. Die Folge, trotz erbrachter Leistung geht eine Mahnung oder eine Honorarklage auch bei Abschlagsrechnungen ins Leere. Das o. g. gilt für Abschlagsrechnungen und Schlussrechnungen gleichermaßen. Aus diesem Grunde ist es wichtig, sich von Beginn der Planung an bereits mit der ordnungsgemäßen Abrechnung zu befassen. Wird z. B. versäumt im Zuge der Vorplanung eine Ermittlung der auf das Honorar anrechenbaren Kosten in der Sortierung gemäß DIN 276/08 aufzustellen, kann bereits die erste Abschlagsrechnung nach Erstellung des Vorentwurfes vom Auftraggeber wegen fehlender Prüffähigkeit zurückgewiesen werden.

Abschlagszahlungen – nachgewiesene Leistungen

Abschlagszahlungen sind ein wesentliches Steuerungsinstrument bezüglich der Liquidität, insbesondere bei mittleren und großen Baumaßnahmen, sowie bei langwierigen Umbauten im Bestand. Abschlagszahlungen werden im Zuge der Honorarsicherheit künftig auch bei kleinen Baumaßnahmen an Bedeutung gewinnen. In der HOAI finden sich hierzu jedoch kaum Regelungsansätze, so dass es auf die Vertragsregeln ankommt. Zunächst ist festzuhalten, dass auch die Abschlagsrechnungen die Anforderungen an die Prüfbarkeit erfüllen müssen. Durch die Formulierung **nachgewiesene Leistungen** in § 15 (2) HOAI ist klargestellt, dass der in Abschlagsrechnungen aufgestellte erreichte Leistungsstand ordnungsgemäß dargelegt sein muss. Dazu gehören dem Leistungsstand entsprechende **anrechenbare Kosten** (zutreffende Kostenermittlungsart) und erreichte **v. H.-Sätze** der jeweils voll oder nur anteilig erbrachten Leistungsphasen. Um diese Anforderungen zu erfüllen, sollte eine **Abschlagsrechnung** genauso aufgebaut sein, wie eine **Schlussrechnung**, lediglich mit dem Unterschied bei den erreichten Leistungsständen.

Bei Abschlagsrechnungen kann der erreichte Leistungsstand auch anhand der Siemon-Orientierungswerttabellen (s. Anhang A.1) belegt werden.

Sinnvoll ist, die jeweiligen Planungsergebnisse bzw. Zwischenergebnisse dem Bauherrn spätestens zu den jeweiligen Abschlagsrechnungen vorzulegen[85]. In diesem Zusammenhang ist auf die Dokumentationsleistungen in den Leistungsphasen 1–3 hinzuweisen. Der Auftraggeber

---

[85] besser: in der Abschlagsrechnung sich auf bereits vorgelegte Planungsunterlagen beziehen.

kann im Zuge der Abschlagszahlungen eine Darlegung über den erreichten Leistungsstand bzw. Arbeitsergebnisse wie Pläne, Berechnungen oder Ausschreibungsunterlagen als Leistungskontrolle[86] verlangen.

Praxis-Tipp	Die Erläuterung und Dokumentation der Ergebnisse der Leistungsphasen 1–3 (vergl. jeweils letzte Grundleistung in den vorgenannten Leistungsphasen) kann als Hilfestellung dienen.

Wenn die Abschlagsrechnungen strukturell aufgebaut sind wie die spätere Schlussrechnung, dann ändern sich im Zuge der weitergehenden Honorarabrechnung lediglich die v. H.-Sätze und ggf. Honorare bei etwaigen Planungsänderungen. Ist die Systematik bei der ersten Abschlagsrechnung fachgerecht aufgestellt, erfolgt im Zuge der weiteren Abschlagszahlungen und Schlussabrechnung nur noch eine Fortschreibung durch neue Rechnungsangaben. Sind nur einzelne Grundleistungen innerhalb einer Leistungsphase beauftragt (siehe: § 8, Absatz 2 HOAI), dann müssen in der Abschlagsrechnung die beauftragten Teilleistungen je Grundleistung[87] mit dem entsprechenden v. H.-Satz aufgeführt werden, damit der Auftraggeber die Rechnung diesbezüglich prüfen kann.

Hat der Auftraggeber auf eine nicht **prüfbare Abschlagsrechnung** eine Zahlung geleistet, kann das einmal gezahlte Honorar nicht mehr zurückverlangt werden, wenn der Wert der geleisteten Zahlung dem erreichten Leistungsstand nachvollziehbar entspricht. Mit dieser Feststellung hat das Landgericht Berlin mit Urteil vom 24.06.1998[88] (26 O 90/98) einer nur aus formalen Gründen resultierenden Rückforderung eine Absage erteilt. Jedoch ist hier zu beachten, dass die Gerichtsentscheidung einen Einzelfall betraf.

Anrechenbare Kosten bei Abschlagsrechnungen

Eine besondere Schlüsselstellung nimmt die Kostenberechnung des Entwurfes ein. Sie dient als Abrechnungsgrundlage für die Leistungen der Leistungsphasen 1–9. Bei Kündigungen ist die Kostenberechnung nach der neuen HOAI ebenfalls Abrechnungsgrundlage. Liegt die Kostenberechnung noch nicht vor, dann kann bis auf Weiteres die Kostenschätzung als Honorarbemessungsgrundlage herangezogen werden (§ 6 Absatz 1 Nr. 1 HOAI).

Praxis-Tipp	Soweit eine Kostenermittlung auf Grundlage von Gewerken bzw. Vergabeeinheiten gem. DIN 276, Abschnitt 4.2 vereinbart ist, sind die Vergabeeinheiten gleichermaßen nachvollziehbar in Kostengruppen nach der neuen HOAI nachvollziehbar zu gliedern, um die Prüffähigkeit der anrechenbaren Kosten und damit der Honorarrechnung zu gewährleisten.

→ **Siehe auch § 4 und § 32 HOAI**

---

[86] Urteil des OLG Köln vom 13.03.98, 19 U 250/97
[87] Urteil des OLG Stuttgart vom 16.04.1998, 19 U 276/97
[88] BauR 2000, 294

Anforderungen an die Ermittlung der anrechenbaren Kosten

Der BGH hat mit Urteil vom 18.06.1998 – VII ZR 189/97 klargestellt, dass die Ermittlung der anrechenbaren Kosten **allein dem Zweck der Honorarberechnung** dient und demnach eine Aufstellung genügt, aus der hervorgeht, welche Kosten voll, gemindert oder gar nicht Grundlage der Honorarberechnung sein sollen. Das bedeutet, dass die Ermittlung der anrechenbaren Kosten nichts weiter als eine **Honorarermittlungsgrundlage** ist. Weiter hat der BGH mit o. g. Urteil festgehalten, dass die Anforderungen an Kostenermittlungen als Teil der Planungsleistungen nicht dieselben sein müssen wie die Anforderungen an Ermittlungen der anrechenbaren Kosten im Zuge der Honorarberechnung. Damit ist endgültig klargestellt, dass die Ermittlung der anrechenbaren Kosten und die Leistungen der Kostenplanung und Kostenkontrolle zwei unterschiedliche Vorgänge sind.

Vorzeitig beendete Verträge

Wenn Planungsverträge vorzeitig beendet werden und deshalb noch nicht alle Leistungen erbracht sein können, sind an die zu erfüllenden Anforderungen bezüglich der Kostenermittlungen nur entsprechend geminderte Ansprüche zu stellen. Ist also z. B. die Baubeschreibung noch nicht erbracht, weil sich die Vertragspartner über die Standards von Bauteilen noch nicht geeinigt haben oder Fachplaner noch nicht beauftragt sind und deren Beiträge noch fehlen, müssen die bisherigen Planungserkenntnisse der Rechnungsstellung und der Prüfung zugrunde gelegt werden. Das bedeutet, dass in Fällen von sog. „frühen" Kündigungen auch ohne Baubeschreibung eine prüffähige Honorarschlussrechnung gestellt werden kann. Alles andere würde die Honorarabrechnung in diesem Stadium aus rein formelhaften Gründen Fällen unmöglich machen, was nicht vertretbar erscheint. Denn damit würde dem Charakter des Preisrechts grundlegen widersprochen.

Praxis-Tipp Sind infolge von vorzeitiger Vertragsbeendigung noch nicht alle Grundleistungen erbracht, die als Grundlage für die Aufstellung einer Kostenberechnung oder Kostenschätzung im allgemeinen dienen, sollte auf diesen Umstand hingewiesen werden, damit der Rechnungsprüfer sich darauf einstellen und dies bei der Rechnungsprüfung berücksichtigen kann.

Darlegung des erreichten Leistungsstandes

Der nach HOAI erreichte Leistungsstand bei den Grundleistungen für die Abschlagsrechnungen wird durch die je Leistungsstand erreichten anteiligen v. H.-Sätze bzw. %-Sätze je Leistungsphase bei vollen anrechenbaren Kosten angegeben. Das nachfolgende Beispiel zeigt anhand des Leistungsstandes in Leistungsphase 3 (1/3 der Entwurfsplanung ist erbracht), das Prinzip von Abschlagsrechnungen.

Leistungsphase	Bisher erbrachte Leistungen	erreichter v. H.-Satz
1	Grundlagenermittlung	2 %
2	Vorplanung	7 %
3	Entwurfsplanung	5 %
Summe		14 %

Hinweis: Bei nur teilweise erbrachten Leistungsphasen ist der angesetzte %-Satz nachvollziehbar zu erläutern, damit der Rechnungsempfänger diesen %-Satz der Höhe nach nachvollziehen kann. Da es sich bei der Planung um ein geistiges Werk handelt, bei dem die jeweiligen Leistungsphasen die kleinste rechnerische Einheit in der HOAI darstellen, sollte die Darlegung der anteilig erbrachten Leistungen nachvollziehbar und schlüssig sein. Eine rechnerische Prüfung in dem Sinne, dass jeder Vorgang im Planungsbüro, der dann im Ergebnis als Planungsschritt oder Teilschritt erkennbar wird, rechnerisch bewertet werden kann, ist nicht möglich. Das leuchtet ein, wenn man sich die in der Praxis üblichen Planungsvertiefungsschritte genau ansieht. Gleichwohl muss der Rechnungsempfänger nachvollziehen können, ob der in Rechnung gestellte Anteil angemessen ist oder nicht.

Bei der Bauüberwachung kann der erreichte Leistungsstand für die bauleistungsabhängigen örtlichen Überwachungsleistungen z. B. annähernd durch anteilig abgerechneten Umsatz der Baufirmen gebildet werden (zuzüglich einem Zuschlag für den sogenannten Rechnungsnachlauf nach Ausführung). Bei punktuell zu erbringenden Leistungen (z. B. Abnahmen, Kostenfeststellung) kann der Leistungsstand verhältnisgerecht anhand der Anzahl oder des relativen Umfangs der Abnahmen in Bezug auf alle Abnahmen vorgenommen werden. Sinngemäß das Gleiche trifft für die Kostenfeststellung zu, bei der der erreichte Leistungsstand ebenfalls verhältnisgerecht anhand der „schlußabgerechneten Kostenanteile" ermittelt werden kann.

Praxis-Tipp	Alternativ kann eine Bewertung anhand der Siemon-Bewertungstabellen vorgenommen werden (z. B. bei mittleren oder großen Projekten). Dabei kann für jede in Frage kommende Grundleistung der verhältnisgerechte Anteil des erbrachten Leistungsstands ermittelt und fachtechnisch kurz erläutert werden.

Nebenkosten bei Abschlagsrechnungen

Die Nebenkosten werden **parallel** zum **erreichten Leistungsstand** gemeinsam mit den Abschlagszahlungen fällig. Bei Abrechnung der Nebenkosten auf Einzelnachweis sind der Rechnung alle Belege beizufügen. Es sollte für die Nebenkosten – soweit Einzelnachweis vereinbart ist - ein maximaler Abrechnungszeitraum vertraglich vereinbart werden, üblicherweise **maximal 3 Monate** nach Entstehung der jeweiligen Nebenkosten. Sind die Zeiträume größer gewählt, wird die Nachvollziehbarkeit beim Rechnungsempfänger aufwändiger.

§ 1

Praxis-Tipp	Das Schriftformerfordernis bei Auftragserteilung ist leider auch in der neuen HOAI in § 14 Abs. 3 geregelt und sollte daher berücksichtigt werden.

Rechnungsübergabe an den Auftraggeber

Die Überreichung der Rechnung erfolgt üblicherweise per Postversand oder persönlich. Wenn sich Vertrauensverluste offenbaren sollten, ist eine persönliche Übergabe oder Zustellung mit Zustellungsurkunde ggf. sinnvoll. Der Rechnung sollten **alle notwendigen Belege** beigefügt werden, damit der Rechnungsempfänger in die Lage gesetzt wird, die Rechnung ohne Weiteres fachtechnisch und rechnerisch prüfen zu können. Soweit zu prüfende Unterlagen bereits beim

Auftraggeber vorliegen (z. B. Kostenberechnung zum Entwurf), sollte darauf Bezug genommen werden, um die Rechnungsprüfung zu erleichtern.

Die Planungsunterlagen und die Kostenberechnung sollten immer dann der Rechnung beigefügt werden, falls sie nicht bereits beim Rechnungsempfänger vorliegen.

Praxis-Tipp

Ist z. B. bei Auftragserteilung schriftlich ein Pauschalhonorar wirksam vereinbart worden, so braucht bei der Honorarschlussrechnung lediglich das vereinbarte Gesamthonorar mit Bezug auf den Vertrag, abzüglich der geleisteten Zahlungen und der geforderten Zahlungssumme, in die Rechnung aufgenommen werden. Hinzu kommen vereinbarte **Neben-kosten** und die **Umsatzsteuer**.

Eigene Annahmen bei anrechenbaren Kosten

In einigen Fällen (z. B. Übernahme von Bauarbeiten durch Leasinggeber bei **Leasingbauten** Kündigung vor Erstellung der Kostenermittlungen in den Leistungsphasen 2 und 3) werden Kosten oder anteilige von Kostenermittlungen noch nicht vorliegen und damit häufig noch nicht Bestandteil der Kostenermittlung sein.

Grundsätzlich gilt in solchen Fällen, dass auch bei **Eigenleistungen** oder bei noch nicht vorliegenden anrechenbaren (anteiligen) Kosten das Honorar für die Planung und Bauüberwachung nach den vollen anrechenbaren Kosten berechnet wird und die Kosten von Eigenleistungen dazu gehören, wenn der Architekt auch die entsprechenden Leistungen erbringt.[89]

Erhält der Architekt keine Angaben über die vorgesehenen Kosten von Eigenleistungen, darf er hilfsweise diese **Kosten selbst schätzen** (ortsübliche Preise) und gemäß § 4 Abs. 2 HOAI in die Rechnung aufnehmen. Sinnvoll ist, diese Kosten in eine gesonderte Spalte der Ermittlung der anrechenbaren Kosten aufzunehmen, so dass der Rechnungsempfänger die anrechenbaren Kosten und die eigens getroffenen Annahmen jeweils prüfen kann.

Eine Honorarrechnung, die mangels vorliegender anrechenbarer Kosten auf nachvollziehbaren Schätzungen (bzw. Schätzungen für Kostenanteile bei Eigenleistungen) beruht, ist in der Regel prüffähig, wenn der Auftraggeber dem Architekten die notwendigen Angaben zu den anrechenbaren Kosten[90] **vorenthält**. In solchen Fällen, sind Architekten gehalten, die ihnen vorenthaltenen Teile von anrechenbaren Kosten durch eigene Annahmen zu ergänzen.

$\longrightarrow$ **Siehe auch § 4 (2) HOAI**

Die HOAI sieht keinen Sicherheitseinbehalt vor

Einen Sicherheitseinbehalt kennt die HOAI nicht. Es ist daher grundsätzlich nicht vorgesehen, bei Abschlagszahlungen oder bei der Schlusszahlung (für den Zeitraum der Gewährleistung) einen Sicherheitseinbehalt vorzunehmen, falls nicht ausdrücklich vertraglich vereinbart.

---

[89]   Siehe § 4 Absatz 2
[90]   Urteil des BGH vom 27.10.1994 – VII ZR 217/93

Der BGH hatte bereits mit lang zurückliegendem Urteil vom 09.07.1981 VII ZR 139/80 u. a. eine ABG-Klausel, die einen 10 %igen **Sicherheitseinbehalt** bei Abschlagsrechnungen auf die erbrachten Architektenleistungen regelt, beanstandet. Sind aber Sicherheitsleistungen individuell wirksam vereinbart, dann ist eine Berücksichtigung evtl. bei der Abrechnung zulässig, was in jedem Einzelfall gesondert zu prüfen ist.

Alternative – Zahlungsplan

Da § 15 HOAI unberührt von der oben bereits behandelten Problematik der vereinbarten Zahlungstermine keine weitergehenden Zahlungsmodalitäten regelt, kann als Alternative ein fester **Zahlungsplan** vereinbart werden.

Es bietet sich an, **Zahlungstermine** im Zahlungsplan entweder an Termine oder an Ereignisse zu knüpfen. Am häufigsten werden Zahlungspläne im Vertrag vereinbart, die sich an **Ereignissen** (z. B. Fertigstellung von Vorentwurf, Entwurf, Fertigstellung Bauantrag, Baubeginn, Rohbaurichtfest, Fertigstellung des Daches, der Fassade usw.) orientieren. Bei größeren Projekten mit langer Laufzeit werden mehr Abschlagszahlungen zu vereinbaren sein, um die Liquidität des Architekten nicht zu gefährden, oder es wird auf die Regelung zurückgegriffen wonach Abschlagszahlungen in angemessenen Zeitabständen beansprucht werden dürfen.

Beispiel

Ein an Ereignisse orientierter Zahlungsplan kann aber auch nachteilig wirken, z. B. wenn „Abschlagszahlung Nr. 4 bei Erteilung der Baugenehmigung" vereinbart ist, aber die Erteilung der Baugenehmigung längerfristig verzögert wird, weil noch eine vom Auftraggeber gewünschte Planungsänderung einzuarbeiten ist und deshalb das Genehmigungsverfahren gestoppt wurde.

Abschlagszahlung bei Inbetriebnahme/Bauübergabe

Von besonderer Bedeutung ist eine Regelung, die **Abschlagszahlungen** bei **Fertigstellung** bzw. **Inbetriebnahme**[91] des Bauwerkes regelt.

Bis zur Leistungsphase 7 dürfte der Leistungsstand mit herkömmlichen Methoden eindeutig nachweisbar sein. Bei Leistungsphase 8 gibt es zum Zeitpunkt der **Bauübergabe** immer wieder Unklarheiten über den bis dahin erreichten **Leistungsstand** in Leistungsphase 8. Das hängt insbesondere mit der starken terminlichen Überschneidung von Rechnungsprüfungen, Abnahmen und Kontrollen am Ende der Leistungsphase 8 zusammen.

§ 1

Praxis-Tipp An der Schnittstelle der Bauübergabe bzw. Inbetriebnahme bietet sich eine klarstellende Vertragsregelung zu Abschlagszahlungen an. Üblich ist eine Regelung wonach bei Inbetriebnahme bzw. Bauübergabe 28 v. H. bis 29 v. H. der insgesamt 32 v. H. der Leistungsphase 8 erbracht und demnach zu vergüten sind.

---

[91] Inbetriebnahme liegt nicht selten vor der Fertigstellung

Nach dem Ende der vor Ort tätigen Bauüberwachung werden die Leistungen der Leistungsphase 8 (z. B. Abrechnung) vornehmlich im Planungsbüro erbracht. Lediglich Restarbeiten und die Überwachung nachträglicher Mängelbeseitigungen erfolgt noch vor Ort.

Schlusszahlung nach Leistungsphase 8 bzw. Leistungsphase 9

Die Schlusszahlung wird erst nach Einreichung der **prüffähigen Schlussrechnung** (und ggf. der Abnahme wie oben erwähnt) fällig. Dazu gehört auch die **Kostenfeststellung**[92] soweit die Leistungsphase 8 Vertragsbestandteil ist[93].

Beispiel

Die Kostenfeststellung ist seit 2009 nicht mehr Honorarermittlungsgrundlage aber Teil der geschuldeten Leistungen in Leistungsphase 8. Damit ist die Kostenfeststellung eine von mehreren Grundlagen für die Fertigstellung der Leistungen.

Bei den in der Praxis recht weitreichenden Abrechnungszeiträumen (z. B. Aufmaßkontrollen, Mängelbeseitigungen usw.) bedeutet das, dass die Kostenfeststellung nach HOAI häufig erst mehrere **Monate** nach **Inbetriebnahme** des Bauwerkes erstellt wird, selbst wenn der Vertrag nur die Leistungen bis zur Leistungsphase 8 beinhaltet. Erst nach Erstellung der o. e. Kostenfeststellung und der weiteren Vertragsleistungen die vereinbart sind, ist die Honorarschlussrechnung möglich.

Von noch größerer Bedeutung im Hinblick auf den Termin der Schlussabrechnung ist die Leistungsphase 9. Ist die **Leistungsphase 9** ebenfalls Vertragsbestandteil, kann die Schlussrechnung nach HOAI erst nach Ablauf des Gewährleistungszeitraumes des letzten Bauvertrages (max. 5 Jahre[94]) eingereicht werden, da der Architekt zu diesem Zeitpunkt erst seine eigene Leistung vollständig erbracht hat.

Um einen mehrjährigen Rechnungsnachlauf nach Inbetriebnahme zu vermeiden, kann eine Vertragsklausel vereinbart werden, die eine **Teilabnahme** und **Teilschlussrechnung** nach Erbringung der Leistungsphase 8 mit gleichzeitigem Beginn der Gewährleistung des Architekten sicherstellt. Mit Urteil vom 05.04.2001 (VII ZR 161/00) hat der BGH eine solche Vereinbarung für rechtens erklärt und damit den berechtigten Interessen bei der Honorarberechnung entsprochen.

Praxis-Tipp	Um die o. e. äußerst langen „Nachlaufzeiten" der Architektenleistungen und der Gewährleistung zu vermeiden, kann auch für die Leistungsphasen 1 -8 und 9 jeweils ein getrennter Vertrag abgeschlossen werden.

---

[92] Schlussabrechnung aller Bauarbeiten

[93] Kostenfeststellung als Leistung, nicht als Bestandteil der anrechenbaren Kosten

[94] Siehe Leistungsphase 9 in Anlage 10.1 zur HOAI

Prüffähige Rechnung

Gelegentlich werden Schlussrechnungen eingereicht, die die umfassenden Anforderungen an eine prüffähige Rechnung nicht erfüllen. Die **häufigsten Fehler** liegen in der nicht nachvollziehbaren Ermittlung der **anrechenbaren Kosten**.

Praxis-Tipp	Die nachstehenden Hinweise gelten nicht nur für Schlussrechnungen, sondern ebenfalls für Abschlagsrechnungen.

Die Prüffähigkeit ist gewährleistet, wenn der Rechnungsempfänger die Rechnung nachvollziehen und ggf. **rechnerisch korrigieren** kann ohne eigene baufachliche Ermittlungen[95] aufzustellen. Bei der Vorlage der Honorarrechnung kann der Auftraggeber eine Darlegung über den erreichten Leistungsstand bzw. Arbeitsergebnisse wie Pläne, Berechnungen oder Ausschreibungsunterlagen als Leistungskontrolle[96] verlangen.

Die fachliche Qualifikation der Auftraggeber und die besonderen Umstände des Einzelfalles sind so unterschiedlich, dass eine einheitliche Kriterienliste, die eine Schlussrechnung erfüllen muss, nicht aufgestellt werden kann.

Praxis-Tipp	Bloße Förmelei wie z. B. unbedeutende und unwesentliche Fehler in der Rechnungsanschrift[97] führen nicht zum Verlust der Prüffähigkeit. Der Rechnungsempfänger hat dennoch Anspruch auf kurzfristige Nachreichung einer korrigierten Rechnungsanschrift um die Anforderungen gem. Umsatzsteuergesetz (Vorsteuerabzug) erfüllen zu können.

Die nachfolgende Übersicht zeigt die wichtigsten Kriterien, die eine prüfbare Honorarrechnung erfüllen muss. Zuvor ist auf das Urteil des BGH vom 18.06.1998 – VII ZR 189/97 hinzuweisen, mit dem noch einmal klargestellt wurde, dass die Anforderungen an die Prüfbarkeit der Honorarrechnung sich aus den jeweiligen **Informations- und Kontrollinteressen des Auftraggebers** ergeben.

Das heißt insbesondere, dass die Anforderungen an die Prüffähigkeit bei HOAI-kundigen Auftraggebern[98] niedriger anzusetzen sind, als bei unkundigen Auftraggebern. Kann der Auftraggeber evtl. Rechenfehler oder sonstige Fehler selbst ohne Weiteres im Rahmen der Rechnungsprüfung korrigieren, bleibt die Rechnung (obwohl rechnerisch fehlerhaft) dennoch prüfbar. Rechnerische Fehler und Prüfbarkeit sind zwei unterschiedliche Kriterien.

---

[95] z. B. Änderung von Kostengruppenzuordnungen bei anrechenbaren Kosten

[96] Urteil des OLG Köln vom 13.03.98 19 U 250/97

[97] Es muss jedoch der zutreffende Adressat eindeutig und zweifelsfrei nachvollziehbar sein. In diesem Zusammenhang wird auf die Vorgaben der Steuergesetzgebung zur Rechnungsstellung Bezug genommen.

[98] Urteil des BGH vom 08.10.98, VII ZR 296/97, BauR 99,63

Kriterienliste für eine prüfbare Honorarrechnung

1.   Allgemeines

- Vertragsdatum[99] und HOAI-Fassung, die anzuwenden ist
- Vollständige Anschrift des Empfängers
- Erfüllung der Anforderungen der Steuergesetzgebung
- Vollständige Anschrift des leistenden Architekturbüros mit Steuer-Nr.
- Datum der Leistungserbringung
- Fortlaufende Rechnungsnummer[100]
- Anzuwendender Steuersatz (MwSt.)
- Angaben zum Vertragsgegenstand
- Rechnungsdatum
- Planbereiche die abgerechnet werden
- Angabe des Honorarsatzes
- Angabe der Honorarzone
- Angabe und Bewertung der einzelnen Leistungsphasen und der v. H.-Sätze[101]
- Angabe zur Honorartafel

2.   Anrechenbare Kosten:

- Ermittlung der anrechenbaren Kosten[102] nach § 32 HOAI
- Anrechenbare Kosten in der Gliederungstiefe gem. § 33 HOAI
- Anrechenbare Kosten rechnerisch nachvollziehbar darstellen
- 25 %-Regel nach § 32 HOAI nachvollziehbar darstellen

3.   Sonstiges

- Kumulierte Honorarabrechnung
- Bereits erhaltene Zahlungen einzeln auflisten und vom Rechnungsbetrag absetzen
- Nebenkosten auf Nachweis oder Pauschal nachvollziehbar angeben
- alle Angaben nach netto und brutto kennzeichnen
- soweit trennbar, einzelne Objekte getrennt abrechnen
- Zuschläge (Umbau, Instandsetzung ...) nachvollziehbar zum Honorar ermitteln
- Besondere Leistungen nachvollziehbar getrennt von den Leistungen der Leistungsbilder (ehem. Grundleistungen) abrechnen

---

[99] Unberührt von der Frage, ob der Auftrag mündlich oder schriftlich zustande gekommen ist

[100] Die fortlaufende Rechnungsnummerierung des Rechnungsstellers geht über alle Rechnungen, nicht nur die Rechnungen eines Auftrags betreffend.

[101] z. B. bei Abschlagsrechnungen, erreichter Leistungsstand

[102] Angabe der nicht anrechenbaren Kostengruppen ist nicht erforderlich

4. Zur Geschäftserleichterung möglich, aber nicht erforderlich

– Honorartafel als Kopie beifügen

5. Gekündigte Verträge

– Getrennte Abrechnung von erbrachten Leistungen und nicht mehr erbrachten Leistungen

– liegt die Kündigung inmitten von Leistungsphasen, ist bei den betroffenen Leistungsphasen jede Einzelleistung (mit v. H.-Satz) nachvollziehbar[103] abzurechnen

– nicht mehr erbrachte Leistungen werden ohne MwSt. abgerechnet (kein Umsatzsteuerpflichtiges Geschäft)

– Ermittlung der kündigungsbedingt ersparten Aufwendungen sowie des evtl. anderweitigen Erwerbs

Die Interpolation sollte in der Rechnung dargestellt werden. Das Erfordernis der Darstellung der Interpolation ist rechtlich nicht endgültig geklärt. Deshalb wird vorgeschlagen, die Interpolation vorsorglich der Rechnung beizufügen.

Auch bei gekündigten Verträgen ist eine prüffähige Rechnung einzureichen. Wichtig ist, dass in der Rechnung eindeutig zwischen erbrachten und nicht mehr erbrachten Leistungen unterschieden wird. Darüber hinaus sind die kündigungsbedingt in erbrachte und nicht mehr erbrachte Teilleistungen geteilten Leistungsphasen nachvollziehbar anhand der v. H.-Sätze zu belegen, so dass eine Rechnungsprüfung diesbezüglich möglich ist. Ist diese Unterscheidung nicht getroffen, dürfte die Rechnung nach derzeitiger Rechtsprechung nicht prüfbar sein.

Bindungswirkung der Schlussrechnung

Wird eine Schlussrechnung eingereicht, ist der Architekt in der Regel auch daran **gebunden**. Einer **Schlussrechnung** kommt eine Rechnung gleich, aus der eindeutig hervorgeht, dass keine zusätzlichen weiteren Forderungen geltend gemacht werden. Auch ein pauschaler Vorbehalt von Nachforderungen der innerhalb einer Schlussrechnung formuliert ist, befreit i. d. R. nicht automatisch regelmäßig von der Bindungswirkung. Deshalb sollte die Schlussrechnung erst dann eingereicht werden, wenn wirklich alle Forderungen klar ermittelt sind.

Auch eine als Abschlagsrechnung bezeichnete Rechnung, aus der eindeutig hervorgeht, dass keine weiteren Forderungen mehr gestellt werden, kann die Bindungswirkung einer Schlussrechnung entfalten. Ähnliches kann auf ein abschließendes **Vergleichsangebot** zutreffen, wenn daraus hervorgeht, dass damit alle weiteren Forderungen abgegolten sind.

Praxis-Tipp Der BGH hat seine Rechtsprechung in Bezug auf die Bindungswirkung in den letzten Jahren zugunsten der Architekten etwas gelockert. Nicht mehr alle Schlussrechnungen entfalten uneingeschränkte Bindungswirkung. Das gilt insbesondere, wenn der Auftraggeber die Prüffähigkeit zu Recht rügt.

---

[103] Siehe Ausführungen und Bewertungstabellen zu § 8 Abs. 2 HOAI

Die Bindungswirkung besteht, wenn der Auftraggeber darauf vertrauen durfte, dass keine weiteren Forderungen mehr an ihn gestellt werden und er sich in der Weise darauf eingerichtet hat dass ihm eine weitere Zahlung nach Treu und Glauben nicht mehr zugemutet werden kann.

Abgelehnt wird eine ggf. Bindungswirkung[104] auch, wenn der Auftraggeber nicht vorträgt, wie er sich auf die vorgelegte Schlussrechnung eingerichtet und darauf vertraut hat.

Das Kammergericht Berlin hat mit Urteil vom 16.11.2000 (Az.: 10 U 9785/98)[105] die **Bindungswirkung** an eine erteilte Schlussrechnung verneint, wenn der Auftraggeber bereits bei Auftragserteilung wusste, dass das vereinbarte Honorar die Mindestsätze unterschreitet. Auch das Wissen seines Vertreters (z. B. eines Projektsteuerers) ist nach § 166 (2) BGB[106] dem Auftraggeber zuzurechnen. Dieses Urteil hat bedeutende Auswirkungen in der Praxis. Danach können Architekten auch nach Erteilung der Schlussrechnung unter o. g. Bedingungen ihre Rechnung neu aufstellen.

Wird vom Auftraggeber fehlende **Prüffähigkeit** der Schlussrechnung eingewandt, dann kann er sich später nicht mehr auf die **Bindungswirkung** berufen. Fehlen in der Schlussrechnung Angaben zu anrechenbaren Kosten, über die der Architekt nicht selbst verfügt (z. B. Kosten von Eigenleistungen[107]), dann tritt auch keine Bindungswirkung zugunsten des Auftraggebers ein.

Schließlich ist der Architekt auch nicht an einen Honorarrechnungsbetrag gebunden, der einen für baufachliche Laien offenkundigen Fehler enthält, z. B. zu niedrige MwSt., oder ein leicht auffallender Übertragungsfehler bei der Abrechnung.

Praxis-Tipp

Nach Urteil des OLG Koblenz[108] ist der Architekt nicht gehindert, im laufenden Prozess eine überarbeitete Schlussrechnung vorzulegen, wenn der Auftraggeber schon die erste Schlussrechnung nicht bezahlt hat. In einem solchen Fall verstößt die Vorlage einer neuen Rechnung nicht gegen Treu und Glauben, eine Bindung an die zunächst erteilte Schlussrechnung besteht nicht.[109]

Die oben dargestellten Beispiele zeigen, dass die Frage der Bindungswirkung an eine Schlussrechnung immer einzelfallbezogen zu betrachten ist.

Vorzeitige Vertragskündigung

In der Praxis werden gelegentlich Architektenverträge vorzeitig gekündigt. Kündigungen werden fast nie an genauen Schnittstellen von Leistungsphasen vollzogen. Ist die Entscheidung gefallen, den Vertrag vorzeitig zu beenden, dann wird diese Entscheidung mit hoher Wahrscheinlichkeit nicht – zufällig – am Ende einer der vereinbarten Leistungsphasen vollzogen. Kündigungen erfolgen gelegentlich während der Entwurfsplanung, noch vor Erstellung der Kostenberechnung. In Bezug auf die Ermittlung der anrechenbaren Kosten wird auf die Aus-

---

[104] Urteil des OLG Düsseldorf BauR 2001, Seite 277

[105] KG-Report 13/2001 Berlin

[106] in der Fassung bis 31.12.2001

[107] weil der Auftraggeber entspr. Auskünfte verweigert hat

[108] Urteil vom 05.12.2000, BauR 2001, 664

[109] Hier handelt es sich um eine spezielle Rechtsfrage, die einzelfallbezogen geklärt werden sollte

führungen oben Bezug genommen. Bei den Kündigungen, die kurz nach Baubeginn vollzogen werden, haben die Architekten häufig Leistungen aus den Leistungsphasen 5–8 zum Teil bereits erbracht, so dass mehrere Leistungsphasen anteilig als erbracht und anteilig als noch nicht erbracht anfallen. Dadurch wird die Abrechnung etwas aufwendiger, da zwischen den bis zur Kündigung erbrachten Leistungen und den kündigungsbedingt nicht mehr erbrachten Leistungen zu unterscheiden[110] ist.

Beispiel

*In verschiedenen Fällen kommt es vor, dass teilweise in die Leistungsphase 5 **weit vorausgeplant** werden muss, um die Baugenehmigung zu erhalten, z. B. bei gewerblichen Bauten. Wird die Baugenehmigung dann erteilt, liegen mehrere angeschnittene Leistungsphasen vor. Erfolgt dann die Vertragskündigung, liegen ggf. mehrere „angeschnittene" Leistungsphasen vor.*

Ist die **Kündigung** vollzogen, wird **keine Leistung mehr** erbracht. In solchen Fällen stellt sich die Frage auf welcher Grundlage das Honorar zu berechnen ist. Wenn die Kostenberechnung vorliegt, ist die Kostenberechnung Abrechnungsgrundlage. Ansonsten ist die Kostenschätzung Abrechnungsbasis. Soweit eine Baukostenvereinbarung getroffen wurde, ist diese als Basis für die Honorarberechnung zu wählen.

Mit einer Entscheidung des Bundesgerichtshofes vom 27.10.1994 wurde klargestellt, dass ein Architekt die in seiner Schlussrechnung anzusetzenden anrechenbaren **Kosten schätzen** darf, wenn der Auftraggeber ihm die Kostendaten gem. Anforderungen nach HOAI nicht zur Verfügung stellt. Im Falle der vorzeitigen Vertragskündigung können die o. e. Urteile sinngemäß angewendet werden, wenn z. B. die Kündigung unmittelbar vor Beginn der Entwurfsplanung erfolgte.

§ 1

---

[110] Auch aus steuerrechtlichen Gründen

§ 16 Umsatzsteuer

(1) Der Auftragnehmer hat Anspruch auf Ersatz der gesetzlich geschuldeten Umsatzsteuer für nach dieser Verordnung abrechenbare Leistungen, sofern nicht die Kleinunternehmerregelung nach § 19 des Umsatzsteuergesetzes angewendet wird. Satz 1 ist auch hinsichtlich der um die nach § 15 des Umsatzsteuergesetzes abziehbaren Vorsteuer gekürzten Nebenkosten anzuwenden, die nach § 14 dieser Verordnung weiter berechenbar sind.

(2) Auslagen gehören nicht zum Entgelt für die Leistung des Auftragnehmers. Sie sind als durchlaufende Posten im umsatzsteuerrechtlichen Sinn einschließlich einer gegebenenfalls enthaltenen Umsatzsteuer weiter zu berechnen.

Allgemeines

§ 16 HOAI regelt, dass die Umsatzsteuer zuzüglich zum Honorar nach den Einzelbestimmungen der HOAI berechnet werden darf. Es bedarf keiner gesonderten Umsatzsteuerklausel im Planungsvertrag. Empfohlen wird dennoch, eine Umsatzsteuerklausel in den Vertrag aufzunehmen, insbesondere bei Verträgen mit Endverbrauchern in Verbindung z. B. mit Pauschalhonoraren.

Zu beachten ist, dass die Auslagen bzw. Nebenkosten nicht zum Honorar gehören und daher gesonderten Regelungen unterliegen.

→ **Siehe auch § 14 HOAI**

Mehrwertsteueränderungen im Planungsablauf

Außerdem kann eine **Vorsorgeklausel** für evtl. **MwSt.-Änderungen** vorgesehen werden. Diese Klausel sollte eine evtl. Anpassung der MwSt. an geänderte gesetzliche Regeln beinhalten. Da in der Praxis gelegentlich Planungs- und Überwachungsleistungen vor einer MwSt.-Änderung beginnen oder nachher enden, ist eine Regelung für Übergangsfälle sinnvoll. Es bietet sich dabei an, die letzte vor MwSt.-Änderung vollständig erbrachte Leistungsphase nach dem ursprünglich gültigen MwSt.-Satz abzurechnen, und alle zum Stichtag der Änderung noch nicht vollständig erbrachten Leistungsphasen nach dem neuen MWST.-Betrag abzurechnen. Dies sollte aber steuerrechtlich abgestimmt werden, da die Finanzverwaltungen entsprechende Berücksichtigungen bei der Nachprüfung vornehmen.

Beispiel

Bei jeder MwSt.-Erhöhung ergeben sich weitere Einzelheiten aus den Durchführungserlassen der Bundesländer. Bisher galt regelmäßig für abgeschlossene Leistungsphasen der bis zum Abschluss der betreffenden Leistungsphasen gültige MwSt.-Satz. Für die zur MwSt.-Erhöhung noch nicht abgeschlossenen Leistungsphasen traf dann der neue MwSt.-Satz zu.

Vorzeitige Vertragsbeendigung

Wird ein Vertrag vorzeitig vom Auftraggeber durch Kündigung beendet, ist hinsichtlich der MwSt. zu beachten, dass lediglich die bis zur Kündigung erbrachten Leistungen der MwSt. unterfallen. Für die noch nicht erbrachten im Vertrag enthaltenen Leistungen darf nach § 649 BGB das Honorar abzüglich ersparter Aufwendungen abgerechnet werden. Da aber für die noch nicht erbrachten Leistungen kein umsatzsteuerpflichtiges Austauschgeschäft vorliegt, fällt dafür auch **keine Umsatzsteuer** an. Das ist bei der Abrechnung gekündigter Verträge zu beachten. Vorsorglich wird jedoch vorgeschlagen, immer den Steuerberater diesbezüglich zu befragen.

Ermittlung der anrechenbaren Kosten

Bei der Ermittlung der **anrechenbaren Kosten** ist die Umsatzsteuer nicht zu berücksichtigen, das bedeutet, dass hier die Netto-Beträge anzusetzen sind. Sinnvoll ist in jedem Fall, im Zuge der Kostenermittlungen nach DIN 276 grundsätzlich immer anzugeben, ob die ermittelten Kosten Mehrwertsteuer enthalten oder nicht.

→ **Siehe auch § 4 Abs. 1 HOAI**

HOAI Teil 3: Objektplanung

Abschnitt 1 Gebäude und Innenräume

§ 33 Besondere Grundlagen des Honorars

(1) Für Grundleistungen bei Gebäuden und Innenräumen sind die Kosten der Baukonstruktion anrechenbar.

(2) Für Grundleistungen bei Gebäuden und Innenräumen sind auch die Kosten für Technische Anlagen, die der Auftragnehmer nicht fachlich plant oder deren Ausführung er nicht fachlich überwacht,

    1. vollständig anrechenbar bis zu einem Betrag von 25 Prozent der sonstigen anrechenbaren Kosten und

    2. zur Hälfte anrechenbar mit dem Betrag, der 25 Prozent der sonstigen anrechenbaren Kosten übersteigt.

(3) Nicht anrechenbar sind insbesondere die Kosten für das Herrichten, für die nichtöffentliche Erschließung sowie für Leistungen zur Ausstattung und zu Kunstwerken, soweit der Auftragnehmer die Leistungen weder plant noch bei der Beschaffung mitwirkt oder ihre Ausführung oder ihren Einbau fachlich überwacht.

Allgemeines

In § 33 werden die anrechenbaren Kosten für die Leistungen der Gebäudeplanung und bei Innenräumen geregelt. Zunächst werden die Grundlagen der anrechenbaren Kosten betrachtet.

In § 33 Absatz 1 HOAI wird klargestellt, dass die Kosten der **Baukonstruktion** als anrechenbare Kosten gelten. Diese Regelung nimmt Bezug auf § 4 HOAI, in dem geregelt ist, dass die anrechenbaren Kosten nach

– allgemein anerkannten Regeln der Technik oder

– Verwaltungsvorschriften

zu ermitteln sind. Darüber hinaus ist in § 4 HOAI festgelegt, dass die DIN 276-1:2008-12 bei der Ermittlung der anrechenbaren Kosten zugrunde zu legen ist.

Die **Verwaltungsvorschriften**, die gemäß § 4 Abs. 1 HOAI Grundlage der Ermittlung der anrechenbaren Kosten sein können, sind in den einzelnen Bundesländern ggf. sehr unterschiedlich, so dass hier eine nicht hinreichend definierte Art und Gliederung der Ermittlung der anrechenbaren Kosten gemeint sein kann. Insbesondere ist unklar, welche Verwaltungsvorschriften gemeint sein können. Darüber hinaus ist unklar, wie die Verwaltungsvorschriften die einzelnen Kosten gliedern und sie jeweils bezeichnen.

Es ist ggf. davon auszugehen, dass sich die Verwaltungsvorschriften auf Kostenermittlungen bei Ingenieurbauwerken und Verkehrsanlagen beziehen, weil dafür die DIN 276 nicht ausdrücklich dem Wortlaut der HOAI zufolge geregelt ist. Damit ist auf die Verwaltungsvorschriften an dieser Stelle nicht näher einzugehen.

Die getroffenen Regelungen zur Grundlage der anrechenbaren Kosten sind im Ergebnis dennoch hinreichend definiert. Der Begriff der **allgemein anerkannten Regeln der Technik** ist ebenfalls hinreichend bestimmt. Hier könnte ggf. ein Interpretationsspielraum vermutet werden, der evtl. Auswirkungen auf die Höhe der anrechenbaren Kosten haben kann, z. B. wenn sich allgemein anerkannte Regeln der Technik ändern und dies auf die anrechenbaren Kosten Auswirkungen ausüben würde.

Baukonstruktion als anrechenbare Kosten

In § 4 HOAI wird geregelt, dass dann, wenn auf die DIN 276-1:2008-12 Bezug genommen wird, die DIN 276 in der Fassung 2008 gemeint ist. Damit wird hinreichende Klarheit geschaffen. In der amtlichen Begründung zur HOAI (Drucksache des Bundesrates Nr. 395/09[111]) zu § 33 ist außerdem klargestellt, dass bei den Kosten der Baukonstruktion gemäß § 33HOAI die Kostengruppe 300 der DIN 276-1:2008-12 zugrunde zu legen ist.

Insofern ist ohne weitere Vereinbarung[112] davon auszugehen, dass die Kosten der Kostengruppe 300 (DIN 276/08) als Kosten der Baukonstruktion im Sinne des § 33 HOAI gelten und als voll anrechenbar gelten.

Die Regelung des § 33 HOAI bezeichnet konkret die Kosten der **Baukonstruktion** als anrechenbare Kosten für Leistungen bei Gebäuden und Innenräumen Ausbau als uneingeschränkt anrechenbar.

Kostengruppe 300 Bauwerk – Baukonstruktion

(siehe nachfolgende DIN Kostengruppentabelle).

Beispiel

Soweit Innenräume und Gebäude getrennt an unterschiedliche Auftragnehmer beauftragt werden, ist eine vertragliche und einzelfallbezogene Schnittstellenabgrenzung der Leistungsinhalte und Leistungsumfänge zu empfehlen. Danach bestimmen sich sodann auch die anrechenbaren Kosten, die dem Vertragsgegenstand entsprechen sollten. Nach der Rechtsprechung des BGH ergeben sich die anrechenbaren Kosten auf der Grundlage des konkret vereinbarten Leistungsumfangs.

Einzelheiten zu den anrechenbaren Kosten der Baukonstruktionen

Relevant ist, dass die Baukonstruktionen der Kostengruppe 300 auch die **baukonstruktiven Einbauten** enthalten (**Kostengruppe 370**). Diese baukonstruktiven Einbauten[113] waren in der alten HOAI 1996 beschränkt anrechenbar, (wie die Installationen der Kostengruppe 3.2 gem. der Regelung in § 10 der alten HOAI 1996), auch wenn diese nicht fachlich geplant und überwacht wurden.

Nach der HOAI in den Fassungen 2009 und 2013 sind die Kosten der Kostengruppe 370 voll anrechenbar.

§ 3

---

[111] Zur HOAI 2009 die diese Regelung ebenfalls sinngemäß enthält
[112] Zum Beispiel Verwaltungsvorschriften gem. § 4 HOAI
[113] in der alten DIN 276/81 betriebliche Einbauten genannt und der dortigen Kostengruppe 3.4 zugeordnet

Zu den unbeschränkt anrechenbaren Kosten gehören auch die **Abbruchkosten** bei Baukonstruktionen (Kostengruppe 394) und die Kosten der Materialentsorgung (Kostengruppe 396) die bisher umstritten waren. Die Kosten der Materialentsorgung sind Bestandteil der Kostengruppe 300 Baukonstruktion.

Zu beachten ist, dass es hier lediglich um die Abbruch und Materialentsorgungskosten geht, die in ihrem Ursprung zur Kostengruppe 300 gehören. Das bedeutet, dass die Abbruchkosten, die hier als anrechenbare Kosten gelten, sich ausschließlich auf die Baukonstruktion beziehen dürfen.

 Praxis-Tipp
In den Kostengruppen 500 (Außenanlagen), 200 (Herrichten und Erschließen) und 400 (Technische Anlagen) sind jeweils eigene Einzelkosten für etwaige Abbruchmaßnahmen anzusetzen, die unberührt von den Abbruchkosten bei Baukonstruktionen sind. Dieser Unterschied ist von Bedeutung, da er die Prüfbarkeit der Honorarrechnung ggf. betreffen kann.

Zu den unbeschränkt anrechenbaren Kosten der Baukonstruktion gehören auch die Kosten der Drainagen (327), der Wasserhaltung (313), der provisorischen Baukonstruktionen (398) und der Sicherungsmaßnahmen (393) sowie der Baustelleneinrichtung (391).

Nach den Ausführungen der amtlichen Begründung zur HOAI[114] gehören auch die Kosten der Winterbaumaßnahmen zu den anrechenbaren Kosten; sie sind der Kostengruppe 397 (zusätzliche Maßnahmen) somit den Kosten der Baukonstruktion zugeordnet. Davon abzugrenzen sind die Winterbaumaßnahmen, die nicht zur Baukonstruktion, sondern zu den Technischen Anlagen der Kostengruppe 400 gehören. Dies können prov. Heizungsmaßnahmen (Kostengruppe 490) sein.

Die nachstehende Übersicht zeigt die Kosten der Kostengruppe 300 in der Einzelübersicht bis zur 3. Stelle, die nach § 33 HOAI als unbeschränkt anrechenbar gelten.

300	**Bauwerk – Baukonstruktionen**
310	**Baugrube**
311	Baugrubenherstellung
312	Baugrubenumschließung
313	Wasserhaltung
319	Baugrube, sonstiges
320	**Gründung**
321	Baugrundverbesserung
322	Flachgründungen
323	Tiefgründungen
324	Unterböden und Bodenplatten
325	Bodenbeläge
326	Bauwerksabdichtungen
327	Dränagen
329	Gründung, sonstiges

---

[114] HOAI in der Fassung 2009

330	**Außenwände**
331	Tragende Außenwände
332	Nichttragende Außenwände
333	Außenstützen
334	Außentüren und -fenster
335	Außenwandbekleidungen, außen
336	Außenwandbekleidungen, innen
337	Elementierte Außenwände
338	Sonnenschutz
339	Außenwände, sonstiges
340	**Innenwände**
341	Tragende Innenwände
342	Nichttragende Innenwände
343	Innenstützen
344	Innentüren und -fenster
345	Innenwandbekleidungen
346	Elementierte Innenwände
349	Innenwände, sonstiges
350	**Decken**
351	Deckenkonstruktionen
352	Deckenbeläge
353	Deckenbekleidungen
359	Decken, sonstiges
360	**Dächer**
361	Dachkonstruktionen
362	Dachfenster, Dachöffnungen
363	Dachbeläge
364	Dachbekleidungen
369	Dächer, sonstiges
370	**Baukonstruktive Einbauten**
371	Allgemeine Einbauten
372	Besondere Einbauten
379	Baukonstruktive Einbauten, sonstiges
390	**Sonstige Maßnahmen für Baukonstruktionen**
391	Baustelleneinrichtung
392	Gerüste
393	Sicherungsmaßnahmen
394	Abbruchmaßnahmen
395	Instandsetzungen
396	Materialentsorgung
397	Zusätzliche Maßnahmen
398	Provisorien Provisorische Baukonstruktion
399	Sonstige Maßnahmen für Baukonstruktionen, sonstiges

§ 3

Technische Anlagen als beschränkt anrechenbare Kosten

Nach § 33 Absatz 2 HOAI sind die Kosten der Technischen Anlagen (Kostengruppe 400) bis zu 25 % der sonstigen anrechenbaren Kosten voll anrechenbar und die darüber hinausgehenden diesbezüglichen Kosten zur Hälfte. Diese Regelung war in ähnlicher Form bereits in der alten HOAI 1996 enthalten. Einige Einzelheiten haben sich jedoch gegenüber der alten Regelung geändert.

So sind die Kosten der Baukonstruktiven Einbauten (z. B. Tresenanlagen in Bahnhofsgebäuden der Kostengruppe 370) nach der neuen HOAI nicht mehr anrechenbar unter Anwendung der sog. 25 %-Klausel[115], sondern unbeschränkt voll anrechenbar als Bestandteil der Kostengruppe 300, wie oben bereits ausgeführt.

Bei der Kostengruppe 470 (Nutzungsspezifische Anlagen) als Bestandteil der Kostengruppe 400, gilt ebenfalls, dass diese Kosten nach der sog. 25%-Klausel anrechenbar sind.

Generalplanung

Die Regelung des § 33 Abs. 2 HOAI nimmt hinsichtlich der beschränkten Anrechenbarkeit der Kosten der Technischen Anlagen dem Wortlaut zufolge Bezug auf den „**Auftragnehmer**, der die Kosten für Technische Anlagen nicht fachlich plant und nicht überwacht". Dieser Wortlaut könnte bei Generalplanerverträgen zur Vermutung führen, dass bei Generalplanern eine andere Regelung möglich sei, weil der Generalplaner – soweit er die Technischen Anlagen fachlich plant – dann nicht unter diese oben genannte Regelung fallen würde, weil er die Technischen Anlagen (jedoch in seiner Eigenschaft als Generalplaner ebenfalls) fachlich plant.

Eine vereinzelt vertretene Auffassung würde daraus lesen wollen, dass dann die Kosten der Technischen Anlagen nicht zwingend zu den anrechenbaren Kosten zählen, da der Generalplaner in seiner Eigenschaft nun Auftragnehmer gleichfalls für die Technischen Anlagen ist.

Diese selten vertretene Auffassung entspricht jedoch nicht dem Sinn, den der Verordnungsgeber mit dieser Regelung verfolgt. Als Auftragnehmer im Sinne der HOAI gilt hier nur der Auftragnehmer der die Leistungen nach Teil 3, Abschnitt 1 (Gebäude und Innenräume) erbringt. Außerdem wird in § 33 HOAI klargestellt, dass es sich hier nur um die Ermittlung der anrechenbaren Kosten speziell für das Leistungsbild Gebäude und Innenräume handelt.

Da jedes Leistungsbild eine je eigenständige Abrechnungsvorschrift für Honorare des betreffenden Leistungsbildes enthält, die nicht miteinander vermischt werden können, muss dies auch für Generalplaner, die mehrere Leistungsbilder einheitlich erbringen, uneingeschränkt gelten. Eine andere Lesart widerspricht nach Auffassung des Verfassers der HOAI, in ihren übergreifenden Regelungen des Teils 1 (Allgemeine Vorschriften) und würde zu erheblichen Honorarungerechtigkeiten führen. Für Generalplaner gilt in Bezug auf die Höhe des Honorars nach den Mindestsätzen nichts anderes als für eine nach Leistungsbildern getrennte Vergabe.

Beleuchtung

Geändert hat sich auch die Anrechenbarkeit der Kosten der **Beleuchtung** für die Ermittlung des Honorars bei der Gebäudeplanung und der Planung der Innenräume bereits mit der HOAI 2009. Die Beleuchtung ist in Kostengruppe 445 nunmehr den Technischen Anlagen zugeordnet. Damit unterfällt der Kostenanteil der **Beleuchtung**, soweit er in Kostengruppe 445 gehört den Technischen Anlagen und damit der Anwendung der 25 %-Regelung gemäß § 33 Absatz 2

---

[115] Anrechenbar nach § 33 Abs. 1 bei Baukonstruktion

HOAI. Die früher an Auflagen geknüpfte Anrechenbarkeit ist somit zugunsten der Anrechenbarkeit unter Beachtung der oben genannten 25 %-Klausel entfallen.

Nutzungsspezifische Anlagen

Der 25 %-Regelung des § 33 Absatz 2 unterfallen auch **Nutzungsspezifische Anlagen**, wie Wäscherei- und Reinigungsanlagen, Krananlagen, Transportanlagen, Küchentechnische Anlagen, Abbruchmaßnahmen bei Technischen Anlagen, Sicherungsmaßnahmen und Materialentsorgungskosten bei Technischen Anlagen.

Die Einzelheiten zu den Kosten, die der 25 %-Regel unterfallen, sind der nachstehenden Tabelle zu Kostengruppe 400 bzw. zu § 32 (2) HOAI zu entnehmen.

400	**Bauwerk - Technische Anlagen**
410	**Abwasser-, Wasser-, Gasanlagen**
411	Abwasseranlagen
412	Wasseranlagen
413	Gasanlagen
414	Feuerlöschanlagen
419	Abwasser-, Wasser-, Gasanlagen, sonstiges
420	**Wärmeversorgungsanlagen**
421	Wärmeerzeugungsanlagen
422	Wärmeverteilnetze
423	Raumheizflächen
429	Wärmeversorgungsanlagen, sonstiges
430	**Lufttechnische Anlagen**
431	Lüftungsanlagen
432	Teilklimaanlagen
433	Klimaanlagen
434	Kälteanlagen
439	Lufttechnische Anlagen, sonstiges
440	**Starkstromanlagen**
441	Hoch- und Mittelspannungsanlagen
442	Eigenstromversorgungsanlagen
443	Niederspannungsschaltanlagen
444	Niederspannungsinstallationsanlagen
445	Beleuchtungsanlagen
446	Blitzschutz- und Erdungsanlagen
449	Starkstromanlagen, sonstiges
450	**Fernmelde- und informationstechnische Anlagen**
451	Telekommunikationsanlagen
452	Such- und Signalanlagen
453	Zeitdienstanlagen
454	Elektroakustische Anlagen
455	Fernseh- und Antennenanlagen
456	Gefahrenmelde- und Alarmanlagen

§ 3

457	Übertragungsnetze
459	Fernmelde- und informationstechnische Anlagen, sonstiges
460	**Förderanlagen**
461	Aufzugsanlagen
462	Fahrtreppen, Fahrsteige
463	Befahranlagen
464	Transportanlagen
465	Krananlagen
469	Förderanlagen, sonstiges
470	**Nutzungsspezifische Anlagen**
471	Küchentechnische Anlagen
472	Wäscherei- und Reinigungsanlagen
473	Medienversorgungsanlagen
474	Medizin- und labortechnische Anlagen
475	Feuerlöschanlagen
476	Badetechnische Anlagen
477	Prozesswärme-, -kälte- und -luftanlagen
478	Entsorgungsanlagen
479	Nutzungsspezifische Anlagen, sonstiges
480	**Gebäudeautomation**
481	Automationssysteme
482	Schaltschränke
483	Management- und Bedieneinrichtungen
484	Raumautomationssysteme
485	Übertragungsnetze
489	Gebäudeautomation, sonstiges
490	**Sonstige Maßnahmen für Technische Anlagen**
491	Baustelleneinrichtung
492	Gerüste
493	Sicherungsmaßnahmen
494	Abbruchmaßnahmen
495	Instandsetzungen
496	Materialentsorgung
497	Zusätzliche Maßnahmen
498	Provisorische Technische Anlagen Provisorien
499	Sonstige Maßnahmen für Technische Anlagen, sonstiges

Bedingt anrechenbare Kosten: Herrichten und Erschließen

Bedingt anrechenbare Kosten sind die Kosten, die unter bestimmten Bedingungen anrechenbar sind. In § 33 Absatz 3 ist geregelt, dass die Kosten für das Herrichten, die nicht öffentliche Erschließung, sowie Leistungen für Ausstattung und Kunstwerke nicht zu den anrechenbaren Kosten gehören, soweit der Auftragnehmer (in diesem Fall z. B. das Architekturbüro) diese Maßnahmen weder plant, noch bei der Beschaffung mitwirkt oder ihre Ausführung bzw. den Einbau fachlich überwacht.

Soweit die entsprechenden Maßnahmen nicht wie oben erwähnt bearbeitet werden, gehören die zugehörigen Kosten nicht zu den anrechenbaren Kosten. Zum Herrichten (bedingt anrechenbar) gehören die nachfolgenden Kostengruppen:

210	**Herrichten**
211	Sicherungsmaßnahmen
212	Abbruchmaßnahmen
213	Altlastenbeseitigung
214	Herrichten der Geländeoberfläche
219	Herrichten, sonstiges
230	**Nichtöffentl. Erschließung**

Bedingt anrechenbare Kosten – Ausstattung

In Bezug auf die Ausstattung gelten ebenfalls die o. g. Bedingungen[116], um die Anrechenbarkeit der Kosten zu erwirken.

Zu Beginn der Planung sollte geregelt werden, ob die Ausstattung Gegenstand der fachlichen Planung und Bauüberwachung ist oder nicht.

In einem Urteil des OLG Schleswig vom 18.04.2006 (3 U 14/05) haben die Richter geurteilt, dass die Kosten für bewegliche Einrichtungen (nach neuer HOAI: Ausstattung) nicht anrechenbar sind, soweit der Bauherr die Beschaffung selbst übernimmt. Nicht beantwortet ist durch das Urteil die Frage, ob diese Kosten als anrechenbare Kosten gelten, wenn sie vom Planer bis zum Entwurf geplant sind aber bei der Beschaffung der Bauherr alles selbst gemacht hat. Nach dem Wortlaut der HOAI 2013 sind diese Kosten dann anrechenbar, wenn der Architekt diese Ausstattung z. B. im Entwurf geplant hat.

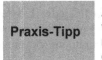 **Praxis-Tipp** Zur Vermeidung von vertraglichen Unklarheiten sollte in den Planungsverträgen oder in späteren Vereinbarungen zur Planung und Honorierung eine schriftliche Vereinbarung getroffen werden, die klarstellt, ob die Ausstattung zu den anrechenbaren Kosten gehört oder nicht.

Zur Ausstattung und den Kunstwerken (bedingt anrechenbar) gehören die nachstehenden Kostengruppen:

610	**Ausstattung**
611	Allgemeine Ausstattung
612	Besondere Ausstattung
619	Ausstattung, sonstiges
620	**Kunstwerke**
621	Kunstobjekte
622	Künstlerisch gestaltete Bauteile des Bauwerks
623	Künstlerisch gestaltete Bauteile der Außenanlagen
629	Kunstwerke, sonstiges

§ 3

---

[116] Wie bei Herrichten und Erschließen

Nicht anrechenbare Kosten

Als nicht anrechenbare Kosten sind die Kosten der öffentlichen Erschließung geregelt. Die Kosten der Kostengruppe 700 gelten auch nach der neuen HOAI als nicht anrechenbare Kosten.

Baukostenvereinbarungsmodell

Die Nachvollziehbarkeit der anrechenbaren Kosten ist wesentlicher Bestandteil der Anforderungen an die Prüfbarkeit der Honorarrechnung. Es wird daher vorgeschlagen von Beginn der Planung an, die Kostenermittlungen so zu gliedern, dass damit gleichsam die anrechenbaren Kosten ermittelt werden können.

Bei der Anwendung des Baukostenvereinbarungsmodells gemäß § 6 Absatz 3 HOAI sind in Bezug auf die Gliederung der anrechenbaren Kosten die o. g. Vorschriften des § 33 ebenfalls zu beachten. Insoweit hat die Baukostenvereinbarung die Gliederungstiefe, die nach § 33 HOAI erforderlich ist, ebenfalls zu berücksichtigen.

Für die Praxis empfiehlt es sich daher, bei Anwendung des Baukostenvereinbarungsmodells ebenfalls die Regelungen des § 33 uneingeschränkt zu beachten.

→   **Siehe auch: Ausführungen zu § 6 Absatz 3 HOAI**

Nachvollziehbarkeit der anrechenbaren Kosten

Die auf das Honorar anrechenbaren Kosten werden in einigen Details **abweichend** von der Baukosten ermittelt. Dies sorgt gelegentlich für Unsicherheiten bei der Honorarberechnung. Obwohl die Regelungen des § 33 HOAI nur sehr wenig Auslegungsspielraum lassen, sind sie Ausgangspunkt von Auseinandersetzungen im Zusammenhang mit Honorarabrechnungen.

Die Art der Ermittlung von anrechenbaren Kosten ist in der HOAI für **jedes Leistungsbild gesondert** festgelegt. Dabei sind jeweils verschiedene Ermittlungsmethoden anzuwenden. Grundsätzlich lassen sich aber folgende Rahmenbedingungen zur Ermittlung der anrechenbaren Kosten festhalten:

– Die anrechenbaren Kosten werden jeweils ohne Umsatzsteuer ermittelt, während die Kostenermittlungen nach DIN 276 mit oder ohne Umsatzsteuer möglich sind. In den Kostenermittlungen nach DIN 276 (Fassung gem. HOAI) sollte angegeben werden, ob Umsatzsteuer eingerechnet ist oder nicht.

– Die Baunebenkosten (Kostengruppe 700) gehören nicht zu den anrechenbaren Kosten.

– Die anrechenbaren Kosten gelten nur als Basis für die Honorarermittlung für die **Grundleistungen**.

Anrechenbare Kosten und Prüfbarkeit der Honorarrechnung

Die nicht nachvollziehbare Ermittlung der anrechenbaren Kosten bewirkt ggf., dass die Honorarrechnung nicht prüfbar ist und somit der Zahlungsanspruch noch nicht fällig ist. Der Grund für diese Situation liegt darin, dass nach den Grundsätzen des § 33 HOAI verschiedene Kostengruppen aus den Baukosten

– voll auf das Honorar anrechenbar,

– beschränkt anrechenbar,

- bedingt anrechenbar oder
- nicht anrechenbar

sind. Diese jeweils unterschiedliche Art der Berücksichtigung von anteiligen Baukosten als Basis für die Honorarberechnung ist wichtig und muss im Zuge der rechnerischen Prüfung nachvollziehbar sein.

→ **Siehe auch: Ausführungen zu § 4 sowie § 15 HOAI**

Sind die anrechenbaren Kosten nicht nachvollziehbar, bzw. nicht prüfbar in der Honorarrechnung dargestellt, dann fehlt eine **Voraussetzung für die Fälligkeit** des Honorars.

Beispiel

Das Oberlandesgericht Düsseldorf (Baurecht 1985, 587) hat mit seiner Entscheidung zur Prüffähigkeit von Honorarrechnungen den folgenden, bis heute gültigen Leitsatz, der auch für die HOAI 2009 zutrifft, formuliert:
„Prüffähigkeit der Honorarrechnung bedeutet, dass die Rechnung so aufgegliedert sein muss, dass der Auftraggeber die sachliche und rechnerische Richtigkeit überprüfen und daraus entnehmen kann, welche Leistungen im Einzelnen berechnet worden sind und auf welchem Wege und unter Zugrundelegung welcher Faktoren die Berechnung vorgenommen worden ist."

Damit sind die Anforderungen an die Prüfbarkeit umfassend definiert. Ist die Ermittlung der anrechenbaren Kosten rechnerisch falsch und kann dies im Zuge der **Rechnungsprüfung** vom Auftraggeber rechnerisch richtig gestellt werden, dann ist die Prüffähigkeit der Honorarrechnung nicht betroffen. Auch eine rechnerisch falsche Honorarrechnung, die vom Rechnungsempfänger eigenständig ohne Weiteres richtig gestellt werden kann, ist prüfbar.

Zu beachten ist, dass die **Anforderungen an die Prüfbarkeit** einzelfallbezogen auf die jeweilige Fachkunde des Bauherrn zu beziehen sind. Ein **öffentlicher Auftraggeber** mit eigenem Bauamt kann eine Honorarrechnung nicht zurückweisen, wenn der Planer eine falsche **Honorarzone** angesetzt hat. In einem solchen Fall ist die Rechnung rechnerisch richtig zu stellen. Das dürfte nach der Rechtsprechung allerdings auch so für private Auftraggeber zutreffen.

Liegen in den anrechenbaren Kosten fachliche Fehler, die ihren Grund in der baufachlich unzutreffenden Zuordnung von Kostenarten (z. B. bei der Kostengruppe 400 anstatt bei der kostengruppe 300) haben, kann die Prüffähigkeit auch bei einem öffentlichen Auftraggeber evtl. nicht mehr gegeben sein, z. B. wenn dazu umfangreiche eigene Ermittlungen von anrechenbaren Kosten notwendig sind.

Praxis-Tipp *Zur Vermeidung von sog. Prüfbarkeitsrisiken sollte projektbegleitend regelmäßig auf die Prüfbarkeit von anrechenbaren Kosten im Zuge der Aufstellung von Kostenermittlung geachtet werden.*

§ 34 Leistungsbild Gebäude und Innenräume

(1) Das Leistungsbild Gebäude und Innenräume umfasst Leistungen für Neubauten, Neuanlagen, Wiederaufbauten, Erweiterungsbauten, Umbauten, Modernisierungen, Instandsetzungen und Instandhaltungen.

(2) Leistungen für Innenräume sind die Gestaltung oder Erstellung von Innenräumen ohne wesentliche Eingriffe in Bestand oder Konstruktion.

(3) Die Grundleistungen sind in neun Leistungsphasen unterteilt und werden wie folgt in Prozentsätzen der Honorare des § 35 bewertet:

1. für die Leistungsphase 1 (Grundlagenermittlung) mit je 2 Prozent für Gebäude und Innenräume,

2. für die Leistungsphase 2 (Vorplanung) mit je 7 Prozent für Gebäude und Innenräume,

3. für die Leistungsphase 3 (Entwurfsplanung) mit 15 Prozent für Gebäude und Innenräume,

4. für die Leistungsphase 4 (Genehmigungsplanung) mit 3 Prozent für Gebäude und 2 Prozent für Innenräume,

5. für die Leistungsphase 5 (Ausführungsplanung) mit 25 Prozent für Gebäude und 30 Prozent für Innenräume,

6. für die Leistungsphase 6 (Vorbereitung der Vergabe) mit 10 Prozent für Gebäude und 7 Prozent für Innenräume,

7. für die Leistungsphase 7 (Mitwirkung bei der Vergabe) mit 4 Prozent für Gebäude und 3 Prozent für Innenräume,

8. für die Leistungsphase 8 (Objektüberwachung – Bauüberwachung und Dokumentation) mit 32 Prozent für Gebäude und Innenräume,

9. für die Leistungsphase 9 (Objektbetreuung) mit je 2 Prozent für Gebäude und Innenräume.

(4) Anlage 10 Nummer 10.1 regelt die Grundleistungen jeder Leistungsphase und enthält Beispiele für Besondere Leistungen.

Allgemeines

Die Gewichtung[117] der Leistungsphasen ist mit der HOAI 2013 geändert worden. Nachstehend ist die Bewertung der jeweiligen Leistungsphasen in einer Tabelle dargestellt.

---

[117] Jedoch im Rahmen der 100 % die sich in der Summe ergeben. Die Steigerung der Honorare ist auf die 100% umgerechnet worden.

Leistungsphase		Gebäude	Innenräume
Grundlagenermittlung	1	2 %	2 %
Vorplanung	2	7 %	7 %
Entwurfsplanung	3	15 %	15 %
Genehmigungsplanung	4	3 %	2 %
Ausführungsplanung	5	25 %	30 %
Vorbereitung der Vergabe	6	10 %	7 %
Mitwirkung bei der Vergabe	7	4 %	3 %
Objektüberwachung	8	32 %	32 %
Objektbetreuung u. Dok.	9	2 %	2 %
Summe		**100 %**	**100 %**

Die einzelnen Grundleistungen sind in Anlage 10.1 zur HOAI abgedruckt.

→ **Siehe auch Ausführungen zu § 8 Abs. 2 HOAI, Orientierungswerte für Grundleistungen**

Übersicht zu wichtigen Änderungen gegenüber der HOAI 2009

Die HOAI 2013 hat bei der Entwurfsplanung einige wichtige Änderungen vorgenommen. Als eine der wichtigen Änderungen ist der Vergleich der jeweiligen Kostenermittlungen untereinander neu aufgenommen worden. Ein durchgehender Vergleich aller Kostenermittlungen untereinander ist nun Mittelpunkt der neuen Kostenkontrolle. Außerdem wurden in der Leistungsphase 6 bepreiste Leistungsverzeichnisse als Grundleistung eingeführt. Dafür ist der Kostenanschlag weggefallen. Mit dem Wegfall des Kostenanschlags steht mit der neuen HOAI 2013 nach der Kostenberechnung zum Entwurf keine weitere Kostenermittlung über alle Kostengruppen zur Verfügung. Erst im Zuge der Kostenfeststellung, wenn aber keine Kostensteuerung mehr möglich ist, wird eine (abschließende) Kostenermittlung erstellt. Die nachfolgenden Grafiken zeigt dies in der Übersicht.

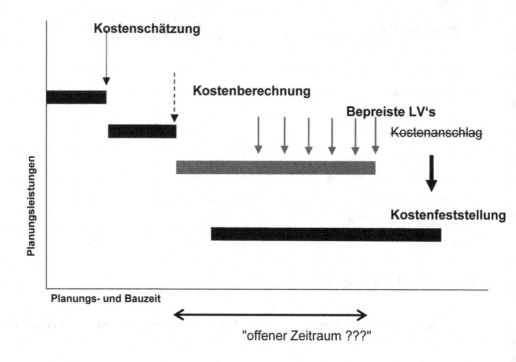

"offener Zeitraum ???"

Vergleiche der Kostenermittlungen untereinander; Beispiel Leistungsbild Gebäude Innenräume*)

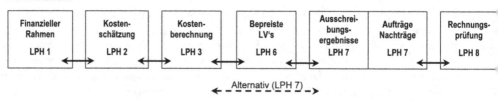

*) Die Pfeile zeigen die nach HOAI vorgesehenen Kostenvergleiche

Allgemeines zum Leistungsbild

Die Regelungen des § 34 HOAI sind für die Honorarberechnung von zentraler Bedeutung. Wie oben bereits erwähnt, kommt es zunächst darauf an, ob die einzelnen Grundleistungen aus Anlage 10.1 HOAI als geschuldete Arbeitsschritte[118] vereinbart sind oder nicht. Wenn die einzelnen Grundleistungen als Arbeitsschritte vertraglich geschuldet sind, sind sie faktisch zu erbringender Leistungsbestandteil.

Die Leistungsphasen sind jeweils mit v. H.-Sätzen[119] bewertet und ergeben in der Summe mit 100 % die Gesamtleistung aller Leistungen des Leistungsbildes. Die jeweiligen Leistungsphasen enthalten in der Buchstabengliederung die Grundleistungen, die innerhalb der jeweiligen Leistungsphasen benannt sind.

---

[118] Vergl. Ausführungen zu § 8 Abs. 2
[119] Alternativ: Prozent-Werte

→ **Siehe auch Ausführungen zu § 3 HOAI**

Die Auflistung der einzelnen Grundleistungen in den Leistungsphasen kann jedoch nicht für alle Einzelfälle gleichermaßen als einheitlicher Leistungsmaßstab für Architektenleistungen gelten, da die Anforderungen an die Planung und Bauüberwachung projektbezogen durchaus unterschiedlich sein können. Das gilt besonders für das Bauen im Bestand, wo Besondere Leistungen (vergl. insbesondere Besondere Leistungen in den Leistungsphasen 1 und 2) zum Stand der Technik gehören und dann auch erbracht werden sollen, um den Projekterfolg zu sichern.

> **Beispiel**
>
> *Wird z. B. ein Gebäudeumbau geplant, kommt es wesentlich auf die Bestandsaufnahmen und die technischen Substanzerkundungen als Besondere Leistungen an, um eine darauf aufbauende fachgerechte Planung zu ermöglichen.*

→ **Siehe auch Ausführungen zu § 3 Abs. 3 sowie § 4 Abs. 1 und 3 HOAI**

Vertragsinhalte regelt die HOAI nicht

Was im Einzelnen vom Architekten geschuldet wird, ergibt sich aus den zwischen den Parteien getroffenen **Leistungsvereinbarungen**. Das OLG Düsseldorf hat mit Urteil vom 20.08.2001 (23 U 6/01) dies noch einmal bekräftigt, indem es feststellte, dass sich der Inhalt und Umfang eines Architektenvertrages allein an den Vereinbarungen der Parteien orientiert. Vorher hatte der BGH mit Urteil vom 22.10.1998 (VII ZR 91/97) bereits festgestellt, dass die Auslegung des Werkvertrages und der Inhalt der vertraglichen Verpflichtungen des Architekten nach den vertraglich vereinbarten Leistungen bestimmt werden. Damit hat der BGH noch einmal bekräftigt, dass es sich bei der HOAI um eine Honorarordnung handelt. Dennoch kann und wird die HOAI für die Festlegung des Leistungsumfanges hilfsweise mit herangezogen. Denn die Höhe des Honorars und der jeweilige Leistungsumfang, hier als Grundleistungen[120] bezeichnet, können nur im sinnvollen Verhältnis zueinander plausibel geregelt werden.

 Praxis-Tipp Sind die jeweiligen Grundleistungen in den Leistungsphasen konkret als Vertragsinhalt vereinbart, dann sind diese Grundleistungen in den jeweiligen Leistungsphasen auch geschuldet.

Ergebnisorientierte Systematik der Leistungsphasen

Ohne Bezug zur Leistung lassen sich Honorare nicht sinnvoll festlegen. Diese systembedingte Schwierigkeit der Bündelung unterschiedlichster Planungsanforderungen wohnt jeder **Preisrechtsverordnung** oder **Honorarordnung** mit Leistungsbezug inne. Deshalb kann die HOAI

---

[120] Der Begriff der Grundleistungen wurde wieder eingeführt, um die Schnittstelle zwischen den preisrechtlich geregelten Leistungen und den nicht preisrechtlich geregelten Leistungen klarzustellen, denn die preisrechtlich geregelten Leistungen sind abschließend

auch in § 34 des Verordnungstextes bzw. Anlage 10.1 Grundleistungen enthalten, die in Aus nahmefällen gelegentlich nicht erforderlich sind[121].

Umgekehrt kann es erforderlich werden, einige Teilleistungen mit besonderer Intensität (übe das übliche hinausgehend) zu erbringen; wozu z. B. die Bauüberwachung bei unzuverlässige Unternehmen zählt.

Diesem fachlichen Spielraum trägt die HOAI Rechnung indem sie die Leistungsphasen **ergeb nisorientiert** versteht und auf dem Weg zum geschuldeten Erfolg Spielräume lässt. Die Spiel räume ergeben sich aus den jeweiligen Projektanforderungen. Soweit die einzelnen Grundleis tungen vereinbart sind, besteht auch eine entsprechende Leistungsverpflichtung, wie oben er wähnt.

Die Leistungsphasen 1–4 stellen jeweils für sich ein geschlossenes Zwischenergebnis der Pla nung dar, an dessen Ende je eine Dokumentation der Ergebnisse steht. Diese Dokumentation sollte dem Auftraggeber je überreicht werden. Bei den Leistungsphasen 1 – 3 ist diese Doku mentation als Grundleistung formuliert, während bei der Leistungsphase 4 davon ausgegange werden kann, dass die Dokumentation im Rahmen des Bauantrags erbracht wird, hier ist kein Dokumentation im Wortlaut des Verordnungstextes genannt.

Die nachfolgenden Leistungsphasen 5–9 werden (bei Terminknappheit) in enger Folge über lappend und dennoch stufenweise erbracht, um eine parallel verlaufende Planung und Bauaus führung zu erreichen.

Geschuldet wird danach ein **ergebnisorientiertes geistiges Werk** nach den vereinbarten An forderungen.

Leistungsbilder und Besondere Leistungen

Die Auflistung von Grundleistungen im Leistungsbild dient außerdem dem Zweck, die Leis tungen aus dem Leistungsbild von den **Besonderen Leistungen abzugrenzen**. Diese Abgren zung ist schon aus systematischen Gründen erforderlich, das die preisrechtlichen Regelunge nur für die Grundleistungen gelten.

Für den Auftraggeber ist diese Einteilung wichtig, um zu erkennen, welche Leistungen mit de **Grundhonorar** abgegolten sind und für welche darüber hinausgehenden Leistungen eine ge sonderte Honorarvereinbarung erforderlich ist. In § 3 Abs. 1 und 2 ist geregelt, dass die Hono rare in den Teilen 2 bis 4 verbindlich geregelt sind. Die Objektplanung für Gebäude gehört z Teil 3 Abschnitt 1 der HOAI und ist damit in Bezug auf die Grundleistungen verbindlich gere gelt. Für den Architekten ist diese Einteilung wichtig, um rechtzeitig eine Honorar- und Leis tungsvereinbarung über evtl. erforderliche Besondere Leistungen oder zusätzliche Leistunge herbeizuführen.

Praxis-Tipp	Neu ist seit der HOAI 2009, dass die schriftliche Honorarvereinbarung nicht mehr Anspruchsvoraussetzung für den Honoraranspruch von Be sonderen oder zusätzlichen Leistungen ist. Das heißt, dass auch eine wirksame mündliche Vereinbarung über die Erbringung von Besondere Leistungen möglich ist ohne dass der Honoraranspruch betroffen ist, was aber voraussetzt, dass der Vertragsgegenstand hinreichend klar ist.

---

[121] Leistungsphase 8 der Objektplanung: Leistung d Überwachung u. Korrektur v. Fertigteilen

Leistungen beim Bauen im Bestand

Die Abgrenzung zwischen Grundleistungen des Leistungsbildes und Besonderen Leistungen ist insbesondere beim Bauen im Bestand von großer Bedeutung.

Hier werden in der Regel die Grundleistungen aus Anlage 10.1 nicht ausreichend sein, um eine durchgehend anforderungsgerechte Planung und Bauüberwachung zu ermöglichen. In diesem Zusammenhang wird auf ein Urteil des OLG Brandenburg, vom 13.03.2008 - 12 U 180/07 hingewiesen. Die Leitsätze sind nachstehend abgedruckt.

Leitsätze:

1. Bei Umbauten, Modernisierungen und Instandsetzungen sind die aufgrund der Gegebenheiten notwendigen Maßnahmen zu klären. Hierzu gehört auch die Bestandsaufnahme, die konstruktive und sonstige Bauschäden erfasst.

2. Nur eine sorgfältige Bestandserkundung kann die Beurteilungsgrundlage schaffen, ob und inwieweit das vorhandene Altgebäude umgebaut werden kann. Dazu gehört die Prüfung, inwieweit sich die Bausubstanz hinsichtlich der vorhandenen Baustoffe, der Bauart und des altersbedingten Abnutzungsgrades für einen Umbau eignet.

3. Vorrangig ist die Beurteilung der Bauqualität, so dass festgestellt werden muss, welche Baumängel vorliegen. Die Bauwerkserkundungspflicht wird umso intensiver, je stärker in den Bestand des Gebäudes eingegriffen werden soll.

→ **Siehe auch Hinweise zu § 3 abs. 2 HOAI**

Besondere Leistungen beim Bauen im Bestand

Die neue HOAI hat die bisherigen Unzulänglichkeiten der alten HOAI in Bezug auf das **Bauen im Bestand** nicht beseitigt. Noch immer ist die HOAI mit ihren Gebührentatbeständen vornehmlich auf Neubauten ausgerichtet. Die Rechtsprechung hingegen hat bereits mit einigen Entscheidungen darauf hingewiesen, dass im Bereich von Umbauten und Modernisierungen Handlungsbedarf besteht.

So hat das Oberlandesgericht Brandenburg, wie oben ausgeführt, mit Urteil vom 13.03.2008 - 12 U 180/07 festgestellt, dass die Grundleistungen der HOAI, die in ihrer vorliegenden Form[122] auf Neubauten zugeschnitten sind, nicht die üblicherweise erforderlichen Leistungen beim **Planen und Bauen im Bestand** umfassen.

Umbauten und Modernisierungen sind, so die Erkenntnis aus der jahrelangen Praxis, fast in keinem Fall ohne Besondere Leistungen durchzuführen. Ein maßliches, technisches, (bzw. in verschiedenen Fällen ein verformungsgerechtes) Aufmaß bildet fast immer die fachtechnisch erforderliche Grundlage für ordnungsgemäße Planung und Bauen im Bestand. Hinzu kommt in der Regel eine fachtechnische Bestandsaufnahme mit **Schadenskartierung,** siehe auch Auflistung oben.

Die Leistungen der einzelnen Leistungsphasen beziehen sich, das geht aus dem Wortlaut der HOAI hervor, vornehmlich auf Neubauten.

---

[122] Gilt auch für die HOAI 2009

Durch ordnungsgemäße Beauftragung von besonderen Leistungen beim Bauen im Bestand können folgende Risikobereiche planerisch bearbeitet und damit bewältigt werden:

- Bauverzögerungen durch Umplanungen, aufgrund neuer Erkenntnisse aus der Umbausubstanz während der Ausführung, sowie durch Neudispositionen auf Unternehmerseite.
- Reduzierung der Anzahl von Nachträgen der Bauunternehmer.
- Bauprovisorien, die evtl. vermeidbar wären.
- Mehrkosten durch kleinteilige Arbeitsvorbereitung (häufige Änderungen des Ablaufes).
- Bauliche Mehrkosten die bei Bestandsaufnahme vor Ausführungsbeginn hätten eingeschätzt werden können und somit von vornherein in die Kostenermittlung zum Entwurf eingeflossen wären.
- Verzögerung der Inbetriebnahmetermine.

Beispiel

*Es kann möglich sein, dass bei Verzicht von **Bestandsaufnahmen** erst während der Bauarbeiten bedeutsame Konstruktionen oder Details zutage treten, die nicht verändert werden dürfen, sondern erhalten werden müssen und erheblichen Einfluss auf die gesamte Maßnahme (z. B. umfassende Planungsänderung, Wegfall von urspr. geplanten Nutzungen, Bauverzögerungen) zur Folge haben.*

Beauftragung einzelner Leistungen

Zur Beauftragung einzelner Leistungsphasen, oder einzelner Grundleistungen wird auf die Ausführungen zu § 8 HOAI hingewiesen. Dort wurde auch der zusätzliche **Einarbeitungs- und Koordinationsaufwand** erwähnt, der bei Beauftragung von nicht allen Leistungen einer Leistungsphase im Rahmen der Abrechnung zusätzlich anfällt.

Der Einarbeitungs- und Koordinierungsaufwand soll die **Effizienzverluste**, die durch die Zerteilung von Leistungsphasen auftreten, ausgleichen.

Es gibt keine allgemein anwendbaren Kalkulationsregeln zum Einarbeitungs- und Koordinierungsaufwand, da hier der Umfang einzelfallbezogen sehr unterschiedlich ist und von den aus den Leistungsphasen herausgenommenen Leistungen bzw. Einzelleistungen abhängt. Es kann jedoch festgestellt werden, dass die Zerteilung von Leistungsphasen in einzelne Teilleistungen zweifelsfrei zu höherem Koordinations- und Abgrenzungsaufwand beim Planer führt.

Ganze Leistungsphasen können i. d. R. nicht ausgelassen werden

Die Leistungsphasen bauen hinsichtlich der Honorarsystematik aufeinander auf und führen jeweils zu schlüssigen Zwischenergebnissen der Planung.

Mit dem Ende der Leistungsphase 2 entsteht der vollständige Vorentwurf bestehend aus zeichnerischen Leistungen, Beschreibungen und einer Kostenschätzung sowie weiteren Leistungen.

Die Leistungsphase 3 basiert auf der Leistungsphase 2, vertieft diese und schließt mit dem Entwurf, einer Baubeschreibung und einer Kostenberechnung und weiteren Leistungen ab. Die Baugenehmigung ist der Abschluss der Leistungsphase 4. Die vollständige Ausführungsplanung ist das Ergebnis der Leistungsphase 5 die auf dem Entwurf aufbaut und diesen vertieft. Die Vorbereitung der Vergabe ist das Ergebnis der Leistungsphase 6 und die Bauverträge sind

Ergebnis der Leistungsphase 7. Die Objektüberwachung der Leistungsphase 8 endet mit der letzten geprüften Schlussrechnung und Kostenfeststellung.

Die jeweiligen Leistungsphasen sind ergebnisorientiert und stellen jeweils einen in sich geschlossenen Schritt der Planungsvertiefung dar. An dieser sich vertiefenden Planung und Überwachung führt baufachlich kein Weg vorbei.

Da die Planung und Bauüberwachung ein **einheitliches Werk** ist, bei dem die einzelnen Planungsschritte (jeweils sich vertiefend) aufeinander aufbauen, ist es fachlich in der Regel[123] nicht möglich, einzelne Leistungsphasen bei der Planung einfach auszulassen bzw. zu überspringen.

Beispiel

Wird die Ausführungsplanung ausgelassen und ein Generalunternehmer auf Grundlage des Entwurfs beauftragt, dann muss der Generalunternehmer intern eine Ausführungsplanung herstellen, um danach ausführen zu können. Damit wird zwar die Ausführungsplanung nach außen formal „weggelassen", aber faktisch findet sie i. d. R. dennoch statt und wird auch kalkulatorisch vergütet, z. B. in Form eines intern kalkulierten Anteils der mit dem Generalunternehmer vereinbarten Gesamtvergütung.

Zeitliche Überschneidungen von Leistungsphasen

Zeitliche Überschneidungen bei den einzelnen Leistungsphasen gehören unberührt von der o. e. fachlichen Abfolge zum **üblichen Planungsablauf.** Besonders bei der Ausführungsplanung ist eine starke zeitliche Überschneidung mit den nachfolgenden Leistungsphasen[124] üblich. Diese Überschneidungen führen nicht dazu, dass man davon ausgehen kann, dass einzelne Leistungsphasen einfach durch überspringen weggelassen werden können, sondern lediglich zu einer Verkürzung der terminlichen Abläufe der Planung und darüber hinaus auch der Zwischenfinanzierung. Im Ergebnis wird die überlappende Planung und Ausführung den übergeordneten Zielen des Auftraggebers dienen (verkürzte Zwischenfinanzierung, schnellere mögliche Benutzung des Objekts).

Mit den Gründungsarbeiten (entspr. der Leistungsphase 8) wird in der Praxis meist bereits begonnen, obwohl die Ausführungsplanung noch nicht für alle Gewerke vollständig erbracht ist. In solchen Fällen liegt bei **Baubeginn** lediglich die **Rohbauplanung** für die bevorstehenden Arbeiten vor, was aus Gründen einer schnellen Projektabwicklung gewollt ist. Mit ausreichendem Zeitvorlauf werden die weiteren Teile der Ausführungsplanung vor Ausführung erstellt.

§ 3

---

[123] siehe Hinweise zu § 5 (4)

[124] Aber auch mit der Entwurfsplanung, falls kurz nach Erteilung der Baugenehmigung mit der Ausführung auf der Baustelle begonnen werden soll

Praxis-Tipp

Mit diesem Verfahren der Parallelbearbeitung von Leistungsphasen wird die **Planungs- und Bauzeit erheblich verkürzt**; die Zwischenfinanzierungskosten werden verringert. Die Risiken in Form von Nachtragsvereinbarungen (z. B. im Rohbau durch Einflüsse des noch zu planenden Ausbaues) sind hinzunehmende Folge[125] dieser Parallelbearbeitung.

Ein starres Nacheinander von Leistungsphasen entspricht nicht mehr der üblichen Praxis eines wirtschaftlich optimierten Planungsablaufes.

Planungsänderungen

Wird aufgrund einer Entscheidung des Auftraggebers ein einmal vollendeter Planungsschritt (bzw. eine Leistungsphase) noch einmal ganz oder teilweise neu bearbeitet, dann handelt es sich um eine Planungsänderung. Planungsänderungen sind in § 10 HOAI geregelt. Optimiert der Architekt aus eigener Veranlassung seine Planung und erzielt darüber anschließend Einvernehmen mit dem Auftraggeber handelt es sich nicht um eine honorarpflichtige Planungsänderung.

$\longrightarrow$ **Siehe auch Erläuterungen zu § 10 HOAI,**

Sicherheits- und Gesundheitsschutzkoordination

Mit Datum vom 10.06.1998 hat die Bundesregierung die Baustellenverordnung [BaustellV] erlassen. Die BaustellV ist die **nationale Umsetzung** der EG-Baustellenrichtlinie 92/57/EWG die sich an den Auftraggeber richtet, nicht jedoch an Architekten. Damit hat die Bundesregierung die EU-Richtlinie in nationales Recht umgesetzt und bewusst alle Auftraggeber in die Verantwortung für den präventiven Unfallschutz genommen. Der Auftraggeber kann die Leistungen nach BaustellV unberührt von Planungs- und Bauüberwachungsleistungen entweder selbst erbringen oder sie jemand Dritten übertragen. Wird die Leistung an Architekten übertragen, dann ist für diese Leistungen ein **gesondertes Honorar** neben dem Honorar gem. dem Leistungsbild (Anlage 11 zur HOAI) zu vereinbaren.

Inhalte der BaustellV

Die BaustellV bezieht sich nach ihrer Präambel auf das **Arbeitsschutzgesetz**[126] (hier: § 19 in Verbindung mit § 18 ArbSchG) welches seinerseits ebenfalls ganz eindeutig an den Auftraggeber gerichtet ist.

Das Arbeitsschutzgesetz regelt die Pflichten des Arbeitgebers. Die Konsequenzen aus der BaustellV zielen darauf hin, dass neben der bisherigen Planung und Überwachung in Form der HOAI-Grundleistungen (z. B. in Hinsicht auf ordnungsgemäße Baugerüste) weitergehende Maßnahmen, nämlich die weit umfassenderen Maßnahmen gem. Arbeitsschutzgesetz ebenfalls zu koordinieren und zu überwachen sind. Die Verantwortung des Auftraggebers wird erweitert.

---

[125] Nachtragsvereinbarungen müssen nach VOB/B kalkulatorisch auf den Bedingungen des Hauptauftrags basieren

[126] Arbeitsschutzgesetz ArbSchG vom 07.08.96 geändert durch Gesetz v. 19.12.98 (BGBl. I S.3843)

Dieser durch die BaustellV neue Einbezug von **Spezialvorschriften** (z. B. Arbeitsschutzgesetz), die nicht mehr durch die Kenntnisse und Tätigkeitsfelder des Architekten gedeckt sind, ist Ziel der BaustellV.

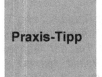

Praxis-Tipp

Die Leistungen gemäß der BaustellV erfordern zum Teil spezielle Kontroll-Leistungen, die das arbeitsrechtliche Verhältnis der einzelnen Baufirmen zu ihren eigenen Arbeitnehmern betreffen können und damit nicht mehr zum berufstypischen Leistungsbild von Architekten bzw. Bauingenieuren gehören.

In § 3 der BaustellV wird geregelt, dass der **Koordinator** während der Ausführung auf der Baustelle die Grundsätze nach § 4 des ArbSchG zu koordinieren hat. Diese Grundsätze des ArbSchG beinhalten u. a. den Stand der Arbeitsmedizin und die Arbeitsbedingungen des einzelnen Bauarbeiters. Weiter fordert § 4 des ArbSchG, dass Gefahren an ihrer Quelle zu bekämpfen sind. Dazu dieses Beispiel: Kontrolle der Sicherheitseinrichtung einer Tischkreissäge (z. B. Anweisung zur Erneuerung des Not-Aus-Schalters am Bedienelement).

Verantwortung der Architekten bleibt bestehen

Die bisherigen Leistungen und **Haftungsrisiken** des Architekten im Hinblick auf die Baustellensicherheit und Unfallverhütung sowie allgemeiner Ordnung auf der Baustelle werden durch die BaustellV nicht gemindert, sie bleiben unberührt. Nach wie vor hat der Architekt die Pflicht, z. B. ordnungsgemäße Baugerüste auszuschreiben und deren fachgerechte Ausführung und Vorhaltung im Rahmen der Grundleistungen der Leistungsphase 8 zu überwachen.

Aber mit der BaustellV tritt eine neue Koordinierung und Überwachung hinzu, die sich auch mit dem Innenverhältnis zwischen Arbeitgeber (Baufirma) und Arbeitnehmer (Facharbeiter) befasst.

Bundesbauministerium: Leistungen gem. BaustellV sind keine HOAI-Leistungen

Das Bundesbauministerium hat zur Honorierung der Leistungen gem. BaustellV eindeutig Stellung genommen. Mit Erlass des Bundesministeriums für Verkehr, Bau- und Wohnungswesen vom 25.01.2000 (S 12/23.63.31-00/3 T 99) wurde klargestellt, dass die Leistungen nach BaustellV auch nach Ansicht des Ministeriums keine in der HOAI geregelten Leistungen sind. Im o. e. Erlass teilt das Ministerium u. a. an den Bundesrechnungshof und die obersten Straßenbaubehörden u. a. mit, dass

– es sich um neue Aufgaben des Auftraggebers handelt und diese auch einen Dritten mit den entsprechenden Leistungen beauftragen können
– die nach BaustellV zu treffenden Maßnahmen sind nicht zwingend Architekten- oder Ingenieurleistungen, sondern auch von Anderen erbracht werden können
– für die zu zahlende Vergütung die HOAI nicht gilt
– die sich aus der Übertragung von Auftraggeberaufgaben auf Dritte ergebenden Kosten sind vom Auftraggeber zu tragen

Wirtschaftliche Anforderungen an die Planung

Wenn der Architekt durch **Nichtbeauftragung von Besonderen Leistungen** bei seiner eigenen Leistung in Teilen gehindert ist und notfalls sogar Annahmen treffen muss, wirkt sich das auf das Gesamtergebnis der Planung aus, ohne jedoch automatisch Haftungsansprüche durch den

Auftraggeber auszulösen. In diesem Zusammenhang hat das Oberlandesgericht Karlsruhe[127] ei
wichtiges Urteil gefällt, es ist nachstehend abgedruckt.

Beispiel

*Eine ansonsten ordnungsgemäße, insbesondere den Regeln der Baukunst und Technik
entsprechende genehmigungsfähige, vollständige und in sich stimmige Planung ist nicht
mangelhaft, wenn die optimale Planungslösung nicht erreicht ist. Hat der Architekt also
eine durchschnittlich wirtschaftliche und brauchbare Planung erstellt, handelt es sich
nicht um einen Planungsfehler, wenn sich später herausstellt, dass noch eine günstigere
Planungslösung möglich war. (OLG Karlsruhe vom 31.07.2001 Az.: 17 U 140/99).*

Allgemeines zum Leistungsbild Gebäude und Innenräume[128]

Nachstehend ist das Leistungsbild Gebäude und Innenräume aus Anlage 10.1 HOAI abge
druckt. Der Kommentar ist anschließend in einem gesonderten Abschnitt nachfolgend abge
druckt.

Praxis-Tipp

Zur besseren Übersicht sind wesentliche (aus Gründen der Übersich
jedoch nicht alle) Neuerungen gegenüber der HOAI 2009 unterstricher
dargestellt. Dabei wird jedoch aus Gründen der Übersichtlichkeit nur au
die wesentlichen Neuerungen abgestellt.

→   **Siehe auch Ausführungen zu § 8 Abs. 2 HOAI, Orientierungswerte für Grundleis-
    tungen**

Leistungsphase 1 Grundlagenermittlung

Grundleistungen	Besondere Leistungen
a) Klären der Aufgabenstellung auf Grund-lage der Vorgaben oder der Bedarfsplanung des Auftraggebers	– Bedarfsplanung
	– Bedarfsermittlung
b) Ortsbesichtigung	– Aufstellen eines Funktionsprogramms
c) Beraten zum gesamten Leistungs- und Untersuchungsbedarf	– Aufstellen eines Raumprogramms
	– Standortanalyse
d) Formulieren der Entscheidungshilfen für die Auswahl anderer an der Planung fach-lich Beteiligter	– Mitwirken bei Grundstücks- und Objek-tauswahl, -beschaffung und -übertragung
	– Beschaffen von Unterlagen, die für das Vorhaben erheblich sind

---

[127] Urteil des OLG Karlsruhe vom 31.07.2001 (17 U 140/99)

[128] Anlage 10 zu § § 34 Absatz 1, 35 Absatz 6 HOAI

Grundleistungen	Besondere Leistungen
e) Zusammenfassen, Erläutern und Dokumentieren der Ergebnisse	– Bestandsaufnahme
	– technische Substanzerkundung
	– Betriebsplanung
	– Prüfen der Umwelterheblichkeit
	– Prüfen der Umweltverträglichkeit
	– Machbarkeitsstudie
	– Wirtschaftlichkeitsuntersuchung
	– Projektstrukturplanung
	– Zusammenstellen der Anforderungen aus Zertifizierungssystemen
	– Verfahrensbetreuung, Mitwirken bei der Vergabe von Planungs- und Gutachterleistungen

Grundleistungen der Leistungsphase 1

Die Grundleistungen sind teilweise geändert worden. Die Leistungsphase 1 ist **keine Projektentwicklung** oder **Durchführbarkeitsstudie** zum Projekt. In der Leistungsphase 1 wird zunächst die Aufgabenstellung geklärt.

Übersicht über wichtige Neuerungen

Neu ist die Dokumentation der Ergebnisse der LPH 1 in Leistung e). Die bisherige Grundleistung konnte auch hilfsweise gesprächsweise erbracht werden. Durch die Dokumentation wird nun die Schriftlichkeit gefordert.

Das Klären der Aufgabenstellung (Leistung a)) erfolgt nun auf Grundlage der Vergaben des Auftraggebers. Damit ist in die LPH 1neu eine typische Auftraggeberleistung aufgenommen worden. Damit soll die Basis für die planungsseitige Leistung durch den Architekten gelegt werden. Der Architekt sollte diese Grundlagen zu Beginn der Zusammenarbeit abfragen. Dazu gehören u. a. Fragen der vorgesehenen Nutzungsarten des Bedarfs an Flächen der Grundsätze der Gestaltung und funktionale Grundlagen sowie etwaige energetische Planungsausgangsgrößen oder auch grundsätzliche Ziele in gestalterischer Hinsicht.

Die als Leistung b) neu eingefügte Ortsbesichtigung spricht für sich.

Die Leistung c) enthält eine redaktionelle Klarstellung. Denn es ist ausdrücklich auch der gesamte Untersuchungsbedarf aufgeführt. Damit wird sich die Beratung zum gesamten Leistungsbedarf auch auf den Untersuchungsbedarf (z. B. technische Bausubstanzerkundung) beziehen.

Nicht im Wortlaut enthalten, aber offensichtlich gemeint sein dürfte die Klärung der finanziellen Rahmenbedingungen im Zuge der LPH 1.

§ 3

Klärung der Aufgabenstellung – Grundlage für die Planungsvertiefung

Diese Klärung ist nur in Zusammenarbeit zwischen Auftraggeber und Architekt möglich, denn diese Klärung muss unter dem beiderseitigen Aspekt des baufachlich vom Auftraggeber Gewünschten und des aus Sicht des Planers Möglichen vorgenommen werden.

Das Klären der Aufgabenstellung – Leistung a) – erfolgt neuerdings mit der HOAI 2013 auf Grundlage der Vergaben des Auftraggebers. Damit ist in die LPH 1 eine typische Auftraggeberleistung aufgenommen worden. Damit soll die Basis für die planungsseitige Leistung durch den Architekten gelegt werden.

Der Architekt sollte diese Vorgaben bzw. Grundlagen zu Beginn der Zusammenarbeit abfragen. Dazu gehören u. a. Fragen der vorgesehenen Nutzungsarten des Bedarfs an Flächen de Grundsätze der Gestaltung und funktionale Grundlagen sowie etwaige energetische Planungs ausgangsgrößen oder auch grundsätzliche Ziele in gestalterischer Hinsicht.

Die Klärung der finanziellen Rahmenbedingungen gehört nach der herrschenden Auffassung (vergl. auch Leistung g in LPH 2) ebenfalls dazu.

Die Erstellung eines Kostenrahmens ist zwar in der DIN 276 (Fassung 2008) noch zeitlich vor de Kostenschätzung geregelt, aber in den Leistungen gem. Anlage 10.1 der HOAI nicht enthalten lediglich die o. e. Klärung der finanziellen Rahmenbedingungen, die aber formlos erfolgen kann.

Bei der **Beratung zum gesamten Leistungsbedarf** sind die Mitwirkungsleistungen des Auftraggebers ebenfalls unverzichtbar. Der Auftraggeber kann sich nicht selbst beraten, denn auch hier geht es um den projektspezifischen Leistungsbedarf, der nur im Zusammenhang mit de geklärten Aufgabenstellung möglich ist.

Insofern ist diese Leistung in jedem Fall erforderlich. Die Beratung zielt u. a. darauf ab, den Auftraggeber die fachlich erforderlichen **Planungs- oder Beratungsleistungen zu empfehlen** Dabei zielt die Beratungspflicht nicht nur auf weitere Planungsbeteiligte, sondern auch auf den Leistungsumfang der eigenen Planungs- und Überwachungsleistungen des Architekten.

Das bedeutet, dass der Architekt auch dahingehend beraten muss, ob Besondere Leistungen erforderlich sind oder nicht.

Die Leistung c) enthält eine redaktionelle Klarstellung mit der HOAI 2013. Denn es ist ausdrücklich jetzt auch der gesamte Untersuchungsbedarf aufgeführt. Damit wird sich die Beratung zum gesamten Leistungsbedarf auch auf den Untersuchungsbedarf (z. B. technische Bau substanzerkundung als Besondere Leistung) beziehen.

Beispiel

*Wird z. B. im Zuge der Grundlagenermittlung klar, dass eine **Bestandsaufnahme** und eine technische Substanzerkundung des vorhandenen Altbaus erforderlich ist, so hat der Architekt den Auftraggeber darüber zu informieren und zur Notwendigkeit einer Bestandsaufnahme zu beraten.*

Sollten Leistungen aus anderen Leistungsbildern (unberührt ob diese Leistungen Grundleistungen oder Besondere Leistungen sind) aus Sicht des Architekten erforderlich werden, um eine anforderungsgerechte Planung zu erstellen, so sind die Empfehlungen innerhalb der Erbringung der Leistungsphase 1 an den Auftraggeber zu geben.

Als Teil der Leistungsphase 1 ist auch z. B. die Prüfung, ob ein Baugrundgutachter[129] zu beteiligen ist, anzusehen. Dazu muss der Architekt sich selbst ein Bild darüber verschaffen, ob er dies für erforderlich hält oder nicht. Die Erstellung des Baugrundgutachtens ist jedoch Sache eines Sonderfachbüros. Nach Beschluss des BGH vom 28.02.2002[130] wird klargestellt, dass die Hinweise auf die Notwendigkeit eines Baugrundgutachtens nicht vom Tragwerkplaner ausgehen müssen, sondern vom Architekten. Der Architekt darf sich darüber hinaus nicht mit einem Hinweis begnügen, sondern muss seine Empfehlung fachlich begründen und die Erforderlichkeit notfalls ausführlich beschreiben.[131]

Praxis-Tipp	Diese **Hinweis- und Beratungspflicht** des Architekten gilt nicht nur für die Leistungen der Baugrundberatung, sondern für alle weiteren Leistungen wie z. B. Grundstückseinmessung, Tragwerksplanung, Planung der Techn. Ausrüstung, Bauphysik und sonstige Leistungen.

Die als Leistung b) neu eingefügte Ortsbesichtigung spricht für sich.

Dokumentation der Ergebnisse

Neu ist ebenfalls die Dokumentation der Ergebnisse der LPH 1 in Leistung e). Die bisherige Grundleistung konnte auch hilfsweise gesprächsweise erbracht werden (siehe Grundleistung Zusammenfassung). Durch die Dokumentation wird nun die Schriftlichkeit gefordert. Diese Dokumentation ist auch für die Planungssicherheit und als sichere Ausgangsbasis für die anschließenden weiteren Planungsphasen sinnvoll. Außerdem kann die Dokumentation bei späteren Planungsänderungen eine Hilfe im Zuge der Honorarermittlung sein.

Leistungsphase 1 ist immer erforderlich

Die Leistungsphase 1 kann nicht ersatzlos weggelassen werden ohne dass erhebliche Risiken in Kauf genommen werden. Zeigt sich in einem späteren Stadium der Planungsvertiefung, dass aufgrund der Nichterbringung der Grundlagenermittlung (z. B. fehlende Empfehlung zur Einschaltung eines Schadstoffgutachters) ein Schaden eintritt, wird die **Notwendigkeit** der **Grundlagenermittlung** deutlich.

Nach der herrschenden Rechtsprechung kommt es bei der Beurteilung, was der Architekt schuldet, nicht auf die Honorarvereinbarung, sondern auf den Inhalt des **Vertragsgegenstandes** bzw. des geschuldeten Erfolges an.

Geschuldet wird i. d. R. eine erfolgsorientierte Leistung gemäß dem vereinbarten Vertragsgegenstand und nicht die bloße Abarbeitung von Honorartatbeständen aus den Leistungsphasen bzw. den vereinbarten Arbeitsschritten.

So hat das Oberlandesgericht Düsseldorf[132] diesem Prinzip entsprechend einen Bauherrn zur Zahlung des ungeschmälerten Honorars ab Leistungsphase 1 verurteilt, weil der Architekt neben der Leistungsphase 2 und 3 außerdem noch die Leistungsphase 1 erbringen musste, um das geschuldete Werk, den ordnungsgemäßen, vollständigen Entwurf, vorlegen zu können.

§ 3

---

[129] Urteil OLG Düsseldorf v. 20.08.2001, 23 U 191/00

[130] Revision nicht angenommen, Urteil des OLG Jena vom 31.05.2001 1 U 1148/99

[131] Urteil OLG Düsseldorf vom 20.08.2001, 23 U 191/00

[132] Urteil vom 11.02.2000, 22 U 133/99, WIA 6/2002, 6

Zu diesem Sachverhalt liegen zwischenzeitlich eine Reihe ähnlicher Urteile der Obergericht‹ vor, so dass diese Auffassung als die herrschende angesehen werden kann.

Beispiel

*Das Honorar für eine in der Honorarvereinbarung eines Vertrages nicht enthaltene Leistungsphase kann abgerechnet werden, wenn die entsprechende Leistungsphase fachlich für die Erfüllung des **Vertragsgegenstands** notwendig und auch im Ergebnis vom Auftraggeber gewollt war und ordnungsgemäß[133] erbracht wurde.*

Auftraggeber, die Aufträge ohne Leistungsphase 1 erteilen, müssen diese Leistungsphase folge‹ richtig auch selbst erbringen[134] und dem Architekten als Grundlage für die weiteren Leistunge‹ vorlegen. Erfolgt das nicht, muss der beauftragte Architekt die Leistungsphase 1 als fachlich‹ Grundlage für die Erbringung der Leistungsphase 2 anfordern und nach Erhalt auf fachlich‹ Richtigkeit prüfen, bevor darauf vertiefend aufbaut

Leistungsphase 1 beim Bauen im Bestand

Beim Bauen im Bestand sind in der Regel die Grundleistungen nicht ausreichend, um ein sach‹ gemäßes Planungsergebnis zu erzielen. Die nachstehende Übersicht zeigt eine Reihe von Plan‹ bereichen und Besonderen Leistungen, die häufig beim Bauen im Bestand anfallen.

Praxis-Tipp

Kann eine Leistungsphase aufgrund fehlender oder unvollständige‹ Beauftragung vom Planungsbüro nicht ordnungsgemäß, fachgerech‹ oder vollständig erbracht werden, so ist dies in der Dokumentation die neu am Ende der Leistungsphase 1 erfolgt (Leistung e) vom Planungs-büro zu berücksichtigen. Soweit keine Einigung über die weitere Vorge-hensweise erzielt wird, ist der Auftraggeber auf die entsprechende‹ Risiken nachvollziehbar hinzuweisen.

Beim Bauen im Bestand kann fachlich jedenfalls nicht auf die Leistungsphase 1 verzichte‹ werden. Selbst bei Teilumbauten eines Gebäudes ist die Leistungsphase 1 erfahrungsgemä‹ immer erforderlich. Das oben erwähnte Beispiel bezüglich der Prüfung, ob weitere Leistunge‹ (z. B. Schadstoffgutachten) erforderlich sind, greift auch hier.

---

[133] Urteil des OLG Braunschweig vom 27.06.2002, 8 U 135/00, WIA 12/2002

[134] bzw. durch einen Dritten erbringen lassen

Beispiel: Erforderliche Leistungen beim Bauen im Bestand nach Planbereichen

Planbereich Architektur	Planbereich Tragwerkplg.	Planbereich ELT-Ing.	Planbereich GWA-Ing.	Planbereich RLT-Ing.	weitere Planbereiche
Leistungsbild Bes. Leistungen	Leistungsbild Bes. Leistungen	Leistungsbild Bes. Leistungen	Leistungsbild Bes. Leistungen	Leistungsbild Bes. Leistungen	Leistungsbild Bes. Leistungen

Beispiele von erforderlichen Leistungen unberührt vom Planbereich

Architektur	Tragwerkplg.	ELT-Ing.	GWA-Ing.	RLT-Ing.	weitere Planbereiche
Bestandsaufnahme maßlich technisch verformungsger.	Vereinbarung zu gef. Ebenheitstoleranzen Bauschadenskontr.	Klärung Bestandsschutz / Schwarzumbauten	Bestandsaufnahme vorh. Techn. Ausrüstung Brandschutz- gutachten	Feuerwehrpläne Rettungswegepläne	Freianlagen Baugrundgutachter Bauphysik Vermessung
	Bestandsaufnahme Schadstoffe	Standsicherheit vorh. Tragwerk	SIGEKO	Plg. Z. Schutz vorh. Konstruktionen	Übernahme von Einbauten ...
					Perspektiven, Modelle

Das Oberlandesgericht Hamm[135] hat für Recht erkannt, dass ein Architekt, der eine **Umbauplanung** auf Basis eines Sachverständigengutachtens erbracht hatte, ebenfalls die Leistungsphasen 1-8 abrechnen darf, weil diese – vom Landgericht festgestellten Leistungen – beim Bauen im Bestand erforderlich sind.

Damit ist auch obergerichtlich klargestellt, dass die Leistungsphase 1 beim Bauen im Bestand i. d. R. fachlich erforderlich ist. Denn auch beim Bauen im Bestand sind die Ermittlungen zum

---

[135] Urteil vom 11.12.2001 (21 U 183/00), BauR 2002, Seite 1113

Leistungsbedarf und die Entscheidungshilfen für die Beauftragung weiterer Fachbüros unver
zichtbar.

Abschließend ist darauf hinzuweisen, dass die Leistungsphase 1 auf jeden Fall ergebnisorien
tiert dokumentiert und mit dem Auftraggeber erörtert werden soll.

Besondere Leistungen der Leistungsphase 1

Die Besonderen Leistungen der Leistungsphasen 1–9 sind **nicht abschließend** aufgelistet. Kla
ist, dass die Bestandsaufnahme eines Altbaus vor der Aufnahme der Planungstätigkeit ein
Besondere Leistung ist. Die inhaltliche und fachliche Ausgestaltung der **Bestandsaufnahm**
soll der Architekt, orientiert am jeweiligen Einzelfall des Objektes mit dem Auftraggeber ab
stimmen und anschließend festlegen. Dabei kommt es z. B. auf die Aufmaßgenauigkeit, der
Umfang und den erforderlichen Inhalt des Aufmaßes an. Neu ist außerdem die technische Sub
stanzerkundung als Besondere Leistung; dafür gilt sinngemäß das Gleiche wie für die Be
standsaufnahme.

Als weitere Besondere Leistung wird die **Standortanalyse** bezeichnet. Die Standortanalyse
kann evtl. auch Teil einer Projektentwicklung (vor Beginn der eigentlichen Gebäudeplanung
sein, wenn Sie gesondert in Auftrag gegeben wird. Bei der Standortanalyse können Frage
stellungen wie z. B.

– Verkehrserschließung, Erreichbarkeit, Stellplatzflächenangebot,

– Baurechtliche Bedingungen (zul. Art und Maß der baulichen Nutzung),

– Technische Bedingungen der Bebaubarkeit (z. B. Erkundung des Baugrundrisikos und de
  Gründungsmöglichkeiten),

– Konzeptionelle Attraktivität des Standortes (gestalterische Möglichkeiten),

– Finanzielle Attraktivität des Standorts (Kaufkraftprognose der Einwohnereinzugsbereiche)

eine wichtige Rolle spielen. Hierbei ist zu unterscheiden zwischen dem Standort im städtebau
lichen Kontext und dem Standort des Gebäudes innerhalb des Grundstückes. Die Auswahl de:
Standortes eines geplanten Objekts innerhalb eines großen Grundstückes stellt in vielen Fälle
keine Besondere Leistung dar, das ist einzelfallbezogen zu prüfen.

Die **Betriebsplanung** und das Aufstellen eines **Raumprogrammes** bzw. **Funktionspro-
grammes** gehören zu den klassischen Besonderen Leistungen in der Leistungsphase 1.

Solche Leistungen kommen häufig bei Krankenhäusern, gewerblichen Baumaßnahmen (Pro
duktionsgebäude) und Hochschulbauten vor. Raum- und Funktionsprogramme sind im Kran
kenhausbau oder bei Architektenwettbewerben übliches Tagesgeschäft. Aufgestellt werden Si
meistens von Fachbüros, die sich darauf spezialisiert haben.

Kostenrahmen – keine Grundleistung

Der Kostenrahmen ist in die DIN 276 (seit der Fassung 2006) aufgenommen worden. Ein Kos
tenrahmen nach DIN 276 ist etwas anderes als die Klärung der finanziellen Rahmenbedingun
gen, die neu als Grundleistung in der LPH 2 erfasst wurde (siehe oben). Die finanziellen Rah
menbedingungen stellen die auftraggeberseitigen finanziellen Möglichkeiten dar, während ei
Kostenrahmen eine erste grobe Annahme einer Kostensumme aus Sicht des Architekten dar
stellen kann. Die finanziellen Rahmenbedingungen können formlos gegliedert werden.

Der Kostenrahmen als 1. Kostenermittlung nach DIN 276 wird eine Kostenermittlung in einer
ganz frühen Stadium der Planung ermöglichen, bevor Skizzen oder Zeichnungen vorliegen

Wenn Skizzen oder Zeichnungen vorliegen, kann in der Leistungsphase 2 die **Kostenschätzung** erstellt werden.

Der Kostenrahmen dient als eine Grundlage für die Entscheidung über die Bedarfsplanung sowie für grundsätzliche Wirtschaftlichkeits- und Finanzierungsüberlegungen und zur Festlegung der Kostenvorgabe. Bei dem Kostenrahmen werden insbesondere folgende Informationen zu Grunde gelegt:

– quantitative Bedarfsangaben, z. B. Raumprogramm mit Nutzeinheiten, Funktionselemente und deren Flächen

– qualitative Bedarfsangaben, z. B. bautechnische Anforderungen, Funktionsanforderungen, Ausstattungsstandards

– gegebenenfalls auch Angaben zum Standort.

Beispiel

*Da der **Kostenrahmen** ohne Skizzen, Zeichnungen oder Baubeschreibung auskommen muss, sind einige Grundsatzfragen zu klären, auf deren Basis der Kostenrahmen erstellt werden kann. Zu klären sind vor der Erstellung des Kostenrahmens folgende grundlegende Fragestellungen zum Projekt:*

– *Gestalterische Anforderungen und Ausstattungsstandard des Gebäudes*
– *Umweltstandard (z. B. ökologische Bauweise, besonders energiesparende Konstruktionen)*
– *Materialvorstellungen hinsichtlich Gestaltung, Langlebigkeit, Konstruktion und Preis*
– *gewünschtes Raum- und Funktionsprogramm, vorgesehene Nutzung*
– *Terminrahmen für die Planung und evtl. anschließende Bautätigkeit*
– *Vorstellung zu den vorgesehenen Baukosten bzw. Finanzierung*
– *Angaben zum Baugrundstück*
– *Angaben zum öffentl. Baurecht.*

Inhalt eines Kostenrahmens – Beispiel

Kostengruppe	Hinweise	Betrag [EUR netto]
100–200	Grundstück, Herrichten und Erschließen	380.000,-
300–400	Bauwerk (Konstruktion, Technische Ausrüstung)	5.500.000,-
500–700	Außenanlagen, Ausstattung, Kunstwerke, Baunebenkosten	1.000.000,-
	Summe	**6.880.000,-**

Leistungsphase 2 Vorplanung (Projekt- und Planungsvorbereitung)

Grundleistungen	Besondere Leistungen
a) Analysieren der Grundlagen, Abstimmen der Leistungen mit den fachlich an der Planung Beteiligten	– Aufstellen eines Katalogs für die Planung und Abwicklung der Programmziele
b) Abstimmen der Zielvorstellungen, Hinweisen auf Zielkonflikte	– Untersuchen alternativer Lösungsansätze nach verschiedenen Anforderungen, einschließlich Kostenbewertung
c) Erarbeiten der Vorplanung, Untersuchen, Darstellen und Bewerten von Varianten nach gleichen Anforderungen, Zeichnungen im Maßstab nach Art und Größe des Objekts	– Beachten der Anforderungen des vereinbarten Zertifizierungssystems – Durchführen des Zertifizierungssystems – Ergänzen der Vorplanungsunterlagen auf Grund besonderer Anforderungen
d) Klären und Erläutern der wesentlichen Zusammenhänge, Vorgaben und Bedingungen (zum Beispiel städtebauliche, gestalterische, funktionale, technische, wirtschaftliche, ökologische, bauphysikalische, energiewirtschaftliche, soziale, öffentlich-rechtliche)	– Aufstellen eines Finanzierungsplanes – Mitwirken bei der Kredit- und Fördermittelbeschaffung – Durchführen von Wirtschaftlichkeitsuntersuchungen – Durchführen der Voranfrage (Bauanfrage)
e) Bereitstellen der Arbeitsergebnisse als Grundlage für die anderen an der Planung fachlich Beteiligten sowie Koordination und Integration von deren Leistungen	– Anfertigen von besonderen Präsentationshilfen, die für die Klärung im Vorentwurfsprozess nicht notwendig sind, zum Beispiel

f) Vorverhandlungen über die Genehmigungsfähigkeit	– Präsentationsmodelle
	    – Perspektivische Darstellungen
	    – Bewegte Darstellung/Animation

g) Kostenschätzung nach DIN 276, Vergleich mit den finanziellen Rahmenbedingungen	– Farb- und Materialcollagen – digitales Geländemodell
h) Erstellen eines Terminplans mit den wesentlichen Vorgängen des Planungs- und Bauablaufs	– 3-D oder 4-D Gebäudemodellbearbeitung (Building Information Modelling BIM) – Aufstellen einer vertieften Kostenschätzung nach Positionen einzelner Gewerke
i) Zusammenfassen, Erläutern und Dokumentieren der Ergebnisse	– Fortschreiben des Projektstrukturplanes – Aufstellen von Raumbüchern – Erarbeiten und Erstellen von besonderen bauordnungsrechtlichen Nachweisen für den vorbeugenden und organisatorischen Brandschutz bei baulichen Anlagen besonderer Art und Nutzung, Bestandsbauten oder im Falle von Abweichungen von der Bauordnung

Grundleistungen der Leistungsphase 2

Die Leistungsphase 2 ist **ergebnisorientiert** und endet mit dem Vorentwurf des Architekten, unter Einschluss der Beiträge der weiteren an der Planung beteiligten Büros. Zunächst sind die Grundlagen der Planung zu analysieren und die **Zielvorstellungen** abzustimmen.

Ohne diese Analyse und Zielabstimmung kann die skizzenhafte Vorentwurfstätigkeit i. d. R. nicht beginnen. In der Praxis ist es wichtig, vor dem Skizzieren die **Planungsziele** festzulegen. Damit lässt sich unnötige Doppelarbeit vermeiden.

Außerdem ist ein abgestimmtes Ziel nicht ohne Weiteres (Zeitverzögerungen, Änderungsplanungen) beliebig änderbar. Schon allein zur Erfolgskontrolle ist für Auftraggeber und Architekt gleichermaßen die Aufstellung eines planungsbezogenen **Zielkataloges** notwendig.

> **Beispiel**
>
> *Die Planungsziele können unterschiedlich sein und auch infolgedessen eine unterschiedliche Planungsmethode mit sich bringen. Soll z. B. anhand verschiedener möglicher Planungslösungen bei gleichen Anforderungen ermittelt werden, welche Gestaltung den höchstmöglichen Effekt bei unterschiedlichen Investitionskosten ermöglicht, dann ist das eine mögliche Zielvorstellung.*

Zeichnerischer Teil der Vorplanung

Im Anschluss an die Klärung der Planungsziele kann die **skizzenhafte Darstellung** beginnen und die fachliche Abstimmung mit den weiteren Beteiligten sowie die Erstellung einer Baubeschreibung erfolgen.

Bereits bei den Skizzen, die nicht mehr im Leistungsbild Gebäude genannt sind, sollen z. B. Fachbüros für technische Ausrüstung und Tragwerkplanung beteiligt sein. Die skizzenhafte Darstellung als Ergebnis der Leistungsphase 2 ist weggefallen und durch Zeichnungen im Maßstab und nach Art und Größe des Objekts ersetzt worden. Damit wird der technischen Entwicklung (CAD) Rechnung getragen. Zeichnungen sind im Allgemeinen genauer als Skizzen. Gleichwohl stellen die Skizzen nach wie vor ein (vorbereitendes) Instrument der stufenweisen Planungsvertiefung dar.

CAD und zeichnerische Einzelheiten

Es ist eine interne Angelegenheit der Planungsbüros, aus Gründen der Außenwirkung oder der Rationalisierung den Vorentwurf bereits in CAD – Planung zu erstellen. Bei mittleren und großen Projekten haben sich die **maßstabsgerechten Zeichnungen** in der Leistungsphase 2 weitgehend durchgesetzt, weil diese Zeichnungen die anschließende Entwurfsplanung erleichtern und aufgrund der Projektgröße die in einer Skizze naturgemäß vorhandenen Maßtoleranzen (durch den legendären 6B-Stift) reduzieren.

Zur Vorplanung gehören z. B. die jeweiligen Geschossdarstellungen und auch Schnittdarstellungen. Die Anzahl der **Schnitte** hat sich einzelfallbezogen an den jeweiligen Projekterfordernissen zu orientieren. Beim Einfamilienhaus und bei einfachen Bauwerksgeometrien auf nicht geneigtem Gelände reicht eine Schnittzeichnung im Allgemeinen aus. Bei Gebäuden mit mehreren Treppenhäusern und unterschiedlichen Geschosshöhen bei Hanglage sind ggf. mehrere Schnittdarstellungen notwendig, um dem Auftraggeber die geplante Gestaltung und Konstruktion vorzustellen. Die Ansichten gehören ebenfalls zur Vorplanung, sie können ggf. auch als (aussagekräftige) Freihandskizzen gefertigt werden.

Im Rahmen der Vorplanung ist es noch nicht zwingend bei allen Projekten erforderlich, **maß-stabsgerechte Zeichnungen** im Maßstab 1:100 zu erstellen. Es kann auch ausreichend sein Zeichnungen im Maßstab 1:200 zu erstellen. Die Maßstäblichkeit orientiert sich einzelfallbezo gen an den jeweiligen Projektumständen. Die Zeichnungen müssen aber z. B. geeignet sein, un eine **Bauvoranfrage** stellen zu können, soweit eine solche erforderlich ist, um ausgewählte baurechtliche Fragestellungen zu klären.

Varianten nach gleichen Anforderungen

Innerhalb der Entwicklung der ersten Skizzen bis zum fertigen Vorentwurf sind verschiedene Varianten nach gleichen Anforderungen gegebenenfalls zu erbringen, falls dies notwendig ist.

Erreicht ein Architekt sogleich mit dem ersten (skizzenhaften) Vorentwurf das Planungszie gemäß dem zuvor aufgestellten Zielkatalog und findet dieser Vorentwurf die Zustimmung de Auftraggebers, bleibt kein Raum für eine spätere Honorarkürzung wegen Nichterstellung voi alternativen Lösungsmöglichkeiten. Denn die Varianten waren nicht notwendig, um das gesetz te Ziel zu erreichen. Anders verhält es sich, wenn die Varianten notwendig sind, um in einen stufenweisen Prozess die endgültige Lösung zu finden.

Hier zeigt sich ganz eindeutig die ergebnisorientierte Gestaltung der Grundleistungen. In die sem Zusammenhang ist nochmals fest zu halten, dass die HOAI **kein Leistungsverzeichnis** fü Architektenleistungen ist, sondern eine Gebühren- bzw. Honorarordnung, die das Honora regelt.

Beispiel

Bestehen die vom Auftraggeber geforderten Varianten aus Planungen mit wesentlich geändertem Raumprogramm, anderen Nutzungen oder einer erheblichen Vergrößerung bzw. Verringerung des ursprünglichen räumlichen Planungsumfanges, so ist nicht mehr von Varianten nach gleichen Anforderungen im Rahmen der Grundleistungen auszuge-hen. Dieser Fall ist nach § 10 HOAI abzurechnen. Sollte es sich aber nicht mehr um dasselbe Objekt handeln, dann ist § 10 nicht anzuwenden.

Gestalterische, funktionale oder konstruktive Varianten können z. B. bei unverändertem Raum programm zu den alternativen Lösungsmöglichkeiten bei gleichen Anforderungen gehören. Da ist jedoch einzelfallbezogen zu beurteilen.

Das Untersuchen von alternativen Lösungsansätzen nach grundsätzlich verschiedenen Anforde rungen gehört zu den besonderen Leistungen (→ Anlage 10.2 zur HOAI 2013, LPH 2, 2. Spie gelstrich).

Beispiel

*Soll ein Vorentwurf alternativ in **Stahlbau** und **Ortbetonbau** geplant werden, ist nicht mehr von einer Variante nach gleichen Anforderungen auszugehen. Bereits aufgrund der unterschiedlichen Bauteilabmessungen, Baukonstruktionen und der unterschiedli-chen Kosten liegen bei diesem Fall grundsätzlich verschiedene Anforderungen vor.*

Koordination – neue Grundleistung

Neu ist die Koordination die neben der Integration der Fachbeiträge anfällt. Die Koordination kann als aktives Handeln oder Zugehen auf die Planungsbeteiligten verstanden werden. Damit ist allerdings nur eine fachtechnische Koordination gemeint und keine Koordination im Sinne einer delegierbaren Auftraggeberleistung (Projektsteuerung). Der Architekt soll damit vorausschauend agieren. Mögliche Schnittstellenprobleme sollen dabei ebenfalls benannt werden; auch das Koordinieren von kostenrelevanten Angaben (z. B. wenn eine Kostenangabe nicht mit dem finanziellen Rahmen vereinbar ist) in die Kostenschätzung. Die Koordination soll auch sicherstellen, dass der Planungsablauf vorausschauend organisiert wird und die Beteiligten rechtzeitig eingebunden werden.

Der Architekt hat insofern also auch eine Verpflichtung dahingehend, die Vorgaben der von ihm konkret erstellten Objektplanung den anderen an der Planung Beteiligten so zur Verfügung zu stellen, dass diese ihren Planungsbeitrag erbringen können, dass heißt, dass die Fachplanungen mit der Gebäudeplanung korrespondieren und die vom Bauherrn vorgegebenen Rahmenbedingungen und Zielvorstellungen insgesamt eingehalten werden. Eine darüber hinausgehende Koordination kann bei einer wortlautgerechten Auslegung des Begriffs nicht mehr als Bestandteil der Grundleistung angesehen werden.

Koordination kann im Ergebnis nicht so verstanden werden, dass damit Projektsteuerungsleistungen (bzw. delegierbare Auftraggeberleistungen) gemeint seien. Damit hat die HOAI in ihren Grundleistungen einer Reihe von Urteilen aus der Rechtsprechung inhaltlich übernommen.

Kostenschätzung

Die zeichnerischen Darstellungen der Vorplanung sollen als Teil der kreativen Architektenleistungen einer Grundsatzentscheidung über die weitere Planungsvertiefung dienen. Dazu gehört ergänzend die **Kostenschätzung nach DIN 276**, die zu den wichtigsten **Leistungen** bei der Vorplanung zählt. Die Kostenschätzung ist i. d. R. immer zu erbringen, da im Allgemeinen davon auszugehen ist, dass jeder Auftraggeber im Zuge der Vorplanung eine Preisauskunft zu den geschätzten Kosten der vereinbarten Planung erwarten darf. Diese Auffassung hat sich auch bei den Obergerichten durchgesetzt, so dass sie als gefestigt gelten kann.

Bei der DIN wird unterschieden zwischen Kostenrahmen (ohne Bezug zu Grundleistungen in der HOAI), Kostenschätzung (Bestandteil der Vorplanung), Kostenberechnung (Bestandteil der Entwurfsplanung), Kostenanschlag (nicht mehr in der HOAI als Grundleistung enthalten) und der Kostenfeststellung am Ende der Bauüberwachung in Leistungsphase 8.

Neu ist die Leistung g) hinsichtlich des Vergleichs der Kostenschätzung mit den finanziellen Rahmenbedingungen. Hier wird eine vergleichende Gegenüberstellung erwartet die aufzeigt inwieweit sich die Kostenschätzung und die finanziellen Rahmenbedingungen[136] unterscheiden oder übereinstimmen. Dabei geht es zunächst um einen summarischen Vergleich. Da die finanziellen Rahmenbedingungen formlos ohne spezielle Gliederung aufgestellt sind, ist ein Vergleich von Zwischenbeträgen ohnehin nicht zielführend.

Die Kostenschätzung ist nach § 2 Abs. 10, Nr. 4 mindestens bis zur 1. Ebene der kostengruppen nach DIN 276 zu gliedern.

§ 3

---

[136] Die finanziellen Rahmenbedingungen sollen in der Leistungsphase 1 abgestimmt werden

Praxis-Tipp	Es sollte geregelt werden, welche planungsrelevanten und kostenrelevanten Angaben von welchem Projektbeteiligten für die Koordination und Integration zugearbeitet werden. Das gilt auch für die Angaben, die der Auftraggeber selbst beizusteuern hat (z. B. Großmaschinen).

Die nachstehende Grafik zeigt die Einflüsse von Kostenarten die evtl. außerhalb der DIN Kostengruppen und außerhalb der zu koordinierenden Leistungen liegen und dennoch Einfluss auf die Baukosten der Kostengruppe 300 oder 400 ausüben. Diesbezüglich muss der Auftraggeber, soweit keine anderslautende Regelung getroffen wurde, entsprechende Angaben bereit stellen, die dann koordiniert und integriert werden können.

Externe Maschinentechnik	Einflüsse der externen Maßnahmen	Einflüsse auf Gebäudeplanung	Kostenplanung
Geräte, Maschinen	Schallemission	Schallschutz bei Dachkonstruktion	Zusatzkosten in Kostengruppe 300
Großmaschinen	Lasten	Maschinenfundamente, Gründung	Zusatzkosten in Kostengruppe 300
Elt-Versorgung der Maschinentechnik	Kabeltrassen	Kabelbrandschutz, Trägerkonstruktionen für Trassen	Zusatzkosten in Kostengruppe 300

Dabei sind die Koordination und Einarbeitung der Beiträge der weiteren **Planungsbeteiligter** wichtiger Bestandteil der Leistungen. Um diese Leistungen ordnungsgemäß erbringen zu können, sind die zu beteiligenden Fachbüros vom Auftraggeber rechtzeitig zu beauftragen.

Die **Zusammenarbeit und Koordination sowie Integration** zwischen Architekt und der weiteren beteiligten **Fachbüros** bezieht sich auch auf die Kostenschätzung. Im Rahmen der Koordination der jeweiligen Fachbereiche unter der Leitung des Architekten sind auch die Kosteneinflüsse, die Leistungen Dritter auf die Architektenleistungen ausüben, zu berücksichtigen. Die vorstehende Tabelle oben zeigt Einflüsse von Externen Planern oder Lieferern auf die Baukosten die durch das Architekturbüro zu ermitteln sind.

Die **Kostenschätzung** soll die Gesamtkosten aller Kostengruppen 1 bis 7 enthalten und mindestens bis zur 1. Stelle gegliedert sein. Nachstehende Tabelle zeigt den Grad der Gliederung einer Kostenschätzung.

Kostengruppe	Bezeichnung	Betrag[137]
100	Grundstück	
200	Herrichten u. Erschließen	
300	Bauwerk-Baukonstruktion	
400	Bauwerk-Technische Anlagen	
500	Außenanlagen	
600	Ausstattung und Kunstwerke	
700	Baunebenkosten	

Es ist nicht vorgesehen, **Formulare der DIN 276** anzuwenden. Es reicht aus, wenn die Systematik der Kostengruppenzuordnung nach DIN 276 eingehalten wird und der Auftraggeber daraus die Kosten je Kostengruppe zweifelfrei erkennt. In der Kostenschätzung ist anzugeben, ob die Kosten die gesetzliche MWST enthalten oder nicht.

Die Kostenschätzung kann nach DIN 276 Abschnitt 4.2 auch gewerkeorientiert nach Vergabeeinheiten gegliedert werden, was aber zwischen den Vertragspartnern abgestimmt werden sollte. Dabei ist darauf zu achten, dass die Gliederung außerdem den Anforderungen gemäß HOAI entspricht und damit die anrechenbaren Kosten ohne Umwege bereitstehen.

Alternativ zur Kostenschätzung nach DIN 276 nach Kostengruppen oder nach Gewerken kann eine Kostenschätzung in der Systematik des **wohnungswirtschaftlichen Berechnungsrechts** erbracht werden.

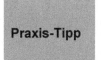

Praxis-Tipp Bei der Aufstellung der Kostenschätzung sollte beachtet werden, dass auf dieser Grundlage ggf. eine Honorarrechnung gestellt werden kann. Damit sollte die Kostenschätzung die Gliederungsanforderungen gem. HOAI ebenfalls berücksichtigen. Die Anforderungen unterscheiden sich ggf. von den Gliederungsmindestanforderungen nach DIN 276.

Neu ist die Grundleistung g), der Vergleich der Kostenschätzung mit den finanziellen Rahmenbedingungen. Nach dem Willen des Verordnungsgebers sollen die finanziellen Rahmenbedingungen in der Leistungsphase 1 geklärt werden. Der Vergleich der Kostenschätzung mit den finanziellen Rahmenbedingungen ist im Rahmen der Grundleistungen herzustellen. Da die finanziellen Rahmenbedingungen nur formlos zu klären sind, kann der Vergleich der Kostenschätzung mit den finanziellen Rahmenbedingungen nur über die jeweilige Endsumme erfolgen.

Kostenschätzung beim Bauen im Bestand

Die DIN 276 ermöglicht wie o. e. nach Abschnitt 4.2 auch eine Kostenschätzung[138] auf der Basis von ausführungsorientierter Gliederung. Darunter ist zu verstehen, dass die Kostenschätzung nach Vergabeeinheiten aufgestellt werden kann. Vergabeeinheiten stellen dann neben den

---

[137] Anzugeben, ob Netto- oder Brutto-Beträge

[138] außerdem Kostenberechnung, Kostenanschlag, Kostenfeststellung

vorgesehenen Ausführungsgewerken auch die Vergaben der Planungsleistungen (Architekten leistungen, Ingenieurleistungen, Gebührenposten ...) dar, so dass damit die gesamte Kosten schätzung nach Vergabeeinheiten aufgestellt werden kann.

Die nachstehende Tabelle zeigt einen Auszug einer nach Vergabeeinheiten aufgestellten Kos tenschätzung (linke Tabellenspalte) mit Transformation in die anrechenbaren Kosten nach HOAI. Damit sind die anrechenbaren Kosten nachvollziehbar dargestellt. Zu beachten ist dabei jedoch, dass die jeweiligen Vergabeeinheiten nicht gegensätzlich zu den Inhalten der anrechen baren Kosten nach HOAI stehen.

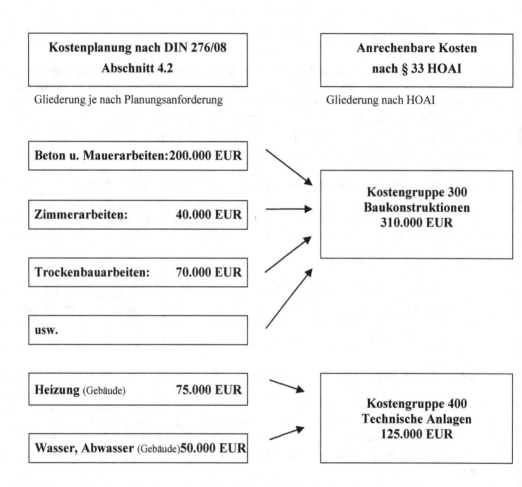

Die vorstehende Abbildung zeigt ein Beispiel (Auszug) zur Transformation der Kosten von DIN 276/08 Abschnitt 4.2 in die Ermittlung der anrechenbaren Kosten Durch die oben darge stellte Zuordnung ist die Nachvollziehbarkeit der anrechenbaren Kosten gegeben.

Praxis-Tipp Die anrechenbaren Kosten müssen ohne Umrechnung vom Rechnungs-empfänger der Honorarrechnung nachvollziehbar sein. Enthält z. B. die Kostenposition Erdarbeiten neben den Aushubarbeiten für das Gebäude auch die grundstücksbezogenen Erdarbeiten für die Geländemodellation bei den Freianlagen, entspricht dies nicht der Systematik der HOAI.

Honorarberechnung bei Verträgen über Leistungsphase 1 und 2

Bei Verträgen, die nach Erbringung der Vorplanung enden, ist zum Zwecke der Honorarbe-rechnung eine nachvollziehbare Gruppierung der anrechenbaren Kosten wichtig. Da die Tiefen-schärfe einer üblichen Kostenschätzung nicht der Gliederungstiefe nach § 33 HOAI entspricht, wird empfohlen bei Aufträgen, die lediglich die Leistungen der Leistungsphase 1 und 2 umfas-sen, die Kostenschätzung in der Gliederungstiefe gemäß § 33 HOAI zu erstellen. Damit werden die Anforderungen an eine prüffähige Aufstellung der anrechenbaren Kosten gem. § 32 HOAI erfüllt.

Zeitpunkt der Erarbeitung von Varianten nach gleichen Anforderungen

Nur innerhalb der Leistungen bis hin zum endgültigen Vorentwurf sind **Varianten nach glei-chen Anforderungen** vorgesehen. Ist der Vorentwurf erstellt und abgeschlossen, ist die Phase der Varianten nach gleichen Anforderungen innerhalb der Grundleistungen beendet.

Es wird im Ergebnis am Ende der Arbeitsschritte innerhalb der Leistungsphase 2 nur ein abge-stimmter vollständiger[139] Vorentwurf im Rahmen der Grundleistungen nach HOAI gefordert.

Diese Regelung basiert auf einer **zielgerichteten Planungstätigkeit** mit der Folge, dass auch der Auftraggeber sich parallel zur Planungsvertiefung entscheiden muss und damit den Weg für die weitere Planungsentwicklung im Rahmen seiner **Mitwirkungspflicht** ebnet.

Praxis-Tipp Die Mitwirkungspflicht des Auftraggebers (z. B. Beauftragung der erfor-derlichen besonderen Leistungen) ist – ähnlich wie die Planungsleistun-gen des Architekten – entscheidend für den Erfolg des geplanten Projek-tes.

Auch an dieser Stelle wird die Bedeutung der Aufstellung eines **planungsbezogenen Zielkata-loges** zeitlich vor der zeichnerischen Tätigkeit von der ersten Skizze bis zum Vorentwurf unter-strichen. Diese Abfolge stellt ein wesentliches Element des wirtschaftlichen Planungsverlaufes dar und sollte deshalb Grundlage der Zusammenarbeit zwischen Auftraggeber und Auftrag-nehmer sein. Der planungsbezogene Zielkatalog kann auch gesprächsweise erbracht werden, z. B. indem in einer Besprechung die Ziele festgelegt werden und sich dann später in den Zeichnungen, Berechnungen oder Kostenermittlungen manifestieren. Die Schriftlichkeit ist hier also nicht zwingend.

Klären und Erläutern der wesentlichen Zusammenhänge

Hier sind grundlegende städtebauliche, konstruktive, wirtschaftliche, funktionale, gestalteri-sche, technische und energiewirtschaftliche Fragestellungen zu klären. Dies erfolgt im Allge-meinen in Form von Projektbesprechungen zwischen Auftraggeber und Architekt sowie den

---

[139] bestehend aus zeichnerischen Teilen, Baubeschreibungen, Kostenschätzung, Vorklärung d. Genehmi-gungsfähigkeit

zuständigen Behörden, wobei der Architekt seinerseits die Fachplaner hinzuziehen sollte, um die Fachbeiträge zu koordinieren bzw. integrieren. Die Ergebnisse zeigen sich anschließend in den Zeichnungen, Berechnungen und Kostenermittlungen in schriftlicher Form. Die Schriftlichkeit ist hier also nicht zwingend.

Vorverhandlungen mit Behörden

Hier geht es lediglich um eine Vorabklärung und nicht um konkrete Verhandlungen zur Feststellung der Genehmigungsfähigkeit. Bei den Vorverhandlungen kann es daher nur um **Grundsatzfragen**, wie die Genehmigungsfähigkeit im Hinblick auf die bauleitplanerischen Vorgaben und grundlegende bauordnungsrechtliche Fragestellungen, gehen. Die Vorverhandlungen mit den Behörden sind in der gleichen Planungstiefe zu verstehen, die die Leistungsphase 2 erreicht.

Beispiel

Bauordnungsrechtliche Einzelheiten der Brandabschottung mittels T-30-Türen bei innen liegenden Fluren sind noch nicht Gegenstand der Vorverhandlungen mit Behörden in der Leistungsphase 2. Die Anordnungsplanung von T-30 bzw. T-90 Türen erfolgt erst im Zuge der Entwurfsplanung.

Im Zuge der Vorverhandlungen werden u. a. Fragen der Baukörperanordnung, der Abstandsflächen, der Einbindung in die Umgebung eine wichtige Rolle spielen.

Eine endgültige Klärung mit dem Ziel, die Genehmigungsfähigkeit in allen Einzelheiten festzustellen ist damit nicht gemeint. Die endgültige Genehmigungsfähigkeit wird nur durch die Erteilung der Baugenehmigung (Ende der Leistungsphase 4) festgestellt.

Auch eine **Bauvoranfrage**, die als Besondere Leistung möglich ist, klärt nicht alle Fragen der Genehmigungsfähigkeit, siehe hierzu Erläuterungen zu den Besonderen Leistungen in Leistungsphase 2. Die Ergebnisse zeigen sich anschließend in den Zeichnungen, Berechnungen und Kostenermittlungen in schriftlicher Form. Die Schriftlichkeit ist hier also nicht zwingend.

Neu – die Aufstellung eines Terminplanes

Die Aufstellung des Terminplans in Leistung h) ist neu. Dieser Plan soll nur die wesentlichen Vorgänge des Planungs- und Bauablaufs enthalten. Im Ergebnis geht es hier um einen so genannten Meilensteinplan oder Generalterminplan, der inhaltlich nicht über die Tiefenschärfe der Vorplanung hinausgehen kann. Hilfreich ist die Aufnahme der auftraggeberseitigen Mitwirkungsleistungen in den Terminplan, soweit sie für die vorgesehene Abwicklung erforderlich erscheinen. Dazu können auch das Treffen der entsprechenden Entscheidungen und das Bereitstellen der erforderlichen Beauftragungen (für die Planung und Beratung sowie Ausführung) gehören. Damit wird dem Auftraggeber aufgezeigt, inwieweit und zu welchen Zeitpunkten er an Werkerfolg mitwirkt.

In der Vorplanung liegen im Vergleich zu den folgenden Leistungsphasen 3, 5 und 6 weniger planungsrelevante Vorgänge und Beziehungen der Vorgänge zueinander vor, die Auswirkungen auf diese erste Terminplanung haben. Daher entspricht dieser Terminplan in seiner Art einem in der baubetrieblichen Literatur regelmäßig als Rahmenterminplan bezeichneten Terminplan und nicht den später während der Bauausführung zu erstellenden Terminplänen (z. B. einem Steuerungsterminplan). [140]

Zusammenstellen Erläutern und Dokumentieren der Vorplanungsergebnisse

Diese Leistung sollte immer erbracht werden. Der Vorteil für Auftraggeber und Architekt besteht gleichermaßen darin, eine gemeinsame, in sich abgeschlossene einvernehmliche Vorplanung (mit Zeichnungen, Erläuterungen und einer Kostenschätzung) als Basis für die weitere Planungsvertiefung vorliegen zu haben.

Diese Zusammenfassung soll auch die Beiträge der weiteren an der Planung fachlich Beteiligten umfassen. Dazu liefert jeder Beteiligte seine **Beiträge zur Kostenschätzung**, zu den **Erläuterungen** und den **zeichnerischen** Teil beim Architekten ab, der diese (stufenweise im Verlauf der Leistungsphase) integriert und zusammenstellt.

Dabei darf der Architekt im Interesse der Einhaltung von Projektzielen Vorgaben im Rahmen der jeweils beauftragten Fachleistungen machen. Bei der Zusammenstellung handelt es sich nicht um eine bloße Addition von Beiträgen der Planungsbeteiligten, sondern dem geht ein **Abstimmungs- und Integrationsprozess** voraus, der vom Architekten federführend koordiniert wird. Die Zusammenarbeit zwischen den Beteiligten ist in der Grafik auf der folgenden Seite dargestellt. Diese Koordination gilt für alle Leistungsphasen.

Die Planungsergebnisse sind nicht lediglich zusammenzustellen, sondern darüber hinaus (inhaltlich) zu erläutern und zusammenzufassen, insbesondere im Hinblick auf die im Planungsprozess konkretisierten Anforderungen des Auftraggebers (z. B. zu den Ergebnissen der Variantenuntersuchungen = Leistungsphase 2 Grundleistung 2 c) und der hierzu getroffenen Entscheidung (zu Terminen und Kosten usw.). Die verbale Erläuterung muss wegen des neu eingeführten Dokumentierens schriftlich erfolgen.

Die Dokumentation sorgt auch für Planungssicherheit in der nächsten Leistungsphase, denn mit der Dokumentation wird auch ein sog. Redaktioneller Abschluss der Leistungsphase 2 erreicht. Werden in der Leistungsphase 3 Änderungen anhängig, die zu Änderungen beim Vorentwurf führen, so ist nicht nur bei Leistungsphase 3 sondern auch bei Leistungsphase 2 eine (mithin honorarpflichtige) Änderung vorliegend.

Haftung des Architekten im Verhältnis zu Dritten

Architekten haften nicht für alle Planungsfehler am Bauwerk. Die Fachplaner tragen eine eigene Verantwortung. Das ist der Kernsatz des aktuellen Urteils des Oberlandesgerichts Braunschweig vom 11.12.2008 (Az.: 8 U 102/07). Das Oberlandesgericht hat klargestellt, dass die Architekten

> *„für Planbereiche des Fachplaners nicht haften, wenn der Architekt nicht das Fachwissen hat, die Planung des Fachplaners zu prüfen und dies dem Bauherrn rechtzeitig im Rahmen seiner Beratungspflichten mitteilte."*

Immer dann wenn Sonderfachbüros einzuschalten sind, um spezielle Planbereiche zu bearbeiten oder Planungsprobleme zu lösen, sind rechtzeitig entsprechende Empfehlungen des Architekten an den Auftraggeber erforderlich.

Dem Architekten wurden im o. g. Fall (OLG Braunschweig) die Leistungsphasen 1–7 und die künstlerische Oberleitung für den Bau eines Museums beauftragt. Geplant war eine große Glaskonstruktion. Der Architekt hatte rechtzeitig mitgeteilt, dass er nicht in der Lage ist, die

---

[140] Berner/Kochendörfer/Schach: Grundlagen der Baubetriebslehre, 2008, Band 2, S. 25

schwierigen Fragen der thermischen Bauphysik planerisch zu bearbeiten und hat ein versierte Fachbüro zur Fachplanung vorgeschlagen. Dieses Büro wurde schließlich beauftragt. Damit ha der Architekt seine Beratungspflicht erfüllt. Auch ansonsten hat der Architekt im Verlauf de weiteren Planung und Bauüberwachung keine schuldhafte Handlung begangen, denn er hat in vorliegenden Fall

- die ihm obliegende Beratungspflicht erfüllt,

- keinen eigenen Planungsfehler begangen, denn die Vermeidung von Tauwasser war in die sem Fall Planungsleistung des Fachbüros für Thermische Bauphysik,

- keinen Koordinationsfehler begangen, die Koordination in Hinsicht des Fachplanungsbüro war fachgerecht, er durfte davon ausgehen, dass der Fachplaner die speziellen Details plant sowie entsprechende Berechnungen durchführte,

- bei der Prüfung der Planung der Beteiligten keinen Fehler begangen, denn der thermisch relevante Planungsmangel war für den Architekten nicht erkennbar.

Nach Inbetriebnahme bildete sich Kondenswasser auf den Innenseiten. Das Gericht hat den Architekten keine Schuld an dem Mangel zugesprochen, weil er die in seinem Verantwortungs bereich liegenden o. e. Leistungen und Beratungen mangelfrei erbracht hat.

Mitwirkung des Auftraggebers bei der Vorplanung

Im Tagesgeschäft kommt es immer wieder vor, dass Auftraggeber sich weigern, Fachbüro (z. B. für Baugrunderkundung und Gründungsempfehlung, Technische Ausrüstung, Tragwerk planung...) zu beauftragen. Dann kommt der **Beratungspflicht** des Architekten als Treuhände des Auftraggebers besondere Bedeutung zu. Der Architekt hat den Auftraggeber zunächst ein gehend und nachvollziehbar[141] über die **Risiken** einer **Nichtbeauftragung** zu unterrichten.

Darüber hinaus hat der Architekt seine eigene Planung auf die entsprechende Entscheidung de Auftraggebers einzurichten und damit ein für seine Verhältnisse angemessen hohes Maß a Bausicherheit (z. B. gegen Grundwasser, wasserführende Schichten ...) einzuplanen, soweit de Auftraggeber den o. e. Empfehlungen nicht folgt. Unter diesen Umständen hat der Auftragge ber hinzunehmen, dass entsprechende Sicherheiten eingeplant werden.

In der Regel kann davon ausgegangen werden, dass die Honorare für Fachbüros nicht zu Kos tenerhöhungen in der Summe aller Kostengruppen führen. Durch die Einschaltung von speziel len Fachbüros können Kostensenkungen erzielt werden. Mit dem Spezialwissen der Fachbüro können Konstruktionen gewählt werden, die alle Anforderungen erfüllen, aber aufgrund de speziellen Fachkenntnisse der beteiligten Büros besonders wirtschaftlich sind. Das oben gesag te trifft auf alle Planbereiche zu.

Werden Leistungen der technischen Ausrüstung erforderlich, aber trotz entsprechender Bera tung durch den Architekt vom Auftraggeber nicht einem Fachbüro beauftragt, kann der Archi tekt seinerseits eine Vereinbarung[142] mit dem Auftraggeber treffen, nach der er selbst entspre chende Leistungen erbringt und ein angemessenes Honorar erhält, wenn er selbst oder ein Sub planer fachlich in der Lage ist, die Leistungen zu erbringen. Für die so hinzutretenden Leistun gen haftet der Architekt ebenfalls.

Das Oberlandesgericht Braunschweig hat mit Urteil vom 27.06.2002 (8 U 135/00)[143] bestätigt dass eine solche Vereinbarung auch mündlich getroffen werden kann. Damit ist den Architek

---

[141] aus Beweisgründen am besten schriftlich

[142] bei mündlicher Vereinbarung ist nach den Mindestsätzen abzurechnen

[143] WIA Wirtschaftsdienst für Ingenieure & Architekten 11/2002

ten eine hinreichende Rechtssicherheit gegeben. Das Gericht hat in der Urteilsbegründung ausdrücklich darauf hingewiesen, dass dies auch dann zutrifft, wenn der Architekt nicht gleichzeitig selbst eine Fachabteilung für technische Ausrüstung im Büro vorhält. Sinngemäß gilt das auch für die anderen relevanten Planbereiche.

Baulicher Brandschutz und die Beauftragung von Fachbüros

Beim Thema Brandschutz wird nicht selten an der falschen Stelle gespart, weil auf die Beauftragung von Fachbüros trotz ersichtlicher Notwendigkeit verzichtet wird. Die Einschaltung von speziellen Fachbüros kann zu nicht unerheblichen Kosteneinsparungen führen. Klar ist zunächst, dass Altbauten mit ihrer vorhandenen Bausubstanz oft nicht die Anforderungen nach den aktuellen Brandschutzanforderungen[144] erfüllen, wie das bei Neubauten möglich ist.

Bei Neubauten kann bei Verzicht auf Einschaltung von speziellen Fachbüros Ähnliches beobachtet werden, z. B. wenn großzügige Eingangsbereiche geplant werden.

Ob die Einschaltung eines Fachbüros für Brandschutz sinnvoll erscheint und wirtschaftliche Erfolge ermöglicht, kann anhand folgender Kriterien beurteilt werden:

1. Komplexität der Planungsaufgabe
2. Aussicht auf wirtschaftliche Erfolge durch Einsparung von Maßnahmen des baulichen Brandschutzes nach den Bauordnungen der Länder mittels individuell geplanten Kompensationsmaßnahmen
3. Schnellere Erzielung der Genehmigungsfähigkeit durch Fachberatung,
4. Reduzierung von späteren Betriebskosten (z. B. durch Verzicht auf wartungsintensive Anlagentechnik des Brandschutzes.

Kommt es zur Beauftragung des Fachbüros, ist zunächst die Leistungsgrenze zwischen den Leistungen des Architekten und des Fachbüros zu definieren.

Praxis-Tipp	Zu den Grundleistungen gehört die Anwendung der üblichen, ohne Weiteres umsetzbaren bauaufsichtlichen Vorschriften zum Brandschutz. Beim Bauen im Bestand ist das aber nicht uneingeschränkt möglich, bzw. regelmäßig mit erheblichem Kostenaufwand verbunden.

Nicht mehr zu den Grundleistungen[145] bei der Gebäudeplanung gehören die mittels **eigenständiger Berechnungen** (bauphysikalische Brandschutznachweise, konstruktive Brandschutznachweise) aufzustellenden Nachweise, fachtechnische, vergleichende Abwägungen bzw. Gefährdungsabschätzungen und speziell planbare Kompensationsmaßnahmen bei Abweichungen der Planung vom Verordnungstext der Brandschutzbestimmungen mit dem Ziel, eine Befreiung oder Ausnahmegenehmigung durch die Bauaufsicht erteilt zu bekommen.

Die Grenze zwischen Grundleistungen und besonderen Leistungen ist dort zu ziehen wo Brandschutznachweise ohne besondere Berechnungsverfahren unmittelbar aus Bauvorschriften oder den allg. anerkannten Regeln der Bautechnik entnommen und ohne Weiteres (Berechnungen / Nachweisverfahren/Abwägungen) umgesetzt werden können.

§ 3

---

[144] z. B. wenn beim Umbau oder Modernisierung ein Bauantrag zu stellen ist

[145] Der Begriff Grundleistungen wurde an dieser Stelle aus Gründen der Übersichtlichkeit bewusst belassen

Praxis-Tipp

Einfache Maßnahmen (z. B. Einrichtung eines 2. Rettungsweges aus einem OG durch Anordnung eines geländergeführten Fluchtweges über ein angrenzendes Flachdach zu außenliegender Stahltreppe) oder die Planung von Rauchabschlüssen (T-30-Türen, einfache Brandschotts, Rohrdurchführungen, RS-Türen) gehören zu den Grundleistungen.

Aus den oben genannten Gründen hat der Verodnungsgeber in Leistungsphase 2 eine auf den Brandschutz zugeschnittene Besondere Leistung neu eingeführt.

Besondere Leistungen der Leistungsphase 2

Als wesentliche neu mit der HOAI 2013 eingeführte Besondere Leistung ist das Erarbeiten und Erstellen von besonderen bauordnungsrechtlichen Nachweisen für den vorbeugenden und organisatorischen Brandschutz bei baulichen Anlagen besonderer Art und Nutzung, Bestandsbauten oder im Falle von Abweichungen von der Bauordnung zu nennen. Diese Leistung ist zwar hier als Besondere Leistung aufgeführt, soll aber nicht bedeuten, dass diese Leistung zu den originären Architektenleistungen gehört. Diese Besondere Leistung kann von spezialisierten Fachbüros für Brandschutz erbracht werden. Bedeutend ist zunächst inhaltlich, dass diese Leistungen auf

– besondere Nachweise

– bauliche Anlagen besonderer Art und Nutzung

– Bestandsbauten

– Abweichungen von der Bauordnung

abheben und damit den Anwendungsbereich deutlich machen. Das gilt auch für sogenannte Sonderbauten deren Anforderungen evtl. nicht in den Landesbauordnungen direkt enthalten sind. Solche bauliche Anlagen besonderer Art und Nutzung erfordern regelmäßig diese Besondere Leistung da sie ohnehin von der Bauordnung abweichen (weil sie darin nicht geregelt sind).

Bei Bestandsbauten (die in vielen Fällen ohnehin nicht der aktuellen Bauordnung entsprechen und bei Abweichungen von der Bauordnung fällt diese Besondere Leistung nach dem Wortlaut des Verordnungstextes regelmäßig an. Gleiches trifft für Abweichungen von der Bauordnung (z. B. bei Neubauten) zu.

Insofern hat die Aufnahme dieser Besonderen Leistung klarstellende Funktion als Abgrenzung zu den Grundleistungen wie oben im Abschnitt Grundleistungen beschrieben. Liegen die o. g. Voraussetzungen vor, sind die entspr. Besonderen Leistungen aus fachtechnischen Gründen in Erwägung zu ziehen und zu berücksichtigen.

In vielen Fällen dient diese Besondere Leistung auch der Baukostenersparnis (vergl. Ausführungen zu Grundleistungen in der Leistungsphase 2). Denn in Verbindung mit einer fachgerechten Bestandsaufnahme und technischen Substanzerkundung können mittels der besonderen Brandschutznachweise ingenieurtechnische Methoden angewendet werden, um eine kostensparendere Planungslösung zu entwickeln als dies allein mit den Grundleistungen möglich wäre.

Praxis-Tipp

Diese Besondere Leistung ist nicht auf die Leistungsphase 2 begrenzt, sondern nur erstmalig in der Leistungsphase 2 aufgeführt mit dem Verständnis, dass diese Leistungen auch in den nachfolgenden Phasen der Planungsvertiefung regelmäßig anfallen.

Erstellung einer Bauvoranfrage

Ein Auftrag, der nur die Erstellung einer Bauvoranfrage beinhaltet, führt in der Praxis häufig dazu, dass der Architekt sich zunächst mit der **Grundlagenermittlung** und dem **Vorentwurf** befassen muss. Sind diese Leistungen ordnungsgemäß erbracht, kann anschließend die Bauvoranfrage erstellt und eingereicht werden. Es gibt nur sehr wenige Fälle in denen eine Bauvoranfrage ohne Grundlagenermittlung und Vorplanung[146] möglich ist.

Sollte bei einer **isoliert** in Auftrag gegebenen **Bauvoranfrage** darüber Unklarheit bestehen, so ist dies bei Aufnahme der Planungen, auch nach Auftragserteilung, zu klären, bzw. dem Auftraggeber entsprechende Hinweise zu geben, damit er sich darauf einrichten und entsprechend entscheiden kann.

Ist bei isoliert beauftragter Bauvoranfrage die Erbringung der Grundlagenermittlung und Vorplanung technisch zwingende Voraussetzung der Bauvoranfrage, dann fällt das dementsprechende Honorar[147] für diese Leistungen in der Regel mit an.

 Praxis-Tipp Die Honorarvereinbarung für Besondere Leistungen ist nicht an die Schriftform gebunden. Liegt nur eine mündliche Leistungsvereinbarung ohne Honorarabrede vor, so wird davon auszugehen sein, dass der ortsübliche Honorarsatz abgerechnet werden darf.

Beispiel: Sollten die Grenzabstände sehr knapp bemessen und dies für die Genehmigungsfähigkeit von Bedeutung sein, empfiehlt es sich grundsätzlich, eine Bauvoranfrage unter Einschluss von **Vermessungsleistungen** eines Vermessungsbüros einzureichen.

Bei **Baudenkmälern** ist eine Bauvoranfrage oft sehr wichtig. Denn häufig zeigen sich bereits in der Vorplanung Abweichungen zwischen der neu geplanten Nutzung und den Vorgaben des Denkmalschutzes. Ein Verzicht auf eine Bauvoranfrage kann dazu führen, dass die fortgeschrittenen Architektenleistungen (Planung bis Leistungsphase 4) nicht verwertbar sind und neu aufgestellt werden müssen. Für die nicht verwertbaren Planungen, die nicht dem Planungsziel entsprechen, fällt kein Honorar an, wenn dies vom Planungsbüro (z. B. durch Vorpreschen mit Leistungen) zu vertreten ist.

Vielfach wird in der Praxis übersehen, dass die **Bauvoranfrage** auch für den Auftraggeber sinnvoll ist. Mit der Klärung durch Bauvoranfrage erzielt der Auftraggeber die notwendige Planungs- und Dispositionssicherheit für das weitere Vorgehen.

Einige Kreditinstitute verlangen im Zuge der **Finanzierungssicherheit** im Vorfeld der Finanzierungsverhandlungen die Vorlage eines amtlichen Bauvorbescheides.

Weiterführung der Planung trotz Unklarheit über die Genehmigungsfähigkeit

Die weitere Planungsvertiefung durch den Architekten soll erst erfolgen, wenn ausreichend Planungssicherheit durch Vorlage des Bauvorbescheides gegeben ist. Besteht das Risiko, dass die Planung so, wie eingereicht nicht genehmigungsfähig ist, ist ein Weiterführen nicht sinnvoll. In solchen Fällen trägt der Architekt das Planungsrisiko, wenn er den Auftraggeber nicht auf die Risiken hingewiesen und über die evtl. Folgen (Änderung der Planung) unterrichtet hat.

---

[146] z. B. wenn ein Dritter die Bauvoranfrage auf Basis übergebender Vorplanung erstellt
[147] Urteil des OLG Köln vom 07.03.2001 (17 U 34 /00), IBR 2001, Seite 263

Untersuchen von Varianten nach verschiedenen Anforderungen

Die Abgrenzung dieser Besonderen Leistung ergibt sich automatisch aus den oben gegebenen Abgrenzungshinweisen zur entsprechenden Grundleistung. Damit ist an dieser Stelle keine weitere inhaltliche Erläuterung notwendig. Werden Architekten gebeten, Varianten nach verschiedenen Anforderungen auszuarbeiten, ist es zunächst sinnvoll, eine entsprechende Leistungs- und Honorarvereinbarung zu treffen.

Aufstellung eines Finanzierungsplanes und Mitwirkung bei der Kreditbeschaffung

Die Aufstellung eines Finanzierungsplanes ist keine typische Architektenleistung. Auf Basis einer Kostenschätzung kann ein Finanzierungsplan und ggf. ein Mittelabflussplan für die vorgesehenen Ausgaben erstellt werden. Damit kann auch die Mitwirkung bei der Kreditbeschaffung (bzw. Fördermittelakquisition) einhergehen.

Mit dem **Finanzierungsplan** wird ermittelt und festgelegt, welche Geldmittel aus welchen Quellen wann bereitgestellt werden. Der **Mittelabflussplan** stellt dar, in welcher Abfolge die bereitgestellten Mittel für die Planung und Baudurchführung abfließen.

Eine solche Planung ist häufig bei Investitionen **gewerblicher Auftraggeber** nötig, um die Finanzierung und den Bauablauf mit den allgemeinen investiven Strategien eines Unternehmens in Übereinstimmung zu bringen.

Bei öffentlichen Auftraggebern ist der Finanzierungsplan z. B. notwendig, wenn das Projekt von unterschiedlichen Institutionen (Landesmittel, Stiftungen, Bundesmittel, EU-Mittel) finanziert wird und nur im gemeinsamen Zusammenwirken des Mittelabflusses realisiert werden kann.

Das nachstehende Bild zeigt einen Mittelabflussplan. Mittelabflusspläne sind notwendig, um die Finanzierung am vorgesehenen Mittelabfluss zu orientieren. Darüber hinaus soll ein solcher Plan aufzeigen, inwieweit bereits vertragliche Bindungen eingegangen werden, bevor die Mittel kassenwirksam fällig werden.

Ein Finanzierungsplan zeigt einerseits die benötigten Mittel auf und stellt andererseits sozusagen als Gegenüber die Bausteine der Finanzierung dar. Die Bausteine der Finanzierung können bestehen aus:

- Eigenkapital
- Fremdkapital
- Eigenleistungen des Leasinggebers (z. B. bei Leasingprojekten) oder des Auftraggebers
- Zuschüsse auf öffentl. Mitteln

Präsentationshilfen

Neu in der HOAI 2013 aufgenommen wurden Besondere Leistungen die als Präsentationshilfen gelten. Der Text spricht für sich, so dass hierzu keine weiteren Ausführungen erfolgen.

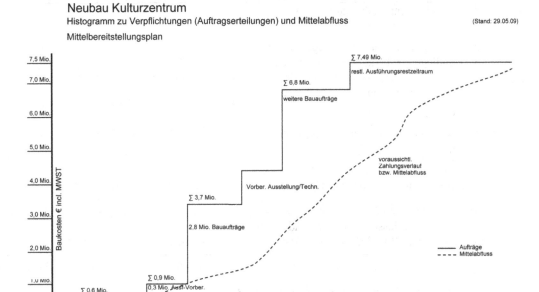

Neubau Kulturzentrum
Histogramm zu Verpflichtungen (Auftragserteilungen) und Mittelabfluss (Stand: 29.05.09)
Mittelbereitstellungsplan

Leistungsphase 3 Entwurfsplanung (System- und Integrationsplanung)

Grundleistungen	Besondere Leistungen
a) Erarbeiten der Entwurfsplanung, unter weiterer Berücksichtigung der wesentlichen Zusammenhänge, Vorgaben und Bedingungen	– Analyse der Alternativen/Varianten und deren Wertung mit Kostenuntersuchung (Optimierung),
(zum Beispiel städtebauliche, gestalterische, funktionale, technische, wirtschaftliche, ökologische, soziale, öffentlichrechtliche) auf der Grundlage der Vorplanung und als Grundlage für die weiteren Leistungsphasen und die erforderlichen öffentlichrechtlichen Genehmigungen unter Verwendung der Beiträge anderer an der Planung fachlich Beteiligter.	– Wirtschaftlichkeitsberechnung, – Aufstellen und Fortschreiben einer vertieften Kostenberechnung – Fortschreiben von Raumbüchern
Zeichnungen nach Art und Größe des Objekts im erforderlichen Umfang und Detaillierungsgrad unter Berücksichtigung aller fachspezifischen Anforderungen, zum Beispiel bei Gebäuden im Maßstab 1:100, zum	

§ 3

Beispiel bei Innenräumen im Maßstab 1:50 bis 1:20	
b) Bereitstellen der Arbeitsergebnisse als Grundlage für die anderen an der Planung fachlich Beteiligten sowie Koordination und Integration von deren Leistungen	
c) Objektbeschreibung	
d) Verhandlungen über die Genehmigungsfähigkeit	
e) Kostenberechnung nach DIN 276 und Vergleich mit der Kostenschätzung,	
f) Fortschreiben des Terminplans	
g) Zusammenfassen, Erläutern und Dokumentieren der Ergebnisse	

Grundleistungen der Leistungsphase 3

Die Entwurfsplanung ist die zentrale Leistungsphase im Bereich der zeichnerischen Tätigkeiten zur Ausgestaltung des gewünschten Ergebnisses. Hier werden die **zentralen Eigenschaften** des Gebäudes geplant und festgelegt. Die Festlegung hat mehrere Gründe.

Zum einen muss spätestens zum Ende der Entwurfstätigkeit ein sog. Redaktionsschluss hinsichtlich der wesentlichen Planungsinhalte stattfinden, um für die anschließende Ausführungs- und Detailplanung eine einvernehmliche Basis zu erlangen.

Zum Anderen dient diese Art der Vorgehensweise dem Auftraggeber auch als Basis für eigene Festlegungen zum weiteren Projektverlauf, denn der Entwurf enthält eine Kostenberechnung auf Grundlage der Entwurfsplanung, die als Grundlage für die anschließende Kostensteuerung dient.

Erarbeiten der Entwurfsplanung

Mit der Erarbeitung des Planungskonzeptes ist die vertiefende Planung auf Grundlage des abgestimmten Vorentwurfes gemeint. Varianten nach gleichen Anforderungen sind in der Leistungsphase 3 in den Grundleistungen der HOAI nicht mehr enthalten. Das bedeutet, dass entsprechende Änderungen ein Rückspringen in die Leistungsphase 2 bedeuten. In den Leistungen der Leistungsphase 3 ist jedoch die stufenweise Erarbeitung der zeichnerischen Lösung enthalten. Bei der Durcharbeitung sind die städtebaulichen, funktionalen, energiewirtschaftlichen, bauphysikalischen, gestalterischen Anforderungen zu berücksichtigen. Das bedeutet, dass diese Anforderungen in der Tiefenschärfe der Entwurfsplanung und unter Einschluss der weiteren an der Planung Beteiligten zu berücksichtigen sind. Zur Koordination der Fachplanerleistungen wird auf die Ausführungen zu Leistungsphase 2 hingewiesen.

Auch nach HOAI 2013 bleibt es dabei, dass die Entwurfsplanung eine Erarbeitung der Entwurfsplanung auf der Grundlage der Vorplanung ist. Damit bleibt es auch in dieser Hinsicht bei der klarstellenden Formulierung, wonach die Entwurfsplanung im Rahmen der preisrechtlich geregelten Grundleistungen keine Varianten oder Alternativen gegenüber den Ergebnissen der Vorplanung enthält, sondern die planungsvertiefende Erarbeitung.

Integrieren der Leistungen der anderen an der Planung Beteiligten

In der Entwurfsplanung findet ein systematisches Durcharbeiten **aller Aspekte der Planung** statt. Diese Durcharbeitung findet ihre fachliche Grenze dort, wo die fachlichen Leistungen der anderen Leistungsbilder, besondere Leistungen (soweit nicht dem Architekt beauftragt), und sonstige Beratungsleistungen einsetzen.

Der Architekt ist somit nicht für alles pauschal verantwortlich, sondern hat als Koordinator darauf hinzuwirken, dass alle Beteiligten entsprechend ihren eigenen Pflichten dem Projektziel zuarbeiten. Sanktionen gegenüber den weiteren Planungsbeteiligten sind jedoch nicht Sache des Architekten. So sind auch die einzeln aufgeführten Aspekte der Planung zu verstehen.

Praxis-Tipp	Es geht nicht darum, dass der Architekt, sich z. B. auch fachplanerisch mit energiewirtschaftlichen Einzelheiten befassen muss. Die Zusammenarbeit entspricht dem Schema wie in den Erläuterungen zu Leistungsphase 2 dargestellt. Der Architekt hat die Vorgaben für die Tätigkeiten der weiteren Planungsbeteiligten zu benennen, sozusagen den Korridor in dem sie sich bewegen.

Die weiteren Planungsbeteiligten sollen sich mit der Planung im selben Kostenrahmen bzw. Standard (z. B. einfach, mittel, aufwendig) bewegen wie der Architekt. Dazu können auch anteilige Ziele vorgesehen werden.

Koordination

Neu ist die Koordination die neben der Integration der Fachbeiträge anfällt. Hier treffen die Ausführungen aus Leistungsphase 2 sinngemäß ebenfalls zu. Die Koordination kann danach als aktives Handeln oder Zugehen auf die Planungsbeteiligten verstanden werden. Damit ist allerdings nur eine fachtechnische Koordination gemeint und keine Koordination im Sinne einer delegierbaren Auftraggeberleistung z. B. als Projektsteuerung.

Der Architekt soll damit vorausschauend tätig werden und mögliche Schnittstellenprobleme dabei ebenfalls benennen. Auch das Koordinieren von kostenrelevanten Angaben (z. B. wenn eine Kostenangabe eines Projektbeteiligten nicht mit dem vorgesehenen finanziellen Rahmen vereinbar ist) in die Kostenberechnung gehört dazu. Die Koordination soll auch sicherstellen, dass der Planungsablauf terminlich organisiert wird und die Beteiligten rechtzeitig eingebunden werden. Die Auftraggeberfunktion ist damit aber nicht gemeint, die bleibt beim jeweiligen Auftraggeber.

Die Beratung hinsichtlich der Notwendigkeit weiterer Grund- oder Besonderer Leistungen aus Leistungsphase 1 hat, bei entsprechender Mitwirkung des Auftraggebers, bereits in der Leistungsphase 1 die Beauftragung der weiteren an der Planung beteiligten zu Folge gehabt, so dass hier, wie auch in der Leistungsphase 2, nur die Koordination und Integration als Grundleistung aufgeführt ist.

Der Architekt hat insofern also auch eine Verpflichtung dahin gehend, die Vorgaben der von ihm konkret erstellten Objektplanung den anderen an der Planung Beteiligten so zur Verfügung zu stellen, dass diese ihren Planungsbeitrag erbringen können, dass heißt, dass die Fachplanungen mit der Gebäudeplanung korrespondieren und die vom Bauherrn vorgegebenen Rahmenbedingungen und Zielvorstellungen insgesamt eingehalten werden. Eine darüber hinausgehende Koordination kann bei einer wortlautgerechten Auslegung des Begriffs nicht mehr als Bestandteil der Grundleistung angesehen werden.

Koordination kann im Ergebnis nicht so verstanden werden, dass damit Projektsteuerungsleis
tungen gemeint seien. Damit hat die HOAI in ihren Grundleistungen einer Reihe von Urteilen
aus der Rechtsprechung inhaltlich übernommen

Beispiel: Mitwirkung der Planungsbeteiligten und Koordination

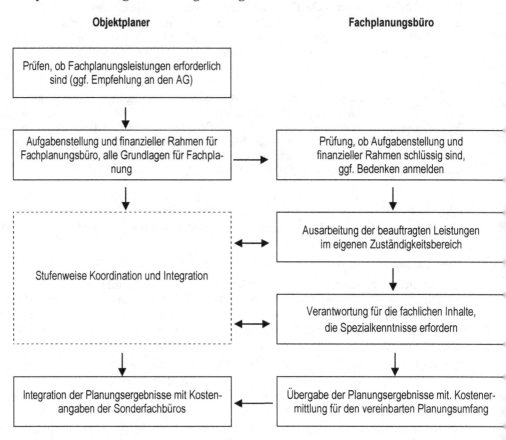

Objektplaner **Fachplanungsbüro**

Prüfen, ob Fachplanungsleistungen erforderlich sind (ggf. Empfehlung an den AG)

Aufgabenstellung und finanzieller Rahmen für Fachplanungsbüro, alle Grundlagen für Fachpla- nung

Prüfung, ob Aufgabenstellung und finanzieller Rahmen schlüssig sind, ggf. Bedenken anmelden

Stufenweise Koordination und Integration

Ausarbeitung der beauftragten Leistungen im eigenen Zuständigkeitsbereich

Verantwortung für die fachlichen Inhalte, die Spezialkenntnisse erfordern

Integration der Planungsergebnisse mit Kosten- angaben der Sonderfachbüros

Übergabe der Planungsergebnisse mit. Kostener- mittlung für den vereinbarten Planungsumfang

Zeichnerische Darstellung des Entwurfes

Die zeichnerische Darstellung des Entwurfes gilt als zeichnerische Zusammenfassung aller
Leistungen der Leistungsphase 3. Der Maßstab richtet sich nach den jeweiligen **Projektanfor
derungen**. Üblicherweise werden Entwurfszeichnungen im Maßstab 1:100 erstellt.

Bei großen Projekten ist auch die Darstellung im Maßstab 1:200 sinnvoll. Der Entwurf ist vor
jedem Leistungsbild in eigener Zuständigkeit zu erstellen, was im Ergebnis bedeutet, dass der
Architekt nicht die zeichnerischen Leistungen der Fachplanung in seine eigenen Pläne zeichne
risch übernehmen muss. Die Fachplaner erstellen ihre eigenen Leistungen der Entwurfsplanung
gemäß den Grundleistungen in den dortigen Leistungsbildern (eigene Zeichnungen). Häufig
werden die Entwurfszeichnungen je Planbereich ohnehin aus fachtechnischen Gründen geson
dert je Leistungsbild erstellt, weil sonst die Informationsdichte in den Entwurfszeichnungen zu
hoch wäre und damit die Übersichtlichkeit verloren geht.

Nur für Einzelheiten der Planung, die im Entwurfsstadium von Bedeutung sind, werden Zeichnungen in Maßstab 1:50 bis 1:20 zu erstellen sein. Das kann z. B. bei Hotels die Nasszelle der Hotelzimmer sein, die aufgrund ihrer Häufigkeit wesentliches Planungselement ist. Gleiches gilt für Bettenzimmer in Krankenhäusern.

Bei Leistungen für Innenräume sind die Maßstäbe bei der Entwurfsplanung im Allgemeinen detaillierter zu wählen, hier ist von Zeichnungen im Maßstab 1:50 bis 1:20 auszugehen.

Die **Entwurfszeichnungen** müssen nur die Maße enthalten, die zur Beurteilung und Kontrolle der Entwurfsplanung[148] und z. B. der Flächenermittlungen oder Kubaturermittlungen oder für Bestimmung der notwendigen Grenzabstände nötig sind.

Praxis-Tipp	Diese je Planbereich getrennte Vorlage von Entwurfsplänen ändert nichts daran, dass diese Zeichnungen insgesamt gemeinsam abgestimmt und koordiniert sein müssen.

Hinweise zu Ausstattungen

Sind die Leistungen der Ausstattung (Kostengruppe 600) Leistungsbestandteil, dann sind die Kosten des Ausstattung in die **Kostenberechnung** und Baubeschreibung aufzunehmen und die Bestandteile der Ausstattung in den zeichnerischen Darstellungen abzubilden.

Bei den Möbeln ist regelmäßig erforderlich, **Planeintragungen** zu machen, damit der Flächenbedarf der Ausstattung und der angrenzenden Bewegungsflächen erkennbar wird.

Bei einem Hotel reicht es gelegentlich aus, ein Referenzgästezimmer statt aller vergleichbaren Zimmer mit Ausstattungsgegenständen darzustellen. Bei den Möbeln sind die planungsrelevanten Teile darzustellen, auf zeichnerische Darstellung untergeordneter Kleinmöbel oder z. B. Feuerlöscher kann in der Entwurfsplanung verzichtet werden.

Praxis-Tipp	Soweit die Feuerlöscheinrichtungen ggf. für die bauordnungsrechtliche Prüfung des Bauantrags erforderlich sind, sind sie ggf.in die Entwurfsplanung aufzunehmen (ggf. nach vorheriger Klärung der Zuständigkeit).[149]

Sollte die Ausstattung (Kostengruppe 600) nicht Bestandteil des Planungsauftrags sein, trägt das Planungsbüro dennoch die Verantwortung für die fachgerechte Planung, das heißt für die Möglichkeit, die geplanten Räume und sonstigen Flächen bedarfsgerecht ausstatten zu können. Das kann in der Weise erfolgen, dass der Auftraggeber die vorgesehene Ausstattung je Raum benennt. Der planende Architekt sollte Angaben zum fachlich erforderlichen Zeitpunkt[150] beim Auftraggeber (oder einem von ihm beauftragten Innenarchitekten) anfordern.

§ ?

---

[148] z. B. zur Kontrolle der Flächenberechnungen, BRI-Berechnungen, des Wärmeschutznachweises nach ENEV

[149] Siehe hierzu hilfsweise: Objektliste in Anlagengruppe 7.1 der Leistungen der Technischen Ausrüstung

[150] Im Rahmen der Koordination und Integration der Fachleistungen

Objektbeschreibung

Auch bei der Objektbeschreibung sind die Leistungen der weiteren Planungsbeteiligten zu integrieren. Es ist zu empfehlen, dass die Objektbeschreibung in der Systematik und Gliederung der Kostengruppen der DIN 276/08 erfolgt. Damit werden alle wesentlichen Kriterien der Planungsinhalte in die Baubeschreibung aufgenommen. Das gilt auch für die Kosten der Kostengruppe 700.

Praxis-Tipp	Sind verschiedene Kostenpositionen wie z. B. Kostengruppe 600, Kostengruppe 713, 743, 746, 760 nicht Inhalt der fachlichen Bearbeitung oder vom Auftraggeber nicht beauftragt oder nicht benannt (Kostengruppe 760) dann ist in der Baubeschreibung und in der Kostenberechnung darauf hinzuweisen.

Wichtig ist, dass die Objektbeschreibung alle **wesentlichen Merkmale**, die **planungsrelevant** sind, erfasst. Hinreichend genaue Festlegungen im Zuge der Entwurfsplanung sorgen für eine abgestimmte Basis und reibungslose Ausführungsplanung.

Deshalb ist die Objektbeschreibung ein nicht zu unterschätzendes Instrument des Planungsmanagements. Soweit Kosten-, Termin- oder Qualitätsrisiken bestehen, sind sie in der Objektbeschreibung aufzuführen und kurz zu begründen.

Praxis-Tipp	Die Beiträge zur Baubeschreibung der Kostengruppen, die von weiteren Planungsbeteiligten bearbeitet werden (z. B. Kostengruppe 400) sind von den Planungsbeteiligten dem koordinierenden Architekten zur Integration in die vollständige Baubeschreibung (ähnl. dem Verfahren der Kostenberechnung) vorzulegen.

Erkennt der Architekt im Rahmen seiner Koordination anhand der Beiträge der weiteren Beteiligten zur Baubeschreibung, dass ein Planungsbeteiligter am Projektziel[151] vorbei plant, sollte er diesen zur Korrektur auffordern. Dabei ist zugrunde zu legen, dass dem Architekten in dieser Phase nur diejenigen Kenntnisse zugerechnet werden können, die seinem Berufsbild entsprechen. So sind z. B. etwaige fachliche Fehler bei Einzelheiten der Entwurfsplanung des Elektroingenieurs nicht ohne Weiteres vom Architekten zu erkennen.

Weicht aber der Fachplaner erkennbar von den **Kostenkennwerten** oder dem ihm vorgegebenen anteiligen Kosten bei seiner Teil-Kostenberechnung ab, so ist dies vom Architekten zu koordinieren ggf. unter Beteiligung des Auftraggebers.

Die Objektbeschreibung muss so umfassend und inhaltlich klar sein, dass der Auftraggeber seinerseits erkennen kann, ob die Planung seinen **Zielvorstellungen** entspricht oder nicht.

Auch in dieser Hinsicht endet die Koordination „vor Beginn" vertraglicher Regelungen oder bei Sanktionen, die nur der Auftraggeber der weiteren Projektbeteiligten vornehmen kann.

---

[151] Projektziele können sein: gestalterische Vorgaben, Kostenobergrenzen, Terminvereinbarungen usw.

Kostenberechnung

Die Kostenberechnung ist von **zentraler Bedeutung** bei der Entwurfsplanung. Mit der HOAI 2009 ist die Kostenberechnung zur Grundlage des Honorars für alle Leistungsphasen erhoben worden. Dabei bleibt es auch mit der HOAI 2013. Damit ist die Bedeutung der Kostenberechnung erheblich gestiegen. Insofern gewinnt die auf das Projektziel ausgerichtete Koordination des Architekten im Zuge der Entwurfsplanung an Bedeutung.

Die **Kostenberechnung** dient als wichtige Entscheidungsgrundlage für den Auftraggeber, ob und in welcher Weise das Projekt mit der Ausführungsplanung und Auftragserteilung weitergeführt wird.

Zum Anderen wird mit der Kostenberechnung ein **Kostensteuerungsinstrument** erstellt, welches im Zuge der weiteren Planungsvertiefung als Ausgangspunkt der späteren Kostenvergleiche gilt. Denn auf dieser **Kostenberechnung** basiert in der Regel die endgültige Finanzierung des Projektes. Der öffentliche Auftraggeber orientiert seine **Haushaltsplanung** an der Kostenberechnung[152]. Der private Investor richtet seine endgültige **Baufinanzierung** ebenfalls i. d. R. an der Kostenberechnung aus.

Die Kostenberechnung ist in der Systematik der DIN 276/08 zu erstellen. Dabei ist gegenüber der Kostenschätzung eine genauere Aufgliederung der Kosten vorzunehmen. Die Kosten sind mindestens[153] bis zur **2. Stelle** differenziert zu ermitteln. Beispiel: Kostengruppe 330 Außenwände.

Praxis-Tipp	Abschnitt 4.2 der DIN 276/08 lässt alternativ eine Kostenberechnung nach Gewerkegliederung zu. Insbesondere beim Bauen im Bestand kann diese Alternative sehr vorteilhaft für alle Beteiligten sein. Die so ermittelten Kosten sind dann in anrechenbare Kosten gem. § 4 und § 33 HOAI einzugliedern.

Auch bei der Kostenberechnung ist zu beachten, dass an die Ermittlung der anrechenbaren Kosten zur Honorarermittlung andere als die Anforderungen an die **vertraglich geschuldete Kostenberechnung** gestellt werden. Für die Ermittlung der anrechenbaren Kosten anhand der Kostenberechnung sind die Regelungen der § § 4 und 33 HOAI maßgeblich.

Die Kostenberechnung ist Teil der Architektenleistungen, während die Ermittlung der anrechenbaren Kosten lediglich der Honorarermittlung dient.

Praxis-Tipp	Die Kosten, die nicht zu den anrechenbaren Kosten zählen, wie z. B. die Kosten der Kostengruppe 7, müssen nicht in der Ermittlung der anrechenbaren Kosten auftauchen. Von Bedeutung ist jedoch, dass die anrechenbaren Kosten zur Honorarberechnung **nachvollziehbar** aus der Kostenberechnung abgeleitet werden können.

Wird eine Kostenberechnung zum Entwurf nicht erbracht obwohl diese Leistung vereinbart war, steht dem Auftraggeber nach der herrschenden Rechtsprechung eine anteilige **Honorar-**

---

[152] Die sog. HU-Bau (Haushaltsunterlage Bau) wird auf Basis der Kostenberechnung erstellt

[153] Neu in der HOAI 2013

kürzung zu, die nach Ansicht einiger Oberlandesgerichte zwischen 1 und 2 v. H. des Gesamt honorars für die Grundleistungen betragen kann.

Da es sich hier um eine Leistung von besonderer Bedeutung für den Auftraggeber und gleicher maßen den Architekten[154] handelt, ist es wenig sinnvoll, keine Kostenberechnung zu erstellen.

Die Kostenberechnung besteht aus Beiträgen aller Planungsbeteiligten

Die weiteren an der **Planung Beteiligten** haben ihre **Beiträge zur Kostenberechnung** den Architekten vorzulegen, der diese Beiträge koordiniert, einarbeitet und anschließend die zu sammenfassende Kostenberechnung ausarbeitet. Dabei sind die jeweiligen Leistungsgrenzen der Planungsbeteiligten untereinander zu berücksichtigen. Auch bei der Bestimmung der Leis tungsgrenzen ist der Architekt als **Koordinator** tätig.

Der Planer für die Gas-Wasser-Abwasserinstallationen und Anlagen im Gebäude und auf dem Grundstück hat die Beiträge für die Kostengruppen 410, und 540 zu liefern. Ggf. kommen Anteile an den Kostengruppen 470, 480, 490 sowie 550 (je nach Ausgestaltung der Planungs verträge) hinzu.

Praxis-Tipp	Der Planer für die Gas-Wasser-Abwasserinstallationen und Anlagen im Gebäude und auf dem Grundstück hat die Beiträge für die Kostengruppen 410, und 540 zu liefern. Ggf. kommen Anteile an den Kostengruppen 470, 480, 490 sowie 550 (je nach Ausgestaltung der Planungsverträge) hinzu.

Die Ausarbeitung von Beiträgen zur Kostenberechnung trifft nicht nur für den Bereich der Technischen Ausrüstung, sondern ebenfalls für den Tragwerkplaner zu. Auch der **Tragwerk planer** hat einen Beitrag zur Kostenberechnung zu liefern, die relevanten Kostenanteile des Tragwerkes. Hier sollte vom Architekten im Rahmen der Koordination abgestimmt werden, welche Kostenanteile der Tragwerkplaner zu liefern hat, damit eine fachgerechte Integration durch den Architekten möglich ist.

Kostenkontrolle durch Vergleich der Kostenberechnung mit der Kostenschätzung

Diese Leistung stellt eine Gegenüberstellung der Kostenberechnung zur Kostenschätzung dar um anschließend eine **vergleichende Betrachtung** vornehmen zu können. Das ist relativ ein fach, wenn die Systematik nach der DIN 276 (entweder nach Kostengruppen oder alternativ nach Vergabeeinheiten) durchgehend eingehalten ist. Sollten erhebliche Abweichungen der Angaben untereinander bestehen, so wird es sinnvoll sein, einen Erläuterungsbericht zu verfas sen, aus dem die Begründungen für die Abweichungen hervorgehen.

Praxis-Tipp	Um später beim Vergleich der bepreisten LV's mit der Kostenberechnung keinen zusätzlichen Umgruppierungsaufwand von anteiligen Kosten zu haben, empfiehlt es sich, die Kostenberechnung bereits im Zuge ihrer Erstellung in die späteren Vergabeeinheiten zu gliedern. Dazu wäre eine Abstimmung mit dem Auftraggeber von Vorteil. Im Ergebnis wäre dann einerseits eine Gliederung nach Kostengruppen und gleicherma ßen nach Vergabeeinheiten sinnvoll.

---

[154] als Honorarabrechnungsgrundlage unentbehrlich

Kürzungen an der Kostenberechnung

Die Kosten der Kostenberechnung werden vorkalkulatorisch ermittelt und stammen somit nicht aus Preisangeboten zum aktuellen Projekt. Der Kostenberechnung liegen kalkulatorisch übliche Kosten (einschl. Tariflohnkostenanteile) zugrunde. Verschiedentlich werden von Auftraggeberseite Kürzungen an den Einzelansätzen der Kostenberechnung vorgenommen. Sind die vom Planer angesetzten Kosten ortsüblich angemessen, dann sind Kürzungen nicht berechtigt.

Die Angemessenheitsregel gilt auch für die Auftraggeber der öffentlichen Hand, bei denen gelegentlich im Rahmen der Prüfung hinsichtlich Fördermittel Kürzungen durch übergeordnete Behörden vorgenommen werden, die jedoch kein Vertragsverhältnis zum Architekten haben. Es handelt sich hierbei um eine **auftraggeberinterne Vorgehensweise**. Ist jedoch im Planungsvertrag vereinbart, dass die Kostenberechnung mit der (externen) Zuwendungsbehörde abzustimmen ist und erst mit der Zustimmung als vom Auftraggeber angenommen gilt, dann sind die Prüfbemerkungen des Zuwendungsgebers (als solche des Auftraggebers zu betrachten) entscheidend.

Eine Kürzung ist dann zulässig, wenn die Kostenansätze des Architekten unangemessen sind. Um eine Kürzung bei den anrechenbaren Kosten vornehmen zu können, ist der Nachweis zu führen (Substantiierungspflicht), dass die vom Architekten ermittelten Kosten in der Kostenberechnung unangemessen sind. Dieser Nachweis ist nicht durch einfache sog. **Korrektureintragungen** in der Kostenberechnung des Architekten geführt.

Beispiel

Die Baukostendaten des BKI in Stuttgart gelten als anerkannte Daten, sie wurden durch ein Urteil[155] des Verwaltungsgerichtshofes Baden-Württemberg bestätigt. Nach diesem Urteil können die Baukostendaten des BKI zur Baukostenermittlung herangezogen werden. Im vorliegenden Fall ging es um die Berechnung der Verwaltungsgebühr bei der Erteilung einer Baugenehmigung.

Kostenberechnung – Vergleich mit den nachfolgenden Kostenermittlungen

Die Kostenberechnung dient als Basis für den späteren Vergleich der bepreisten Leistungsverzeichnisse mit der Kostenberechnung [siehe: Grundleistung e) in Leistungsphase 6]. Dieser Vergleich ist mit der HOAI 2013 eingeführt worden. Dabei muss der Planer selbst im Rahmen dieser Grundleistung dafür Sorge tragen, dass der Vergleich ermöglicht wird. Das geschieht z. B. dadurch, dass die jeweiligen Einzelkostenansätze ebenfalls miteinander vergleichbar gemacht werden. Ein Vergleich über die Gesamtbeträge aller Kostengruppen scheitert bei stufenweiser Erstellung der bepreisten LV's (was der Regelfall ist) aufgrund der Terminstufung bei der Abwicklung bereits.

Das nachstehende Bild zeigt die Problemstellung wonach die Gliederung nach Kostengruppen bei der Kostenberechnung und die Gliederung nach Vergabeeinheiten im Zuge der Leistungsphase 6 (bepreiste LV's) unterschiedlich sind. Das soll nach der HOAI 2013 nicht mehr hingenommen werden. Der Planer soll den Vergleich unmittelbar im Rahmen der Grundleistungen herstellen. Das kann z. B. durch doppelte Anwendung von Gliederungskriterien, nach Kostengruppen sowie gleichermaßen nach Gewerken bzw. Vergabeeinheiten erfolgen.

§ 3

---

[155] Aktenzeichen 3 S 77/99

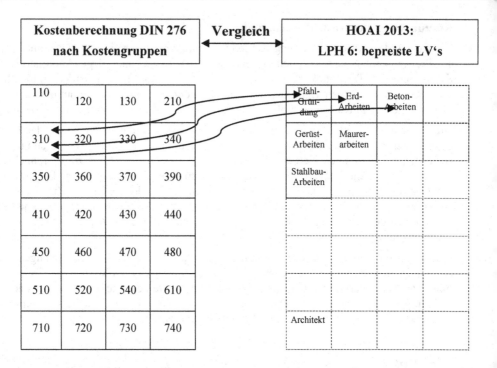

Das nachstehende Bild zeigt den Vergleich wie oben jedoch mit durchgehend gleicher Gliede rung nach Vergabeeinheiten. Damit ist der Vergleich möglich. Es stellt sich daher im Rahmer der Kostenberechnung die Frage, ob es nicht von Vorteil ist, im Zuge der Kostenberechnung bereits eine darüber hinausgehende Gliederuung nach Vergabeeinheiten vorzunehmen, um die Grundleistung e) in Leistungsphase 6 erfüllen zu können.

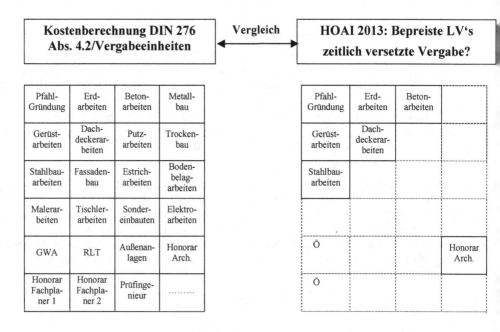

Verhandlungen über die Genehmigungsfähigkeit

Im Ergebnis schuldet der Architekt eine genehmigungsfähige Entwurfsplanung. Um dieses Ergebnis zu erreichen, sind in vielen Fällen Abstimmungen mit der zuständigen Baubehörde und den sonstigen Fachbehörden (z. B. Stadtplanungsamt, Gewerbeaufsichtsamt) vorzunehmen.

Hier gilt, dass im Rahmen der gegenseitigen Leistungsverantwortung jeder Fachplaner die Verhandlungen für seinen Planbereich eigenständig federführend vorzunehmen hat. So hat z. B. das Büro für Technische Ausrüstung (Gas-Wasser-Abwasser) selbst darüber zu verhandeln, welche Arten der **Gewerbeabwasserbehandlung** beim Bau einer Produktionsstätte genehmigungsfähig ist und wie viel Wasser der öffentlichen Versorgungsleitung entnommen werden darf.

Praxis-Tipp	Es empfiehlt sich, die bauordnungsrechtlich relevanten und kostenintensiven Themen (wie z. B. die Löschwasserversorgung durch örtl. Netzerweiterung) schriftlich zu klären, um bei späteren Rückfragen belastbar reagieren zu können.

Der Architekt wird i. d. R. mit der Bauaufsichtsbehörde, der Gewerbeaufsicht, der Brandschutzabteilung, dem Denkmalamt, dem Umweltamt und der Naturschutzbehörde zu verhandeln haben. Soweit jedoch keine Verhandlungen erforderlich sind, z. B. weil die Genehmigungsfähigkeit anhand der Satzungen und der Bauleitplanung eindeutig klärbar ist, müssen diese Verhandlungen nicht stattfinden. Dann reicht es aus, wenn sich der Planer damit befasst und die Genehmigungsfähigkeit durch eigene entsprechende Ausrichtung der Planung herstellt.

Bei **großen Projekten** hat sich eine sog. **Antragskonferenz** (bestehend aus den Fachbehörden unter Leitung eines speziellen Behördenkoordinators) oder ein einzelner Ansprechpartner auf Behördenseite durchgesetzt. Damit wird die Projektrealisierung behördlich unterstützt und beschleunigt.

Die Koordinationstätigkeit des Architekten bei den Verhandlungen besteht darin, diesen **Abstimmungsprozess** zu koordinieren, damit am Ende ein einheitliches Werk aus der Entwurfsplanung hervorgeht und alle wesentlichen behördlichen Aspekte berücksichtigt sind. Jeder beteiligte Fachplaner ist für die Genehmigungsfähigkeit hinsichtlich der Leistungen aus seinem eigenen Planbereich selbst verantwortlich.

Praxis-Tipp	Eine Ausnahme besteht, wenn sich dem Architekt ein offensichtlicher Fehler eines Fachplaners förmlich aufdrängt und er eine Korrektur auch ohne Spezialkenntnisse aus dem Planbereich veranlassen konnte.

Fortschreiben des Terminplanes

§ 3

Der in Leistungsphase 2 erstellte Terminplan ist hier fortzuschreiben; dabei sind die Erkenntnisse aus der Planungsvertiefung, die sich gegenüber dem Stand der Vorplanung ergeben, zu berücksichtigen. In der Entwurfsplanung können die terminlichen Auswirkungen aufgrund der größeren Planungstiefe konkreter erfasst werden. Diese konkretere Bearbeitung erfordert naturgemäß eine Fortschreibung von Terminabfolgen der geplanten Vorgänge (bei unverändertem Leistungsziel und Leistungsumfang). Die Fortschreibung bedeutet jedoch nicht, dass eine völli-

ge Neuerstellung mit neuen Endterminen damit abgegolten ist, wenn z. B. grundsätzlich ver
schiedene Anforderungen an den Terminablauf gestellt werden. Das Fortschreiben als Grund
leistung setzt ein unverändert bleibendes Leistungsziel voraus. Wird eine Änderung nur erfor
derlich, weil sich Leistungsziele (Leistungsumfang und Planungsobjekt) oder Bauumstände au
Gründen geändert haben, die der Gebäudeplaner nicht zu vertreten hat, handelt es sich nich
mehr um eine Grundleistung.

Praxis-Tipp

Die Fortschreibung der Terminplanung wird auf dem zur Fortschreibung
aktuellen Kenntnisstand erfolgen. Soweit die terminliche Einschätzung
der Dauer des Genehmigungsverfahrens Bestandteil der Fortschreibung
ist, muss darauf hingewiesen werden, dass diese Termine im Regelfall
nicht vom Architekten beeinflusst werden können und in dieser Folge
allenfalls Annahmen getroffen werden können.

Zusammenfassen Erläutern und Dokumentieren der Ergebnisse

Diese Leistung sollte immer erbracht werden. Der Vorteil für Auftraggeber und Architekt be
steht gleichermaßen darin, eine gemeinsame, in sich abgeschlossene einvernehmliche Entwurf
splanung (mit Zeichnungen, Erläuterungen und einer Kostenberechnung) als Basis für die wei
tere Planungsvertiefung vorliegen zu haben.

Dabei darf der Architekt im Interesse der Einhaltung von Projektzielen Vorgaben im Rahmer
der jeweils beauftragten Fachleistungen machen. Bei der Zusammenstellung handelt es sich
nicht um eine bloße Addition von Beiträgen der Planungsbeteiligten, sondern dem geht ein
Abstimmungs- und Integrationsprozess voraus, der vom Architekten federführend koordi
niert wird.

Diese Zusammenfassung soll auch die Beiträge der weiteren an der Planung fachlich Beteilig
ten umfassen. Dazu liefert jeder Beteiligte seine **Beiträge** beim Architekten ab, der diese inte
griert und zusammenstellt.

Die Planungsergebnisse sind nicht lediglich zusammenzustellen, sondern darüber hinaus (in
haltlich) zu erläutern, insbesondere im Hinblick auf die im Planungsprozess konkretisierter
Anforderungen und der hierzu getroffenen Entscheidungen. Die Dokumentation soll eine ge
meinsame Basis für die weiteren Leistungen sicherstellen.

Besondere Leistungen der Leistungsphase 3

Als Besondere Leistung kommen die Analyse der Alternativen und deren Wertung mit Kosten
untersuchung in Betracht. Diese Leistung zielt nicht auf die Preisvergleiche von Unternehmer
preisen im Rahmen der Angebotswertung ab, sondern auf eigene, vom **Architekten erstellte
Kostenvergleiche.**

Beispiel

*Bei großen Projekten mit hoher Installationsdichte stellt sich gelegentlich die Frage,
welches Unterzugssystem bei den Deckenkonstruktionen einerseits den Planungsanforderungen am besten entspricht und andererseits welches System welche Baukosten
verursacht. Hierbei sind verschiedene Deckensysteme (Kassettendecken, voutenförmi-
ge Decken, Pilzdecken, orthogonale Unterzugssysteme z. B. mit Regelaussparungen,*

*gerichtete Unterzugssysteme, Vollplattendecken) zeichnerisch, konstruktiv und kosten-
mäßig mit ihren Auswirkungen auf die Architektur und die Funktionalität gegenüber zu
stellen. Dabei handelt es sich um eine typische Besondere Leistung.*

Wirtschaftlichkeitsberechnung

Die Wirtschaftlichkeitsberechnung ist z. B. eine Ermittlung des zu erwartenden Aufwandes
und Ertrages durch die Immobilie. Wirtschaftlichkeitsberechnungen können sich auf das gesamte Bauwerk oder auf einzelne Bauteile beziehen. Dabei ist die **Ertragsseite** der **Kostenseite**
gegenüber zu stellen. Die zu vergleichenden Kostenpositionen von Wirtschaftlichkeitsberechnungen bestehen in den meisten Fällen aus

- Investitionskosten
- Bauunterhaltungskosten,
- Energieverbrauch, Betriebskosten,
- Finanzierungskosten,
- Hausmeisterkosten,
- Kapitalverzinsung, Abschreibungen
- Verwaltungskosten (Hausmeisterdienst, Reinigung ...)

Auf der Ertragsseite stehen z. B. Mieteinnahmen, Pachten und ggf. prognostizierte Wertsteige-
rungen.

Leistungsphase 4 Genehmigungsplanung

Grundleistungen	Besondere Leistungen
a) Erarbeiten und Zusammenstellen der Vorlagen und Nachweise für öffentlich-rechtliche Genehmigungen oder Zustimmungen einschließlich der Anträge auf Ausnahmen und Befreiungen, sowie notwendiger Verhandlungen mit Behörden unter Verwendung der Beiträge anderer an der Planung fachlich Beteiligter b) Einreichen der Vorlagen c) Ergänzen und Anpassen der Planungsunterlagen, Beschreibungen und Berechnungen	– Mitwirken bei der Beschaffung der nachbarlichen Zustimmung – Nachweise, insbesondere technischer, konstruktiver und bauphysikalischer Art für die Erlangung behördlicher Zustimmungen im Einzelfall – Fachliche und organisatorische Unterstützung des Bauherrn im Widerspruchsverfahren, Klageverfahren oder ähnlichen Verfahren

Grundleistungen der Leistungsphase 4

Die Leistungsphase 4 wird dominiert von der Erarbeitung der Vorlagen nach den **öffentlich
rechtlichen Bestimmungen** sowie der Anträge auf Befreiungen, Ausnahmen oder Zustimmun-
gen. Auch dabei sind die Beiträge der weiteren an der Planung fachlich Beteiligten zu koordinieren und deren Leistungen in die Architektenleistung zu integrieren.

Fallen dabei noch Verhandlungen mit den Genehmigungsbehörden an, sind sie ebenfalls zu führen. Welche Leistungen genehmigungspflichtig sind, ergibt sich aus den einzelnen **Landesbauordnungen** und den bauaufsichtlich **eingeführten Technischen Baubestimmungen**.

Zu genehmigungspflichtigen Leistungen können auch Abbrüche von schadstoffhaltigen Bauteilen im Zuge einer Umbaumaßnahme gehören. Die Gewerbeaufsichtsämter erteilen in einigen Bundesländern öffentlich rechtliche Genehmigungen für Förderanlagen (Aufzüge, Treppenlifte AWT-Anlagen ...). Denkmalschutzämter sind für die öffentlich-rechtlichen Genehmigungen bei Baudenkmalen oder Bodendenkmalen zuständig oder werden im Rahmen des Baugenehmigungsverfahrens beteiligt. Weitere Fachbehörden (Wasserschutzbehörden, Luftfahrtämter ...) sind für spezielle Genehmigungen zuständig.

Der **Architekt** hat **nicht alle Unterlagen**, die bei den Genehmigungsbehörden einzureichen sind selbst zu **erarbeiten**. Insofern ist die Formulierung in der HOAI missverständlich.

Er hat diejenigen Unterlagen, die in seinem Leistungsbild bzw. **Planbereich** anfallen, fachlich selbst auszuarbeiten und einzureichen. Sind Wohnflächenberechnungen oder andere Flächenberechnungen zur Erteilung der Baugenehmigung erforderlich, gehören diese Leistungen in den meisten Fällen noch zu den Grundleistungen des Architekten. Darüber ist jedoch im Einzelfall zu entscheiden.

Unterlagen, die im Zuge einer **Immissionsschutzrechtlichen Genehmigung** (im Baugenehmigungsverfahren z. B. Bestandteil der Baugenehmigung) erforderlich werden, gehören nicht zu den Grundleistungen der Architektenleistungen. Schließt eine immissionsschutzrechtliche Genehmigung umgekehrt eine Baugenehmigung ein[156], dann gehören nur die zur „anteiligen" Baugenehmigung erforderlichen Architektenleistungen zu seinen Leistungen.

Die Unterlagen, die anderen Leistungsbildern unterfallen, haben die entsprechenden Planungsbeteiligten eigenständig auszuarbeiten und dem Architekten zur Einreichung bei der Baubehörde vorzulegen. Der Architekt muss diese, den beteiligten Fachplanern obliegenden Unterlagen nicht selbst ausarbeiten. Dazu nachstehende beispielhafte Übersicht:

1. **Entwässerungsplanung:** Hier handelt es sich um eine Leistung der Fachplanung.
2. **Standsicherheitsnachweis:** Der Standsicherheitsnachweis ist Grundleistung des Leistungsbildes der Tragwerkplanung.
3. **Wärmeschutznachweis nach ENEV:** Dieser Nachweis gehört zu den nicht preisrechtlich geregelten Leistungen.
4. **Schallschutznachweis:** Dies ist eine Leistung aus dem Bereich der Leistungen für Schallschutz und Raumakustik. Dieser Nachweis gehört zu den nicht preisrechtlich geregelten Leistungen.
5. **Brandschutzgutachten:** Hier handelt es sich um eine Sachverständigenleistung oder Beratungsleistung, die auf Vorschlag des Architekten oder auf besondere Anforderung der Bauaufsichtsbehörde erforderlich sein kann, oder die zur Erzielung von Einsparungen bei den Investitions- oder Betriebskosten dient. Dieser Nachweis bzw. das Gutachten gehört zu den nicht preisrechtlich geregelten Leistungen.
6. **Amtlicher Lageplan (als Bauvorlage gem. Landesbauordnung):** Dies ist eine Leistung aus dem Planbereich Vermessungswesen, der zu den Beratungsleistungen gehört.

Erbringt der Architekt diese in Nr. 1–6 genannten Leistungen neben den Leistungen der Gebäudeplanung selbst, kann er diese Leistungen gesondert abrechnen.

---

[156] z. B. bei Genehmigung eines Bauwerkes zur Produktion von Waschmittel

Besondere Leistungen als Grundlage der Baugenehmigung

Der Grundsatz, nachdem ein Architekt eine insgesamt genehmigungsfähige Planung schuldet, kann teilweise nur sinnvoll und wirtschaftlich erfüllt werden, wenn Besondere Leistungen, die zur Erlangung der Genehmigung bei bestimmten Planungslösungen (z. B. bei Abweichungen von der Bauordnung oder bei Bestandsbauten mit baurechtlich nicht aktuellen Schutzwirkungen) zwingend erforderlich sind, auch beauftragt werden. Die neue HOAI hat für Honorare für besondere Leistungen kein Schriftformerfordernis mehr geregelt. Insofern ist die mündliche Vereinbarung einer Besonderen Leistung möglich. Soweit keine Honorarvereinbarung getroffen wurde, ist dann die übliche Vergütung anzusetzen.

Zu den Besonderen Leistungen zählt auch eine **Bestandsaufnahme** der vorhandenen Bausubstanz oder ein bauhistorisches **Gutachten** eines speziellen Fachbüros. Bei Nutzungsänderungen[157] können auch besondere Leistungen aus dem Bereich der Tragwerkplanung anfallen. Sollen alte Tragwerksteile oder ganze Tragwerke mit geänderter Nutzung weiterverwendet werden, kann evtl. eine Bestandsaufnahme des vorhandenen Tragwerkes (Dachstuhl, tragende Wände usw.) mit anschließendem Standsicherheitsnachweis des vorhandenen Tragwerkes als Besondere Leistung bei der Tragwerkplanung erforderlich werden. Dabei ist zu berücksichtigen, dass der Standsicherheitsnachweis für neue Tragwerke oder Tragwerkteile (z. B. neue Verstärkungen an der vorhandenen Konstruktion) keine besonderen Leistungen, sondern Leistungen aus dem Leistungsbild der Tragwerkplanung sind.

Hinsichtlich der Brandschutznachweise als Besondere Leistung ist auf die Ausführungen zu den Grundleistungen und Besonderen Leistungen in Leistungsphase 2 Bezug zu nehmen.

Das Erstellen von speziellen Unterlagen für die Erteilung von **Abgeschlossenheitsbescheinigungen** ist keine typische Leistung des Architekten, sie können aber von Architekten als besondere Leistungen oder zusätzliche Leistungen erbracht werden. Werden für Eigentumswohnanlagen **Mieteigentumsanteile** errechnet, handelt es sich dabei ebenfalls um eine besondere Leistung.

Freistellungsverordnungen

Die Freistellungsverordnungen der Bundesländer sind jeweils unterschiedlich ausgestaltet und erlauben die Errichtung von Bauobjekten zum Teil ohne förmliche Baugenehmigung. Diese Maßnahme war ursprünglich als Vereinfachung gedacht, hat aber dazu geführt, dass die Architekten einen **Zuwachs an Haftungsrisiko** erfahren, denn die früher übliche Baugenehmigung hat für Planungssicherheit gesorgt und das Mängelrisiko erheblich eingedämmt.

Praxis-Tipp	Es hat sich zwischenzeitlich die Auffassung gefestigt, dass auch bei Planung nach Freistellungsverordnung die Genehmigungsunterlagen ordnungsgemäß erstellt werden müssen. Diese Unterlagen sind bei dem Auftraggeber[158] bzw. der Bauaufsichtsbehörde einzureichen und dort langfristig aufzubewahren.

Insofern hat sich durch die Freistellungsverordnung bei der Erbringung der Leistungsphase 4 in Bezug auf das Honorar nichts geändert.

---

[157] z. B. Museumseinbau in das Obergeschoss des Kreuzgangs eines gotischen Klosters
[158] in einigen Bundesländern: Auf der Baustelle bereit halten

Bei schwierigen Fragen der Genehmigungsfähigkeit kann der Architekt dem Auftraggeber trot. Freistellungsverordnung empfehlen, eine Baugenehmigung zu beantragen. Denn die amtlich« Baugenehmigung kann als **„Qualitätszertifikat"** bzw. Bestandsschutzgarantie bei einem evtl später Verkauf der Immobilie von großer Bedeutung sein. Dies wird insbesondere vor den Hintergrund wichtig, dass sich in regelmäßigen Abständen das öffentliche Baurecht ändert un(sich die Fragen des Bestandsschutzes nach einigen Jahren (ohne eine dann vorhandene Bauge nehmigung) kompliziert gestalten.

Darüber hinaus ist auch bei einem Einfamilienhaus nicht alles von der Freistellungsverordnung erfasst. Das Entwässerungsgesuch ist nach wie vor einzureichen. Gleiches gilt für Förderanla gen.

Haftungsrisiken bei der Genehmigungsplanung

Die Genehmigungsplanung ist **ergebnisorientiert**. Damit hat der Architekt für die Genehmi gungsfähigkeit seiner Planung einzustehen. Bei Ablehnung eines Bauantrages ohne vorherig« Beratung durch den Architekten hinsichtlich etwaiger Genehmigungsrisiken und ohne Hinwei auf eine erforderliche Bauvoranfrage hat der Architekt u. U. die Gebühren eines ablehnende» Bescheides[159] zu tragen, soweit die Ablehnung auf mangelhafte Planung zurück zu führen ist.

Das Oberlandesgericht Frankfurt/Main hat mit Urteil vom 11.03.2008 (10 U 118/07) entschie den, dass die Planung eines Architekten so ausgestaltet werden muss, dass keine Verletzung de brandschutztechnischen Anforderungen eintreten kann. Auf nachträgliche Zulassungen in Einzelfall oder evtl. Befreiungen darf der Planer genauso wenig vertrauen wie auf evtl. Fach kunde des Bauunternehmers. Er muss auf der „sicheren" Seite planen.

In einzelnen Fällen kann es für Auftraggeber jedoch von Bedeutung sein, eine Planung vorzu legen von der nicht auszugehen ist, dass sie ohne Weiteres genehmigungsfähig ist. Das kann der Fall sein, wenn bei Investorenobjekten die zulässige Grundstücksausnutzung überschritten werden soll und im Wege einer **Befreiung** versucht wird, eine Genehmigung zu erzielen.

Auch bei solchen Planungen wird das (hohe) Genehmigungsrisiko dem Architekten nur unte bestimmten Umständen abgenommen.

Kommt es zur **Ablehnung des Bauantrages**, ist die Architektenleistung im Regelfall nich verwertbar und der Honoraranspruch entfällt. Um diese Problematik zu bewältigen, kann da: Genehmigungsrisiko durch eine schriftliche Vereinbarung an den Auftraggeber der bewuss eine zunächst nicht genehmigungsfähige Planung verlangt, weitergegeben werden. Diese Vor gehensweise ist bei der Projektentwicklung gelegentlich anzutreffen, wenn darauf gehofft wird dass die Planung im Zuge einer Befreiung genehmigt wird.

Beratungspflicht bei Genehmigungsrisiko

Scheitert eine solche Vereinbarung zur Übernahme des Haftungsrisikos, hat der Architekt der Auftraggeber auf das **Genehmigungsrisiko** hinzuweisen. Dabei sind die Zusammenhänge nachvollziehbar darzulegen, so dass der Auftraggeber das Risiko selbstständig einschätze kann. Fordert der Auftraggeber dennoch, an der wahrscheinlich nicht genehmigungsfähige» Planung festzuhalten und den Bauantrag dementsprechend einzureichen, trägt er selbst da: Genehmigungsrisiko. Außerdem behält der Architekt seinen Honoraranspruch für diese Pla nung, auch wenn Sie in diesem Fall nicht genehmigungsfähig ist. Mit Urteil des Oberlandesge richtes Düsseldorf vom 20.06.2000 (21 U 162/99) wurde diese Auffassung obergerichtlich gefestigt.

---

[159] Urteil des OLG Hamm v.04.01.2001 (21 U 159/99) NJW-RR 2002,747, Baur 2002, 1447

Auch vor dem Hintergrund der bei gewerblichen Objekten **nicht unerheblichen Gebühren**, die auch bei Ablehnung eines Bauantrages anfallen, ist dieses Urteil von großer Bedeutung.

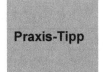 **Praxis-Tipp** Bestehen Zweifel an der Genehmigungsfähigkeit der Planung, hat der Architekt bereits bei der Vorplanung dem Auftraggeber eine Bauvoranfrage zu empfehlen[160], um ihn vor evtl. unnötigen Gebühren zu bewahren. Lehnt der Auftraggeber dies ab, greift die umfassende **Beratungspflicht** des Architekten, die schriftlich erfolgen sollte.

Wird ein wesentlicher Eingriff in ein **Baudenkmal** geplant, wird generell eine **Bauvoranfrage** empfohlen. Da die Bauvoranfrage nur eine so genannte „Spar-Genehmigung" ist, die lediglich die Fragestellungen beantwortet, die auch vom Antragsteller angefragt wurden, ist eine Bauvoranfrage bei wesentlichen Eingriffen in ein Baudenkmal umfassend auszugestalten und sollte alle vorgesehenen Eingriffe oder Veränderungen erfassen.

Außerdem ist zu beachten, dass eine Bauvoranfrage noch keine **endgültige Baugenehmigung** darstellt, sondern nur Verbindlichkeit für diejenigen entschiedenen Fragen gibt, die die Bauvoranfrage behandelt hat.

Besondere Leistungen der Leistungsphase 4

Eine wichtige Besondere Leistung stellt die Mitwirkung bei der **nachbarlichen Zustimmung** dar.

Das Erarbeiten von Unterlagen für **besondere Prüfverfahren** gehört ebenfalls zu den Besonderen Leistungen. Es kann sich z. B. um **Einzelfallzulassungen** von neuartigen Baustoffen oder Konstruktionen handeln, bei denen noch keine Brandschutztechnischen Zulassungen vorliegen und deshalb ein besonderes Prüfverfahren[161] als Grundlage zur Erteilung der Baugenehmigung erforderlich ist.

Schließlich gehört die fachliche und organisatorische Unterstützung bei **Widerspruchsverfahren** oder Klagen zu den Besonderen Leistungen der Leistungsphase 4. Die Besondere Leistung des Architekten besteht u. a. darin, baufachliche Sachverhalte aufzuarbeiten und für das Verfahren bereitzustellen.

Rechtsfragen bei der Genehmigungsplanung

Stehen im Zuge der Bauantragstellung komplexe Fragestellungen des priv. oder öffentl. Baurechts zur Klärung an, kann der Architekt dem Auftraggeber die Einschaltung eines Rechtsanwaltes vorschlagen, der diese Rechtsangelegenheit besorgt. Es ist nicht Sache des Architekten, im Rahmen der Grundleistungen nach HOAI schwierige Fragen des Baurechts zu klären. Hier stoßen Architekten teilweise an die Grenze ihrer Fachkenntnis. Erbringt der Architekt dennoch eine solche Leistung,

– darf er dafür ein gesondertes Honorar vereinbaren,

– haftet er bei Fehlern dieser Leistung,

– sollte er zunächst seinen Versicherungsschutz prüfen.

§ 3

---

[160] Urteil des BGH vom 21.06.2001 (III ZR 313/99) IBR 2001,497

[161] z. B. bei einer Materialprüfanstalt

Ist im Zuge des Genehmigungsverfahrens ein **Widerspruch bei der Baubehörde** einzureichen dann ist der Widerspruch vom Antragsteller einzureichen. Der Architekt kann dabei beraten Ein Widerspruch kann vom Architekten fachlich vorbereitet werden.

Leistungsphase 5 Ausführungsplanung

Grundleistungen	Besondere Leistungen
a) Erarbeiten der Ausführungsplanung mit allen für die Ausführung notwendigen Einzelangaben (zeichnerisch und textlich) auf der Grundlage der Entwurfs- und Genehmigungsplanung bis zur ausführungsreifen Lösung, als Grundlage für die weiteren Leistungsphasen	– Aufstellen einer detaillierten Objektbeschreibung als Grundlage der Leistungsbeschreibung mit Leistungsprogrammx) – Prüfen der vom bauausführenden Unternehmen auf Grund der Leistungsbeschreibung mit Leistungsprogramm ausgearbeiteten Ausführungspläne auf Übereinstimmung mit der Entwurfsplanung[x)]
b) Ausführungs-, Detail- und Konstruktionszeichnungen nach Art und Größe des Objekts im erforderlichen Umfang und Detaillierungsgrad unter Berücksichtigung aller fachspezifischen Anforderungen, zum Beispiel bei Gebäuden im Maßstab 1:50 bis 1:1, zum Beispiel bei Innenräumen im Maßstab 1:20 bis 1:1	– Fortschreiben von Raumbüchern in detaillierter Form – Mitwirken beim Anlagenkennzeichnungssystem (AKS) – Prüfen und Anerkennen von Plänen Dritter, nicht an der Planung fachlich Beteiligter auf
c) Bereitstellen der Arbeitsergebnisse als Grundlage für die anderen an der Planung fachlich Beteiligten, sowie Koordination und Integration von deren Leistungen	Übereinstimmung mit den Ausführungsplänen (zum Beispiel Werkstattzeichnungen von Unternehmen, Aufstellungs- und Fundamentpläne nutzungsspezifischer oder betriebstechnischer Anlagen), soweit die Leistungen
d) Fortschreiben des Terminplans	Anlagen betreffen, die in den anrechenbaren Kosten nicht erfasst sind
e) Fortschreiben der Ausführungsplanung aufgrund der gewerkeorientierten Bearbeitung während der Objektausführung	[x)] Diese Besondere Leistung wird bei Leistungsbeschreibung mit Leistungsprogramm ganz oder teilweise Grundleistung. In diesem Fall entfallen die entsprechenden Grundleistungen dieser Leistungsphase.
f) Überprüfen erforderlicher Montagepläne der vom Objektplaner geplanten Baukonstruktionen und baukonstruktiven Einbauten auf Übereinstimmung mit der Ausführungsplanung	

Grundleistungen der Leistungsphase 5

Die Ausführungsplanung ist der letzte Planungsschritt vor der Bauausführung, bei dem zeichnerische Leistungen erbracht werden. Daraus folgt, dass die Ausführungsplanung alle zur Ausführung der Arbeiten vor Ort notwendigen Angaben enthalten muss.

Damit entsprechen die Leistungen der Ausführungsplanung in jedem Fall auch den Anforderungen nach § 3 VOB/B im Verhältnis Auftraggeber – Bauunternehmer. Es ist davon auszugehen, dass die bauliche Umsetzung vor Ort allein aufgrund der Ausführungsplanung und der Leistungsbeschreibung in Verbindung mit dem Bauvertrag ohne Schwierigkeiten möglich sein muss. Der Unternehmer muss jeweils das Gewollte erkennen und danach arbeiten können.

Beispiel

Nach DIN 1961[162] handelt es sich bei den Ausführungsunterlagen um Schriftstücke, Zeichnungen, Anleitungen usw., die notwendig sind, um den Bauunternehmen im Einzelnen genau den Weg für die technisch ordnungsgemäße Baudurchführung zu zeigen. Hierzu gehören Einzel-, Detail- und Gesamtzeichnungen mit den darin enthaltenen Maßen und schriftlichen Anleitungen.

Ausführungszeichnungen werden in der Regel im Maßstab 1:50, gegebenenfalls im Maßstab 1:20 erstellt. Detail- und Teilzeichnungen werden üblicherweise in den Maßstäben 1:20, 1:10, 1:5 sowie 1:1 je nach Erfordernis erstellt. Ausführungsangaben können aber auch in anderen Maßstäben erstellt werden, z. B. als Übersichtspläne mit Bezugshinweisen auf Detailpläne. Die Ausführungsplanung muss Detailzeichnungen und Schnittzeichnungen in der Vielfalt enthalten, wie es zur baulichen Umsetzung erforderlich ist. Zu den Ausführungszeichnungen gehören, falls erforderlich, auch textliche Erläuterungen. Diese o. e. Anforderungen entsprechen der DIN 1356.[163]

Bereitstellen der Arbeitsergebnisse für die weiteren Planungsbeteiligten

Hier hat der Architekt zunächst die Grundlagen für die Planungsbeiträge der Beteiligten zu schaffen. Dabei werden Ausführungszeichnungen (Grundrisse, Schnitte, Ansichten, Details, textliche Erläuterungen) erstellt und den Fachplanern als Basis für ihre eigenen Leistungen übergeben. Mit der heutigen EDV-Technik werden diese Pläne häufig als Datei den Planungsbeteiligten, die ihre Leistungen dort einarbeiten, zur Verfügung gestellt. Die EDV-Erstellung von Planungsunterlagen und elektronische Planübermittlung ist jedoch nach HOAI nicht gefordert. Die manuelle Erstellung ist ebenfalls noch möglich, wird aber kaum noch durchgeführt. Nachdem die Bereitstellung dieser Unterlagen erfolgt ist, werden die weiteren an der Planung beteiligten Fachbüros und Berater ihre Beiträge erarbeiten. Dies erfolgt im Rahmen eines sog. Koordinationsprozesses, der vom Objektplaner angeleitet wird.

Koordination

Neu ist die Koordination die neben der Integration der Fachbeiträge anfällt und auf dem Bereitstellen der Arbeitsergebnisse durch den Architekten basiert. Hier treffen die Ausführungen aus Leistungsphase 2 sinngemäß ebenfalls zu. Die Koordination kann danach als proaktives Handeln oder Zugehen auf die Planungsbeteiligten verstanden werden. Damit ist allerdings nur eine fachtechnische Koordination gemeint und keine Koordination im Sinne einer delegierbaren Auftraggeberleistung als Projektsteuerung.

Der Architekt soll vorausschauend tätig werden und mögliche Schnittstellenprobleme benennen. Das Koordinieren soll sicherstellen, dass der Planungsablauf ablauftechnisch sachgemäß organisiert wird die Beteiligten rechtzeitig eingebunden werden und das Zusammenwirken erfolgt.

Der Architekt hat insofern also auch eine Verpflichtung dahingehend, die Vorgaben der von ihm konkret erstellten Objektplanung den anderen an der Planung Beteiligten so zur Verfügung zu stellen, dass diese ihren Planungsbeitrag erbringen können, dass heißt, dass die Fachplanungen mit der Gebäudeplanung korrespondieren muss.

§ 3

---

[162] Ausgabe 1992, VOB-Kommentar, Ingenstau/Korbion, Werner Verlag, 12. Aufl.

[163] Techn. Baubestimmungen, Gotsch-Hasenjäger, Verlag Rudolf Müller, Ausgabe Feb. 1995

Koordination kann im Ergebnis nicht so verstanden werden, dass damit Projektsteuerungsleis tungen oder Planungsänderungen gegenüber der Entwurfsplanung gemeint sein können. Die Koordination ist keine einseitige Tätigkeit des Architekten. Die Fachplanung hat an der Koor dination zielorientiert mitzuwirken, z. B. in Form einer stufenweisen Ausarbeitung der Ausfüh rungsplanung der Technischen Ausrüstung (dortiges Leistungsbild, Grundleistung a) in Leis tungsphase 5).

In Grundleistung e) der Leistungsphase 5 hat die Fachplanung der Technischen Ausrüstung in ihrem Leistungsbild das Fortschreiben der Ausführungsplanung auf der dann vorliegenden Ausführungsplanung des Objektplaners[164] vorzunehmen. Auch mit dieser Grundleistung kommt die stufenweise Ausarbeitung der Ausführungsplanung – auch im Leistungsbild der Technischen Ausrüstung – zum Tragen. Darüber hinaus ist im Leistungsbild der Technischen Ausrüstung in Grundleistung b) das Abstimmen der Ausführungsplanung mit dem Objektplaner und den übrigen Fachplanern erfasst.

Damit wird in der Gesamtzusammenfassung deutlich, dass die Koordination eine gemeinsame Verpflichtung der Planungsbeteiligten darstellt und ergebnisorientiert ausgerichtet ist. Es bleibt dabei den Beteiligten überlassen wie die Abstimmungsprozesse im Einzelnen organisiert und letztlich durchgeführt werden.

Anforderungen an Ausführungspläne

Eine ordnungsgemäße Ausführungsplanung (und die später zu erstellende Leistungsbeschrei bung) müssen so ausgestaltet sein, dass umfangreiche **Erörterungen** über die gewollte Lösung auf der Baustelle **entbehrlich** sind. Ausführungszeichnungen des Architekten enthalten, nur in Einzelfällen, soweit erforderlich, die Beiträge anderer an der Planung Beteiligter (z. B. Trag werkplaner, Planer techn. Ausrüstung...). Es ist generell nicht erforderlich, dass der Architekt in die von ihm zu erstellende Ausführungsplanung die Angaben der weiteren Planungsbeteiligten in seine Pläne aufnimmt.

Die jeweils an der Planung Beteiligten müssen für Ihren **Planbereich** eigene **Ausführungspla nungen** erstellen und die Baufirmen mit diesen Plänen rechtzeitig versorgen. Bei den meisten Projekten führt das in der Praxis dazu, dass für die verschiedenen Leistungsbilder bzw. Gewer ke jeweils eigene Ausführungspläne erstellt werden. Es ist zwar grundsätzlich möglich, dass für einige wesentliche Gewerke (z. B. Stahlbetonarbeiten) die Beiträge der weiteren Planungsbetei ligten (z. B. Aussparungsangaben, Betoneinbauteile aus dem Bereich der techn. Ausrüstung Konsolen usw.) in der Ausführungsplanung des Architekten zusammengefasst werden. Der Bauunternehmer hat darauf jedoch keinen Anspruch, er muss davon ausgehen, dass ihm Aus führungspläne unterschiedlicher Planer zur Verfügung gestellt werden, da jeder Planer sein eigenes Leistungsbild verantwortlich bearbeitet. Die Bewehrungspläne und Schalpläne des Tragwerkplaners im Stahlbetonbau werden grundsätzlich als gesonderte Planunterlage neben den Rohbauplänen des Architekten gefertigt. In den einzelnen Leistungsbildern sind noch bei spielhafte Besondere Leistungen[165] dargestellt. Auch daraus lässt sich eine schlüssige Abgren zung zu besonderen Leistungen definieren.

Die **Gesamtkoordination** der Ausführungsplanung verbleibt wie o. e. beim Architekten. In der Praxis werden die jeweiligen Inhalte der Ausführungsplanung miteinander abgestimmt und durch Testat untereinander dokumentiert. Die Ausführungspläne sollen nach der Koordination

---

[164] Gemeint u. a. der Architekt
[165] Zum Beispiel Leerrohrplanung in Sichtbeton mit bes. Aufwand in Lph 5 der Techn. Ausrüstung

zur Ausführung freigegeben werden. Mit dieser Freigabe ist die **Koordinationsphase** abgeschlossen.

Für Planinhalte, die das spezielle Fachwissen der weiteren Planungsbeteiligten betreffen, haften die Planungsbeteiligten jedoch eigenständig. Der Architekt führt keine Inhaltskontrolle der Fachplanungen durch und prüft diese auch nicht auf etwaige Mängel.

Beispiel

Die Planungsbeteiligten können mit den ausführenden Firmen einzelfallbezogene Vereinbarungen treffen nach denen Planungsergebnisse verschiedener Planer in spezielle übergreifende Pläne zusammengefasst werden. Das kann z. B. in Form von sog. Rohbauplänen[166] erfolgen in denen die Planung des Architekten und des Tragwerkplaners zusammengefasst werden. Das Honorar hierfür (Besondere Leistung) ist frei verhandelbar.

Planfreigaben zur Bauausführung

Planfreigaben durch die Projektbeteiligten sind zwar nicht als eigene Grundleistung in der HOAI geregelt, aber sind im Tagesgeschäft sehr sinnvoll, um die Verantwortung im Projektteam ordnungsgemäß je nach Beteiligtem gerecht zu verteilen. Sinnvoll ist bei mittleren und großen Projekten eine **Freigabe der Pläne** zur Ausführung immer dann, wenn die Ausführungspläne zunächst als **Vorabzug** (z. B. zur Angebotskalkulation oder Arbeitsvorbereitung) an die ausführenden Auftragnehmer übergeben werden. Dabei bezieht sich die Freigabe ebenfalls jeweils auf die Planungsinhalte, die dem eigenen Planbereich zugeordnet sind. Beispiel: Der **Bewehrungsplan** wird vom Tragwerkplaner zur Ausführung freigegeben. Der Plan über die **Heizungsinstallationen** wird vom Fachplaner techn. Ausrüstung freigegeben. Der Ausführungsplan der Architekten (evtl. mit Eintragung von **Metallbauteilen** aus der techn. Ausrüstung) wird vom Architekten freigegeben. Mit diesem Freigabeverfahren wird nachvollziehbar zwischen den Vorabzügen und der endgültigen Ausführungsplanung differenziert.

Außerdem dienen diese Freigaben der formgerechten Beendigung des Koordinations- und Abstimmungsprozesses innerhalb der Ausführungsplanung und der damit einhergehenden endgültigen abgestimmten Ausführungsbasis. Auf diese Freigaben sollte daher nicht verzichtet werden.

Montagepläne

Die Werkstatt- oder Montageplanung der ausführenden Unternehmer ist in verschiedenen Normen[167] geregelt. Die HOAI 2013 hat als Grundleistung f) neu eingeführt das Überprüfen erforderlicher Montagepläne der vom Objektplaner geplanten Baukonstruktionen und baukonstruktiven Einbauten auf Übereinstimmung mit der Ausführungsplanung. Die **Montagepläne** können nicht die Ausführungsplanung ersetzen oder umgekehrt, sie enthalten unternehmerspezifische für die Herstellung relevante Angaben, die vornehmlich der Arbeitsvorbereitung dienen. Die Ausführungsplanung des Architekten muss davon unberührt alle Anforderungen gem. den jeweiligen vertraglichen Vereinbarungen erfüllen.

---

[166] Diese Pläne ersparen dem ausf. Unternehmer ggfs. etwas Aufwand bei der Arbeitsvorbereitung

[167] z. B. in der VOB/C

Praxis-Tipp	Die Leistungsgrenze zwischen Ausführungsplanung und Montagepla- nung ist sehr eng zu ziehen, die Montageplanung sollte die (koordinierte) Ausführungsplanung nicht ändern. Ändert die Montageplanung die Aus- führungsplanung muss u. U. die Koordinierung des Architekten mit der weiteren Planungsbeteiligten noch einmal erbracht werden.

Das nachstehende Beispiel aus dem Stahlhochbau zeigt, die Abgrenzung zwischen Ausführungsplanung der Tragwerksplanung einerseits und **Montageplanung des Bauunternehmer** andererseits. Dabei ist der enge Korridor der möglichen Abweichungen der Montageplanung von der Ausführungsplanung zu beachten. Es steht im Regelfall – was aber zu vereinbaren ist – der Montageplanung nicht zu, vorgegebene geometrische Abmessungen der Ausführungspla-nung im Rahmen der Montage- und Werkstattplanung zu ändern. Damit würde eine Änderung der Ausführungsplanung und neuerliche Koordination mit der Ausführungsplanung mit den weiteren Beteiligten notwendig. Es ist daher sinnvollerweise in den Ausschreibungsunterlagen festzulegen, welche **Änderungen im Rahmen der Werkstattplanung** zulässig sind und wel-che nicht.

Beispiel 1

Zu den Vorgaben aus der Ausführungsplanung im Stahlhochbau der Ingenieurbüros für Tragwerksplanung gehört die Art der Verbindungstechnik. In der Ausführungsplanung ist anzugeben, ob Schraub- oder Schweißverbindungen geplant sind. Bei Schraubverbin-dungen sind u. a. die Schrauben einschl. örtl. Lage und Lochabstände sowie Maße der Kopfplatten mit Blechstärke anzugeben.

Bei Schweißverbindungen sind die Nahtdicken (Kehlnähte) anzugeben Bei Metallprofi-len sind in der Ausführungsplanung die Profilabmessungen vorzugeben. Bei Schweiß-verbindungen ist die Nachbehandlung (z. B. flächenbündiges schleifen) anzugeben. Die Art und Beschaffenheit des Korrosionsschutzes während der Bauzeit und für die Zeit nach der Abnahme ist in der Ausführungsplanung bzw. den Ausschreibungsunterlagen anzugeben.

Das Planungsbüro gibt alle geometrischen Vorgaben, Befestigungselemente und An-schlusspunkte zu Nachbarkonstruktionen an (z. B. Auflagekonsolen aus dem Stahlbe-tonbau, Rohbaubefestigungselemente für nichttragende Fassaden[168]). Die Abstands-maße zu anderen Bauteilen oder Achsmaße mit Bezugspunkten sind ebenfalls Bestand-teil der Ausführungsplanung.

In den Ausschreibungen ist zu beschreiben, inwieweit die Montageplanung von der vorgelegten Ausführungsplanung noch abweichen darf. Nachstehend Beispiele für übli-cherweise nicht zulässige Änderungen

– Brandschutztechnische Anforderungen an die Konstruktion (da sonst das Brand-schutzkonzept evtl. neu zu bearbeiten ist)

– Gestalterische Vorgaben wie Stahlquerschnitte, Sprossenteilungen, Profilquerschnit-te, Flächengrößen oder deren Anordnungen

– Bauphysikalische Angaben wie z. B. Wärmedämmung, Schallschutzangaben

– Abmessungen der Bauelemente in Bezug zu Nachbarkonstruktionen

---

[168] Die Tragwerksplanung für nichttragende Fassaden ist keine Grundleistung bei der Tragwerksplanung hier geht es nur um die z. B. im Rohbau befindlichen Verankerungsanschlüsse die Teil des Rohbaus sind

Vom ausführenden Auftragnehmer gewünschte Änderungen sollten zunächst als Vorschlag (ggf. mit Nachtragsangebot) angemeldet werden bevor die Werkstattplanung ausgeführt wird.

Beispiel 2

Werkstattplan einer Metallfassadenkonstruktion (Komplett-Warmfassade)
*Der Architekt prüft die Planangaben, die seinen eigenen Planbereich betreffen, während die Planungsbeteiligten die Pläne in Bezug auf Ihren **eigenen Planbereich** prüfen. Im Ergebnis sind Pläne Dritter zum Teil von mehreren beteiligten Planern zu prüfen. Dazu folgendes Beispiel:*

Planer	Prüfbereich (Pläne Dritter)
Architekt	Gestaltung, Geometrie, Glasbefestigung, Funktionalität, Anordnung des Sonnenschutzes, Anordnung des baulichen Brandschutzes im Brüstungsbereich, ggf. Wärmeschutz (je nach Vertrag) usw.
Planer Heizungstechnik	Befestigung der Heizungstechnik an den Metallbauteilen der Fassade und Trassenführung in der Fassadenkonstruktion
Planer Elektrotechnik	Stromzuführung und Steuerung der ELT-Steuerung für Sonnenschutzanlagen, autom. Rauchabzugsöffnungen, usw.
Tragwerkplaner	Tragfähigkeit der Fassadenprofile (z. B. Windlasten), Befestigung der Fassade am Rohbau usw. als Bes. Leistung
Architekt	Übergreifende Gesamtkoordination

Abfolge der Ausführungsplanung in der Praxis

Die Ausführungsplanung muss **nicht bei Baubeginn** insgesamt **fertiggestellt** sein. Das würde die Bauausführung insgesamt zeitlich nach hinten schieben. Wichtig ist, dass die Ausführungsplanung jeweils abschnittsweise rechtzeitig vor Baubeginn der entsprechenden Bauteile vorgelegt wird. Dabei ist zu berücksichtigen, dass Bauleistungen vor Ort teilweise sehr unterschiedliche **Planvorlaufzeiten** benötigen. Planvorlaufzeiten sind Zeiträume, in denen nach endgültiger Ausführungsklarheit die Materialdispositionen, Vorfertigung, Arbeitsvorbereitung und Baustellenanlieferung stattfindet. Eine hohe Anzahl von Baustoffen wird nicht mehr lagermäßig vorgehalten, sondern nur auf Bestellung (just-in-time) gefertigt.

Planungsfortschreibung und Änderungsplanungen

Die Planungsfortschreibung ist bisher auch schon sog. Grundleistung bei der Ausführungsplanung gewesen. Neu hinzugekommen ist der ergänzende Hinweis, dass die Fortschreibung aufgrund der gewerkeorientierten Bearbeitung während der Ausführung vorzunehmen ist. Damit sind jedoch **keine Änderungsplanungen** gemeint. Die Planungsfortschreibung kann bei produktbedingten Fortschreibungen auftreten, wenn bei einer Auftragsvergabe ein Bauprodukt zur Anwendung kommt, welches bei der Ausführungsplanung nicht zugrunde gelegt wurde, jedoch bei der Ausschreibung als das annehmbarste Produkt hervorgetreten ist.

Das kann z. B. bei Fußbodenbelägen, Festeinbauten, Fensterkonstruktionen, Dachdeckungsarten oder Heizkörperprodukten der Fall sein.

Die Grenze zur Änderungsplanung ist dort zu ziehen, wo ein **Änderungsaufwand** mit neue Planung (neues geistiges Planungswerk) entsteht. Das kann z. b. bei Nebenangeboten im Rah men von Ausschreibungen häufig der Fall sein, wenn Anbieter Änderungsvorschläge einrei chen.

Praxis-Tipp	Die Prüfung von Nebenangeboten mit Auswirkungen auf die abgestimmte Planung ist mit der HOAI 2013 eine Besondere Leistung geworden.

Das Kammergericht Berlin hat mit Urteil vom 14.02.2012 (7 U 53/08) in Bezug auf die Ab grenzung zwischen Planungsänderung und Fortschreibung eine wichtige Entscheidung gefällt Im vorliegenden Fall ging es um eine nochmalige Planung für Malerarbeiten für ein Treppen haus. Der Fall ist deshalb relevant, weil es um eine kleine Planungsänderung geht, die kein Grundrissänderung oder Änderung bei der Baukörpergestaltung darstellt, sondern lediglich Änderungen in den Leistungsphasen 6 und 7 beim Gewerk Malerarbeiten umfasst.

Eine Änderung liegt danach vor, wenn eine geforderte Leistung nicht Bestandteil eines abge schlossenen Planungsvertrags ist (wenn also eine Leistung zweimal gefordert wird wie z. B hier die Ausschreibung der Malerarbeiten, jedoch nur die einmalige Erbringung im Vertrag geregelt ist).

→ **Siehe auch Ausführungen zu § 10 HOAI**

Beispiel

Nachstehende Planungsänderungen sind keine Fortschreibungen der Ausführungsplanung: Planungsänderung infolge eines Nebenangebots für Rohbauarbeiten als Fertigteilbau statt Ortbetonkonstruktion, Winkelstützmauer statt Ortbeton-Bohrpfahlwand als Hangsicherung, Metallfassade als Warmfassade statt hinterlüftete Metallfassade.

Bei der Korrektur von etwaigen **Planungsfehlern** handelt es sich weder um **Planungsfort schreibungen** noch um Änderungsplanungen, damit wird kein Honoraranspruch ausgelöst.

→   **Siehe auch: Hinweise zu § 10 HOAI**

Wird z. B. in einem Verwaltungsbau der Sitzungssaal planerisch vom Seitenflügel in der Hauptbau verlegt und wird damit eine Planungsänderung (z. B. Grundrisse, Schnitte, Ansich ten) erforderlich, so handelt es sich nicht um eine Planungsfortschreibung, sondern um ein Planungsänderung. Dafür fällt zusätzliches Honorar an.

Der Auftraggeber sollte möglichst bei Änderungsverlangen über die Auswirkungen der ge wünschten Änderung wie z. B.

–   neue Koordination und Planungsbeteiligung aller Fachbüros,

- Terminverzögerungen, evtl. Änderungsbauantrag,
- Kostenveränderungen,
- Planungsänderungshonorare,

beraten werden. Diese Beratung dient einerseits als endgültige Entscheidungsgrundlage des Auftraggebers, andererseits sichert sich der Architekt damit hinsichtlich etwaiger Schadensersatzansprüche wegen Mehrforderungen der Bauunternehmer (Terminverzögerung, Mehrkosten usw.) ab.

Ausführungsplanung bei Innenräumen

Bei Innenräumen gilt das oben Gesagte sinngemäß. Hier ist jedoch von größeren Maßstäben der Ausführungszeichnungen auszugehen. Die Ausführungsplanung erfolgt häufig im Maßstab 1:25 bis in seltenen Fällen im Maßstab 1:1 bei speziellen Details. Die textlichen Ausführungen spielen eine große Rolle. Der Grad der Detaillierung hängt von den Anforderungen je Einzelfall ab. Wird z. B. ein Messestand geplant, ist es nicht erforderlich, alle wiederkehrenden Details einzeln aufzuzeichnen, es reicht eine einmalige Darstellung der Regeldetails. Genauso verhält es sich mit vielfach wiederkehrenden Festeinbauten in Hotels, die im Rahmen des Innenausbaues geplant werden.

Sind ein Innenarchitekt und ein Architekt an einem Gebäude tätig, wird vorgeschlagen eine objektbezogene Schnittstelle für die Zuständigkeiten zu vereinbaren. Diese Schnittstelle soll auch die sog. Koordinierungsschnittstelle bilden, denn die Koordination und Integration ist beiden Planern nach den Grundleistungen jeweils für ihren räumlichen und fachtechnischen Bereich zugeordnet.

Ausführungsplanung als Grundlage für die weiteren Leistungsphasen

Hier wird im Rahmen der Grundleistungen in der Leistung a) präzisiert, dass die Ausführungsplanung die Basis für die Erstellung der Leistungsverzeichnisse und der bepreisten Leistungsverzeichnisse sein soll. Ob das in der Praxis tatsächlich von den beiden Vertragspartnern so gewünscht wird, wenn man sich darüber im Klaren wird, welche terminlichen Auswirkungen es hat, wenn Leistungsverzeichnisse nur auf Basis der koordinierten Ausführungsplanung erstellt werden, bleibt dahingestellt. Denn bis die Ausführungsplanung mit allen zur Ausführung erforderlichen Angaben fertig ist, kann es länger dauern als gewollt. Deshalb sollten die Vertragspartner sich darüber einigen auf welcher fachlichen Grundlage die Leistungsverzeichnisse erstellt werden sollen. Das ist unter anderem eine terminrelevante Frage. Häufig werden die Ausschreibungen auch auf Basis der konzeptionellen, noch nicht abgeschlossenen Ausführungsplanung[169] erstellt, um so wertvolle Zeit zu gewinnen.

$\longrightarrow$ **Siehe auch: Hinweise zu Leistungsphase 6**

Fortschreibung des Terminplanes

Neu ist das „Fortschreiben des Terminplans" im Zuge der Ausführungsplanung, der – ebenfalls als neue Leistung – in der Vorplanung aufgestellt wurde und in der Entwurfsplanung bereits fortgeschrieben wurde. Die Grundleistung 5 d) stellt sich daher als Fortsetzung der vorgenann-

---

[169] Dabei wird die gewerkeweise Erstellung der Ausführungsplanung zugrunde gelegt, also Ausschreibung der Rohbauarbeiten auf Basis der konzeptionellen Ausführungspläne des Rohbaus

ten Grundleistungen in den Leistungsphasen 2 und 3 dar. Zum Verständnis der Grundleistung wird auf die diesbezüglichen Ausführungen in Leistungsphase 2 und 3 weiter oben Bezug genommen. Der in der Ausführungsplanung erreichte Planungsfortschritt erfordert jedoch auf grund der Planungsvertiefung eine erneute Bearbeitung des Terminplans, allerdings bei unver ändertem Leistungsziel und Leistungsumfang.

Besondere Leistungen der Leistungsphase 5

Aufstellen einer detaillierten Objektbeschreibung

Eine detaillierte Objektbeschreibung als Grundlage der Leistungsbeschreibung mit Leistungs programm gehört zu den Besonderen Leistungen. Hier können z. B. alle Räume des Projekte im Schärfegrad einer annähernden Ausführungsplanung einzeln dargestellt und mit den Anga ben zu Baukonstruktionen, Oberflächengestaltung, Einrichtung, Ausstattung und techn. Ausbau sowie den Abmessungen, Flächen und Rauminhalten versehen werden. Bei dieser detaillierte Objektbeschreibung handelt es sich häufig um eine raumweise (jeder Raum auf 1 Blatt geson dert) sortierte Ausführungsplanung mit textlichen Erläuterungen. Die textlichen Erläuterunge können weitere Angaben zur Grundfläche, Umfang, Nutzungsart, Oberflächen, Art der Türe Innenraumtemperatur usw. enthalten.

Bevor die Besonderen Leistungen der detaillierten Objektbeschreibung vereinbart werden sollte zwischen Auftraggeber und Auftragnehmer klargestellt sein, für welche Zwecke dies Besondere Leistung benötigt wird und welche Angaben konkret enthalten sein müssen.

Grundlagen für eine Ausschreibung mit Leistungsprogramm

Als Grundlagen für eine Ausschreibung mit Leistungsprogramm dienen i. d. R. die Ausfüh rungszeichnungen aller Planbereiche und die zugehörigen textlichen Erläuterungen sowie Leis tungshinweise. In seltenen Fällen wird eine Ausschreibung mit Leistungsprogramm auf Basi der Entwurfsplanung vorgenommen. Dabei besteht ein erhebliches Qualitätsrisiko, da die Ent wurfsplanung noch nicht genug vertieft ist, um direkt vergleichbare Angebote zu erzielen.

Prüfen und Anerkennen von Plänen Dritter

Das Prüfen und Anerkennen von Plänen Dritter, nicht an der Planung fachlich Beteiligter be treffend Anlagen, die in den anrechenbaren Kosten nicht erfasst sind, gehört zu den Besondere Leistungen.

Werden Ausführungspläne von Dritten (z. B. vom ausführenden Unternehmer anstelle von Architekten) erstellt, die vom Architekten zu prüfen sind, handelt es sich um eine Besonder Leistung.

Bei einer Ausschreibung nach Leistungsprogramm besteht eine sogenannte Qualitätslück wenn der Ausschreibung nur die Entwurfsplanung gemäß Vertrag zu erarbeiten hatte. Denn be einer Ausschreibung mit Leistungsprogramm wird bei der Planungstiefe häufig nicht der Gra einer Detaillierung erreicht, wie bei einer Ausschreibung nach Leistungspositionen mit Leis tungsbeschreibung auf Grundlage einer Ausführungsplanung.

Um diese Qualitätslücke zu schließen, kann eine Prüfung der Ausführungspläne des ausführen den Unternehmers vorgenommen werden.

Leistungsphase 6 Vorbereitung der Vergabe

Grundleistungen	Besondere Leistungen
a) Aufstellen eines Vergabeterminplans b) Aufstellen von Leistungsbeschreibungen mit Leistungsverzeichnissen nach Leistungsbereichen, Ermitteln und Zusammenstellen von Mengen auf der Grundlage der Ausführungsplanung unter Verwendung der Beiträge anderer an der Planung fachlich Beteiligter c) Abstimmen und Koordinieren der Schnittstellen zu den Leistungsbeschreibungen der an der Planung fachlich Beteiligten d) Ermitteln der Kosten auf der Grundlage vom Planer bepreister Leistungsverzeichnisse e) Kostenkontrolle durch Vergleich der vom Planer bepreisten Leistungsverzeichnisse mit der Kostenberechnung f) Zusammenstellen der Vergabeunterlagen für alle Leistungsbereiche	– Aufstellen der Leistungsbeschreibungen mit Leistungsprogramm auf der Grundlage der detaillierten Objektbeschreibung[x)] – Aufstellen von alternativen Leistungsbeschreibungen für geschlossene Leistungsbereiche – Aufstellen von vergleichenden Kostenübersichten unter Auswertung der Beiträge anderer an der Planung fachlich Beteiligter [x)] Diese Besondere Leistung wird bei einer Leistungsbeschreibung mit Leistungsprogramm ganz oder teilweise zur Grundleistung. In diesem Fall entfallen die entsprechenden Grund- leistungen dieser Leistungsphase.

Grundleistungen der Leistungsphase 6

Aufstellen eines Vergabeterminplans

Diese Grundleistung ist neu. Unter einem Vergabeterminplan kann man einen auf die gesamte „Vergabephase" bezogenen Terminplan, der die Aufstellung der Leistungsbeschreibungen mit den vergaberelevanten Vorgängen bis hin zur Erteilung der Aufträge umfasst, verstehen. Das ist aber nicht abschließend durch die Rechtsprechung geklärt.

Bei öffentlichen Vergaben sind auch vergaberechtliche Vorfragen zu klären. So sind zum Beispiel die anzuwendenden vergaberechtlichen Vorschriften und Verfahren und hierfür maßgebliche Fristen bis hin zum Zuschlag zu klären. Das sind aber Vergaberechtsfragen, die dem Architekten nicht obliegen, sondern die der öffentliche Auftraggeber, wenn er die Vergaben nach den entsprechenden rechtlichen Vorschriften durchführen will, selbst klären sollte und die Ergebnisse seiner Klärung dem Architekten zur Verfügung stellen sollte, damit der Vergabeterminplan das berücksichtigen kann.

Aufstellen der Leistungsbeschreibungen mit Leistungsverzeichnissen

Die Leistungen bei der Vergabe von Bauaufträgen erstrecken sich über 2 Leistungsphasen. Zunächst wird die Vergabe in der Leistungsphase 6 vorbereitet indem der Architekt die Leistungsbeschreibungen aufstellt. Bei der Aufstellung der Leistungsbeschreibungen haben sich die inhaltlichen Anforderungen gemäß **§ 9 VOB/A** als allgemein anerkannt durchgesetzt. Das gilt nicht nur für öffentliche Projekte, sondern zunehmend auch für private Baumaßnahmen.

Der wesentliche Unterschied zwischen öffentlichen und privaten Baumaßnahmen besteht hinsichtlich der Auftragsvergabe darin, dass die öffentlichen Auftraggeber häufig ein geregelte
Vergabeverfahren nach VOB/A anwenden, während die privaten Auftraggeber die Auftrags
vergabe frei von formalen Vorgaben ohne Regelungen an einen Bieter ihrer Wahl vornehme
können.

Was den Inhalt der vom Architekten zu erstellenden **Ausschreibungsunterlagen** jedoch an
geht, bestehen nur unwesentliche Unterschiede. Die zu erstellenden Leistungsbeschreibunge
bestehen bei öffentlichen, wie auch privaten Projekten gleichermaßen i. d. R. aus

- Textlichen Vertragsbedingungen
- Beschreibung der technischen Anforderungen, Qualitätsfestlegungen
- Organisatorischen Bedingungen, wie Termine, Bauablauf, Abrechnungsart usw.
- Leistungsbeschreibung in Form von Einzel-Leistungspositionen, bestehend aus Leistungs
  text, Mengenvordersatz und Feldern zur Eintragung des Einheits- und Gesamtpreises je Po
  sition durch den Anbieter
- Zeichnungen oder Berechnungen als weitere Kalkulationsgrundlage
- Vorgaben zur Baustellensicherheit.

Die Leistungsbeschreibungen sollen **Grundlage** für die **Angebotskalkulation** der Anbiete
sein und müssen von allen Anbietern im gleichen Sinne verstanden werden können, so dass di
Angebote der Anbieter nur Preisangaben und ggf. Hersteller- und Produktangaben enthalte
müssen. Grundlage der Erstellung von Leistungsbeschreibungen sind deshalb umfassend
Kenntnisse der **anerkannten Regeln der Technik,** der Vorschriften der **Landesbauord
nungen**, des Unfallschutzes und Grundkenntnisse des privaten und öffentlichen Baurechts.

In die Leistungsverzeichnisse werden auch die jeweiligen Mengen an benötigten Materialie
aufgenommen. Um eine ordnungsgemäße Abrechnung zu ermöglichen, hat der Architekt in di
Leistungsbeschreibungen je Position eine Abrechnungseinheit aufzunehmen. Die Abrech
nungseinheiten können z. B. Gewichte, Maße, oder Stückzahlen sein.

Abstimmen und Koordinieren der Schnittstellen der Leistungsbeschreibungen

Grundlage der Abstimmung und Koordination bleibt das insgesamt zu erreichende Planungs
ziel. Dabei bleibt es den Beteiligten nicht freigestellt in die Ausschreibung beliebige Kompo
nenten aufzunehmen, sondern die Kosten- Qualitäts- und Terminziele müssen auch bei de
Erstellung der Ausschreibungsunterlagen eingehalten werden. **Doppelausschreibungen** vo
Teilleistungen sollten vermieden werden. Um das zu erreichen, sind Leistungsabgrenzunge
bzw. Schnittstellenabstimmungen der jeweiligen Gewerke untereinander durch die Planer, di
die Ausschreibungsunterlagen aufstellen, erforderlich.

Beispiel

*Als Beispiel sind die Metallbauarbeiten zu nennen, die in verschiedenen Planbereichen
und Gewerken auftreten können, einerseits für Hilfskonstruktionen bei Installationen
(Bühnen, Schächte, Geländer in Technikzentralen...) und andererseits als eigenständige
Arbeiten für Treppengeländer, Brüstungen oder auch Fluchttreppenläufe bei den Archi-
tektenleistungen. Die **Koordination des Architekten** hat darauf zu achten, dass die
Ausschreibungen jeweils fachgerecht abgegrenzt, zugeordnet und an den etwaigen
Schnittstellen abgestimmt sind.*

Diese Schnittstellenkoordination bezieht sich auf die Schnittstellen an denen der Architekt als Objektplaner fachlich beteiligt ist. Die Koordination durch den Architekten ist auch Grundlage der anschließenden Kostenkontrolle. Die Leistungsbeschreibungen müssen danach in der Sortierung nach der vereinbarten **Kostensteuerung** aufgestellt werden, damit der Vergleich der bepreisten LV's mit der Kostenberechnung möglich ist. Das kann einerseits die Gliederung nach Kostengruppen sein und alternativ die Gliederung nach Vergabeeinheiten[170] entsprechend der Kostenberechnung, die Ausgangspunkt der Kostensteuerung sein sollte.

Angaben der Fachplaner für die Ausschreibungsunterlagen der Architekten

Bei der Aufstellung der Leistungsbeschreibungen hat der Architekt Angaben von Planungsbeteiligten, soweit Sie seinen eigenen Planbereich betreffen, in seinen Ausschreibungsunterlagen zu berücksichtigen. So hat z. B. der Tragwerkplaner die Angaben zu den Betonstahlmengen, der tragwerksrelevanten Einbauteile[171] und im Stahlhochbau die Stahlmengen, Qualitäten und Angaben zu den tragenden Stahlkonstruktionen an den Architekten zu liefern, der diese Angaben in seine Leistungsbeschreibung aufnimmt.

Da Verarbeitungsanforderungen, Profilangaben und zeichnerische Kalkulationsgrundlagen und Einbaubedingungen ebenfalls dazu gehören, ist es fachlich zu empfehlen[172], dass der Tragwerkplaner seine Beiträge als Bestandteil der Ausschreibungen entsprechend den Anforderungen nach VOB/A ausarbeitet und dem Architekten zur Integration vorlegt. Damit bleibt die **Leistungsgrenze** zwischen Architekt und Tragwerkplaner gewahrt.

Aus dem Bereich der **technischen Ausrüstung** sind z. B. die baurelevanten Angaben zu Maschinenfundamenten (für Anlagen der zentralen Betriebstechnik), Deckenöffnungen (Durchführungen von Technik-Trassen) usw. zu liefern, soweit diese dem Zuständigkeitsbereich des Architekten obliegen sollten.

Aus dem Bereich der **Bauphysik** sind die schalltechnischen Vorgaben (z. B. Maßnahmen zur schalltechnischen Entkopplung von Bauteilen) beizutragen. Aus dem Bereich des Baugrundgutachters sind Vorgaben hinsichtlich der Grundwasserverhältnisse sowie die Angaben zur Gründung des Bauwerks zu liefern, die der Architekt bei der Erstellung der Leistungsbeschreibung zu berücksichtigen hat.

In Bezug auf die BaustellV hat der Architekt auch die **Angaben des Gesundheitsschutz- und Sicherheitskoordinators** in seine Ausschreibungsunterlagen zu übernehmen. Dabei ist zu beachten, dass die Ausschreibung von nicht außergewöhnlichen Baustellensicherheitsmaßnahmen, die zum Berufsbild des Architekten gehören, schon in der Vergangenheit zu den Architektenleistungen gehörten und auch nach Einführung der BaustellV weiterhin zu den Architektenleistungen zählen.

Beispiel

Als Beispiel für diese Architektenleistungen im Bereich der Baustellensicherheit sind allgemeine Baugrubensicherheitsmaßnahmen (Absturzsicherungen), Gerüste, Absturzsicherungen bei Dachdeckerarbeiten, Absturzsicherungen im Rohbau (Aufzugschächte, Geländer an den Rohbaugeschossdecken und prov. Treppengeländer) zu nennen.

§ 3

---

[170] DIN 276/08 Abschnitt 4.2

[171] z. B. einzubetonierende Stahlkonsolelemente als Auflagerverstärkung

[172] Stringente Regelungen über Form und Inhalt dieser Angaben sind nicht ersichtlich

Für die Leistungen die nicht zum Planbereich der Architektenleistungen zählen (z. B. Fachpla nung), haben die jeweiligen Planungsbeteiligten eigene Leistungsbeschreibungen aufzustellen Durchgesetzt hat sich in der Praxis eine Gliederung der Vergabeeinheiten, die sich an den Best immungen der VOB orientiert. Diese Gewerkegliederung ist jedoch keine zwingende Vorgabe so dass immer einzelfallbezogen vorgegangen werden kann.

Ermitteln der Kosten auf Grundlage bepreister Leistungsverzeichnisse

Diese Grundleistung ist neu. Sie ersetzt den weggefallenen Kostenanschlag (vergl. DIN 276/08).

Die Erstellung bepreister Leistungsverzeichnisse ist quantitativ mit hohem Aufwand verbun den. Das liegt zum einen an der nach Abschluss der eigentlichen Planung erreichten Planungs tiefe und den konkreten Planungslösungen mit den entsprechenden Detailplanungen. Es sind nach dem Sinn des Wortlauts Kostenansätze für jede Position einzeln zu ermitteln (ortsübliche Kosten, wie schon bei der Kostenberechnung, allerdings mit erheblich höherer Detaillierung im Vergleich zu der Kostenberechnung) und für eine spätere Gegenüberstellung mit dem Aus schreibungsergebnis bereitzustellen. Die nach Einzelpositionen gegliederte Bepreisung erfor dert einen höheren Aufwand auch deshalb, weil diese Kostenangaben, die bisher von den An bietern durch die Angebote kalkulatorisch unter Marktbedingungen erarbeitet wurden, nunmeh vorab selbst zu ermitteln sind. Hierfür ist eine hohe Fachkenntnis in der Methodik der Preiskal kulation auf dieser Detailebene erforderlich.

Eine einfache Übernahme von Preisen aus Softwarepaketen dürfte der geforderten Leistung nicht gerecht werden, da in diesen Dateien die spezifischen Bedingungen des Bauwerks (z. B abschnittsweise Unterfangungen von Fachwerkhäusern) sowie lokale und konjunkturelle Preis schwankungen bei den Baustoffen und der Bauleistungserstellung nicht erfasst werden.

Hinzu kommt die Frage der möglichen Kostentoleranzen. Die Anhaltswerte für Kostentoleran zen, die bei einem einheitlichen Kostenanschlag in der Praxis zugrunde gelegt werden, können hier nicht mehr gelten. Denn hier werden einzelne Leistungsverzeichnisse bepreist, während beim Kostenanschlag die Toleranzen über die Gesamtsumme zu sehen waren und damit ein sog. Glättungseffekt oder Ausgleichseffekt einherging. Dieser Glättungs- oder Ausgleichseffek findet bei einem gewerkeorientierten Einzelvergleich nicht mehr statt, mit der Folge, dass hier größere Abweichungstoleranzen beim Vergleich mit der Kostenberechnung hinzunehmen sind wenn eine stufenweise vergleichende Gegenüberstellung stattfindet.

Folgende Hinweise sind außerdem bei bepreisten Leistungsverzeichnissen zu berücksichtigen:

– Zeitfenster zwischen Vorlage der bepreisten LV's und der vorgesehenen Ausschreibung Wenn es zu klein ist, stellt sich die Frage der Verwendbarkeit dieser Teilleistungen. Der AC benötigt für Entscheidungen zu den bepreisten LV's einen angemessenen Zeitraum (z. B zur Freigabe oder zu Änderungswünschen).

– Die Problematik etwaiger Aufhebungen der Ausschreibungsverfahren bei öffentl. AG stell sich evtl. neu, da hier ggf. neue Aufhebungstatbestände vorliegen könnten (Vergleich mi bepreisten LV's).

– Die bepreisten LV's betreffen nur die jeweiligen fachlich bearbeiteten Gewerke des jeweili gen Leistungsbildes und enthalten keine Gesamtübersicht und sind nicht alle Kostengrup pen umfassend (z. B. nicht Kostengruppe 100, 200, 700).

– Gliederung der Kostenberechnung in Vergabeeinheiten (z. B. Abschnitt 4.2 nach DIN 276) um den Vergleich gemäß Ziff. 3 zu ermöglichen.

- Eine Regelung wie mit den Vergabeeinheiten zu verfahren ist, die nicht in den Zuständigkeitsbereich der Objekt- bzw. Fachplanung fallen (z. B. Kostengruppe 700, nicht bearbeitete Gewerke, etc.) fallen, fehlt in den Grundleistungen.

- Vergabe aller erforderlichen (auch über die Leistungsbilder / Grundleistungen hinausgehenden) Planungs- und Beratungsleistungen durch den AG (vergl. LPH 1) ist notwendig, da ansonsten viele Planungslücken und damit unbekannte Kostengrößen bestehen bleiben, die infolge fehlender Informationen nicht Bestandteil der bepreisten LV's werden können.

- Kostenkenntnis über alle Einzelpositionen, die in den bepreisten LV's anfallen. Das heißt, dass auch bei nicht alltäglichen Positionen Kostenangaben erforderlich sind.

- Die bepreisten LV's werden zunächst mit der Kostenberechnung verglichen. Die Kostenkenntnis dürfte die ortsüblichen Kosten betreffen (aber hier liegen noch keine marktbezogenen Kosten wie z. B. Angebotskosten, vor).

- In einem zweiten Schritt erfolgt der Vergleich der Ausschreibungsergebnisse mit den bepreisten LV's.

- Durch die sehr kleinteilige Kostenermittlung der bepreisten LV's kann hoher Abstimmungsaufwand bei der vergleichenden Betrachtung der Ausschreibungsergebnisse mit den bepreisten LV's anfallen.

- Es kann evtl. eine Entwicklung eintreten, nach der die bepreisten LV's mit größerem zeitlichem Abstand vor der Ausschreibung verlangt werden, um so noch ein Zeitfenster für etwaige Planungsänderungen (z. B. zur Kosteneinsparung) zu erzielen. Das geht zu Lasten der Termine für die Ausführungsplanung.

- Die Kostentoleranzen bei bepreisten LV's sind noch nicht von der Rechtsprechung behandelt worden. Daher sind noch keine Angaben möglich über die Anforderungen an die Kostengenauigkeit. Sie dürften erfahrungsgemäß jedoch etwas höher sein, als bei der Kostenberechnung.

- Der ehem. Kostenanschlag kann anstelle der Grundleistung der bepreiste LV's vereinbart werden. Damit können eine Reihe der oben beschriebenen Punkte entfallen. Jedoch sollten sich die Vertragspartner in diesem Fall genau über die inhaltliche Ausgestaltung und den Termin bzw. die Termine (bei stufenweisen Kostenanschlag) verständigen.

Vergleich der vom Planer bepreisten Leistungsverzeichnisse mit der Kostenberechnung

Neu ist die Grundleistung e), die Kostenkontrolle durch Vergleich der vom Planer bepreisten Leistungsverzeichnisse mit der Kostenberechnung. Die qualitativ neue Kostenkontrolle erfolgt auf der Basis von zwei Kostenermittlungen, die zunächst einen deutlich unterschiedlichen Detaillierungsgrad aufweisen und die Ergebnisse der Planungsvertiefung (Leistungsphase 5 im Vergleich zu Leistungsphase 3) naturgemäß unterschiedlich berücksichtigen. Das bedeutet, dass sich trotz EDV-Einsatzes ein Mehraufwand ergibt. Denn der Vergleich ist auch bei einer stufenweisen Erstellung der bepreisten Leistungsverzeichnisse nach dem Wortlaut der Grundleistung vorzunehmen. Die nachstehenden Bilder zeigen dies.

Es ist sinnvoll, bereits die Aufstellung der Kostenberechnung so zu gliedern, dass der hier geforderte Vergleich ohne aufwendige Umrechnungen möglich ist.

Beispiel 1: Kostenberechnung gegliedert nach Kostengruppen ohne unmittelbare Gegenüberstellungsmöglichkeit bei stufenweiser Erstellung der Leistungsbeschreibungen

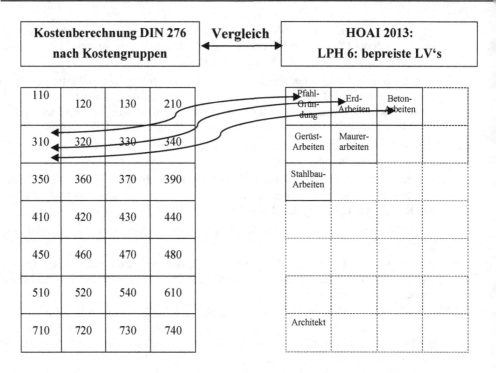

Beispiel 2: Kostenberechnung gegliedert nach Vergabeeinheiten als Grundlage des Vergleichs zur unmittelbaren Gegenüberstellung auch bei stufenweiser Erstellung der Leistungsverzeichnisse.

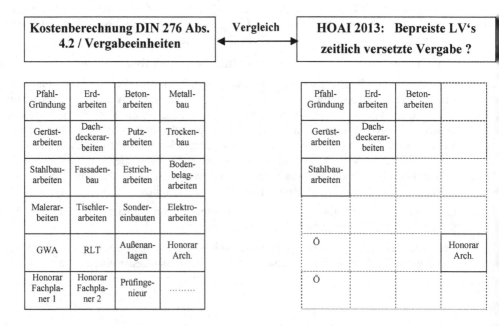

Zu berücksichtigen ist die bereits oben erwähnte Frage der möglichen Kostentoleranzen. Die Anhaltswerte für Kostentoleranzen, die bei einem einheitlichen Kostenanschlag in der Praxis zugrunde gelegt werden, können hier aus rein baufachlichen Erwägungen nicht mehr gelten. Denn hier werden einzelne Leistungsverzeichnisse als Vergleichsgrundlage bepreist, während beim Kostenanschlag die Toleranzen über die Gesamtsumme aller Kostengruppen (100 bis 700) zu sehen waren und damit ein sog. Glättungseffekt oder Ausgleichseffekt von Vergabeeinheiten oder Kostengruppen untereinander einherging. Dieser Glättungs- oder Ausgleichseffekt findet bei einem gewerkeorientierten Einzelvergleich von bepreisten LV's nicht mehr statt. Daraus ergibt sich, dass hier größere Abweichungstoleranzen beim Vergleich mit der Kostenberechnung hinzunehmen sind, insbesondere wenn eine stufenweise vergleichende Gegenüberstellung stattfindet.

Haftungsrisiken bei der Erstellung von Leistungsbeschreibungen

Ist eine Leistungsbeschreibung mangelhaft, hat der Architekt dafür einzustehen, falls das Leistungsverzeichnis aus seinem Planbereich stammt. Bei Mängeln, die ein sorgfältig kalkulierender ausführender Auftragnehmer jedoch aufgrund seiner Fachkenntnisse ohne Weiteres vor der Bauausführung aus der Leistungsbeschreibung hätte erkennen können, kann dem Unternehmer eine **Mitverantwortungsquote** treffen, wenn er eine mangelhafte Planungsvorgabe mit den der Planung innewohnenden Mängel realisiert. Danach wird er teilweise an den Mängelbeseitigungskosten beteiligt. In solchen Fällen ist § 4 Nr. 3 VOB/B relevant.

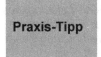

Praxis-Tipp Erhält der Architekt einen Auftrag von einem öffentlichen Auftraggeber, hat der Architekt die Vorschriften der VOB/A und VOB/B bei der Vergabe einzuhalten. Will er davon abweichen, bedarf dies der Zustimmung des Auftraggebers.

Fehler bei der Leistungsbeschreibung können auch ansonsten zu **Schadensersatzansprüchen** führen. Insbesondere bei der **Mengenermittlung** ist Sorgfalt geboten, um die Ausschreibungen möglich sachgemäß auszugestalten. Übermäßige Nachtragsforderungen, die sich durch Lücken der Ausschreibungen ergeben und ggf. mit Terminverzögerungen der Bauausführung nach sich ziehen, sollen vermieden werden. An dieser Stelle ist auf die Ausführungen zur Leistungsphase 5 hinzuweisen.

In häufigen Fällen gehören Nachtragskosten zu der Gruppe von **Sowiesokosten**, also Kosten die bei sorgfältiger Planung und Ausschreibung ohnehin angefallen wären und damit keinen Schadensersatzanspruch auslösen. Das ist jedoch kein Freibrief für Architekten. Sowiesokosten müssen ihre kalkulatorische Basis in den Hauptauftragspreisen haben.

Zusammenstellen der Vergabeunterlagen für alle Leistungsbereiche

Zunächst werden die Ausschreibungsunterlagen gewerkeweise zusammengestellt, dabei sind bei öffentlichen Auftraggebern die Vorschriften der VOB/A einzuhalten. Häufig werden die Ausschreibungsunterlagen durch auftraggebereigene Vertragsbedingungen ergänzt. Bei öffentlichen Auftraggebern können das die Vertragsbedingungen aus dem Vergabehandbuch oder individuelle Vertragsbedingungen sein. Bei privaten institutionellen Investoren werden zum Teil ähnliche Vertragsbedingungen verwendet. Die Vertragsbedingungen werden von den öffentlichen Auftraggebern (z. B. aus dem Vergabehandbuch) zur Verfügung gestellt, sie werden als reine Rechtsangelegenheiten nicht vom Architekten im Rahmen der Grundleistungen erarbeitet. Die Terminangaben und sonstigen baufachlichen Angaben werden jedoch vom Architek ten geleistet.

Der Wortlaut in Leistung f) enthält die Maßgabe, wonach das Zusammenstellen der Vergabe unterlagen für alle Leistungsbereiche vorzunehmen ist. Das könnte evtl. so verstanden werden als ob damit alle Leistungsbereiche - auch der anderen Leistungsbilder - gemeint sein könnten Das trifft aber nicht zu. Es geht hier nur um die Leistungsbereiche, für die der Architekt auch die fachliche Planung und Ausschreibung übernimmt. Für die Fachplanung der Technischen Ausrüstung erbringt diese Leistung der Fachplaner.

Besondere Leistungen der Leistungsphase 6

Zu den Besonderen Leistungen zählt die **Aufstellung von Leistungsbeschreibungen mit Leis tungsprogramm.** Diese Leistung kann anstelle der Leistung **Aufstellen der Leistungsbe schreibungen mit Leistungsverzeichnissen** treten, diese Leistung also ersetzen. Wird die Besondere Leistung anstelle einer vergleichbaren Leistung aus dem Leistungsbild erbracht dann darf nach der Rechtsprechung zur alten HOAI für die ersetzende Besondere Leistung das Honorar entsprechend der vergleichbaren Grundleistung abgerechnet werden. Dies dürfte für die neue HOAI zutreffen.

Beispiel

*Das Kammergericht Berlin hat mit Urteil[173] vom 30.07.1999 (4 U 122/97) klargestellt, dass eine **funktionale Leistungsbeschreibung** als Ersatz für eine Leistungsbeschrei- bung mit Leistungsverzeichnissen mit dem vollen v. H.-Satz der Grundleistung abge- rechnet werden darf, weil es sich um eine ersetzende Besondere Leistung handelt, die an die Stelle einer entsprechenden Grundleistung tritt.*

Das **Aufstellen von alternativen Leistungsbeschreibungen** ist eine seltene Besondere Leis tung. Öffentliche Auftraggeber dürfen eine Leistung nicht mehrfach ausschreiben, um den Markt zu testen. Die haushaltsrechtlichen Vorschriften der öffentlichen Auftraggeber besagen dass nur dann ausgeschrieben werden darf, wenn die entsprechenden Mittel dazu bereit gestellt sind. Dabei ist dann ein Ausschreibungsverfahren auszuwählen und durchzuführen. Mehrere parallele Verfahren zur gleichen Leistung sind bei öffentl. Ausschreibungen unzulässig.

Bei privaten Investoren können Doppelausschreibungen erfolgen. Es werden ggf. Nebenange bote[174] oder Alternativangebote der Unternehmer angefragt, um weitere Lösungsmöglichkeiten angeboten zu bekommen. Sollte dennoch eine alternative Leistungsbeschreibung beauftragt werden, so empfiehlt es sich, das entsprechende zusätzliche Honorar als Zeithonorar zu verein baren.

Als weitere Besondere Leistung ist das **Aufstellen von vergleichenden Kostenübersichten** genannt. Diese Besondere Leistung ist zu verstehen als Kostenübersicht vor der Einholung der Angebote. Von dieser Besonderen Leistung wird in der Praxis in der Leistungsphase 6 nur selten Gebrauch gemacht, denn **verpreiste Leistungsverzeichnisse**, bei denen der Architekt die Preise in die Leistungspositionen seiner Ausschreibungsunterlagen selbst einsetzt und damit eine gegenüber der Kostenberechnung vertiefende Kostenermittlung durchführt, sind als neue

---

[173] BauR 12/2001, 1929

[174] Die Prüfung von Nebenangeboten in LPH 7 ist nach der neuen HOAI eine Besondere Leistung

Grundleistung geregelt. Insofern wird diese Besondere Leistung offensichtlich keine besondere Relvanz entwickeln.

Leistungsphase 7 Mitwirkung der Vergabe

Grundleistungen	Besondere Leistungen
a) Koordinieren der Vergaben der Fachplaner	– Prüfen und Werten von Nebenangeboten mit Auswirkungen auf die abgestimmte Planung
b) Einholen von Angeboten	
c) Prüfen und Werten der Angebote einschließlich Aufstellen eines Preisspiegels nach Einzelpositionen oder Teilleistungen, Prüfen und Werten der Angebote zusätzlicher und geänderter Leistungen der ausführenden Unternehmen und der Angemessenheit der Preise	– Mitwirken bei der Mittelabflussplanung
	– Fachliche Vorbereitung und Mitwirken bei Nachprüfungsverfahren
	– Mitwirken bei der Prüfung von bauwirtschaftlich begründeten Nachtragsangeboten
	– Prüfen und Werten der Angebote aus Leistungsbeschreibung mit Leistungsprogramm einschließlich Preisspiegel [x)]
d) Führen von Bietergesprächen	
e) Erstellen der Vergabevorschläge, Dokumentation des Vergabeverfahrens	– Aufstellen, Prüfen und Werten von Preisspiegeln nach besonderen Anforderungen
f) Zusammenstellen der Vertragsunterlagen für alle Leistungsbereiche	[x)] Diese Besondere Leistung wird bei Leistungsbeschreibung mit Leistungsprogramm ganz oder teilweise Grundleistung. In diesem Fall entfallen die entsprechenden Grundleistungen dieser Leistungsphase.
g) Vergleichen der Ausschreibungsergebnisse mit den vom Planer bepreisten Leistungsverzeichnissen oder der Kostenberechnung	
h) Mitwirken bei der Auftragserteilung	

Grundleistungen der Leistungsphase 7

Koordinieren der Vergaben der Fachplaner

Die Koordination kann sich auf die Termine des Vergabeterminplans beziehen (vergl. Leistung a) in Leistungsphase 6). Die Koordination kann sich auch auf fachtechnische Aspekte beziehen. Die Koordination bedeutet jedoch nicht, dass der Architekt damit inhaltliche oder fachspezifische Prüfungen der Leistungen der Fachplaner durchführt.

Einholung der Angebote

In der Leistungsphase 7 findet die Angebotseinholung und Angebotsauswertung statt. Die Leistungsphase endet mit einer **Vergabeempfehlung** des Architekten. In manchen Fällen ist auch eine Empfehlung zur Aufhebung der Ausschreibung das Ergebnis in Leistungsphase 7.

Die Angebotseinholung bei öffentlichen Aufträgen muss unter Beachtung der dort geregelten gesetzlichen Bestimmungen erfolgen, sie ist danach nicht ohne Weiteres auf Planungsbüros delegierbar. Bei privaten Auftraggebern kann die Art der Angebotseinholung in der Regel frei vereinbart werden.

§ 3

Prüfung und Wertung von Angeboten

Die Angebotseröffnung wird von öffentlichen Auftraggebern i. d. R. entsprechend den **inter-nen Vergaberegelungen** selbst erbracht. Bei privaten Auftraggebern können die Angebote direkt beim Architekten eingereicht und geöffnet werden.

Nach Eingang der Angebote erfolgt die **Prüfung** und **Wertung** der Angebote durch den Archi-tekten bei öffentlichen Aufträgen in einem 2 stufigen Verfahren. Diese Prüfung erfolgt bei öffentlichen Auftraggebern nach den Richtlinien der VOB/A und weiterer bundes- sowie lan-desspezifischer Regelungen. Vergaberechtsfragen wie die konkrete Prüfung auf Einhaltung von Tariftreuezusagen von Bietern, sind reine Rechtsfragen, die nach Auffassung des Verfassers nicht dem Architekten im Rahmen der Grundleistungen obliegen. Kalkulatorische sog. speziel-le Auskömmlichkeitsprüfungen von Einzelpreisen, die eigene Berechnungen erfordern, sind keine Grundleistungen. Soweit lediglich eine Einschätzung zur Auskömmlichkeit im Zuge der Vergabeempfehlung gemeint sei, kann dies als Grundleistung eingestuft werden.

Bei privaten Auftraggebern erfolgt die Angebotsprüfung und Wertung entweder ebenfalls nach VOB/A oder in ungeregeltem Verfahren. Im ungeregelten Verfahren dürfen **Vertragsverhand-lungen** über Preise und Angebotsinhalte geführt werden. Hier stellt sich die Frage nach einer vollmacht für solche Preisverhandlungen.

Die Prüfung von Nebenangeboten mit Auswirkungen auf die abgestimmte Planung ist keine Grundleistung.

Preisspiegel nach Teilleistungen oder Positionen

Als weitere Grundleistung hat der Architekt einen **Preisspiegel** zu erstellen, aus dem die wich-tigsten Preisinformationen (Preisrangfolge, Preisabweichungen einzelner Bieter) in einer Über-sicht dargestellt werden. Die Form des Preisspiegels ist dem Architekten freigestellt, es ist eine übersichtliche Darstellung erforderlich, um die Preisvergleiche nachempfinden zu können, sonst erfüllt der Preisspiegel seinen Zweck nicht.

Mit dem Begriff Teilleistungen hat der Verordnungsgeber ausdrücklich offen gelassen, ob der Preisspiegel nach Einzelpositionen oder Titeln oder lediglich nach relevanten Positionen aufge-stellt wird.

Ein positionsweise differenzierter Preisspiegel kann bei mittleren und großen Projekten sehr schnell unübersichtlich werden und somit seinen Zweck verfehlen. In solchen Fällen ist auch ein Preisspiegel anhand von ausgewählten Positionen oder nach Titel sortiert möglich. Das wäre jedoch vor Aufstellung zwischen den Vertragspartnern abzustimmen.

Prüfen und Werten der Angebote zusätzlicher und geänderter Leistungen der ausführen-den Unternehmen und der Angemessenheit der Preise

Im vollen Wortlaut heißt die Leistung Prüfen und Werten der Angebote zusätzlicher und geän-derter Leistungen der ausführenden Unternehmen und der Angemessenheit der Preise. Dieser Wortlaut steht in Kollision mit den Regelungen zu Planungsänderungen in § 10 HOAI. Als Beispiel sind Änderungen bei einer Metallfassade zu benennen, bei denen umfangreiche kon-struktive Änderungen stattfinden und ein sehr umfangreiches Nachtragsangebot zur Prüfung eingereicht wird. Dieses Nachtragsangebot wurde durch honorarpflichtige eine Änderung nach § 10 HOAI ausgelöst, kann aber, wenn man den Wortlaut dieser Grundleistung zugrunde legt, nicht gesondert honoriert werden. Es wird vorgeschlagen diesbezüglich eine entsprechende individuelle Vertragsregelung zu treffen, damit dieser Widerspruch in der HOAI nicht in der Planungspraxis weiter zu bewältigen ist. Evtl. kann der Widerspruch durch die Rechtsprechung oder die amtliche Begründung aufgehoben werden.

Ansonsten ist damit die Prüfung von Nachtragsangeboten als Grundleistung geregelt. Daraus folgt, dass die HOAI im Leistungsbild Gebäude nicht innerhalb der Grundleistungen vorsieht, dass Nachtragsangebote in der Leistungsphase 8 zu den Grundleistungen gehört. Das ist insbesondere bei getrennter Beauftragung von Leistungsphasen an unterschiedliche Planungsbüros wichtig. Damit klärt die HOAI eine früher gelegentlich diskutierte Schnittstelle. Büros die nur bis zur Leistungsphase 7 beauftragt sind, müssen damit rechnen, dass die Leistungsphase 7 zeitlich noch in die (nicht mehr beauftragte) Bauüberwachungsphase hineinragt.

Führen von Bietergesprächen

Das Führen von Bietergesprächen kann bei öffentlichen Auftraggebern nur in sehr engem Spielraum erfolgen, da nach den Vergaberechtsvorschriften (Rechtsfragen) z. B. keine Preisverhandlungen möglich sind. Es wird daher allen Planern empfohlen, sich vor Beginn der Leistungen der Leistungsphasen 6 und 7 über die zu berücksichtigenden Vergaberechtsvorgaben zu informieren, soweit das nicht bereits beim Vertragsabschluss erfolgt ist. Werden beim Führen der Bietergespräche neben etwaigen baufachlichen Angebotsaufklärungen weitere Fragen (z. B. Vertragsfragen) erörtert, muss der Architekt zwischen den ihm obliegenden fachtechnischen Aufklärungen und den ihm nicht obliegenden Rechtsfragen (z. B. Terminvereinbarungen, Abweichungen von ausgeschriebenen Inhalten, Skonto, Preisnachlässe, Zahlungsbedingungen) differenzieren und nur seine Zuständigkeiten verantwortlich bearbeiten. Bei privaten Auftraggebern, sollte im Vorfeld geregelt werden, welche Vollmachten der Architekt erhält und welche Zuständigkeiten beim Auftraggeber bleiben.

Erstellen der Vergabevorschläge – Mitwirken bei der Auftragserteilung

Die Vergabevorschläge sollten nur die dem Architekten obliegenden fachtechnischen Fragestellungen betreffen. Die dem Auftraggeber selbst obliegenden Fragestellungen fallen nicht unter die in diesem Leistungsbild erfassten Leistungen. Das sind insbesondere bei öffentlichen Auftraggebern die Rechtsfragen und die Auftragsvergabe an sich, sowie der Teil der Dokumentation, die dem Auftraggeber selbst obliegt. Das ist auch von Bedeutung, da hier gegebenenfalls spätere Vergabekammerverfahren anstehen.

Erstellung des Kostenanschlages ist weggefallen

Wichtige Grundleistung in Leistungsphase 7 war der Kostenanschlag. Er ist mit der HOAI 2013 weggefallen. Er hatte mehrere Funktionen gleichzeitig. Zunächst diente der Kostenanschlag einem Vergleich mit den Angaben aus der Kostenberechnung. Er konnte aber auch stufenweise als Kostensteuerungsinstrument eingesetzt werden, wenn diesbezüglich entsprechende Einzelvereinbarungen getroffen wurden. Der als Grundleistung weggefallene Kostenanschlag diente dem Auftraggeber andererseits als letzte Entscheidungsmöglichkeit vor Ausführungsbeginn. Der Kostenanschlag betraf alle Kostengruppen gemäß DIN 276. Mit dem Wegfall fehlen dem Auftraggeber die nicht mit den Vergabeeinheiten anfallenden Kostenanteile der Gesamtkosten. Damit hat der Auftraggeber im Zuge der Grundleistungen zu diesem Zeitpunkt keine umfassende Kosteninformation zur Verfügung.

Vergleichen der Ausschreibungsergebnisse mit den bepreisten Leistungsverzeichnissen oder der Kostenberechnung

Diese Leistung soll den weggefallenen Kostenanschlag ersetzen. Die neue Kostenkontrolle erfolgt auf der Basis von zwei Kostenermittlungen, die einen vergleichbaren Detaillierungsgrad aufweisen wenn der Vergleich mit den bepreisten LV's erfolgt. Ansonsten (Vergleich mit der Kostenberechnung) gelten die gleichen Hinweise wie bereits in Leistungsphase 6 beschrieben. Darauf wird an dieser Stelle Bezug genommen.

Wichtig ist die in Leistungsphase 6 erwähnte Frage der Kostentoleranzen. Die Anhaltswerte für Kostentoleranzen, die bei einem einheitlichen Kostenanschlag in der Praxis zugrunde gelegt werden, können hier aus rein baufachlichen Gründen nicht als angemssen eingestuft werden. Denn hier werden einzelne Leistungsverzeichnisse und Ausschreibungsergebnisse als Vergleichsgrundlage herangezogen, während beim Kostenanschlag die Toleranzen über die Gesamtsumme aller Kostengruppen (100 bis 700) zu sehen waren und damit ein sog. Glättungseffekt oder Ausgleichseffekt einherging. Auf die Ausführungen in Leistungsphase 6 wird Bezug genommen.

Mitwirkung bei der Auftragsvergabe

Die **Mitwirkung bei der Auftragsvergabe** bezieht sich auf die fachliche Vorbereitung der Bauaufträge und evtl. baufachlicher Klärungen von anstehenden technischen Vertragsfragen. Die Klärung von reinen **Rechtsfragen** ohne technischen Bezug und die rechtliche Ausarbeitung der Verträge ist nicht Sache des Architekten.

Die Klärung schwieriger Rechtsfragen des Vergaberechts ist ebenfalls Sache des Auftraggebers. Bei Vergaben auf Grundlage der VOB/A sollte die Vergabeempfehlung des Architekten jedoch die in der VOB/A abgehandelten Maßgaben bei seinen Leistungen berücksichtigen. Dazu gehört, dass der Architekt die Leistungsfähigkeit und Zuverlässigkeit des Anbieters zu prüfen hat. Außerdem muss der Architekt die **Angemessenheit der Angebotspreise** prüfen.

Vergabeentscheidung und Vergabe ist Sache des Auftraggebers

Wenn die **Vergabeempfehlung** des Architekten zum Ergebnis kommt, dass der Mindestbieter unauskömmliche Preise kalkuliert hat oder aus Gründen der mangelhaften Leistungsfähigkeit ausgeschieden wurde, dann ist das sein eigenes Planungsergebnis.

Es steht dem Auftraggeber frei, eine eigene Vergabeentscheidung zu treffen, indem er einen anderen Anbieter beauftragt. Eine Notwendigkeit nach der die Vergabeempfehlung des Architekten immer auch den späteren Auftragnehmer enthalten muss, also identisch mit der Vergabeentscheidung sein muss, besteht nicht. Der Architekt haftet für seine Angebotsauswertung und der Auftraggeber haftet für seine (in der Regel nicht delegierbare) Vergabeentscheidung.

Die Vergabeentscheidung und Auftragserteilung an sich ist Angelegenheit des Auftraggebers. Bauaufträge werden zwischen dem Auftraggeber (Bauherr) und den ausführenden Unternehmern geschlossen.

Dokumentation des Vergabeverfahrens

Die Dokumentation des Vergabeverfahrens beschränkt sich auf die fachlichen und technischen Zuständigkeiten des Architekten und kann nicht alle Einzelheiten der Dokumentation umfassen, die auch den Zuständigkeitsbereich des Auftraggebers betreffen. Hier ist genau zu differenzieren. Vergaberechtsfragen sind als Aufgabe des Auftraggebers auch von ihm selbst zu dokumentieren. Die nachfolgende Tabelle zeigt anhand der Anforderungen aus dem Vergabehandbuch Bayern beispielhaft die Zuständigkeiten bei der Dokumentation der Vergabe, so wie der Verfasser sie einstuft.

Vergabedokumentation gemäß VHB (VHB = Vergabehandbuch aus dem Bereich der Bundes- und Landesdienststellen)	Beurteilung nach HOAI (Basis = Grundleistungen nach Anlage 10.1 HOAI 2013)
Dokumentationsformular zum Angebotsversand z. B. Bieter-Nr., Eingang Angebotsanforderung beim Auftraggeber, Vermerk über Zahlungseingang, Datum des Versands von Angebotsunterlagen, Vermerk ob elektrische Anbieter oder konventionell	Das ist Aufgabe des Auftraggebers. Es handelt sich um Leistungen, die nicht Bestandteil der Honorartatbestände nach HOAI sind. Dies sollte aus Gründen der Korruptionsprävention nicht delegiert werden.
Niederschrift über die Angebotseröffnung z. B. Anzahl der rechtzeitig eingegangenen Angebote, Angabe von verspäteten Angeboten, Anzahl von Nebenangeboten, genaue Uhrzeit der Angebotseröffnung, Angabe zu anwesenden Personen, Auflistung aller bei Angebotseröffnung vorliegenden Angebote mit Anbieteranschrift, ungeprüfter Angebotssumme, Anzahl Nebenangebote, etwaige besondere Vorkommnisse (z. B. keine Unversehrtheit des Angebotsumschlags)	Das ist Aufgabe des Auftraggebers. Es handelt sich um Leistungen, die nicht Bestandteil der Honorartatbestände nach HOAI sind. Dies sollte aus Gründen der Korruptionsprävention nicht delegiert werden.
Dokumentation von Daten und Inhalten von Aufklärungen von Angebotsinhalten, Angabe zu Anschlusskriterien wie Preis oder andere Kriterien	Protokolle über Angebotsverhandlungen bei technischen Fragen erstellt der Architekt. Angabe zu formalen Ausschlusskriterien ist Sache des AG im Rahmen des Vergaberechts.
Formblatt mit Angaben zur Entscheidung über den Zuschlag z. B. Angaben zu zuständigen Entscheider Personen beim Auftraggeber, Vergabenummern, Begründung zum Vergabevorschlag, Bestätigungsvermerk (bevorzugter Bewerber, Eignungsnachweise….), voraussichtliche Abrechnungssumme, Angabe zu federführendem Personal beim Auftraggeber	Das ist Angelegenheit des Auftraggebers. Vergaberechtsangelegenheiten (u. a. Dokumentation gem. § 20 VOB/A) obliegen dem Auftraggeber.
Absageschreiben an Bieter, denen der Auftrag nicht erteilt werden soll (siehe § 19 VOB/A) mit Angabe von Gründen (z. B. zu spät eingegangen, zu hoch in der Preisrangfolge, Änderung der Angebotsunterlagen, fehlende Unterschrift…)	Das ist Angelegenheit des Auftraggebers. Vergaberechtsangelegenheiten obliegen dem Auftraggeber. (Beschluss Oberlandesgericht Koblenz vom 25.09.2012, Az.: 1 Verg 5/12).
Formulierung des Auftragsschreibens mit Hinweisen zu Terminen, Freistellungsbescheinigungen, Formulierung einer Empfangsbestätigung mit Angabe der Ansprechpartner des Auftragnehmers.	Die Formulierung des Auftragsschreibens ist Sache des Auftraggebers. Dabei kann z. B. auf fachtechnische Festlegungen aus der Angebotsaufklärung Bezug genommen werden. Vergaberechtsfragen wie z. B.

Vergabedokumentation gemäß VHB (VHB = Vergabehandbuch aus dem Bereich der Bundes- und Landesdienststellen)	Beurteilung nach HOAI (Basis = Grundleistungen nach Anlage 10.1 HOAI 2013)
	geänderte Ausführungsfristen sind Sache des Auftraggebers
Information über die Erteilung eines Auftrags nach § 21 (3) VOB/A mit Auftragsdaten	Das ist Angelegenheit des Auftraggebers. Vergaberechtsangelegenheiten obliegen dem Auftraggeber. (Beschluss Oberlandesgericht Koblenz vom 25.09.2012, Az.: 1 Verg 5/12).
Vergabevermerk über etwaige Aufhebung einer Ausschreibung mit Angabe der Entscheider Person beim Auftraggeber, Aufhebungsgründen, Festlegung des weiteren Verfahrens (neue Ausschreibung, freihändige. Vergabe....)	Das ist Angelegenheit des Auftraggebers. Vergaberechtsangelegenheiten obliegen dem Auftraggeber.
Schriftsatz an Bieter über die erfolgte Aufhebung einer Ausschreibung mit Begründung und Angabe zum weiteren Verfahren	Das ist Angelegenheit des Auftraggebers. Vergaberechtsangelegenheiten obliegen dem Auftraggeber.
Protokoll über die „erste Durchsicht" von Angeboten mit Prüfpunkten wie z. B. fehlende Unterschrift, gesondertes Ausschreiben, Preisnachlässe, Nebenangebote, Änderungen an Angebotsunterlagen	Wird ohnehin im Zuge der Angebotsprüfung u. Wertung geprüft; eine Dokumentation einer 1. Durchsicht ist nicht in den Leistungsbildern der HOAI geregelt.
Formular Bieterliste mit Auflistung aller Anbieter mit Angabe von ungeprüften und geprüften Angebotspreisen sowie Angabe zum Abstand zu anderen Bietern	Das ist Angelegenheit des Auftraggebers. Vergaberechtsangelegenheiten obliegen dem Auftraggeber.
Angaben zu Ergebnissen der Eignungsprüfung zur Fachkunde, Zuverlässigkeit und Leistungsfähigkeit, Eigenerklärungen für Anbieter und angegebene Subunternehmer, Entscheidung über Verbleib oder Angebotsausschluss aus dem weiteren Verfahren	Das erfolgt im Zuge der Angebotsprüfung und Wertung in Leistungsphase 7. Die Entscheidung über Verbleib oder Ausschluss bei der weiteren Wertung trifft der Auftraggeber.
Bei **Angebotswertung nach Punktebewertung**, z. B. Technischer Wert mit Punkten, Wichtung, Begründung usw.	Nur soweit vertraglich vereinbart.
Schreiben an Anbieter mit der Aufforderung zur **Zuschlagsfristverlängerung** und beigefügter Erklärung des Bieters, Festlegung der neuen Zuschlagsfrist	Das ist Angelegenheit des Auftraggebers. Vergaberechtsangelegenheiten obliegen dem Auftraggeber.

Besondere Leistungen der Leistungsphase 7

Das Prüfen und Werten von Nebenangeboten mit Auswirkungen auf die abgestimmte Planung ist eine (neue) Besondere Leistung. Das spielt bei der Bestimmung über das Vergabeverfahren evtl. eine Rolle, da sich der Auftraggeber bei Beginn der Vergabeverfahren jeweils entscheiden muss, ob er Nebenangebote zulassen will oder nicht. Bei der Prüfung von Nebenangeboten ist außerdem zu beachten, dass mithin sehr zeit- und kostenaufwendige Prüfungen anfallen können, z. B. bei Nebenangeboten für Fassadenkonstruktionen.

Beispiel

Wird bei einer Ausschreibung einer überschnittenen Bohrpfahlwand im Hangbereich als Nebenangebot eine Winkelstützmauer (Änderungsvorschlag) angeboten, dann erfordert die Angebotsprüfung umfangreiche Besondere Leistungen. Denn die gravierenden Auswirkungen des Nebenangebots auf Termine, Standsicherheitsnachweis, Gebäude-planung (Entwurfsänderungen, andere Lastverhältnisse), Erdmengenänderungen, Dau-erhaftigkeit usw. erfordern umfassende planerische Maßnahmen und Beurteilungen. Diese Prüfung ist nicht mit den Grundleistungen erfasst. Sollte der Änderungsvorschlag bereits aus grundsätzlichen oder aus formalen Gründen ausscheiden, fallen diesbezüg-lich keine besonderen Leistungen an.

Die Richter des Oberlandesgerichts Schleswig haben mit Urteil vom 18.04.2006 - 3 U 14/05 festgestellt, dass die Prüfung von Nebenangeboten kein zusätzliches Honorar rechtfertigt, wenn keine gravierenden technischen Änderungsvorschläge eingereicht werden, die Planungsände-rungen zur Folge haben. Dieses Urteil kann nicht mehr auf die neue HOAI 2013 zutreffen, da sich die preisrechtlichen Regelungen diesbezüglich gravierend geändert haben.

Bauwirtschaftlich begründete Nachträge

Die Mitwirkung bei der Prüfung von bauwirtschaftlich begründeten Nachträgen ist mit vielen rechtlichen Fragen verbunden und kann ohne rechtliche Bearbeitung i. d. R. nicht federführend vom Architekten bearbeitet werden. Deshalb ist diese Leistung – auch die Mitwirkung daran - nicht in den Grundleistungen erfasst worden und nur als Mitwirkung in die Besonderen Leis-tungen eingestellt. Architekten sollten diesbezüglich genau prüfen, ob und inwiefern sie solche Leistungen erbringen können.

Leistungsphase 8 Objektüberwachung (Bauüberwachung und Dokumentation)

Grundleistungen	Besondere Leistungen
a) Überwachen der Ausführung des Objek-tes auf Übereinstimmung mit der öffentlich-rechtlichen Genehmigung oder Zustim-mung, den Verträgen mit ausführenden Unternehmen, den Ausführungsunterlagen, den einschlägigen Vorschriften sowie mit den allgemein anerkannten Regeln der Technik	– Aufstellen, Überwachen und Fortschreiben eines Zahlungsplanes – Aufstellen, Überwachen und Fortschreiben von differenzierten Zeit-, Kosten- oder Kapa-zitätsplänen – Tätigkeit als verantwortlicher Bauleiter, soweit diese Tätigkeit nach jeweiligem Lan-desrecht über die Grundleistungen der LPH 8

§ 3

Grundleistungen	Besondere Leistungen
b) Überwachen der Ausführung von Tragwerken mit sehr geringen und geringen Planungsanforderungen auf Übereinstimmung mit dem Standsicherheitsnachweis	hinausgeht
c) Koordinieren der an der Objektüberwachung fachlich Beteiligten	
d) Aufstellen, Fortschreiben und Überwachen eines Terminplans (Balkendiagramm)	
e) Dokumentation des Bauablaufs (zum Beispiel Bautagebuch)	
f) Gemeinsames Aufmaß mit den ausführenden Unternehmen	
g) Rechnungsprüfung einschließlich Prüfen der Aufmaße der bauausführenden Unternehmen	
h) Vergleich der Ergebnisse der Rechnungsprüfungen mit den Auftragssummen einschließlich Nachträgen	
i) Kostenkontrolle durch Überprüfen der Leistungsabrechnung der bauausführenden Unternehmen im Vergleich zu den Vertragspreisen	
j) Kostenfeststellung, zum Beispiel nach DIN 276	
k) Organisation der Abnahme der Bauleistungen unter Mitwirkung anderer an der Planung und Objektüberwachung fachlich Beteiligter, Feststellung von Mängeln, Abnahmeempfehlung für den Auftraggeber	
l) Antrag auf öffentlich-rechtliche Abnahmen und Teilnahme daran	
m) Systematische Zusammenstellung der Dokumentation, zeichnerischen Darstellungen und rechnerischen Ergebnisse des Objekts	
n) Übergabe des Objekts	
o) Auflisten der Verjährungsfristen für Mängelansprüche	
p) Überwachen der Beseitigung der bei der Abnahme festgestellten Mängel	

Grundleistungen der Leistungsphase 8

Wesentliche Neuerungen durch die HOAI 2013

In der Leistungsphase 8 gab es in Bezug auf die Grundleistungen im Zuge der neuen HOAI 2013 relativ wenige Änderungen. So ist die Grundleistung der systematischen Zusammenstellung der Dokumentation, zeichnerische Darstellungen und rechnerischen Ergebnisse aus der Leistungsphase 9 in die Leistungsphase 8 übernommen worden. Das ist sinnvoll da mit dem Ende der Leistungsphase 8 diese Dokumentationen beim Auftraggeber im Regelfall benötigt werden (z. B. für den Gebäudebetrieb).

Die Kostenkontrolle in der Leistungsphase 8 betrifft eine Kontrolle nach Vergabeeinheiten die sich im Ergebnis auf die jeweiligen Gewerke bezieht, die fachlich vom Architekten bearbeitet werden. Dabei ist festzuhalten, dass damit die Gewerke gemeint sind, die vom Objektplaner fachtechnisch bearbeitet werden, denn es geht in diesem Zusammenhang um die Kostenkontrolle der Ergebnisse von Rechnungsprüfungen und deren Vergleich mit den Auftragssummen.

Die Gewerke, die von Fachplanern fachtechnisch bearbeitet werden, werden im Rahmen der jeweiligen Fachplanung vergleichend gegenübergestellt, vergl. Leistungsbild Fachplanung Technische Ausrüstung, Leistungsphase 8, Leistung g) und h).

Neu ist in der Leistungsphase 8 auch die sogenannte „Abnahmeempfehlung" in Leistung k). Hier stellt sich die Frage, ob ein Planungsbüro selbst klären kann, ob eine Abnahme ausgesprochen oder verweigert werden sollte. Auch bei Mängeln gibt es nach der herrschenden Rechtsprechung kein generelles Recht der Abnahmeverweigerung. Hier wird einzelfallbezogen zu entscheiden sein, notfalls mit Hilfe von rechtlichen Beurteilungen, die als Rechtsfrage dann nicht mehr zu den Grundleistungen des Architekten gehören dürften. Die zur Klärung der Rechtsfrage benötigten Mangelauflistungen können jedoch vom Architekten zur Klärung dieser Rechtsfrage bereitgestellt werden.

In der Leistung d) ist das Fortschreiben des Terminplans hinzugekommen. Unter Fortschreiben wird eine Aktualisierung ohne Neuaufstellung verstanden. Wenn neue Endtermine und damit veränderte Projektziele anfallen, liegt in der Regel eine Neuaufstellung vor, die nicht Bestandteil der Grundleistungen ist. Hierüber ist einzelfallbezogen zu entscheiden.

Objektüberwachung als Überwachung der Ausführung

Als zentrale und auch fachlich wichtigste Grundleistung bei der Objektüberwachung dient die Teilleistung Überwachung der Ausführung des Objektes, Teilleistung a). Diese Überwachung bezieht sich auf die **Übereinstimmung** der Ausführung vor Ort mit den Bestimmungen der Baugenehmigung, den Landesbauordnungen und sonstigen baurechtlichen Vorschriften, den allgemein anerkannten Regeln der Technik, sowie den vertraglichen Vereinbarungen (z. B. Terminvereinbarungen) und den fachtechnischen Anforderungen gemäß der Ausführungsplanung und dem **Bauvertrag**.

Auch bei der o. e. Bauüberwachung hat der Architekt die berechtigten Interessen des Auftraggebers zu vertreten. Als Grundlage für die Bauüberwachung hat der Architekt alle dazu erforderlichen Unterlagen der Ausführungsplanung und der Vertragsunterlagen zu beachten und seiner Leistung zugrunde zu legen. Die Bauüberwachung ist zwar erfolgsbezogen, so dass der Architekt durch die Bauüberwachung ein mängelfreies Werk erwirken muss. Doch ganz so einseitig kann die Verantwortung beim Architekten nicht liegen, denn die Ausführung des Werkes erfolgt durch die Bauunternehmer, während der Architekt diese (lediglich) überwacht. Erkennt der Architekt vertragswidrige Ausführungen hat er **Mängelrügen** mit Beseitigungsaufforderungen zu veranlassen.

Vertragliche Regelungen, wie z. B. Kündigungsandrohungen, obliegen jedoch den jeweiligen Vertragspartnern, also dem Bauherrn und seinem beauftragten Bauunternehmen. Der Architekt kann dazu im Rahmen der ihm beauftragten Leistungen entsprechende fachtechnische Grundlagen liefern, wie z. B. eine Mangelaufstellung.

In der Praxis greift bei Mängeln gelegentlich eine **anteilige Haftung**, z. B. wenn der Bauunternehmer einen Ausführungsmangel produziert hat und gleichzeitig der bauüberwachende Architekt diesen Mangel übersehen hat, obschon er ihn aber bei üblicher Sorgfaltspflicht hätte erkennen müssen[175].

Bei Bauarbeiten, die keine intensive Überwachung erfordern, liegt die Verschuldensquote des Bauunternehmers bei Mängeln im Allgemeinen deutlich höher, als bei Arbeiten, die erfahrungsgemäß intensiver vom Architekten überwacht werden müssen (z. B. Abdichtungsarbeiten von erdberührenden Bauteilen).

Die Intensität der Bauüberwachung richtet sich insbesondere danach, ob die Leistungen besonders schadensanfällig sind und danach, ob die ordnungsgemäße Ausführung von einem Handwerker üblicherweise erwartet werden kann. Gesteigerte Überwachungspflichten bestehen dann, wenn der ausführende Unternehmer als unzuverlässig bekannt ist.

Allerdings ist darauf zu achten, dass bei der Beurteilung, wie intensiv die örtliche Bauüberwachung sein muss, davon auszugehen ist, dass der Architekt nicht ständig auf der Baustelle sein muss, was nach den langjährigen Erfahrungen in der Praxis auch unmöglich ist.

Nach der Rechtsprechung hat sich die Intensität der Bauüberwachung immer nach den tatsächlichen Erfordernissen zu richten. Das bedeutet, dass die Bauüberwachung sich auch an der **individuellen Leistungsfähigkeit** von Bauunternehmern zu orientieren hat. Bei einem leistungsfähigen Unternehmer muss nicht jede Einzelheit überwacht werden.

Unklar ist aus kaufmännischer Sicht, mit welchem Zeitansatz die vor Ort tätige Bauüberwachung überhaupt agieren muss. Denn das nach der HOAI vorgesehene Honorar ist der Höhe nach nicht so ausgerichtet, dass bei allen Projektgrößen eine ständige Vor-Ort-Anwesenheit eines Ingenieurs auf der Baustelle damit gemeint sein kann. Dazu wird auf die Honorartafel für das Leistungsbild Gebäude Bezug genommen. Im Ergebnis bedeutet dass, das der Verordnungsgeber nicht vorgesehen hatte, dass eine „flächendeckende" Überwachungstätigkeit vor Ort stattfinden soll.

Das o. e. Beispiel zeigt auf, inwieweit etwaige Ausführungsmängel fachtechnisch unberührt von Bauüberwachungsmängeln sind und offenbart außerdem eindrucksvoll, dass Ausführungsmängel längst nicht immer eine Art Bauüberwachungsmangel zur Folge haben. Dem Architekten muss es also, kalkulatorisch betrachtet, möglich sein im Rahmen eines eigenen Abwägungsprozesses darüber zu entscheiden, welche Arbeiten er überwacht und welche nicht.

---

[175] Was je Einzelfall gesondert zu beurteilen ist

Allgemein anerkannte Regeln der Technik

Die Bauüberwachung hat üblicherweise mit dem Ziel der Einhaltung der allgemein anerkannten Regeln der Technik zu erfolgen. Hier kommt es aber auch auf die individuelle Vertragsregelung an. Es kann davon ausgegangen werden, dass, wenn nicht ausdrücklich etwas anderes vereinbart ist, die anerkannten Regeln der Technik zugrunde zu legen sind. Es gibt aber auch Fälle, in denen es Sinn macht, von allgemein anerkannten Regeln der Technik abzuweichen.

Beispiel

Als Beispiel für vereinbarte, also bewusste, Abweichungen von anerkannten Regeln der Technik kann die Vertikalabdichtung eines Balkons am Übergang zu den aufgehenden Bauteilen genannt werden. Dabei wird nicht selten gegen eine Abdichtungsnorm verstoßen, um einen wirtschaftlichen flächenbündigen Übergang von Innen zur Balkonfläche zu ermöglichen.

Es gibt eine Vielzahl von bewusst gewählten Abweichungen von den allgemein anerkannten Regeln der Technik.[176] Sollte eine solche bewusste Abweichung Gegenstand der Planung sein, wird eine einvernehmliche Vereinbarung über die jeweiligen Abweichungen mit Haftungsausschluss in Bezug auf die Einhaltung der betreffenden Vorschrift vorgeschlagen.

Besonders wichtig ist, dass sich der Architekt am vereinbarten Planungsziel orientiert. Wird das Planungsziel mit seiner Planung und Bauüberwachung erfüllt, stellt eine Abweichung von einer DIN-Norm nicht automatisch einen Mangel[177] dar. Bei Unklarheiten hinsichtlich der Anforderungen bzw. des Planungszieles ist von Seiten des Architekten eine Abstimmung mit dem Auftraggeber[178] unter **Aufklärung der Konsequenzen** unterschiedlicher Ausführungsarten vorzunehmen.

Gerichtsurteile zu Regeln der Technik

Die anerkannten Regeln der Technik entsprechen nicht durchgehend den DIN-Normen. Einige DIN-Normen stellen nicht mehr den **Stand der allgemein anerkannten Regeln der Technik** dar, z. B. die DIN 4109 (Schallschutz).

Der BGH hat mit Urteil vom 14.05.1998 (VII ZR 184/97)[179] festgestellt, dass **DIN-Normen** keine Rechtsnormen, sondern private technische Regelungen mit Empfehlungscharakter sind. Sie können einerseits allgemein anerkannte Regeln der Technik wiedergeben oder andererseits hinter diesen zurückbleiben.

Das Oberlandesgericht Hamm hat mit Urteil vom 17.02.1998 (7 U 5/96)[180] für Recht erkannt, dass auch in einer neuen DIN-Norm enthaltene Ausführungsweisen (hier: Fliesenarbeiten) nicht

---

[176] Abweichungen von anerkannten Regeln der Technik können z. B. auch Bestandteil von Befreiungsanträgen im Rahmen eines Bauantragsverfahrens sein (z. B. Abweichungen von Lüftungsnormen im Krankenhausbau)

[177] So können Bodenbeläge in Gewerblichen Großküchenbereichen einerseits die Hygienischen Anforderungen und andererseits die Anforderungen an die Rutschhemmung nicht gleichsam erfüllen, weil sich diese Anforderungen gegenüberstehen

[178] siehe hierzu Grundleistungen der Leistungsphasen 1-4

[179] BauR 7/98, 793

[180] NJW-RR 1998,668, BauR 8/98, 894

zu den anerkannten Regeln der Technik gehören, wenn sie von Baufachleuten überwiegend nicht angewandt bzw. nicht hinreichend akzeptiert werden.

Praxis-Tipp	*Anerkannte Regeln der Technik setzen voraus, dass die Mehrzahl der Fachleute sie anwenden und von ihrer Richtigkeit überzeugt sind. Maßgebend ist die allgemeine Durchschnittsmeinung, die sich in Fachkreisen gebildet hat. Die Regeln müssen sich in der Praxis bewährt haben. Es genügt nicht, wenn die Regel nur im Schrifttum vertreten ist.*

Fachbauleitung nach den verschiedenen Landesbauordnungen

Die **Fachbauleitung nach den verschiedenen Landesbauordnungen** gehört nach dem Wortlaut der HOAI (Anlage 10.1 Leistungsphase 8, Besondere Leistung) nicht zu den Grundleistungen der Bauüberwachung, wenn sie über die Grundleistungen hinausgeht, was je nach Landesrecht unterschiedlich sein kann. In der Praxis dürfte jedoch zwischen der privatrechtlichen Tätigkeit der Bauüberwachung und der öffentlich-rechtlichen Fachbauleitung nach Landesbauordnung **kein sehr bedeutsamer inhaltlicher Unterschied** bestehen. Es wird empfohlen, vor Beginn der Bauüberwachung, die in der betreffenden Landesbauordnung geregelte Tätigkeit als verantwortlicher Bauleiter inhaltlich mit den Tätigkeiten der Bauüberwachung abzugleichen. Die entsprechende Besondere Leistung in Leistungsphase 8 hat in der Praxis ihre Bedeutung in den letzten Jahren eingebüßt.

Koordinierung der an der Objektüberwachung Beteiligten

Auch bei der Bauüberwachung sind die Leistungen der weiteren Beteiligten im Rahmen der Architektenleistungen zu koordinieren, vergl. Leistung c).

Die Koordination kann durch gemeinsame **Planungsgespräche** oder aber auch auf schriftlichem Wege erfolgen. Das Verfahren steht den Beteiligten frei. Es empfiehlt sich daher, zu Projektbeginn mit den weiteren Beteiligten hierüber eine Vereinbarung zu treffen, damit die Koordination ordnungsgemäß erfolgt und eine nachvollziehbare Dokumentation bereitsteht. Die Koordinierung ist auch als regelmäßige ergebnisbezogene gemeinsame Abstimmung mit den weiteren Projektbeteiligten zu den bevorstehenden Maßnahmen zu verstehen.

Beispiel

Die Koordinationstätigkeit des Architekten endet fachtechnisch bzw. inhaltlich z. B. dort, wo die fachspezifischen Bauüberwachungsleistungen der weiteren Beteiligten (z. B. im Bereich Tragwerksplanung, Fachplanung Bauphysik, Technische Anlagen usw.) beginnen.

In den Planbereichen der technischen Ausrüstung sind je Anlagengruppe eigenständige Bauüberwachungsleistungen parallel zu den Architektenleistungen als Grundleistungen in der HOAI geregelt. Diese Paralleltätigkeit der Fachplaner ist vom Architekten zu koordinieren. So sind die Leistungen der Terminplanung, fachliche Bauüberwachung, Kostenkontrolle, Führen des Bautagebuches als Parallelleistungen der Fachplaner nicht nur inhaltlich, sondern auch organisatorisch aufeinander abgestimmt.

Mit der **Baustellenverordnung (BaustellV)** vom 10.06.1998 wurden von der Bundesregierung neue Pflichten im Bereich des vorbeugenden Unfallschutzes auf Baustellen eingeführt. Die Erfüllung dieser Pflichten gehört nicht zu den Grundleistungen aus dem Leistungsbild des Architekten. Zur Architektenleistung gehört jedoch im Zuge der Beratungspflichten, dass er den Auftraggeber auf die BaustellV, die darin genannten erforderlichen Maßnahmen hinweist und auf Bestellung eines Sicherheits- und Gesundheitsschutzkoordinators hinwirkt. Es ist möglich, dass der Architekt die Aufgaben des o. e. Koordinators übernimmt. Dazu bedarf es jedoch einer **gesonderten Leistungs- und Honorarvereinbarung**[181]. Häufig übernehmen diese Aufgabe Fachbüros für Sicherheitsorganisation.

Beispiel

Der Architekt fragt bei den Planungsbeteiligten die für seine Gesamtkoordination erforderlichen Leistungen aus den anderen Planbereichen ab und integriert bzw. koordiniert dies dann im Sinne eines einheitlichen Werkes. Liefern die Beteiligten die erforderlichen Fachbeiträge nicht, hat der Architekt den Auftraggeber darauf hinzuweisen, damit der Auftraggeber seine Funktion als Vertragspartner ausüben kann.

Überwachen und Detailkorrektur von Fertigteilen

Diese Grundleistung ist weggefallen. Falls Fertigteile verwendet werden, wird inhaltlich auf die Leistung a) Überwachen der Ausführung auf Übereinstimmung mit den Verträgen u. a. hingewiesen.

Überwachen der Ausführung von Tragwerken

Beim Leistungsbild **Tragwerkplanung** sind keine Bauüberwachungsleistungen als Grundleistungen in der HOAI vorgesehen. Damit wäre zunächst – im Rahmen der Grundleistungen – keine Koordinierung der Objektplanung mit der Tragwerkplanung vorgesehen. In der Praxis und auch in der Rechtsprechung ist dieser Standpunkt jedoch nur sehr eingeschränkt realistisch. Denn bei vielen Baumaßnahmen ist die Fachkenntnis der Tragwerkplanung auch bei der Bauüberwachung aus fachtechnischen Gründen notwendig.

Zunächst hat die HOAI in Anlage 10.1 in Leistungsphase 8, Grundleistung b) festgelegt, dass lediglich bei Tragwerken, die sehr geringe und geringe Planungsanforderungen stellen (gemeint sind ggf. Tragwerke der Honorarzonen 1 und 2), die Bauüberwachung des Architekten auch die **Überwachung von Tragwerken** einschließt. Die Honorarzonen bei Tragwerken sind in § 52 HOAI in Verbindung mit der Objektliste (Anlage 14.2 zur HOAI) geregelt.

Beispiel

Die Überwachung der Ausführung von Tragwerken[182] ist unberührt von preisrechtlichen Regelungen fachtechnisch zu prüfen und ggf. vom Architekten zu empfehlen. Dabei ist abzugrenzen zur Tätigkeit des Prüfingenieurs der nur hoheitlich und nicht nach Werkvertragsrecht tätig wird. Im Regelfall wird eine ingenieurtechnische Kontrolle durch den Tragwerksplaner zu empfehlen sein.

---

[181] vergl. Empfehlung der Architektenkammer Niedersachsen (www.aknds.de)

[182] Besondere Leistung, z. B. ingenieurtechnische Kontrolle gem. Anlage 14 zur HOAI, Leistungsphase 8

Beim Bauen im Bestand (z. B. Veränderungen an vorhandenen Tragwerken, prov. Abstützun gen, geänderte Nutzung mit neuen Lastfällen), bei schwierigen Baubehelfen (z. B. Kranpositio nen in der Nähe von Baugruben) oder bei Bewehrungseinbauten ab Honorarzone III aus fach technischen Gründen (unberührt von den Preisrechtsregelungen) ist eine Bauüberwachungsleis tung durch den Tragwerkplaner wichtig.

Sollten solche Bauüberwachungsleistungen des Tragwerkplaners erforderlich werden, ist de Architekt gehalten, den Auftraggeber rechtzeitig darauf hinzuweisen. Eine evtl. vom Prüfinge nieur nach Bauordnungsrecht angeordnete **Bewehrungsabnahme**, hat nichts mit der privat rechtlichen Bauüberwachung durch den Tragwerkplaner zu tun und ist deshalb davon abzu grenzen. Der bauordnungsrechtlich tätige Prüfingenieur übernimmt keine Haftung im privat rechtlichen Verhältnis zum Auftraggeber oder dem Architekten.

Getrennte Beauftragung von Planung und Bauüberwachung

Bei **Trennung von Planung und Bauüberwachung** ergeben sich häufig neue Aspekte de Koordinierung. Bei Aufträgen, bei denen die Planung (bis zur Leistungsphase 5) einerseits un die Ausschreibung, Vergabe sowie Bauüberwachung andererseits getrennt vergeben ist, sollt zwischen den Planungsbeteiligten vereinbart werden, wo die

– Planungskoordination endet

– Ausführungsbezogene Koordination beginnt,

um Überschneidungen und unnötige Teilnahme an Koordinationsbesprechungen zu vermeiden Zu beachten ist in diesem Zusammenhang, dass die meistens pauschal vereinbarten Nebenkos ten (z. B. für Reisen des nur planenden Architekten auf die Baustelle, Planausfertigungen usw. kalkulatorisch ausschließlich auf die beauftragten Leistungsphasen bezogen sind und damit be unscharfer Abgrenzung der Koordination zu Unterdeckungen führen können. Dieser Fall tri häufig ein, wenn z. B. Projektsteuerer zu Ausführungskoordinationen (sog. Jour fixe) auch di Anwesenheit des (nur bis zur Lph 5) planenden Architekten verlangen[183].

Aufstellen, Fortschreiben und Überwachen eines Zeitplanes

Die Aufstellung eines **Balkenterminplanes** gehört zu den Leistungen des Architekten gem Leistungsbild. Dabei hat er die Angaben der weiteren Beteiligten anzufordern, zu koordiniere und einzuarbeiten. Ein solcher Balkenterminplan kann nicht alle Einzelheiten des Bauablaufe beinhalten (wie z. B. ein Netzplan mit allen Einzelvorgängen), sondern muss übersichtlic gestaltet sein. Daher hat der Verordnungsgeber die Bezeichnung Balkendiagramm als Hinwei gewählt.

Demgegenüber gehören komplexe Netzpläne (z. B. Vorgangsknotennetzpläne) und schwierig Detailterminpläne mit sehr vielen Einzelheiten und technischen Abhängigkeiten zu den Beson deren Leistungen. Im Gegensatz zum o. e. Balkenterminplan sind damit die differenzierte Pläne bis zu Einzelabläufen untergliedert und oft als Netzpläne aufgebaut, die auch als Balken plan ausgedruckt werden können.

Der Architekt kann zunächst zu prüfen, ob er diese Besondere Leistung selbst erbringen kann da er sich ohnehin mit der Ablaufplanung im Rahmen der Grundleistungen zu befassen hat un deshalb bereits gut eingearbeitet ist. Alternativ werden differenzierte Zeit-, Kosten- und Kapa zitätspläne von spezialisierten Planungsbüros erstellt und überwacht.

---

[183] Ohne dass Planungsunvollständigkeiten auf der Tagesordnung stehen

Bemerkenswert ist, dass die HOAI 2013 die Aufstellung und Fortschreibung von Terminplänen grundlegend neu strukturiert ist. Damit geht eine über mehrere Leistungsphasen reichende terminliche Koordination auf den Architekten über.

Dokumentation des Bauablaufs (z. B. Bautagebuch)

Das Bautagebuch erfüllt Aufgaben der Dokumentation und ist somit nicht in erster Linie Planungsinstrument sondern Kontrollinstrument. Mit der HOAI 2013 wurde die Grundleistung e) redaktionell erneuert und damit den heutigen technischen Bedingungen angepasst. Die Dokumentation des Bauablaufs kann anhand unterschiedlicher Methoden erfolgen, eine ist das Führen des Bautagebuches in der herkömmlichen Form. Die Dokumentation des Bauablaufs kann aber ebenfalls anhand von verorteten Fotos erfolgen, wenn die Fotos so ausgestaltet sind, dass eine spätere Nachvollziehbarkeit gegeben ist. Dazu können die Fotos z. B. verortet[184] und mit entsprechenden Dokumentationsangaben versehen werden.

Es kann bei Auseinandersetzungen wegen Verzögerungen bei der Bauausführung oder wegen Mängel von erheblicher Bedeutung sein, eine nachvollziehbare Dokumentation des Bauablaufes vorweisen zu können.

Es ist dem Architekt grundsätzlich selbst überlassen, in welcher Art er das Bautagebuch führt. Vor dem Hintergrund der Dokumentationspflichten ist es bedeutsam, alle relevanten Informationen einschl. Witterungsverhältnisse in das **Bautagebuch** aufzunehmen. Zu beachten ist, dass auch die Fachplaner für Technische Ausrüstung nach den Grundleistungen der Leistungsphase 8 eine leistungsbildspezifische Dokumentation (Bautagebuch[185]) führen. Hier besteht die Möglichkeit, sich über die Erfassung von bestimmten übergreifenden Inhalten (z. B. allgemeine Umstände auf der Baustelle, Witterungsverhältnisse …) zu verständigen.

Ein Haftungsrisiko für den Architekten kann erwachsen, wenn im Verlauf einer Auseinandersetzung über

– Vertragsstrafenverfahren oder Terminverzug,

– Schadensersatzforderungen wegen Baumängel,

– Vergütungsfragen,

– Beschleunigungsvergütungen

die Dokumentation des Bauablaufs heranzuziehen ist. Fehlt dann die Dokumentation obschon sie als Leistungsbestandteil vereinbart wurde (was in jedem Einzelfall zunächst zu prüfen ist), kann die Auseinandersetzung ggf. belastet werden. Verläuft ein Projekt ohne Auseinandersetzungen, kann die Dokumentation des Bauablaufs evtl. am Projektende evtl. keinen besonderen Wert mehr haben.

Eine Vorgabe zu Form und Inhalt der Dokumentation des Bauablaufs gibt es nicht. Die öffentlichen Auftraggeber schreiben verschiedentlich ein Formular zur Anwendung als Bautagebuch vor.

→ **siehe auch Anhang Muster eines Bautagebuchs**

---

[184] Mit genauer Verortung in Zeichnungen zur späteren Nachvollziehbarkeit der abgebildeten Örtlichkeit, des Datums und der baulichen Verhältnisse sowie der Umstände

[185] Leistungsbild Technische Ausrüstung, Leistungsphase 8 Leistung d), vergl. Anlage 15 zur HOAI

Die Dokumentation des Bauablaufs bzw. das Führen eines Bautagebuches bedeutet nicht, das der Architekt täglich auf der Baustelle erscheinen muss, um z. B. das Tagebuch zu führen. Die Bauüberwachung vor Ort erfolgt einzelfallorientiert nach den spezifischen Anforderungen des Objektes.

Ob die Dokumentation oder das Bautagebuch am Ende einer Baumaßnahme dem Auftraggeber überreicht werden muss, ist rechtlich nicht endgültig geklärt. Es handelt sich um ein **Hilfsmittel** (Gedächtnisstütze) des Architekten zur Dokumentation.

Beispiel

Wenn der Auftraggeber Auseinandersetzungen mit einem Bauunternehmer hat und dabei auf Einsicht in das Bautagebuch angewiesen ist, hat der Architekt ihm die Einsicht zu gewähren und die Anfertigung von Kopien zu ermöglichen.

Gemeinsames Aufmaß mit den ausführenden Unternehmen

Das gemeinsame Aufmaß ist als Abrechnungsgrundlage eine wichtige Leistung im Rahmen der Bauüberwachung und birgt ein beträchtliches Haftungsrisiko, z. B. bei evtl. Überzahlungen von ausführenden Baufirmen im Zuge der Abrechnung.

Das **gemeinsame Aufmaß** mit dem Auftragnehmer entspricht, so wie in der HOAI formuliert, nicht mehr durchgehend dem aktuellen Stand der Technik. Aufgrund der in den letzten Jahren deutlich gestiegenen Informationsdichte der Planung[186] werden viele Bauleistungen nach Zeichnungen (Ausführungszeichnungen, Detailzeichnungen, textlichen Ausführungen) aufgemessen, also umfänglich festgestellt. Das macht auch Sinn, wenn es z. B. um die spätere Nachvollziehbarkeit der abgerechneten Mengen geht. Insofern wäre hier eine zutreffendere Grundleistungsbezeichnung sinnvoll.

Liegen diese Voraussetzungen vor, spielt das gemeinsame Aufmaß Vor Ort auf der Baustelle nur noch eine untergeordnete Rolle. Entscheidend ist die **tatsächliche Ermittlung** der jeweiligen **Mengenvordersätze**[187] im Zuge der Abrechnung. Diese Mengenermittlung erfolgt oft im Büro auf Grundlage der Ausführungszeichnungen. Insofern ist der Begriff des gemeinsamen Aufmaßes auch so zu verstehen, dass der Rechnungssteller ein zeichnerisches Aufmaß vorlegt und der Rechnungsempfänger dieses schriftliche Aufmaß nachvollziehbar prüft.

Das OLG Hamm[188] hat entschieden, dass es ausreicht, wenn die Parteien die erbrachte Leistung anhand vorhandener Ausführungspläne ermittelt haben; ein Aufmaß vor Ort sei dann nicht erforderlich. Das bedingt, dass die Ausführungspläne die tatsächliche Ausführung darstellen.

Beispiel

Wird nach Zeichnungen aufgemessen, muss sich der Architekt im Zuge der Bauüberwachung davon aber auch davon überzeugen, dass die geplanten Mengen auch baulich umgesetzt sind.

---

[186] siehe: Grundleistungen der Leistungsphase 5, Inhalte der Ausführungsplanung
[187] früher: Massen
[188] Urteil vom 12.07.1991, 26 U 146/89, NJW-RR 91,1497

Eine Schlussrechnung eines Bauunternehmers auf Grundlage der VOB/B wird fällig, wenn neben den anderen Erfordernissen gemäß VOB/B der Rechnung ein ordnungsgemäßes, nachprüfbares Aufmaß beigefügt ist. Nachstehend sind die unterschiedlichen Aufmaßformen dargestellt. Das Aufmaß kann auf unterschiedliche Arten entstehen, z. B. als

– gemeinsames Aufmaß vor Ort

– Aufmaß auf Grundlage der Ausführungszeichnungen des Architekten (durch den Auftragnehmer)

– Aufmaß durch den Auftragnehmer mit anschließender Prüfung durch den Architekten (wenn der Auftragnehmer das Aufmaß aufgrund eigener Unterlagen aufstellt).

Ein durch den ausführenden Unternehmer aufgestelltes Aufmaß wird nur dann Sinn machen, wenn das Aufmaß vom Architekten **rechnerisch und fachtechnisch nachprüfbar** ist.

Wird nach Zeichnungen abgerechnet, sind alle unmittelbar der Mengenermittlung dienenden Maßangaben und Positionsnummern übersichtlich in den Zeichnungen anzugeben, so dass ohne Weiteres eine Nachvollziehbarkeit[189] der Mengenermittlung möglich ist.

Dabei handelt es sich in der Regel um Maßangaben, die den Abrechnungsregeln der VOB (z. B. DIN 18 300 ff.) entsprechen[190] müssen und somit von Maßen als Ausführungsgrundlage abweichen können. Das ist insbesondere bei öffentlichen Projekten der Fall. Wenden private Investoren die VOB/B und VOB/C an, gilt das ebenfalls für private Projekte.

Praxis-Tipp

Das gemeinsame Aufmaß findet in der Praxis dort Anwendung, wo Bauleistungen weder nach Zeichnung, noch auf Basis eines vom ausführenden Unternehmer selbst erstellten Aufmaßes abgerechnet werden können. Die Abrechnungseinheiten werden dem Bauvertrag oder den jeweiligen VOB-Bestimmungen zu entnehmen sein.

Werden spezielle Leistungen wie Tiefgründungsbohrpfähle ausgeführt, ist entweder eine projektbezogene Aufmaßart vertraglich festzulegen oder es sind die üblichen Hilfsmittel (z. B. Bohrprotokolle mit Schichtenverzeichnissen) zugrunde zu legen.

Pauschalpreisverträge mit Bauunternehmen

Werden **Pauschalpreisverträge** mit ausführenden Unternehmen abgeschlossen, stellt sich für das Aufmaß eine spezielle Fragestellung. Bei **Pauschalpreisverträgen** kommt eine Minderung des v. H.-Satzes des Architektenhonorars wegen Wegfall des Aufmaßes zunächst nicht in Betracht. Denn bei Pauschalpreisverträgen sind durch den Architekten in der Regel u. a. aufmaßähnliche „Ersatzleistungen" zu erbringen, dazu können gehören:

– Aufmaßähnliche Mengenkontrolle bei der Freigabe von Abschlagszahlungen (z. B. um Überzahlungen bei Abschlagszahlungen zu vermeiden),

– bei evtl. eintretendem Konkurs ist eine schlussrechnungsähnliche Leistungsfeststellung erforderlich,

– bei vereinbarten Zahlungsplänen ist zu prüfen, ob die ausgeführten Leistungen dem Zahlungsplan entsprechen,

---

[189] Rechengänge und Verortungen sollten angegeben werden

[190] soweit die VOB als Vertragsbestandteil vereinbart ist

- bei Baumängeln ist ein entsprechender Abzug von der Rechnung vorzunehmen,
- Bei Leistungsänderungen eines Pauschalpreisvertrages nach § 2 Nr. 4-6 VOB/B ist die Festlegung einer neuen Pauschale unter Berücksichtigung der tatsächlich erbrachten Leistungen[191] möglich. Damit ist mindestens eine aufmaßähnliche Leistung erforderlich, um Anpassungen der Vergütung vornehmen zu können.

Ist die Bauüberwachung dem Architekten uneingeschränkt beauftragt, steht dem Auftraggeber bei Pauschalpreisvereinbarungen von Bauverträgen kein Anspruch auf Honorarkürzung[192] zu, wenn die o. e. Leistungen vereinbart und erbracht werden.

Nachtragsvereinbarungen

Häufig fallen im Zuge der Bauausführung **Nachtragsvereinbarungen** mit Bauunternehmen an. Diese Nachtragsvereinbarungen können unterschiedlichste Gründe haben. Werden Leistungsanforderungen geändert, dann liegt eine Änderungsanweisung des Auftraggebers vor. Ist die Leistungsbeschreibung des Hauptauftrags unvollständig muss eine Nachtragsvereinbarung diese Lücke schließen. In diesen Fällen stellt sich die Frage, wer die Nachtragsvereinbarungen auf welcher Grundlage vorbereitet. Ein nur mit der Leistungsphase 8 beauftragtes Büro ist nicht für die Erstellung von Nachtragsleistungsbeschreibungen und deren Prüfung zuständig. Nach HOAI 2013 ist diese Leistung in die Leistungsphase 7 aufgenommen worden.

> ### *Beispiel*
>
> *Die vollständige Erstellung eines Nachtrags-LV's mit Positionstexten ist Bestandteil[193] der Leistungsphase 6. die Angebotsprüfung und Vergabeempfehlung von sog. Nachtragsleistungen gehört dabei zur Leistungsphase 7[194]. Das bedeutet, dass bei getrennter Vergabe der Leistungsphasen 1-7 einerseits und Leistungsphase 8 und 9 andererseits das Planungsbüro welches die Leistungsphasen 1-7 in Auftrag hat, das Nachtrags-LV prüfen (oder ggf. auch erstellen) muss und anschließend die Angebotspreise prüft. Im Anschluss daran wird die abgeschlossene Nachtragsvereinbarung dem bauleitenden Büro übergeben, um die Ausführungsüberwachung durchzuführen.*

$\longrightarrow$ **siehe auch Leistungsphase 7**

---

[191] Ingenstau/Korbion Kommentar zur VOB, 14. Auflage, Werner Verlag, B § 14 Rdn. 27

[192] Hesse/Korbion/Mantscheff/Vygen, Kommentar zur HOAI, Verlag C.H. Beck, 6. Auflage § 15 Rdn. 174, Seite 740

[193] Vergleichbar einer Erstellung einer Leistungsbeschreibung für einen Hauptauftrag, unberührt vom Vergabeverfahren

[194] In den verschiedenen Leistungsbildern ist das jedoch in der HOAI unterschiedlich geregelt, was aus Sicht eines Praktikers im Ergebnis nur schwer verständlich ist und zu Irritationen führen kann (so z. B. in den Lph 7 und 8 des Leistungsbildes Technische Ausrüstung)

Rechnungsprüfung

Die Rechnungsprüfung ist eine bedeutende Leistung innerhalb der Bauüberwachung. Mit der geprüften Rechnung stellt der Architekt fest, dass die mit dem geprüften Rechnungsergebnis zur Auszahlung durch den Auftraggeber freigegebenen Beträge

– vertragsgemäß,

– fachtechnisch richtig,

– rechnerisch richtig,

sind. Diese Feststellung des Architekten hat große Bedeutung, denn er hat hinsichtlich der Betragshöhe bei der Rechnungsprüfung keinen Spielraum. Gibt er zu wenig Geld zur Auszahlung frei, setzt er den Auftraggeber evtl. Ansprüchen wegen **Zahlungsverzug** aus, die der Auftraggeber dann im Regresswege gegenüber dem Architekten geltend machen kann.

Gibt er zu viel zur Auszahlung frei, liegt eine **Überzahlung** vor, für die der Architekt einzustehen hat. Diese Maßgaben gelten bei Abschlagsrechnungen ebenso, wie bei Schlussrechnungen.

Die Rechnungen des Bauunternehmers müssen prüfbar sein. Das bedeutet, dass der Architekt in der Lage sein muss, die Rechnung ohne weitere Zwischenberechnungsschritte rechnerisch prüfen zu können. Nach VOB sind bei der Rechnung die **Rechnungspositionen** gemäß dem Bauauftrag (Hauptauftrag) einzuhalten. Bei Nachtragsvereinbarungen empfiehlt es sich, die Positionen in der Sortierung zunächst nach Nachtragsvereinbarungen und Positionsnummern zu gliedern.

Praxis-Tipp	*Bei öffentlichen Auftraggebern sind spezielle Anforderungen an die Rechnungsprüfung und an die Nachvollziehbarkeit des Prüfergebnisses gestellt, die vom Architekten, je nach vertraglicher Vereinbarung, zu beachten sind.*

Bei der **Rechnungsprüfung** sind auch **Baumängel** zu berücksichtigen, damit diesbezüglich keine **Überzahlung** des Bauunternehmers eintritt. Werden über den Vertrag hinausgehende Ansprüche des Bauunternehmers im Zuge seiner Abrechnung geltend gemacht, hat der Architekt zunächst zu prüfen, ob diese Ansprüche mit dem abgeschlossenen Vertrag abgegolten sind oder nicht. Sind diese Ansprüche nicht mit dem Vertrag abgegolten ist beim öffentlichen Auftraggeber i. d. R. eine Nachtragsvereinbarung abzuschließen.

Da die Mitwirkung der Prüfung von bauwirtschaftlich begründeten Nachtragsangeboten[195] eine Besondere Leistung in der Leistungsphase 7 ist, sollten Planungsbüros auch in der Leistungsphase 8 beachten, dass bauwirtschaftlich begründete Rechnungsforderungen ebenfalls wie in Leistungsphase 7, nicht im Rahmen der Grundleistungen geprüft werden können. Eine Ausnahme könnte ggf. darin bestehen, dass eine entsprechende Nachtragsvereinbarung darüber vorliegt, die Rechnung prüfbar ist[196] und eine entsprechende Vereinbarung (z. B. Nachtragsvereinbarung) abgeschlossen ist.

§ 3

---

[195] Z. B. Zusatzforderungen infolge unverschuldeter Bauverzögerung

[196] Also die entsprechenden Nachweise (ähnl. Aufmaß) vorliegen und anerkannt sind

Geprüfte Rechnung ist kein Anerkenntnis gegenüber dem ausführenden Bauunternehmer

Die vom Architekten geprüfte Rechnung ist dem Auftraggeber zuzuleiten, damit er sie ausglei chen kann. Der **Prüfvermerk** des **Architekten** auf der Rechnung bedeutet lediglich, dass de Architekt die Rechnung mit dem aufgeführten Betrag zur Auszahlung freigegeben hat. De Bauunternehmer kann daraus regelmäßig keine Ansprüche ableiten. Der Prüfvermerk des Ar chitekten ist nur eine **Empfehlung**[197] an den Bauherrn. Die Rechnungsprüfung des Architekte gilt nicht als Anerkenntnis gegenüber dem ausführenden Unternehmer. Beachten Sie bitte, das die Rechtsprechung dazu unterschiedlich ist.

Kostenkontrolle

Die Kostenkontrolle ist in den Grundleistungen h) und i) in der Leistungsphase 8 erfasst. Beid Grundleistungen sind nur schwer voneinander zu unterscheiden, da sie sich im Wortlaut bereit sehr ähnlich sind. Man kann zunächst feststellen, dass die Kostenkontrolle anhand der jeweili gen Vergabeeinheiten bzw. Gewerke erfolgt und nicht in der Systematik gemäß den Kosten gruppen nach DIN 276 aufgebaut ist. Das ergibt sich bereits aus dem Wortlaut der beiden o. e Grundleistungen, bei dem ausschließlich auf den gewerkebezogenen Vergleich zu den Aufträ gen[198] abgehoben wird und nicht auf eine nach Kostengruppen ausgerichtete Systematik.

Die Leistung i) bezieht sich auf die Leistungsabrechnung und könnte ggf. so ausgelegt werden dass damit eine begleitende Gegenüberstellung gemeint ist, die bereits im Zuge der Abschlags rechnungen nachvollzieht, ob die in der Beauftragung zugrunde gelegten Mengenansätze wahr scheinlich ausreichen werden oder nicht. Diese Auslegung ist aber nicht ausdrücklich aus den Wortlaut in dieser Form zwingend zu entnehmen.

Es bleibt den Beteiligten überlassen, das für sie geeignete Prinzip der Kostenkontrolle zu ver einbaren. Einerseits kann die Kostenkontrolle nach Gewerken sortiert erfolgen, andererseits is es auch möglich, die Systematik der Kostengruppen der DIN 276 anzuwenden.

Weggefallen ist der Vergleich mit dem Kostenanschlag zugunsten der unmittelbaren gewer keorientierten Gegenüberstellung bevor die Kostenfeststellung erstellt wird. Damit wird insge samt nach der Kostenberechnung (Lph 3) bis hin zur Kostenfeststellung keine über alle Kos tengruppen hinwegreichende Kostenkontrolle in den Grundleistungen vorgesehen. Inwiewei sich diese Situation auch in der Praxis umsetzen läßt, bleibt abzuwarten. Denn der Auftraggebe sieht einer übergreifenden Kostenkontrolle oft gern entgegen, da das für ihn ein verständliche Kostenprognosemodell war.

Die **gewerkeorientierte Kostenkontrolle** ist bei kleinen und mittleren Umbauten im Bestan eine häufig anzutreffende und geeignete Methode. Mit Hilfe geeigneter EDV kann eine Gewer ke- und gleichzeitig kostengruppenorientierte Kostenkontrolle erfolgen.

Eine wirksame Kontrolle mit Eingriffsmöglichkeiten ist damit stufenweise je Auftragsvergab möglich.

$\rightarrow$ **Siehe auch: Hinweise zur Kostenkontrolle nach Gewerken in Leistungsphase 7**

Bei mittleren und großen Projekten stellt sich die Frage, ob mit den Grundleistungen eine um fassende Kostenprognose über alle Kostenarten überhaupt möglich ist. Da bereits in der Leis

---

[197] OLG Hamm BauR 1996, 736
[198] Einschl. Nachträgen

tungsphase 7 der Kostenanschlag, der über alle Kostengruppen ging und alle Fachplanerangaben integrativ enthielt, weggefallen ist und in der Leistungsphase 8 ebenfalls nur eine gewerkeorientiert Kostengegenüberstellung stattfindet, stellt sich die Frage, wie der Auftraggeber nach der Kostenberechnung zum Entwurf im weiteren Verlauf eine über alle Kostenarten reichende Kostenvorausschau erhält. Diese Frage scheint nicht geklärt. Insofern stellt sich für alle Planer die Frage, ob nicht eine besondere Leistung zur einheitlichen Kostenprognose und Kostensteuerung vereinbart werden soll.

Praxis-Tipp	An dieser Stelle zeigt sich die Bedeutung der Besonderen Leistungen als Teil einer wirksamen vorausschauenden Kostenkontrolle. Hier sind alle an der Planung und Bauüberwachung Beteiligten einzubinden. Die als Grundleistung in der Leistungsphase 8 beschriebenen Leistungen zur Kostenkontrolle beinhalten lediglich die Gewerke, die der jeweilige Planer fachtechnisch ohnehin bearbeitet und nicht alle Gewerke.

Sind die Leistungsphasen 1–7 getrennt von der Leistungsphase 8 beauftragt (siehe oben), ergibt sich die Notwendigkeit des zügigen Informationsaustausches zwischen den beteiligten Büros, um dem Auftraggeber eine durchgehend abgestimmte vergleichende stufenweise Kontrolle liefern zu können.

Kostenfeststellung

Die Summe aller **Rechnungsprüfungsergebnisse** führt zur **Kostenfeststellung**. Die Kostenfeststellung erfolgt grundsätzlich[199] in der Gliederung nach DIN 276. Die Kostenfeststellung ist auf der Grundlage der DIN 276 zu erstellen, was bedeutet, dass sie alle Kostengruppen zu umfassen hat (Vollständigkeitsanforderung nach dem Text der DIN 276).

Die DIN 276 enthält in Abschnitt 4.2 die Möglichkeit die Kostenermittlungen nach Gewerken bzw. Vergabeeinheiten zu gliedern. Diese Gliederung ist in den Ausführungen zur Leistungsphase 2 und 3 bereits erläutert. Soweit von dieser Möglichkeit Gebrauch gemacht wird, ist eine an Gewerken[200] orientierte Gliederung der Kostenfeststellung ebenfalls DIN-gerecht.

Die Kostendaten aus den weiteren Planbereichen (z. B. technische Ausrüstung, Außenanlagen, Verkehrsanlagen), die fachlich nicht vom Architekten bearbeitet werden, haben die weiteren Planungsbeteiligten dem Architekten zu liefern, damit der Architekt die vollständige Kostenfeststellung erarbeiten kann.

Praxis-Tipp	Hat der Auftraggeber selbst Leistungen beauftragt, dann kann der Auftraggeber die entsprechenden Kostendaten an den Architekten weiterleiten, damit der Architekt die Kostenfeststellung unter Einschluss dieser Angaben erstellen kann.

§ 3

---

[199] Alternativen sind jedoch möglich

[200] Als Gewerke gelten in diesem Sinne auch die Vergaben bei Planungsleistungen, Gebühren, usw.

Soweit der Auftraggeber wünscht, dass verschiedene Kostenarten nicht in die Kostenermittlungen[201] aufgenommen werden, steht es den Vertragsparteien frei, hierüber eine Vereinbarung zu treffen. Gleiches trifft für Eigenleistungen des Auftraggebers zu.

Organisation der Abnahme

Abnahme der Bauleistungen

Hier handelt es sich um die fachtechnische Abnahme, nicht um die rechtsgeschäftliche Abnahme. Zur **rechtsgeschäftlichen Abnahme** ist der mit den üblichen Architektenvollmachten ausgestattete Architekt nicht befugt, dies ist Sache des Auftraggebers.

Die Leistung ist neu formuliert worden. Danach hat sich der Architekt um die Organisation zu kümmern (z. B. terminliche Organisation). Neu ist ebenfalls die Abnahmeempfehlung. Bei der Abnahmeempfehlung steht jedoch auch eine Rechtsfrage im Raum, die Architekten nicht lösen sollten, nämlich die, ob eine Abnahme verweigert werden kann oder nicht. Dazu wird nachstehend auf die entsprechende Regelung aus dem BGB hingewiesen.

Praxis-Tipp	§ 640 Abnahme (Auszug aus BGB) (1) Der Besteller (Anm. des Verf.: Bauherr) ist verpflichtet, das vertragsmäßig hergestellte Werk abzunehmen, sofern nicht nach der Beschaffenheit des Werkes die Abnahme ausgeschlossen ist. Wegen unwesentlicher Mängel[202] kann die Abnahme nicht verweigert werden. Der Abnahme steht es gleich, wenn der Besteller das Werk nicht innerhalb einer ihm vom Unternehmer bestimmten angemessenen Frist abnimmt obwohl er dazu verpflichtet ist. (2) Nimmt der Besteller ein mangelhaftes Werk gemäß Absatz 1 Satz 1 ab, obschon er den Mangel kennt, so stehen ihm die in § 634 Nr. 1 bis 3 bezeichneten Rechte nur zu, wenn er sich seine Rechte wegen des Mangels bei der Abnahme vorbehält.

Der Architekt hat bei der **fachtechnischen Abnahme** die Bauleistung hinsichtlich Mängel zu überprüfen und vom Ergebnis den Auftraggeber zu unterrichten. In der Praxis hat sich ein **Abnahmeprotokoll** durchgesetzt in dem neben dem fachtechnischen Ergebnis der Kontrolle auch das Datum der Abnahme (entspricht dem **Beginn der Verjährungsfrist**) und die Unterschrift des Auftraggebers enthalten ist.

Es wird die Schriftform empfohlen, da mit der Abnahme die Gewährleistungsphase der Baufirmen beginnt und der Vertragserfüllungsanspruch endet.

Beispiel

Die Abnahmen der Leistungen die nicht zum Planbereich des Architekten gehören (z. B. Heizungsinstallationen) hat der für den betreffenden Planbereich zuständige Fachingenieur eigenständig durchzuführen und das Abnahmeprotokoll dem Architekten bzw. dem Auftraggeber vorzulegen.

---

[201] Zum Beispiel Bewirtschaftungskosten, Finanzierungskosten

[202] Die Wesentlichkeit von Mängeln kann nur im Einzelfall beurteilt werden

Im Zuge der Abnahme hat der Architekt den Auftraggeber über etwaige **Vertragsstrafenansprüche** und die Notwendigkeit eines Vorbehaltes (§ 11 Nr. 4 VOB/B) zu informieren. Sinnvollerweise erfolgt das schriftlich im Abnahmeprotokoll. Das Abnahmeprotokoll ist sehr zeitnah nach der Abnahme zu erstellen und dem Bauunternehmer zuzusenden. Zwischen Abnahme und Versand des Abnahmeprotokolls sollten maximal nur wenige Tage liegen.

Die **Auflistung der Verjährungsfristen** als weitere Grundleistung wird häufig direkt als Eintrag in das jeweilige Abnahmeprotokoll vorgenommen. Damit sind die Gewährleistungsfristen ordnungsgemäß **je Gewerk** erfasst.

Die Dauer der Gewährleistungsfristen, die aufzulisten sind, ergibt sich aus den Vereinbarungen des jeweiligen Bauvertrages nach VOB oder BGB. Teilabnahmen sind bei der Auflistung zu berücksichtigen. Es ist auch möglich, die Auflistung der Gewährleistungsfristen in einer Tabelle gemäß nachfolgendem Schema vorzunehmen. Werden Mängel beseitigt, ist eine neue Zeile für die Gewährleistungsfrist in Bezug auf den Mangel auszufüllen.

Teilabnahmen von Bauleistungen, gehören auch zu den Grundleistungen und rechtfertigen somit kein zusätzliches Honorar.

Gewährleistungsfristen bei Abnahme nach Bauvertrag

Auftrag/Gewerk	Abnahmedatum	Ende Gewährleistung	Nacherfüllung

Gewährleistungsfristen bei Abnahme nach Mangelbeseitigung (innerhalb der Gewährleistungsfrist)

Gewerk/Mangel-bezeichnung	Abnahmedatum	Ende Gewährleistung

Antrag auf öffentlich-rechtliche Abnahmen und Teilnahme daran

Die **bauordnungsrechtlichen bzw. öffentlich-rechtlichen Abnahmen** sind vom Architekten zu beantragen. Seine Teilnahme sorgt dafür, dass evtl. Fragestellungen der Abnehmenden (Bauaufsichtsamt, Gewerbeaufsichtsamt, usw.) vor Ort geklärt werden können. Bei speziellen Abnahmen (z. B. für Elektroinstallationen) ist zu beachten, dass diese Leistungen das jeweilige Leistungsbild betreffen und dort in eigener Zuständigkeit zu bearbeiten sind.

Die behördliche Gebrauchsabnahme stellt gleichzeitig die behördliche Inbetriebnahmegenehmigung dar. Bei schwerwiegenden Mängeln[203] kann die Inbetriebnahme untersagt werden. Die behördliche Abnahme umfasst lediglich die öffentlich rechtlichen Planungs- und Überwachungsinhalte. Ist in der Baugenehmigung vermerkt, dass bestimmte Bauartnachweise oder Sicherheitsnachweise (Brandschutz, Standsicherheit) vorzulegen sind, dann sind diese Nachweise spätestens bei der behördlichen Abnahme vorzulegen. Soweit bei der behördlichen Ab-

---

[203] Hier geht es um Mängel, die die öffentlich-rechtlichen Anforderungen betreffen. Die Behörde hat i. d. R. einen Ermessensspielraum. So können z. B. bauliche Mängel beim Brandschutz vorübergehend in Einzelfällen durch besondere organisatorische Maßnahmen kompensiert werden, bis die baul. Mängel beseitigt sind

nahme Mängel festgestellt werden, werden diese Mängel in die behördliche Abnahme aufge
nommen und dem Bauherrn amtlich zugestellt. Die Organisation der Mangelbeseitigung ist i
der Regel Angelegenheit der betreffenden Planungsbüros (je nach beauftragtem Leistungsum
fang).

Überwachen der Beseitigung der bei der Abnahme festgestellten Mängel

Die Bauüberwachung beinhaltet die **Überwachung der Beseitigung der bei der Abnahm**
festgestellten Mängel, sie endet nicht abrupt mit der Abnahme der Bauleistungen. Es handel
sich um die Überwachung der Beseitigung von Mängeln, die bis zur Abnahme aufgetreten sind
Die organisatorischen Fragen, die mit den Gebäudenutzern zu klären sind (z. B. privatrechtlich
Umstände unter denen in einem in Benutzung befindlichen Gebäude Handwerkerleistungen zu
Mangelbeseitigung erbracht werden, sind federführend vom Auftraggeber zu klären).

Die Überwachung von Mängeln an Bauleistungen, die **nach der Abnahme** auftreten, gehört i
den Leistungsbereich der **Leistungsphase 9.** Nach der HOAI 2013 sind diese Leistungen al
Besondere Leistung eingestuft. Deshalb erscheint eine nachvollziehbare Schnittstellenabgren
zung zwischen der Grundleistung der Leistungsphase 8 und den Besonderen Leistungen de
Leistungsphase 9 sinnvoll, um honorartechnische Überschneidungen zu vermeiden.

Der Architekt hat die Bauunternehmer zunächst zur Mängelbeseitigung aufzufordern, Vertrags
rechtserklärungen (Kündigungsandrohungen oder Kündigungen) hat aber der Auftraggeber al
Vertragspartner des ausführenden Unternehmers auszusprechen und nicht der Architekt. De
Auftraggeber kann den Architekten bevollmächtigen, diese vertragsrechtlichen Maßnahme
durchzuführen.

DIN-Normen: DIN-Normen stellen nicht in allen Fällen den Stand der anerkannten Regeln de
Technik dar. Vielfach werden Mängelrügen ausgesprochen, allein auf Grundlage einer Abwei
chung der Bauausführung von DIN-Normen. Ob eine Leistung mangelhaft ist oder nicht ent
scheidet sich auf der Grundlage eines Vergleiches der **zugesicherten Eigenschaften,** also de
Vertrags-Solls mit der **tatsächlichen Ausführung.** DIN-Normen können hilfsweise in ver
schiedenen Fällen ein Anhaltspunkt zu den zugesicherten Eigenschaften sein.

Praxis-Tipp   Urteil des OLG Frankfurt vom 07.07.2006 Az.: 13U 147/05, Rechtskräftig
durch Beschluss des BGH vom 10.07.2008 (Nichtzulassungsbeschwer-
de zurückgewiesen): Ein Mangel der Bauausführung ist dann nicht anzunehmen, wenn unter Einsatz nicht in vollem Umfang DIN-gerechte
Konstruktionen dennoch ein bestimmungsgemäßes Ergebnis erziel
wird.

Systematische Zusammenstellung

Die **systematische Zusammenstellung der zeichnerischen Darstellungen und rechneri**
schen Ergebnisse des Objektes erfolgt aus rein praktischen Erwägungen in der Leistungspha
se 8 im Zuge der Übergabe des Objektes.

Danach müssen alle Bedienungsanleitungen,[204] Zeichnungen, einschl. Baugenehmigung de
Auftraggeber zur Verfügung stehen. Ist dies bereits im Verlauf der Objektüberwachung erfolgt
kann der Auftraggeber in Leistungsphase 9 nicht auf einer Wiederholung bestehen. Es emp

---

[204] Das Leistungsbild Gebäude betreffend

fiehlt sich, die **Übergabe** zu **dokumentieren** und dabei eine Planübergabeliste und eine Liste aller sonstigen übergebenen Unterlagen zu erstellen. Denn in Fällen von Bauprozessen oder späteren Mängeln kann diese Dokumentation von Bedeutung sein.

Besondere Leistungen der Leistungsphase 8

Differenziert Kosten- und Zeitpläne

Das **Aufstellen, Überwachen und Fortschreiben von differenzierten Kosten- Zeit- und Kapazitätsplänen** ist bei mittleren und großen Projekten eine wichtige Besondere Leistung, die ausschlaggebend für den Projekterfolg sein kann. Dabei kann es sich um **Netzpläne** als **differenzierte Terminpläne** handeln, um Balkenpläne für eine Umzugs- und Inbetriebnahmephase bei einem komplexen Umbauprojekt, um Kapazitätspläne mit Anzahl und Positionierung von Großgeräten, Materiallager und Bauflächen bei Projekten im Innenstadtbereich.

Werden solche Besonderen Leistungen erforderlich, ist es Aufgabe des Architekten im Rahmen seiner Beratungspflichten den Auftraggeber darauf hinzuweisen und die Notwendigkeit zu begründen.

Das Aufstellen von differenzierten Kostenplänen erscheint aufgrund der Herausnahme des Kostenanschlags aus den Grundleistungen als Besondere Leistung in einem neuen Licht, nämlich dem dass diese Besondere Leistung verstärkt in der Praxis auftauchen wird.

Verantwortlicher Bauleiter

Aufgrund der ohnehin geregelten Sicherheitsbestimmungen und der Baustellenverordnung, die weitreichende Sicherheitsstandards und Ordnungswidrigkeiten im Falle der Nichtbeachtung regelt, dürfte die Tätigkeit als verantwortlicher Bauleiter nach Landesbauordnung keine besondere Bedeutung mehr haben.

Praxis-Tipp

Die Tätigkeit als **verantwortlicher Bauleiter nach Landesbauordnung** ist als Besondere Leistung zu vergüten, wenn sie über die Grundleistungen hinausgeht, was im Einzelfall anhand der Landesbauordnungen zu prüfen ist. Die Bundesländer sind hier sehr unterschiedlich aufgestellt.

Bauorganisation

Bauorganisation: Bei mittleren und großen Projekten werden eine Reihe von sonstigen Bauorganisationsleistungen erforderlich, die zu den Besonderen oder zusätzliche Leistungen der Leistungsphase 8 gehören, auch wenn sie in der Leistungsphase 8 nicht ausdrücklich erwähnt sind. Die wichtigsten dieser Leistungen sind nachstehend aufgeführt:

1. Erstellen eines Sicherheitskonzeptes[205] für die Baustelle während der Bauzeit und mit fachlicher Definition der Übergabe an den Auftraggeber (Übergang der Betreiberfunktion an den Auftraggeber)
2. Ausschreibung und Abrechnung von Baustellenüberwachungsleistungen mit Zugangskontrollen und ggf. Ausfertigung von sog. Baustellenausweisen
3. Ausschreiben und Abrechnen von Baustellenüberwachungsanlagen und Alarm- oder Meldeanlagen mit Aufschaltung zu einem Bewachungsdienst für die Bauzeit

---

[205] Nicht zu verwechseln mit den SIGEKO - Leistungen

4. Organisieren und Koordinieren der Bauanlieferungen mit Abladezeiten (häufig in Innenstadtbereichen notwendig)

5. Öffnen und Schließen der Baustellentore, der Fenster und Türen im noch nicht fertigen Bauwerk

6. Kontrolle von Sozialversicherungsausweisen der Bauhandwerker

7. Wochenend- und Nachtbewachung der Baustelle, Schließdienste organisieren.

Für diese Leistungen (bzw. deren Beauftragungsvorbereitung, Koordination und Abrechnung kann, soweit das Planungsbüro dazu fachlich in der Lage ist, eine entsprechende freie Leistungs- und Honorarvereinbarung abgeschlossen werden. Die HOAI 2013 regelt diese Leistungen nicht.

Überwachung des Objektes hinsichtlich der Einzelheiten der Gestaltung

Diese Leistung war in der alten HOAI 1996 als besondere Leistung enthalten. Unklar ist, warum der Verordnungsgeber diese besondere Leistung nun nicht mehr vorsieht. In der langjährigen Praxis hat sich gezeigt, dass die Leistung der Überwachung des Objektes hinsichtlich der Einzelheiten der Gestaltung erhebliche Bedeutung hat. Die Bedeutung wird u. a. bei folgenden Fallkonstellationen deutlich:

– getrennte Vergabe von Planung (LPH 1–5) und Ausschreibung incl. Bauüberwachung (LPH 6–9),

– Beauftragung eines Generalunternehmers auf Grundlage von Ausführungszeichnungen.

Um diese in der Praxis wichtige Leistung (z. B. wenn Planung und Bauüberwachung getrennt vergeben wird) zu vereinbaren, ist eine individuelle, projektbezogene Leistungs- und Honorarvereinbarung notwendig. Die Höhe des Honorars orientiert sich am individuellen Aufwand.

Leistungsphase 9 Objektbetreuung

Grundleistungen	Besondere Leistungen
a) Fachliche Bewertung der innerhalb der Verjährungsfristen für Gewährleistungsansprüche festgestellten Mängel, längstens jedoch bis zum Ablauf von fünf Jahren seit Abnahme der Leistung, einschließlich notwendiger Begehungen	– Überwachen der Mängelbeseitigung innerhalb der Verjährungsfrist
	– Erstellen einer Gebäudebestandsdokumentation,
	– Aufstellen von Ausrüstungs- und Inventarverzeichnissen
b) Objektbegehung zur Mängelfeststellung vor Ablauf der Verjährungsfristen für Mängelansprüche gegenüber den ausführenden Unternehmen	– Erstellen von Wartungs- und Pflegeanweisungen
	– Erstellen eines Instandhaltungskonzepts
c) Mitwirken bei der Freigabe von Sicherheitsleistungen	– Objektbeobachtung
	– Objektverwaltung
	– Baubegehungen nach Übergabe
	– Aufbereiten der Planungs- und Kostendaten für eine Objektdatei oder Kostenrichtwerte
	– Evaluieren von Wirtschaftlichkeitsberechnungen

Grundleistungen der Leistungsphase 9

Fachliche Bewertung von Mängeln

In der Leistungsphase 9 ist die Leistung a) neu aufgenommen worden. Damit soll erreicht werden, dass im Rahmen der Grundleistungen bei Mängeln, die nach der Abnahme der Bauleistungen auftreten, eine notwendige Begehung sowie eine fachliche Bewertung des Mangels durchgeführt werden. Die Überwachung der Mängelbeseitigung hingegen (einschließlich der damit zusammenhängenden organisatorischen Leistungen und Dokumentationen) ist dann eine besondere Leistung für die eine gesonderte Leistungs- und Vergütungsvereinbarung zu treffen wäre. Damit ist eine sinnvolle Risikoverteilung vorgenommen worden.

Die oben erwähnte fachliche Bewertung kann so verstanden werden, dass

- eine Feststellung dahin gehend ob ein Mangel oder eine andere Situation (z. B. Beschädigung oder ein nicht mehr nachvollziehbares Vorkommnis) vorliegt , zu treffen ist,
- eine allgemeine fachtechnische Einschätzung der Ursache vorzunehmen ist,
- eine Kostenschätzung nach DIN 276 zur Höhe der Mangelbeseitigungskosten nicht gemeint sein kann (denn bei umfangreichen Mängeln sind einer Kostenschätzung entsprechende Planungsleistungen voranzustellen, die nicht in diese Grundleistung hineingelesen werden können),
- eine Bewertung allenfalls als grober Anhaltswert ohne Charakter einer Kostenermittlung nach DIN 276 angesehen werden kann.

Nach wie vor soll die speziell für eine Mangelbeseitigung erforderliche Planungsleistung einschließlich Kostenschätzung (LPH 2), die dann die voraussichtlichen Mangelbeseitigungskosten zum Ergebnis hat, nicht unter dieser Grundleistung zu verstehen sein. Das würde dem Sinn der HOAI widersprechen. Wäre das so, würden zum Teil umfangreiche planerische und ingenieurtechnische Grundleistungen darunterfallen. Aus diesen Gründen wird der Begriff der fachlichen Bewertung als einfache baufachliche Bewertung verstanden und nicht als finanziell ausgerichtete Bewertung (die außerdem auch nicht fachliche finanzielle Teile enthalten kann) einschl. von Grundleistungen.

Die in der Grundleistung erwähnte fachliche Bewertung kann auch kein Bauschadensgutachten oder Teile davon darstellen.

Im Tagesgeschäft wäre jedoch darauf zu achten, dass eine eindeutige Schnittstelle zwischen den Leistungen p) aus LPH 8 einerseits und den besonderen Leistungen gemäß 1.Spiegelstrich der LPH 9 nach dem Wortlaut des Verordnungstextes besteht. Diese Schnittstelle sollte von den Akteuren nachvollziehbar dokumentiert sein (z. B. umfassendes Abnahmeprotokoll mit eindeutig beschriebenen etwaigen Mängeln).

Objektbegehung

Vor Ablauf der Gewährleistungsfristen hat der Architekt eine **Objektbegehung** durchzuführen und die etwaigen Mängel zu erfassen. Die weiteren – im Falle von festgestellten Mängeln – anfallenden Schritte stellen dann Besondere Leistungen dar. Die weiteren (rechtlichen) Schritte sind Angelegenheit des Auftraggebers oder können in Form der Überwachung der Mangelbeseitigung als Besondere Leistung dem Architekten beauftragt werden. Die o. e. rechtlichen Schritte sollten aber immer beim Auftraggeber (u. a. aus Gründen der Plausibilität) verbleiben. Durch Erteilung einer entsprechenden Vollmacht an den Architekten, könnten die weiteren rechtlichen Schritte delegiert werden, wenn der Architekt damit einverstanden ist.

Zu beachten ist, dass die Gewährleistungsfristen je Gewerk unterschiedlich enden und damit in der Praxis oft mehrere Begehungen erforderlich sind.

Die **Mitwirkung bei der Freigabe von Sicherheitsleistungen** ist eng an das jeweilige Ende der Verjährungsfristen geknüpft. Liegen keine Mängel vor, hat der Architekt den Auftraggeber davon zu unterrichten und ihm die Freigabe der Sicherheitsleistungen (je Gewerk) zu empfehlen. Die Freigabe von Sicherheitsleistungen soll erst im Anschluss an die Objektbegehung stattfinden. Enden die Verjährungsfristen zu unterschiedlichen Zeitpunkten, sind die Objektbegehungen dem anzupassen.

Verjährung der Architektenleistungen

Die Leistungsphase 9 schiebt das Ende der Architektenleistung sehr weit über den Termin der Inbetriebnahme hinaus. Erst am Ende der Architektenleistung beginnt seine eigene Gewährleistung. Das bedeutet, dass die Gewährleistung des Architekten frühestens nach **Beendigung** der letzten **Gewährleistung** eines Baugewerkes, längstens jedoch bis zum Ablauf von 5 Jahren seit Abnahme der letzten Bauleistung, beginnt.

Das bedeutet ein hohes und lang andauerndes Haftungsrisiko für den Architekten. Um dieses ungewöhnlich hohe Risiko zu begrenzen, ist es möglich, 2 Verträge abzuschließen, einen über die Leistungsphasen 1–8 und einen **gesonderten Vertrag** über die **Leistungsphase 9**. Alternativ ist es auch möglich, eine Teilabnahme und Teilschlussrechnung nach Leistungsphase 8 zu vereinbaren. Damit wird neben den zeitlich begrenzten Haftungsrisiken auch ermöglicht, eine Schlussabrechnung bzw. Teilschlussrechnung nach Leistungsphase 8 vorzunehmen.

Besondere Leistungen der Leistungsphase 9

Als neue Besondere Leistung ist die Überwachung der Mangelbeseitigung innerhalb der Verjährungsfrist aufgeführt. Diese Leistung ist von der Leistung p) in Leistungsphase 8 sorgfältig zu trennen. Das erfolgt in der Regel anhand des Abnahmeprotokolls, in dem die bei der Abnahme festgestellten Mängel festgehalten werden. Für diese Mängel ist die Überwachung im Rahmen der Grundleistungen der Leistungsphase 8 durchzuführen. Die anschließend auftretenden Mängel sind dann der Leistungsphase 9 zugeordnet. Bei der Besonderen Leistung sollte, im Zuge der Leistungs- und Honorarvereinbarung, eine Vereinbarung darüber berücksichtigt werden, wer die (teilweise zeitaufwendigen) terminlichen Koordinationen durchführt, um die terminliche Ausführungssicherheit für die Mangelbeseitigung zu schaffen.

Die weiteren Besonderen Leistungen der Leistungsphase 9 sprechen für sich. Von besonderer Bedeutung ist allerdings die Besondere Leistung **Erstellen von** Gebäudebestandsdokumentationen. Gebäudebestandsdokumentationen stellen die endgültige Bauausführung dar. Es ist in der Praxis nicht selten, dass die endgültige Bauausführung aufgrund mündlicher Anweisungen und Abstimmungen vor Ort im Rahmen der Bauüberwachung von den Ausführungsplänen abweicht.

Praxis-Tipp	Vom Auftraggeber eigenständig veranlasste Änderungen der Planung sind nicht durch die Planungsfortschreibung in Leistungsphase 5 abgedeckt.

§ 35 Honorare für Grundleistungen bei Gebäuden und Innenräumen

(1) Die Mindest- und Höchstsätze der Honorare für die in § 34 und der Anlage 10, Nummer 10.1 aufgeführten Grundleistungen für Gebäude und Innenräume sind in der folgenden Honorartafel festgesetzt.

Anrechenbare Kosten in Euro	Honorarzone I sehr geringe Anforderungen		Honorarzone II geringe Anforderungen		Honorarzone III durchschnittliche Anforderungen		Honorarzone IV hohe Anforderungen		Honorarzone V sehr hohe Anforderungen	
	von	bis	von	bis	von	bis	von	bis	von	bis
	Euro		Euro		Euro		Euro		Euro	
25 000	3 120	3 657	3 657	4 339	4 339	5 412	5 412	6 094	6 094	6 631
35 000	4 217	4 942	4 942	5 865	5 865	7 315	7 315	8 237	8 237	8 962
50 000	5 804	6 801	6 801	8 071	8 071	10 066	10 066	11 336	11 336	12 333
75 000	8 342	9 776	9 776	11 601	11 601	14 469	14 469	16 293	16 293	17 727
100 000	10 790	12 644	12 644	15 005	15 005	18 713	18 713	21 074	21 074	22 928
150 000	15 500	18 164	18 164	21 555	21 555	26 883	26 883	30 274	30 274	32 938
200 000	20 037	23 480	23 480	27 863	27 863	34 751	34 751	39 134	39 134	42 578
300 000	28 750	33 692	33 692	39 981	39 981	49 864	49 864	56 153	56 153	61 095
500 000	45 232	53 006	53 006	62 900	62 900	78 449	78 449	88 343	88 343	96 118
750 000	64 666	75 781	75 781	89 927	89 927	112 156	112 156	126 301	126 301	137 416
1 000 000	83 182	97 479	97 479	115 675	115 675	144 268	144 268	162 464	162 464	176 761
1 500 000	119 307	139 813	139 813	165 911	165 911	206 923	206 923	233 022	233 022	253 527
2 000 000	153 965	180 428	180 428	214 108	214 108	267 034	267 034	300 714	300 714	327 177
3 000 000	220 161	258 002	258 002	306 162	306 162	381 843	381 843	430 003	430 003	467 843
5 000 000	343 879	402 984	402 984	478 207	478 207	596 416	596 416	671 640	671 640	730 744
7 500 000	493 923	578 816	578 816	686 862	686 862	856 648	856 648	964 694	964 694	1 049 587
10 000 000	638 277	747 981	747 981	887 604	887 604	1 107 012	1 107 012	1 246 635	1 246 635	1 356 339
15 000 000	915 129	1 072 416	1 072 416	1 272 601	1 272 601	1 587 176	1 587 176	1 787 360	1 787 360	1 944 648
20 000 000	1 180 414	1 383 298	1 383 298	1 641 513	1 641 513	2 047 281	2 047 281	2 305 496	2 305 496	2 508 380
25 000 000	1 436 874	1 683 837	1 683 837	1 998 153	1 998 153	2 492 079	2 492 079	2 806 395	2 806 395	3 053 358

(2) Welchen Honorarzonen die Grundleistungen für Gebäude zugeordnet werden, richtet sich nach folgenden Bewertungsmerkmalen:

1. Anforderungen an die Einbindung in die Umgebung,
2. Anzahl der Funktionsbereiche,
3. gestalterische Anforderungen,
4. konstruktive Anforderungen,
5. technische Ausrüstung,
6. Ausbau.

(3) Welchen Honorarzonen die Grundleistungen für Innenräume zugeordnet werden, richtet sich nach folgenden Bewertungsmerkmalen:

1. Anzahl der Funktionsbereiche,
2. Anforderungen an die Lichtgestaltung,
3. Anforderungen an die Raum-Zuordnung und Raum-Proportion,

4. technische Ausrüstung,

5. Farb- und Materialgestaltung,

6. konstruktive Detailgestaltung.

(4) Sind für ein Gebäude Bewertungsmerkmale aus mehreren Honorarzonen anwendbar und bestehen deswegen Zweifel, welcher Honorarzone das Gebäude oder der Innenraum zugeordnet werden kann, so ist zunächst die Anzahl der Bewertungspunkte zu ermitteln. Zur Ermittlung der Bewertungspunkte werden die Bewertungsmerkmale wie folgt gewichtet:

1. die Bewertungsmerkmale gemäß Absatz 2 Nummer 1, 4 bis 6 mit je bis zu 6 Punkten und

2. die Bewertungsmerkmale gemäß Absatz 2 Nummer 2 und 3 mit je bis zu 9 Punkten.

(5) Sind für Innenräume Bewertungsmerkmale aus mehreren Honorarzonen anwendbar und bestehen deswegen Zweifel, welcher Honorarzone das Gebäude oder der Innenraum zugeordnet werden kann, so ist zunächst die Anzahl der Bewertungspunkte zu ermitteln. Zur Ermittlung der Bewertungspunkte werden die Bewertungsmerkmale wie folgt gewichtet:

1. die Bewertungsmerkmale gemäß Absatz 3 Nummer 1 bis 4 mit je bis zu 6 Punkten und

2. die Bewertungsmerkmale gemäß Absatz 3 Nummer 5 und 6 mit je bis zu 9 Punkten.

(6) Das Gebäude oder der Innenraum ist anhand der nach Absatz 5 ermittelten Bewertungspunkte einer der Honorarzonen zuzuordnen:

1. Honorarzone I: bis zu 10 Punkte,

2. Honorarzone II: 11 bis 18 Punkte,

3. Honorarzone III: 19 bis 26 Punkte,

4. Honorarzone IV: 27 bis 34 Punkte,

5. Honorarzone V: 35 bis 42 Punkte.

(7) Für die Zuordnung zu den Honorarzonen ist die Objektliste der Anlage 10, Nummer 10.2 und Nummer 10.3, zu berücksichtigen.

Honorartafel

Die Honorartafel wurde grundlegend neu ausgestaltet. Die Honorarerhöhungen sind berücksichtigt. Die Tafelendwerte sind geglättet. Den neuen Honorartafeln liegt eine Berechnungsformel zugrunde.

In der HOAI ist geregelt, dass in den Fällen, in denen die ermittelten anrechenbaren Kosten außerhalb der Tafelwerte liegen, das Honorar frei vereinbar ist.

Die anrechenbaren Kosten werden einstufig ermittelt. Damit entfällt künftig auch die Frage, ob anrechenbare Kosten bei der Abrechnung wieder in den Regelungsbereich der HOAI hineinfallen, falls sich nach der Kostenberechnung 26,8 Mio EUR anrechenbare Kosten ergeben und nach der Kostenfeststellung nur noch 24,9 Mio EUR anrechenbare Kosten ermittelt werden. Es bleibt bei der maßgeblichen Ermittlung der anrechenbaren Kosten aus der Kostenberechnung. Eine Ausnahme davon bilden Planungsänderungen, bei denen vereinbarungsgemäß die Kostenberechnung geändert wird. Ist im Zuge der Kostenberechnung festgestellt worden, dass die Tafelwerte nicht erreicht werden, bleibt es bei der freien Honorarvereinbarung, unberührt von der späteren Auftrags- oder Abrechnungssumme (bezogen auf anrechenbare Kosten), wenn die Kostenberechnung mangelfrei ist.

Honorarzonen (Gebäude)

In den Absätzen 2–7 werden die Honorarzonen geregelt. Diese Regelungen entsprechen in ihren wesentlichen Punkten der alten HOAI. Die **Objektliste** ist in Anlage 3 zur HOAI abgedruckt. Die Objektliste ist an einigen Stellen verändert.

→ **Siehe auch: Objektliste in Anlage 10.1 und 10.2 HOAI (Anhang in diesem Buch)**

Die Honorarzonen sind eine der wesentlichen Säulen der Honorarberechnung. Mit der Eingruppierung in verschiedene **Honorarzonen** wird den unterschiedlichen Schwierigkeitsgraden von Planung und Bauüberwachung bei der Honorarermittlung Rechnung getragen. Die Honorarzone wird ausschließlich anhand der Kriterien der HOAI bestimmt und bedarf deshalb keiner zwingenden Regelung im Planungsvertrag. Da sich die Honorarzone aus den Planungsanforderungen ergibt, kann die Honorarzone vor Beginn der Planung bei Vertragsabschluss naturgemäß nicht in allen Einzelheiten schon sozusagen vorausschauend bestimmt werden.

Die je Planung individuell zutreffende Honorarzone ist grundsätzlich nicht verhandelbar und unterfällt somit keinem weiten Spielraum, sondern lediglich einem Ermessensspielraum im Rahmen der Bewertung (z. B. Punktesystem) der einzelnen ‚Kriterien. Der BGH hat klargestellt, dass sich die Honorarzone jeweils aus der Aufgabenstellung und dem Planungsinhalt selbst ergibt und nach objektiven Kriterien zu bestimmen ist, nicht nach dem individuellen Willen der jeweiligen Vertragsparteien.

Der BGH hat mit Urteil vom 11.12.2008 - VII ZR 235/06 folgende weitere Klarstellung zur Ermittlung der **Honorarzone** nur bei anteiligen Aufträgen vorgenommen: Die Honorarzone bestimmt sich nur nach den Planungsinhalten, die im räumlichen Planungsumfang des Vertrags enthalten sind (Vertragsgegenstand), nicht nach der **Honorarzonenzugehörigkeit** des umzubauenden Gesamtobjektes, soweit das Gesamtobjekt nicht vollständig den räumlichen Vertragsgegenstand darstellt, sondern nur ein Teil des vorhandenen Bauwerks.

In der Praxis der Planungstätigkeit kann außerdem aus rein baufachlichen Gründen nicht davon ausgegangen werden, dass bei Abfassung eines Planungsvertrages generell bereits Klarheit über die Honorarzone besteht. Auch aus diesen praktischen Erwägungen heraus hat der Verordnungsgeber geregelt, dass die Honorarzone ausschließlich durch die HOAI bestimmt wird. So sind z. B. Wohngebäude einerseits der Honorarzone III und andererseits auch der Honorarzone IV zuzuordnen, je nach Schwierigkeitsgrad, der sich meistens erst im Zuge der Planungsvertiefung zeigt.

Die zutreffende Honorarzone legt die HOAI fest, nicht die Vertragspartner

Eine im Vertrag festgelegte Honorarzone, die sich später als nicht zutreffend zeigt, ist **unwirksam** und somit nicht bei der Honorarabrechnung zu berücksichtigen, soweit diese Festlegung für eine Unterschreitung des Mindestsatzes ursächlich ist. Das Landgericht Stuttgart hat mit Urteil vom 18.10.1996 (Az.: 15 O 1/96) für Recht erkannt, dass die Einordnung in eine objek-

§

tiv zu niedrige Honorarzone eine unzulässige Mindestsatzunterschreitung darstellen kann, wenn ansonsten durchgehend das Mindesthonorar vereinbart ist und demzufolge die zutreffende Honorarzone bei der Honorarberechnung zu berücksichtigen ist.

Sollte im Zuge der Vertragsanbahnung keine Einigung über die Honorarzone möglich sein, dann ist das nicht schädlich. Es ist nicht sinnvoll, den Abschluss eines Vertrages von der Vereinbarung der Honorarzone abhängig zu machen.

Bewertungskriterien (Gebäude)

Nach dem Verordnungstext ist die Eingruppierung nach den **Bewertungskriterien** in § 35 HOAI vorzunehmen. In Absatz 2 sind die Kriterien zur Eingruppierung bei der Gebäudeplanung aufgeführt. Die Kriterien für den raumbildenden Ausbau sind in Absatz 3 aufgeführt.

In Absatz 4 ist geregelt, dass immer dann, wenn Zweifel an der Honorarzoneneingruppierung bestehen oder Kriterien aus verschiedenen Honorarzonen anwendbar sein können, die Punktebewertung durchzuführen ist.

Für die Honorarberechnung bei Gebäuden gibt es 5 verschiedene **Honorarzonen** die jeweils aus der Bewertung der Planungsanforderungen auf Grundlage von 6 verschiedenen Bewertungskriterien gebildet werden.

Für die einzelnen Bewertungskriterien werden zwischen 6 und 9 Bewertungspunkte vergeben. Je nach der Summe der so insgesamt ermittelten Bewertungspunkte erfolgt die Eingruppierung in die Honorarzonen. Die nachstehende Tabelle zeigt die einzelnen Bewertungskriterien mit den jeweils möglichen Bewertungspunkten.

Bewertungskriterium	Bewertungspunkte
Einbindung in die Umgebung	1–6
Funktionsbereiche	1–9
Gestalterische Anforderungen	1–9
Konstruktive Anforderungen	1–6
Technische Ausrüstung	1–6
Ausbau	1–6

Die Summe der Bewertungspunkte setzt sich aus der Bewertung anhand der oben aufgelisteten Bewertungskriterien zusammen. Die nachstehende Tabelle zeigt die Honorarzonen mit der jeweils zugehörigen Summen der Bewertungspunkte.

Honorarzone	I	II	III	IV	V
Planungsanforderungen	sehr gering	gering	durch-schnittl.	überdurch-schnittl.	sehr hoch
Summe der Bewertungspunkte	bis 10	11–18	19–26	27–34	35–42

Hinweise zu den einzelnen Bewertungskriterien (Gebäude)

Bei den Bewertungskriterien gibt es naturgemäß fachliche Ermessensspielräume, die sich bereits in dem Wortlaut der Kriterien widerspiegeln. Die Einbindung in die Umgebung und die Anforderungen an die Gestaltung gehören u. a. dazu.

Einbindung in die Umgebung

Die Einbindung in die Umgebung betrifft die äußere Einbindung des Gebäudes in das städtebauliche Umfeld und die Planungsanforderungen in Bezug auf die Umgebung. Dabei ist darauf zu achten, dass die **Einbindung in die Umgebung** inhaltlich von den gestalterischen Anforderungen (Bewertungskriterium Nr. 3) abgegrenzt wird.

Die Einbindung in die Umgebung wird häufig durch die Baukörpergestaltung und räumliche Anordnung der Baukörper mit ihren Beziehungen zur Umgebung gebildet. Außerdem wird die Einbindung in die Umgebung durch die Gebäudehülle (Fassaden und Dach) nach außen geprägt. Im Zweifel ist die Bewertung im Zuge der Eingruppierung zu begründen.

Bei der Einbindung in die Umgebung spielen neben den Aspekten der Architektur oft auch städtebauliche Sachzwänge aus der Bauleitplanung und den sonstigen Gemeindesatzungen eine wesentliche Rolle. Sind die Planungsanforderungen in Bezug auf die Vorgaben aus der Bauleitplanung sehr komplex und mit hohen Anforderungen verbunden, ist dies bei der Bewertung zu berücksichtigen. Die Einbindung in die Umgebung kann auch durch bauordnungsrechtliche oder bauleitplanerische Vorgaben in ihren Anforderungen beeinflusst werden. So können Gestaltungssatzungen im Rahmen der Bauleitplanung Einfluss auf die Anforderungen ausüben.

Anzahl der Funktionsbereiche

Die Zahl der Funktionsbereiche ist nur auf den ersten Blick ein einfaches Bewertungskriterium. Zu beachten ist hierbei, dass damit nicht nur verschiedene **Funktionsbereiche** gemeint sind, die eine völlig getrennte Nutzung erfordern, z. B. Wohnen, Geschäfte, Sportstätte.

Es geht hier außerdem um die Funktionsbereiche innerhalb einer Gesamtnutzung. Als Beispiel sei hier ein einheitliches Wohnhaus mit eigenem Gästebereich, Bürobereich, Wellness-Bereich genannt. Bei diesem Wohnhaus handelt es sich um ein Gebäude mit mehreren Funktionsbereichen innerhalb der Hauptnutzung Wohnen.

Die Anzahl der Funktionsbereiche hat unmittelbaren Einfluss auf die Planungsanforderungen. Bei Verwaltungsgebäuden spielt die Anzahl der **Funktionsbereiche** eine wichtige Rolle in Bezug auf die Planungsanforderungen und kann sich damit nicht selten als entscheidender Faktor bei der Honorarzoneneingruppierung herausbilden. Besonders hoch ist die Anzahl der Funktionsbereiche i. d. R. bei Krankenhäusern, Theatern und Forschungsgebäuden.

Beispiel

Eine hohe Anzahl von Funktionsbereichen kann für Berufsschulen mit vielen unterschiedlichen Fachbereichen, Produktionsbetriebe mit Verwaltung, Theater, Krankenhäuser und Dienstleistungszentren angenommen werden.

§

Bei der Anzahl der Funktionsbereiche besteht ebenfalls ein Ermessensspielraum, der z. B. darin bestehen kann, die Definition von Funktionsbereichen unterschiedlich auszulegen.

Da die Anzahl der Funktionsbereiche für die Planungsanforderungen von großer Bedeutung ist, ist bei diesem Bewertungskriterium eine Bewertung von 1-9 Bewertungspunkten vorgesehen.

Gestalterische Anforderungen

Das Bewertungskriterium **gestalterische Anforderungen** bezieht sich auf die äußeren und inneren architektonischen bzw. gestalterischen Ausprägungen des zu planenden Bauwerkes.

Die gestalterischen Anforderungen sind nicht nur im Allgemeinen oder betreffend das Gesamtgebäude, sondern auch anhand der Ausprägung von Einzelheiten bzw. von Details der Planung zu beurteilen. Die Anforderungen an die Gestaltung sind auch bezüglich der Bauteilgestaltung zu bewerten.

Die gestalterischen Anforderungen zeigen sich u. a. in einer nachhaltigen, einheitlichen, insgesamt schlüssigen Gestaltung des Gebäudes. Die Abgrenzung zum Kriterium Einbindung in die Umgebung ist zu beachten.

Das Kriterium gestalterische Anforderungen wird bei **Umbauten** nicht durch eine evtl. bestehende Denkmaleigenschaft eines Gebäudes bestimmt. Die Mitwirkung der Denkmalbehörde hat keinen unmittelbaren Einfluss auf die Eingruppierung in die Honorarzone. Liegen bei einem Umbau mit hohen gestalterischen Anforderungen im Zuge der Genehmigungserteilung unmissverständliche und bis ins Detail gehende Auflagen der Denkmalbehörde bis hin zur Konstruktion und Farbgebung einzelner Bauteile fest vor, kann es sich bei den gestalterischen Anforderungen nach wie vor um unverändert hohe Anforderung handeln. Die Auflagenpraxis der Behörden ist unberührt von den gestalterischen Anforderungen.

Beispiel

*Beim **Bauen im Bestand** besteht planerischer Gestaltungsspielraum auch in Bezug zum Umgang mit der vorhandenen Bausubstanz und in Bezug zur gebauten Umwelt unter den besonderen Aspekt der gegenseitigen unmittelbaren gestalterischen Beziehungen untereinander.*

Konstruktive Anforderungen

Das Bewertungskriterium konstruktive Anforderungen lässt sich durchaus konkret bewerten. Die Baukonstruktion mit ihren Bauelementen, Tragwerken und bauphysikalischen Zusammenhängen ist sachgemäß anhand der Komplexität und des technischen Schwierigkeitsgrades zu bewerten. Ein Hallenbad mit verschiedenen komplexen Konstruktionen und Tragwerken, hohen konstruktiven Anforderungen beim Zusammenwirken verschiedenster Baustoffe, besonderen Schwierigkeiten im Bereich Feuchte- und Kondensatschutz hat zweifelsfrei hohe konstruktive Anforderungen. Dem gegenüber steht ein Einfamilienhaus mit gewöhnlicher Nutzung, geringen Spannweiten des Tragwerkes, sowie durchschnittlichen, erprobten bauphysikalischen Ansprüchen.

Die konstruktiven Anforderungen beziehen sich nicht nur auf das Tragwerk, sondern auch auf die nichttragenden Konstruktionen. Die Schwierigkeitsgrade der in der Planung anzuwendenden Ingenieurmethoden bei der konstruktiven Ausbildung aller in Frage kommenden Bauteile werden als entscheidungserheblich für die Bewertung hinsichtlich der Honorarzone angesehen.

Technische Ausrüstung

Bei der Technischen Ausrüstung sind die Anlagen und Installationen der Kostengruppe 400 gemeint. Bei der Bewertung kommt es u. a. auf die Installationsdichte, die funktionale Ausbildung der Technischen Ausrüstung (z. B. Anforderungen an die Luftkonditionierung, Anforderungen an die Elektrotechnik), die Gestaltung und Konstruktion der Technischen Ausrüstung an. Die Bewertung kann nur einzelfallbezogen erfolgen. Bei der Technischen Ausrüstung besteht Ermessensspielraum bei der Bewertung. Da es hier um die Bewertung für die Honorarzone bei der Gebäudeplanung geht, ist davon auszugehen, dass die diesbezüglichen Einzelkriterien je Anlage wesentlich sind. Es wird hier bei der Bewertung darauf ankommen, eine Betrachtung für die jeweiligen Einzelnen Anlagen vorzunehmen und diese im Gesamtergebnis zusammenzuführen.

Beispiel

Sichtbar eingebaute Installationen und Anlagen haben in der Bewertung einen anderen Stellenwert als verdeckte Einrichtungen der technischen Ausrüstung, soweit sie eine entsprechende Ausbildung und Gestaltung aufweisen.

Ausbau

Beim Ausbau kommt es bei der Bewertung zunächst in einem 1. Schritt darauf an, den Ausbau von den anderen Bewertungskriterien abzugrenzen, um die Objektivität der Bewertung nicht zu beeinträchtigen. So sind beim Ausbau die Kriterien Anforderungen an die Gestaltung und konstruktive Anforderungen abzugrenzen. Als Ausbau gelten u. a. die nichttragenden raumbildenden Ausbauten wie z. B. nichttragende Decken, nichttragende Wände, Oberflächengestaltungen und Einbauten. Die Fassade und das Dach gehören nicht zum Ausbau.

Beim Ausbau sind u. a. die Kriterien der konstruktiven Ausbildung, der Gestaltung, der Funktionalität und des Umfangs an Schnittstellen mit der technischen Ausrüstung des Ausbaues relevant.

Übersichtstabelle zur Honorarzoneneingruppierung (Gebäude)

Die nachfolgende Übersicht zeigt die Bewertungskriterien, Honorarzonen und Planungsanforderungen in einer Tabelle. Diese Tabelle kann als Ausgangspunkt für die Eingruppierung in die Honorarzone nach § 35 HOAI angewendet werden, sie hat sich in der Praxis durchgesetzt und gilt als anerkannt.

Honorarzone		I	II	III	IV	V
Planungsanforderungen		sehr gering	gering	durchschnittl.	überdurchschnittl.	sehr hoch
Bewertungsmerkmale		Punkte je Merkmal				
1	Einbindung in die Umgebung	1	2	3–4	5	6
2	Anzahl der Funktionsbereiche	1–2	3–4	5–6	7–8	9
3	Gestalterische Anforderungen	1–2	3–4	5–6	7–8	9
4	Konstruktive Anforderungen	1	2	3–4	5	6
5	Technische Ausrüstung	1	2	3–4	5	6
6	Ausbau	1	2	3–4	5	6
	Summe der Punkte	**bis 10**	**11–18**	**19–26**	**27–34**	**35–42**

In den Zeilen 1–6 sind die jeweiligen Bewertungskriterien aufgelistet und die je nach Planungsanforderung angemessenen Bewertungspunkte (sortiert nach Spalten) zugeordnet. Für jedes Bewertungskriterium werden die zutreffenden Bewertungspunkte vergeben. Die Summe der Bewertungspunkte entscheidet über die Eingruppierung in die Honorarzone.

Beispiel

Die nachfolgende Tabelle zeigt als Beispiel die Einordnung eines Verwaltungsgebäudes in die zutreffende Honorarzone. Die Einbindung in die Umgebung ist im oberen Bereich durchschnittlich und deshalb mit 4 Punkten bewertet worden. Die Anzahl der Funktionsbereiche ist mit 7 Punkten bewertet worden. Die gestalterischen Anforderungen sind mit 8 Punkten bewertet, während die konstruktiven Anforderungen lediglich im unteren Durchschnitt liegen und somit mit 3 Punkten bewertet sind. Die techn. Gebäudeausrüstung und der Ausbau sind mit jeweils 4 Punkten bewertet. In der Summe ergeben sich somit 30 Bewertungspunkte.

Honorarzone		I	II	III	IV	V
Planungsanforderungen		sehr gering	gering	durch- schnittl.	überdurch- schnittl.	sehr hoch
Bewertungsmerkmale		Punkte je Merkmal				
1	Einbindung in die Umgebung			4		
2	Anzahl der Funktionsbereiche				7	
3	Gestalterische Anforderungen				8	
4	Konstruktive Anforderungen			3		
5	Technische Ausrüstung			4		
6	Ausbau			4		
Summe der Punkte		30 Punkte, Honorarzone IV				

Alternatives Bewertungsschema

Nachstehend ist ein alternatives Punktebewertungssystem dargestellt. Die Unterschiede beider Bewertungssysteme lassen sich in den Bewertungspunkten zu den jeweiligen Kriterien erkennen. Das nachstehende Bewertungssystem gliedert die Bewertungspunkte bis zu 1/10 Bewertungspunkt und beginnt im Gegensatz zum vorstehenden Bewertungsschema mit 0 Punkten im unteren Bereich. Die HOAI regelt nicht, ob die Punktebewertung bei 0 Punkten oder bei 1 Punkt beginnt. Auch insofern gibt es Ermessensspielräume.

Honorarzone	I	II	III	IV	V
Anforderungen	sehr gering	gering	durchschnittlich	Überdurchschnittlich	sehr hoch
Bewertungsmerkmale mit Punkten je Merkmal					
1 Einbindung in die Umgebung	0–1,4	1,6–2,6	2,7–3,7	3,9–4,9	5,0–6,0
2 Anzahl der Funktionsbereiche	0–2,1	2,4–3,9	4,1–5,6	5,8–7,3	7,5–9,0
3 Gestalterische Anforderungen	0–2,1	2,4–3,9	4,1–5,6	5,8–7,3	7,5–9,0
4 Konstruktive Anforderungen	0–1,4	1,6–2,6	2,7–3,7	3,9–4,9	5,0–6,0
5 Techn. Gebäudeausrüstung	0–1,4	1,6–2,6	2,7–3,7	3,9–4,9	5,0–6,0
6 Ausbau	0–1,4	1,6–2,6	2,7–3,7	3,9–4,9	5,0–6,0
Summen	0–9,8	11,2–18,2	19,0–26,0	27,2–34,2	35,0–42,0
Punkte nach Abs.	bis 10	11–18	19–26	27–34	35–42

Soweit ein Bewertungsmerkmal aus verschiedenen wichtigen Einzelaspekten besteht (z. B. Gestalterische Anforderungen können aus grafischen, künstlerischen, materialspezifischen Anforderungen bestehen) die entscheidenden Einfluss auf die Bewertung eines Bewertungskriteriums ausüben, sollte darauf in der Erläuterung zur Bewertung eingegangen werden.

Honorarzone beim Bauen im Bestand (Gebäude)

Bei anteiligen Umbauten eines Gebäudes ist nicht das Gesamtgebäude für die Eingruppierung ausschlaggebend, sondern lediglich der umzubauende Bereich. Der BGH hat mit Urteil vom 11.12.2008 - VII ZR 235/06 folgende Klarstellung[206] zur Ermittlung der **Honorarzone** nur bei anteiligen Aufträgen vorgenommen:

Die Honorarzone bestimmt sich nur nach den Planungsinhalten, die im räumlichen Planungsumfang des Vertrags enthalten sind (Vertragsgegenstand), nicht nach der **Honorarzonenzugehörigkeit** des nur anteilig umzubauenden Gesamtobjektes.

> **Beispiel**
>
> *In einem Uniklinikum werden im Zuge einer Modernisierung die Bereiche Verwaltung und Tiefgarage umgebaut. Dann ist nicht die Honorarzone des gesamten Uniklinikums maßgeblich, sondern lediglich die Honorarzone für die betreffenden Bereiche, die umgeplant werden.*

Die Urteilsbegründung des BGH lautet: Es wäre nicht leistungsangemessen, wenn ein Architekt, der nur mit leichten Aufgaben betraut ist, davon profitieren würde, dass das **Gesamtobjekt** höhere Planungsanforderungen (höhere Honorarzone) stellt. Ebenso unangemessen wäre

---

[206] Dieses Urteil gilt nach Auffassung des Verfassers auch bei der HOAI 2009

es, wenn ein Ingenieur, der sehr schwierige Aufgaben zu bewältigen hat, deshalb nur ein niedriges Honorar erhielte, weil das Objekt im Übrigen nur geringe Planungsanforderungen stellt.

Das Urteil hat grundlegende Bedeutung bei Umbauten und Modernisierungen. Meistens wird hier auch nur ein Teil des Bauwerkes umgebaut.

Einbindung in die Umgebung

Beim Bauen im Bestand kann es in seltenen Fällen vorkommen, dass die **Einbindung in die Umgebung** nicht geändert wird, also nicht oder nur sehr gering mit planerischen Anforderungen verbunden ist. Unter diesem Aspekt ist der Beschluss des BGH vom 08.02.2001[207] zu beachten, nachdem bei Umbauten ohne Anforderungen an die Einbindung in die Umgebung das entsprechende Bewertungskriterium zur Eingliederung in die Honorarzone ganz wegfällt. Dieser Beschluss trifft jedoch nur auf solche Fälle zu, bei denen baufachlich keine Einbindung in die Umgebung erfolgt, was in der Praxis nur äußerst selten vorkommt.

Werden bauliche Veränderungen an der Fassade oder am Dach vorgenommen, dann sind diese Veränderungen beim Bauen im Bestand baufachlich mit einer Einbindung in die Umgebung verbunden, was zur Folge hat, dass das Kriterium Einbindung in die Umgebung anzuwenden ist.

Beispiel

Als Beispiel ist an dieser Stelle die Planung von neuen Dachgauben in einem Altbau zu nennen. Dies wird bei Altbauten oft eine Maßnahme der Einbindung in die Umgebung sein. Dieses, stark ins Detail gehende Beispiel zeigt, dass die Einbindung in die Umgebung bereits bei Einzelheiten der Planung beginnen kann. Das oben Gesagte gilt uneingeschränkt auch für Nichtbaudenkmäler.

Das Kriterium **Einbindung in die Umgebung** wird insbesondere bei Altbauensembles in Innenstadtlagen auch dann eine wesentliche Rolle spielen, wenn Fassadenarbeiten geplant werden. Insofern ist der o. e. BGH-Beschluss nicht allgemein anwendbar, sondern nur in einzelnen, sehr wenigen Ausnahmefällen von Bedeutung. Die Anbringung einer Werbeanlage an einem Baudenkmal ist bereits mit einer Einbindung in die Umgebung verbunden. Ansonsten wäre die denkmalrechtliche Genehmigung nicht zu rechtfertigen. Dieses Beispiel zeigt die weitgehende Bedeutung der Einbindung in die Umgebung beim Bauen im Bestand.

Umbau im Inneren eines Gebäudes

Wird ein Gebäude nur im Inneren umgebaut oder modernisiert, stellt sich die Frage der Einbindung in die Umgebung ebenfalls. Dieser Fall ist durch ein Urteil des OLG Düsseldorf vom 20.06.95 (21 U 98/949) geklärt worden. Nach diesem Urteil darf bei Umbauten das Kriterium Einbindung in die Umgebung durch **Einbindung in das vorhandene Gebäude** ersetzt werden. Damit kommt das Gericht auch einer Gleichbehandlung mit den Leistungen des raumbildenden Ausbaues nach. Diese Auffassung steht vordergründig im Widerspruch zu der Auffassung die oben mit Beschluss des BGH vom 08.02.2001 beschrieben wurde. Dem BGH-Beschluss lag jedoch ein seltener Einfall zugrunde, bei dem die Einbindung aus der Planung (hier Vorent-

---

[207] Beschluss des BGH v. 08.02.2001 (Revision nicht angenommen) zum Urteil des OLG Jena vom 28.10.1998 (2 U 1684/97)

wurfszeichnungen und Entwurfszeichnungen) selbst nicht erkennbar war und das Objekt später nicht ausgeführt wurde.

Honorarzone (Gebäude) Umbauten und Modernisierungen

Wird ein Bauwerk umgebaut, so ist bei der Honorarzone auf die neue, also die geplante Nutzung (z. B. bei der Anzahl der Funktionsbereiche) abzustellen. Von Bedeutung für die Ermittlung der Honorarzone nicht somit nicht die Honorarzone des vorhandenen Gebäudes, sondern nur die des anstehenden Umbaus die dem neuen Planungsziel entspricht.

Beispiel

Wird ein Bürgerhaus (Honorarzone III) in eine gestalterisch mit sehr hohen Anforderungen verbundene Volkshochschule (Honorarzone IV) umgebaut, ist die Honorarzone IV angemessen, weil die geplante Konzeption des Gebäudes ausschlaggebend für die Eingruppierung ist.

Honorarzonen bei mehreren Gebäuden

Bei verschiedenen eigenständigen Bauwerken auf einem Grundstück, die getrennt abzurechnen sind, ist die Honorarzone für jedes Gebäude gesondert zu ermitteln. Im Gewerbebau (Produktionsgebäude, Verwaltungsgebäude...), Krankenhausbau (Bettengebäude, Verwaltung, Untersuchungs- und Behandlungsgebäude) und bei Verwaltungszentren sind diese Situationen oft anzutreffen, wenn in den zurückliegenden Jahren verschiedene Gebäude auf einem Grundstück errichtet wurden. Hier sind die Regelungen des § 11 HOAI ebenfalls zu berücksichtigen, die sich mit einer getrennten oder zusammengefassten Honorarberechnung befassen.

Das Verhältnis des § 35 zur Objektliste

In Anlage 10.2 (Gebäude) und 10.3 (Innenräume) zur HOAI sind die Objektlisten enthalten, die anhand von ausgewählten Beispielen eine Zuordnung in Honorarzonen angibt. Bei den in dieser **Objektliste** aufgeführten Objekten mit entsprechenden Zuordnungen handelt es sich um eine allgemein gehaltene Liste anhand von Beispielen. Der Verordnungsgeber hat die Objektliste aus dem Verordnungstext herausgenommen und in die Anlage eingefügt.

Die Objektlisten mit ihren allgemein gültigen Maßstäben können nicht auf jeden Einzelfall bezogen sein, insbesondere beim Bauen im Bestand, wo objektbezogen sehr große Unterschiede bei den Planungsanforderungen und damit bei den Bewertungskriterien bestehen können, die unberührt vom umzubauenden Objekt sind.

Beispiel

Bereits die Kriterien Einbindung in die Umgebung, Anzahl der Funktionsbereiche sowie gestalterische Anforderungen sind objektspezifisch zum Teil (trotz gleichem Objekt in der Objektliste) sehr unterschiedlich, so dass die Objektliste bei den vorgenannten Kriterien baufachlich nicht allein ausschlaggebend sein kann.

§

Im Einführungserlass des Bundesbauministeriums vom 19.08.2013 (Az.: B 10-8111.4.3-) ist für die nachgeordneten Dienststellen geregelt, dass die Honorarzone zunächst aufgrund der Bewertungsmerkmale und gegebenenfalls der Bewertungspunkte zu ermitteln ist. Durch die Regelbeispiele in der Objektliste[208] soll die Zuordnung erleichtert werden. Damit ist zumindest vom Bauministerium klargestellt, dass die Objektliste im Ergebnis lediglich eine nachgeordnete Rolle spielt. Diese Vorgabe für die nachgeordneten Dienststellen ist verhältnisgerecht und spiegelt die Bedeutung der Objektliste lediglich als hilfestellende Erleichterung wider.

Objektlisten

Die Regelungen zu der Eingliederung in die zutreffende Honorarzone sind im Verordnungstext wie o. e. enthalten. In Anlage 10.2 und 10.3 zur HOAI sind die Objektlisten für Gebäude und Innenräume erfasst. Die Objektlisten sind im Anhang zu diesem Buch abgedruckt.

→   **Objektliste Anhang in diesem Buch**

Honorarzonen bei Innenräumen

Für die Honorarberechnung bei Innenräumen gibt es 5 verschiedene Honorarzonen die jeweils aus der Bewertung der Planungsanforderungen auf Grundlage von 6 verschiedenen Bewertungskriterien gebildet werden. Für die einzelnen Bewertungskriterien werden zwischen 6 und 9 Bewertungspunkte vergeben. Je nach der Summe der so insgesamt ermittelten Bewertungspunkte erfolgt die Eingruppierung in die Honorarzonen. Die nachstehende Tabelle zeigt die einzelnen Bewertungskriterien mit den jeweils möglichen Bewertungspunkten.

Bewertungskriterium	Bewertungspunkte
Funktionsbereich	1–6
Anforderungen an die Lichtgestaltung	1–6
Anforderungen an die Raum-Zuordnung und Raum-Proportion	1–6
Technische Ausrüstung	1–6
Farb- und Materialgestaltung	1–9
Konstruktive Detailgestaltung	1–9

Die Summe der Bewertungspunkte setzt sich aus der Bewertung anhand der oben aufgelisteten Bewertungskriterien zusammen. Die nachstehende Tabelle zeigt die Honorarzonen mit den jeweils zugehörigen Summen der Bewertungspunkte. Auf die Ausführungen zu fachlichen Ermessensspielräumen bei Gebäuden wird Bezug genommen.

---

[208] Anlage 10.2 und 10.3 zur HOAI

Funktionsbereiche

Hier geht es um die Funktionsbereiche, die Gegenstand des raumbildenden Ausbaues ist. Die Verwendung des neuen Begriffs Funktionsbereiche (Plural) deutet darauf hin, dass im Leistungsbild auch mehrere Funktionsbereiche ein Objekt darstellen können.

Anforderungen an die Lichtgestaltung

Die Anforderungen an die Lichtgestaltung sind nur objektbezogen zu beschreiben. So können wenige Beleuchtungselemente ebenso hohe Anforderungen an die Lichtgestaltung stellen wie eine hohe Anzahl von Beleuchtungselementen in Studios. Die Lichtgestaltung betrifft aber auch die natürliche Belichtung.

Anforderungen an die Raumzuordnung und Raumproportion

Bei der Anforderung an die Raumzuordnung ist die Beziehung der betreffenden Räume untereinander gemeint. Bei den Raumproportionen sind die inneren Proportionen gemeint.

Technische Ausrüstung

Die Technische Ausrüstung ist insoweit gemeint, wie sie Bestandteil des Objektes des raumbildenden Ausbaues ist. Es kann davon ausgegangen werden, dass die Technische Ausrüstung gemeint ist, die sich in den Kosten der Kostengruppe 400 zeigt.

Farb- und Materialgestaltung

Das Kriterium Farb- und Materialgestaltung spricht für sich. Bei der Gestaltung sind subjektive Aspekte möglichst unberücksichtigt zu lassen zugunsten einer objektivierten Beurteilung. Die Beurteilung der Farb- und Materialgestaltung hat anhand von schlüssigen und nachvollziehbaren Gestaltungsprinzipien zu erfolgen.

Konstruktive Detailgestaltung

Die konstruktive Detailgestaltung betrifft die Ausbaudetails, soweit sie Bestandteil des Objektes sind.

§

§ 36 Umbauten und Modernisierungen von Gebäuden und Innenräumen

(1) Für Umbauten und Modernisierungen von Gebäuden kann bei einem durchschnittlichen Schwierigkeitsgrad ein Zuschlag gemäß § 6 Absatz 2 Satz 3 bis 33 Prozent auf das ermittelte Honorar schriftlich vereinbart werden.

(2) Für Umbauten und Modernisierungen von Innenräumen in Gebäuden kann bei einem durchschnittlichen Schwierigkeitsgrad ein Zuschlag gemäß § 6 Absatz 2 Satz 3 bis 50 Prozent auf das ermittelte Honorar schriftlich vereinbart werden.

Bemerkenswert ist, dass die schriftliche Vereinbarung über den Umbauzuschlag nicht bereits bei Auftragserteilung getroffen werden muss um wirksam zu sein.

Absatz 1 Umbauzuschlag bei Gebäuden

Der Umbauzuschlag regelt die allgemeinen Mehraufwendungen, die bei Umbauten, Modernisierungen oder sonstigen Maßnahmen im Bestand anfallen. Zunächst wird in Abs.1 eine Obergrenze eines Umbauzuschlags für Gebäude und Innenräume bei einem durchschnittlicher Schwierigkeitsgrad festgelegt. Diese Obergrenze wird mit 33% auf das ermittelte Honorar definiert. Bei überdurchschnittlichen Schwierigkeitsgraden ist keine Obergrenze festgelegt worden, mit der Folge, dass hier keine Honorargrenze nach oben bestimmt ist, wenn eine schriftliche Vereinbarung getroffen wird. Wenn keine schriftliche Vereinbarung getroffen wird, gilt § 6 Abs. 2 Nr. 5, wonach dann unwiderleglich vermutet wird, dass ein Umbauzuschlag in Höhe von 20% gilt.

Gleiches gilt umgekehrt für Fallkonstellationen, bei denen geringere als durchschnittliche Schwierigkeitsgrade vorliegen; hier ist ebenfalls keine zahlenmäßige Grenze Im Zuge von Auftragsanbahnungen kann hier im Rahmen des Ermessensspielraums ein individuelles Vorgehen erfolgen. Jedoch ist auf die Regelungen aus allgemeinen Vorschriften Bezug nehmen Danach ist (vergl. § 6 Abs. 2 Nr.5 HOAI) der Umbau- oder Modernisierungszuschlag unter Berücksichtigung des Schwierigkeitsgrades der Leistungen schriftlich zu vereinbaren.

→ **siehe auch Ausführungen zu § 6 Abs.2 Nr.5 HOAI**

Diese Regelung sorgt dafür, dass die untere und obere Grenze des Umbau- und Modernisierungszuschlags nicht völlig aus der Luft stammen soll, sondern sich ebenfalls am Schwierigkeitsgrad der Leistungen orientieren soll.

Die Frage nach dem konkreten Schwierigkeitsgrad der Leistungen beantwortet die HOAI in ihrem Wortlaut nicht näher. Es kann aber davon ausgegangen werden, dass der Schwierigkeitsgrad im Sinne der Regelung des § 36 HOAI sich nach dem Schwierigkeitsgrad bemisst, wie das bei der Eingruppierung in die Honorarzone erfolgt. Danach würden die Ergebnisse der Honorarzoneneingruppierungen den Schwierigkeitsgrad wie folgt hilfsweise als Orientierungswert abbilden:

Schwierigkeitsgrad	Honorarzone[209]	Hinweise
Schwierigkeitsgrad geringer als durchschnittlich	Honorarzone I und II (bei Gebäuden)	Preisrechtlich nicht konkret geregelt[210]
Durchschnittlicher Schwierigkeitsgrad	Honorarzone III (bei Gebäuden)	Obergrenze (§ 36) 33% auf das Honorar
Höherer als durchschnittlicher Schwierigkeitsgrad	Honorarzone IV und V (bei Gebäuden)	Preisrechtlich nicht konkret geregelt[211]

Absatz 2 Umbauzuschlag bei Innenräumen

Die Regelung entspricht der des Absatzes 1 mit der Maßgabe, dass die Höhe des Umbauzuschlags als obere Grenze 50 % beträgt.

---

[209] Die Honorarzone wird hilfsweise als Beurteilungs- bzw. Vergleichsmaßstab herangezogen, obschon dies im Verordnungstext nicht ausdrücklich so erwähnt ist.

[210] Siehe aber Regelungen in § 6 HOAI

[211] Siehe aber Regelungen in § 6 HOAI

§ 37 Aufträge für Gebäude und Freianlagen oder für Gebäude und Innenräume

(1) § 11 Absatz 1 ist nicht anzuwenden, wenn die getrennte Berechnung der Honorare für Freianlagen weniger als 7 500 Euro anrechenbare Kosten ergeben würde.

(2) Werden Grundleistungen für Innenräume in Gebäuden, die neu gebaut, wiederaufgebaut, erweitert oder umgebaut werden, einem Auftragnehmer übertragen, dem auch Grundleistungen für dieses Gebäude nach § 34 übertragen werden, so sind die Grundleistungen für Innenräume im Rahmen der festgesetzten Mindest- und Höchstsätze bei der Vereinbarung des Honorars für die Grundleistungen am Gebäude zu berücksichtigen. Ein gesondertes Honorar nach § 11 Absatz 1 darf für die Grundleistungen für Innenräume nicht berechnet werden.

Absatz 1 Gebäude und Freianlagen

Die Regelung in § 11 HOAI 2013, wonach bei mehreren vorliegenden Objekten die getrennte Honorarberechnung vorzunehmen ist, ist nicht anzuwenden, wenn bei einer einheitlichen Beauftragung von Gebäuden und Freianlagen die anrechenbaren Kosten der Freianlagen weniger als 7.500,-€ ausmachen. Dieser Betrag ist als Netto-Betrag ohne Mehrwertsteuer zu verstehen. Nach dem Verständnis ist davon auszugehen, dass damit der Betrag gemeint ist, der sich aus der Kostenberechnung zum Entwurf ergibt.

Absatz 2 Gebäude und Innenräume

Die neuen Regelungen des Abs. 2 betreffen Vereinbarungen denen die einheitliche Beauftragung von Grundleistungen für Gebäude und Innenräume zugrunde liegt. Danach gilt, dass die Honorare für Gebäude und Innenräume zusammengefasst ermittelt werden, also auf der Grundlage eines Objekts, bestehend aus dem anrechenbaren Kosten für Gebäude und Innenräume. Die Regelung des § 11 Abs.1 ist insofern außer Kraft gesetzt.

Die Regelung hinsichtlich der Honorierung im Rahmen der festgesetzten Mindest- und Höchstsätze bezieht sich insbesondere darauf, den sog. Degressionsnachteil der bei zusammengefasster Honorarabrechnung von Gebäuden und Innenräumen entsteht, auszugleichen. Mit dieser Berücksichtigung wird eine honorartechnische Gleichstellung mit der getrennten Honorarermittlung je Objekt (die das Grundprinzip der Honorarermittlung nach HOAI darstellt) erreicht. Es ist den Parteien freigestellt, dies im Rahmen der Honorarvereinbarung zwischen Mindest- und Höchstsatz zu vereinbaren.

→ siehe auch § 11 Abs.1 HOAI

Die einheitliche Honorarermittlung ist im Wortlaut des § 37 prinzipiell nicht näher erläutert. Es kann aber davon ausgegangen werden, dass die anrechenbaren Kosten in jeder Kostengruppe einheitlich zusammengefasst ermittelt und angegeben werden. Da das Leistungsbild für Gebäude und Innenräume identisch ist (vergl. Anlage 10.1 zur HOAI) ist die gemeinsame Honorarabrechnung auch in dieser Hinsicht kein Problem.

Die Eingruppierung in die Honorarzone ergibt sich in diesen Fallkonstellationen nach den Regelungen die für Gebäude zugrunde zu legen sind. Dies ist dem Wortlaut des Abs.2 zu entnehmen.

HOAI Teil 5: Übergangs- und Schlussvorschriften

§ 57 Übergangsvorschrift

Diese Verordnung ist nicht auf Grundleistungen anzuwenden, die vor ihrem Inkrafttreten vertraglich vereinbart wurden; insoweit bleiben die bisherigen Vorschriften anwendbar.

Der Text spricht für sich. Hier ist geregelt, dass die bereits angelaufenen Projekte, bei denen ein entsprechender Vertragsabschluss vor dem Inkrafttreten vorliegt, nach der (zum Zeitpunkt des Vertragsabschlusses geltenden) alten HOAI abzurechnen sind.

Vergleichbar verhält es sich bei sog. Stufenverträgen. Die Stufen, die verbindlich als Leistungsbestandteil vereinbart wurden, werden nach der zum Vertragsabschluss gültigen HOAI abgerechnet. Sind Leistungsstufen noch nicht verbindlicher Vertragsgegenstand und ist deshalb noch kein Vertrag darüber zustande gekommen (sondern nur sog. Absichtserklärungen), dann gilt die HOAI in der Fassung, die bei Abschluss des verbindlichen Vertrags anzuwenden ist.

Es wird jedoch darauf hingewiesen, dass auch einzelfallbezogen unterschiedliche Konstellationen auftreten können.

§

§ 58 Inkrafttreten, Außerkrafttreten

Diese Verordnung tritt am Tag nach der Verkündung in Kraft. Gleichzeitig tritt die Honorarordnung für Architekten und Ingenieure vom 11. August 2009 (BGBl. I S. 2732) außer Kraft.

Der Verordnungstext spricht für sich. Gemäß dem Erlass (Bundesgesetzblatt Jahrgang 2013 Teil I, Nr. 37, Seite 2276, ausgegeben zu Bonn am 16.07.2013) ist die Verordnung am darauf folgenden Tage, den 17.07.2013 in Kraft getreten. Damit sind die Honorare für Verträge die ab dem 17.07.2013 abgeschlossen wurden, nach der neuen HOAI zu ermitteln. Das gilt für schriftlich oder mündlich vereinbarte Verträge gleichermaßen. Bei mündlichen Verträgen spielt im Zweifel die Beweislast für das Zustandekommen des Vertrags eine wichtige Rolle.

Bei Stufenverträgen, bei denen ein Teil des Vertrags noch nicht verbindlich vereinbart wurde, trifft sinngemäß das Gleiche zu. Es kommt auch hier auf das Datum der verbindlichen Vereinbarung an.

Inhaltsübersicht Anhang

Anhang

A Leistungsbild Gebäude/Innenräume

A 1 Grundleistungen und Besondere Leistungen

Anlage 10 zu §§ 34 Absatz 1, 35 Absatz 6 Grundleistungen im Leistungsbild Gebäude und Innenräume, Besondere Leistungen, Objektlisten

Anlage 10.1 zur HOAI Leistungsbild Gebäude und Innenräume

Grundleistungen	Besondere Leistungen
LPH 1 Grundlagenermittlung	
a) Klären der Aufgabenstellung auf Grundlage der Vorgaben oder der Bedarfsplanung des Auftraggebers b) Ortsbesichtigung c) Beraten zum gesamten Leistungs- und Untersuchungsbedarf d) Formulieren der Entscheidungshilfen für die Auswahl anderer an der Planung fachlich Beteiligter e) Zusammenfassen, Erläutern und Dokumentieren der Ergebnisse	– Bedarfsplanung – Bedarfsermittlung – Aufstellen eines Funktionsprogramms – Aufstellen eines Raumprogramms – Standortanalyse – Mitwirken bei Grundstücks- und Objektauswahl, -beschaffung und -übertragung – Beschaffen von Unterlagen, die für das Vorhaben erheblich sind – Bestandsaufnahme – technische Substanzerkundung – Betriebsplanung – Prüfen der Umwelterheblichkeit – Prüfen der Umweltverträglichkeit – Machbarkeitsstudie – Wirtschaftlichkeitsuntersuchung – Projektstrukturplanung – Zusammenstellen der Anforderungen aus Zertifizierungssystemen – Verfahrensbetreuung, Mitwirken bei der Vergabe von Planungs- und Gutachterleistungen
LPH 2 Vorplanung (Projekt- und Planungsvorbereitung	
a) Analysieren der Grundlagen, Abstimmen der Leistungen mit den fachlich an der Planung Beteiligten b) Abstimmen der Zielvorstellungen, Hinweisen auf Zielkonflikte c) Erarbeiten der Vorplanung, Untersuchen, Darstellen und Bewerten von Varianten	– Aufstellen eines Katalogs für die Planung und Abwicklung der Programmziele – Untersuchen alternativer Lösungsansätze nach verschiedenen Anforderungen, einschließlich Kostenbewertung – Beachten der Anforderungen des vereinbar-

Grundleistungen	Besondere Leistungen
nach gleichen Anforderungen, Zeichnungen im Maßstab nach Art und Größe des Objekts	ten Zertifizierungssystems
	– Durchführen des Zertifizierungssystems
d) Klären und Erläutern der wesentlichen Zusammenhänge, Vorgaben und Bedingungen (zum Beispiel städtebauliche, gestalterische, funktionale, technische, wirtschaftliche, ökologische, bauphysikalische, energiewirtschaftliche, soziale, öffentlichrechtliche)	– Ergänzen der Vorplanungsunterlagen auf Grund besonderer Anforderungen
	– Aufstellen eines Finanzierungsplanes
	– Mitwirken bei der Kredit- und Fördermittelbeschaffung
	– Durchführen von Wirtschaftlichkeitsuntersuchungen
e) Bereitstellen der Arbeitsergebnisse als Grundlage für die anderen an der Planung fachlich Beteiligten sowie Koordination und Integration von deren Leistungen	– Durchführen der Voranfrage (Bauanfrage)
	– Anfertigen von besonderen Präsentationshilfen, die für die Klärung im Vorentwurfsprozess nicht notwendig sind, zum Beispiel
f) Vorverhandlungen über die Genehmigungsfähigkeit	– Präsentationsmodelle
	– Perspektivische Darstellungen
g) Kostenschätzung nach DIN 276, Vergleich mit den finanziellen Rahmenbedingungen	– Bewegte Darstellung/Animation
	– Farb- und Materialcollagen
	– digitales Geländemodell
h) Erstellen eines Terminplans mit den wesentlichen Vorgängen des Planungs- und Bauablaufs	– 3-D oder 4-D Gebäudemodellbearbeitung (Building Information Modelling BIM)
i) Zusammenfassen, Erläutern und Dokumentieren der Ergebnisse	– Aufstellen einer vertieften Kostenschätzung nach Positionen einzelner Gewerke
	– Fortschreiben des Projektstrukturplanes
	– Aufstellen von Raumbüchern
	– Erarbeiten und Erstellen von besonderen bauordnungsrechtlichen Nachweisen für den vorbeugenden und organisatorischen Brandschutz bei baulichen Anlagen besonderer Art und Nutzung, Bestandsbauten oder im Falle von Abweichungen von der Bauordnung
LPH 3 Entwurfsplanung (System- und Integrationsplanung)	
a) Erarbeiten der Entwurfsplanung, unter weiterer Berücksichtigung der wesentlichen Zusammenhänge, Vorgaben und Bedingungen	– Analyse der Alternativen/Varianten und deren Wertung mit Kostenuntersuchung (Optimierung),
(zum Beispiel städtebauliche, gestalterische, funktionale, technische, wirtschaftliche, ökologische, soziale, öffentlichrechtliche) auf der Grundlage der Vorplanung und als Grundlage für die weiteren Leistungsphasen und die erforderlichen öffentlichrechtlichen Genehmigungen unter Verwendung der Beiträge anderer an der Planung	– Wirtschaftlichkeitsberechnung,
	– Aufstellen und Fortschreiben einer vertieften Kostenberechnung
	– Fortschreiben von Raumbüchern

Gebäude

Grundleistungen	Besondere Leistungen
fachlich Beteiligter. Zeichnungen nach Art und Größe des Objekts im erforderlichen Umfang und Detaillierungsgrad unter Berücksichtigung aller fachspezifischen Anforderungen, zum Beispiel bei Gebäuden im Maßstab 1:100, zum Beispiel bei Innenräumen im Maßstab 1:50 bis 1:20 b) Bereitstellen der Arbeitsergebnisse als Grundlage für die anderen an der Planung fachlich Beteiligten sowie Koordination und Integration von deren Leistungen c) Objektbeschreibung d) Verhandlungen über die Genehmigungsfähigkeit e) Kostenberechnung nach DIN 276 und Vergleich mit der Kostenschätzung, f) Fortschreiben des Terminplans g) Zusammenfassen, Erläutern und Dokumentieren der Ergebnisse	

LPH 4 Genehmigungsplanung

Grundleistungen	Besondere Leistungen
a) Erarbeiten und Zusammenstellen der Vorlagen und Nachweise für öffentlich-rechtliche Genehmigungen oder Zustimmungen einschließlich der Anträge auf Ausnahmen und Befreiungen, sowie notwendiger Verhandlungen mit Behörden unter Verwendung der Beiträge anderer an der Planung fachlich Beteiligter b) Einreichen der Vorlagen c) Ergänzen und Anpassen der Planungsunterlagen, Beschreibungen und Berechnungen	– Mitwirken bei der Beschaffung der nachbarlichen Zustimmung – Nachweise, insbesondere technischer, konstruktiver und bauphysikalischer Art für die Erlangung behördlicher Zustimmungen im Einzelfall – Fachliche und organisatorische Unterstützung des Bauherrn im Widerspruchsverfahren, Klageverfahren oder ähnlichen Verfahren

LPH 5 Ausführungsplanung

Grundleistungen	Besondere Leistungen
a) Erarbeiten der Ausführungsplanung mit allen für die Ausführung notwendigen Einzelangaben (zeichnerisch und textlich) auf der Grundlage der Entwurfs- und Genehmigungsplanung bis zur ausführungsreifen Lösung, als Grundlage für die weiteren Leistungsphasen b) Ausführungs-, Detail- und Konstruktionszeichnungen nach Art und Größe des Objekts im erforderlichen Umfang und	– Aufstellen einer detaillierten Objektbeschreibung als Grundlage der Leistungsbeschreibung mit Leistungsprogramm[x)] – Prüfen der vom bauausführenden Unternehmen auf Grund der Leistungsbeschreibung mit Leistungsprogramm ausgearbeiteten Ausführungspläne auf Übereinstimmung mit der Entwurfsplanung[x)] – Fortschreiben von Raumbüchern in detaillierter Form

Grundleistungen	Besondere Leistungen
Detaillierungsgrad unter Berücksichtigung aller fachspezifischen Anforderungen, zum Beispiel bei Gebäuden im Maßstab 1:50 bis 1:1, zum Beispiel bei Innenräumen im Maßstab 1:20 bis 1:1 c) Bereitstellen der Arbeitsergebnisse als Grundlage für die anderen an der Planung fachlich Beteiligten, sowie Koordination und Integration von deren Leistungen d) Fortschreiben des Terminplans e) Fortschreiben der Ausführungsplanung aufgrund der gewerkeorientierten Bearbeitung während der Objektausführung f) Überprüfen erforderlicher Montagepläne der vom Objektplaner geplanten Baukonstruktionen und baukonstruktiven Einbauten auf Übereinstimmung mit der Ausführungsplanung	– Mitwirken beim Anlagenkennzeichnungssystem (AKS) – Prüfen und Anerkennen von Plänen Dritter, nicht an der Planung fachlich Beteiligter auf Übereinstimmung mit den Ausführungsplänen (zum Beispiel Werkstattzeichnungen von Unternehmen, Aufstellungs- und Fundamentpläne nutzungsspezifischer oder betriebstechnischer Anlagen), soweit die Leistungen Anlagen betreffen, die in den anrechenbaren Kosten nicht erfasst sind [x)] Diese Besondere Leistung wird bei Leistungsbeschreibung mit Leistungsprogramm ganz oder teilweise Grundleistung. In diesem Fall entfallen die entsprechenden Grundleistungen dieser Leistungsphase.

LPH 6 Vorbereitung der Vergabe

a) Aufstellen eines Vergabeterminplans b) Aufstellen von Leistungsbeschreibungen mit Leistungsverzeichnissen nach Leistungsbereichen, Ermitteln und Zusammenstellen von Mengen auf der Grundlage der Ausführungsplanung unter Verwendung der Beiträge anderer an der Planung fachlich Beteiligter c) Abstimmen und Koordinieren der Schnittstellen zu den Leistungsbeschreibungen der an der Planung fachlich Beteiligten d) Ermitteln der Kosten auf der Grundlage vom Planer bepreister Leistungsverzeichnisse e) Kostenkontrolle durch Vergleich der vom Planer bepreisten Leistungsverzeichnisse mit der Kostenberechnung f) Zusammenstellen der Vergabeunterlagen für alle Leistungsbereiche	– Aufstellen der Leistungsbeschreibungen mit Leistungsprogramm auf der Grundlage der detaillierten Objektbeschreibung[x)] – Aufstellen von alternativen Leistungsbeschreibungen für geschlossene Leistungsbereiche – Aufstellen von vergleichenden Kostenübersichten unter Auswertung der Beiträge anderer an der Planung fachlich Beteiligter [x)] Diese Besondere Leistung wird bei einer Leistungsbeschreibung mit Leistungsprogramm ganz oder teilweise zur Grundleistung. In diesem Fall entfallen die entsprechenden Grund- leistungen dieser Leistungsphase.

LPH 7 Mitwirkung der Vergabe

a) Koordinieren der Vergaben der Fachplaner b) Einholen von Angeboten c) Prüfen und Werten der Angebote ein-	– Prüfen und Werten von Nebenangeboten mit Auswirkungen auf die abgestimmte Planung – Mitwirken bei der Mittelabflussplanung

Grundleistungen	Besondere Leistungen
schließlich Aufstellen eines Preisspiegels nach Einzelpositionen oder Teilleistungen, Prüfen und Werten der Angebote zusätzlicher und geänderter Leistungen der ausführenden Unternehmen und der Angemessenheit der Preise d) Führen von Bietergesprächen e) Erstellen der Vergabevorschläge, Dokumentation des Vergabeverfahrens f) Zusammenstellen der Vertragsunterlagen für alle Leistungsbereiche g) Vergleichen der Ausschreibungsergebnisse mit den vom Planer bepreisten Leistungsverzeichnissen oder der Kostenberechnung h) Mitwirken bei der Auftragserteilung	– Fachliche Vorbereitung und Mitwirken bei Nachprüfungsverfahren – Mitwirken bei der Prüfung von bauwirtschaftlich begründeten Nachtragsangeboten – Prüfen und Werten der Angebote aus Leistungsbeschreibung mit Leistungsprogramm einschließlich Preisspiegel [x)] – Aufstellen, Prüfen und Werten von Preisspiegeln nach besonderen Anforderungen [x)] Diese Besondere Leistung wird bei Leistungsbeschreibung mit Leistungsprogramm ganz oder teilweise Grundleistung. In diesem Fall entfallen die entsprechenden Grundleistungen dieser Leistungsphase.
LPH 8 Objektüberwachung (Bauüberwachung und Dokumentation)	
a) Überwachen der Ausführung des Objektes auf Übereinstimmung mit der öffentlich-rechtlichen Genehmigung oder Zustimmung, den Verträgen mit ausführenden Unternehmen, den Ausführungsunterlagen, den einschlägigen Vorschriften sowie mit den allgemein anerkannten Regeln der Technik b) Überwachen der Ausführung von Tragwerken mit sehr geringen und geringen Planungsanforderungen auf Übereinstimmung mit dem Standsicherheitsnachweis c) Koordinieren der an der Objektüberwachung fachlich Beteiligten d) Aufstellen, Fortschreiben und Überwachen eines Terminplans (Balkendiagramm) e) Dokumentation des Bauablaufs (zum Beispiel Bautagebuch) f) Gemeinsames Aufmaß mit den ausführenden Unternehmen g) Rechnungsprüfung einschließlich Prüfen der Aufmaße der bauausführenden Unternehmen h) Vergleich der Ergebnisse der Rechnungsprüfungen mit den Auftragssummen einschließlich Nachträgen	– Aufstellen, Überwachen und Fortschreiben eines Zahlungsplanes – Aufstellen, Überwachen und Fortschreiben von differenzierten Zeit-, Kosten- oder Kapazitätsplänen – Tätigkeit als verantwortlicher Bauleiter, soweit diese Tätigkeit nach jeweiligem Landesrecht über die Grundleistungen der LPH 8 hinausgeht

Grundleistungen	Besondere Leistungen
i) Kostenkontrolle durch Überprüfen der Leistungsabrechnung der bauausführenden Unternehmen im Vergleich zu den Vertragspreisen	
j) Kostenfeststellung, zum Beispiel nach DIN 276	
k) Organisation der Abnahme der Bauleistungen unter Mitwirkung anderer an der Planung und Objektüberwachung fachlich Beteiligter, Feststellung von Mängeln, Abnahmeempfehlung für den Auftraggeber	
l) Antrag auf öffentlich-rechtliche Abnahmen und Teilnahme daran	
m) Systematische Zusammenstellung der Dokumentation, zeichnerischen Darstellungen und rechnerischen Ergebnisse des Objekts	
n) Übergabe des Objekts	
o) Auflisten der Verjährungsfristen für Mängelansprüche	
p) Überwachen der Beseitigung der bei der Abnahme festgestellten Mängel	
LPH 9 Objektbetreuung	
a) Fachliche Bewertung der innerhalb der Verjährungsfristen für Gewährleistungsansprüche festgestellten Mängel, längstens jedoch bis zum Ablauf von fünf Jahren seit Abnahme der Leistung, einschließlich notwendiger Begehungen b) Objektbegehung zur Mängelfeststellung vor Ablauf der Verjährungsfristen für Mängelansprüche gegenüber den ausführenden Unternehmen c) Mitwirken bei der Freigabe von Sicherheitsleistungen	– Überwachen der Mängelbeseitigung innerhalb der Verjährungsfrist – Erstellen einer Gebäudebestandsdokumentation, – Aufstellen von Ausrüstungs- und Inventarverzeichnissen – Erstellen von Wartungs- und Pflegeanweisungen – Erstellen eines Instandhaltungskonzepts–Objektbeobachtung – Objektverwaltung – Baubegehungen nach Übergabe – Aufbereiten der Planungs- und Kostendaten für eine Objektdatei oder Kostenrichtwerte – Evaluieren von Wirtschaftlichkeitsberechnungen

A 2 Objektliste Gebäude

Anlage 10.2 zur HOAI Objektliste Gebäude

Nachstehende Gebäude werden in der Regel folgenden Honorarzonen zugerechnet.

Honorarzone

Objektliste Gebäude	I	II	III	IV	V
Wohnen					
– Einfache Behelfsbauten für vorübergehende Nutzung	x				
– Einfache Wohnbauten mit gemeinschaftlichen Sanitär und Kücheneinrichtungen		x			
– Einfamilienhäuser, Wohnhäuser oder Hausgruppen in verdichteter Bauweise			x	x	
– Wohnheime, Gemeinschaftsunterkünfte, Jugendherbergen, -freizeitzentren, -stätten			x	x	
Ausbildung/Wissenschaft/Forschung					
– Offene Pausen-, Spielhallen	x				
– Studentenhäuser			x	x	
– Schulen mit durchschnittlichen Planungsanforderungen, zum Beispiel Grundschulen, weiterführende Schulen und Berufsschulen			x		
– Schulen mit hohen Planungsanforderungen, Bildungszentren, Hochschulen, Universitäten, Akademien				x	
– Hörsaal-, Kongresszentren				x	
– Labor- oder Institutsgebäude				x	x
Büro/Verwaltung/Staat/Kommune					
– Büro-, Verwaltungsgebäude			x	x	
– Wirtschaftsgebäude, Bauhöfe			x	x	
– Parlaments-, Gerichtsgebäude				x	
– Bauten für den Strafvollzug				x	x
– Feuerwachen, Rettungsstationen			x	x	
– Sparkassen- oder Bankfilialen			x	x	
– Büchereien, Bibliotheken, Archive			x	x	
Gesundheit/Betreuung					
– Liege- oder Wandelhallen	x				
– Kindergärten, Kinderhorte			x		
– Jugendzentren, Jugendfreizeitstätten			x		
– Betreuungseinrichtungen, Altentagesstätten			x		
– Pflegeheime oder Bettenhäuser, ohne oder mit medizinisch-			x	x	

Gebäude

Objektliste Gebäude	Honorarzone				
	I	II	III	IV	V
technischer Einrichtungen,					
– Unfall-, Sanitätswachen, Ambulatorien		x	x		
– Therapie- oder Rehabilitations-Einrichtungen, Gebäude für Erholung, Kur oder Genesung			x	x	
– Hilfskrankenhäuser			x		
– Krankenhäuser der Versorgungsstufe I oder II, Krankenhäuser besonderer Zweckbestimmung				x	
– Krankenhäuser der Versorgungsstufe III, Universitätskliniken					x
Handel und Verkauf/Gastgewerbe					
– Einfache Verkaufslager, Verkaufsstände, Kioske		x			
– Ladenbauten, Discounter, Einkaufszentren, Märkte, Messehallen			x	x	
– Gebäude für Gastronomie, Kantinen oder Mensen			x	x	
– Großküchen, mit oder ohne Speiseräume				x	
– Pensionen, Hotels			x	x	
Freizeit/Sport					
– Einfache Tribünenbauten		x			
– Bootshäuser		x			
– Turn- oder Sportgebäude			x	x	
– Mehrzweckhallen, Hallenschwimmbäder, Großsportstätten				x	x
Gewerbe/Industrie/Landwirtschaft					
– Einfache Landwirtschaftliche Gebäude, zum Beispiel Feldscheunen, Einstellhallen	x				
– Landwirtschaftliche Betriebsgebäude, Stallanlagen		x	x	x	
– Gewächshäuser für die Produktion		x			
– Einfache geschlossene, eingeschossige Hallen, Werkstätten		x			
– Spezielle Lagergebäude, zum Beispiel Kühlhäuser			x		
– Werkstätten, Fertigungsgebäude des Handwerks oder der Industrie		x	x	x	
– Produktionsgebäude der Industrie			x	x	x
Infrastruktur					
– Offene Verbindungsgänge, Überdachungen, zum Beispiel Wetterschutzhäuser, Carports	x				
– Einfachen Garagenbauten		x			

Honorarzone

Objektliste Gebäude	I	II	III	IV	V
– Parkhäuser, -garagen, Tiefgaragen, jeweils mit integrierten weiteren Nutzungsarten		x	x		
– Bahnhöfe oder Stationen verschiedener öffentlicher Verkehrsmittel				x	
– Flughäfen				x	x
– Energieversorgungszentralen, Kraftwerksgebäude, Großkraftwerke				x	x
Kultur-/Sakralbauten					
– Pavillons für kulturelle Zwecke		x	x		
– Bürger-, Gemeindezentren, Kultur-, Sakralbauten, Kirchen				x	
– Mehrzweckhallen für religiöse oder kulturelle Zwecke				x	
– Ausstellungsgebäude, Lichtspielhäuser			x	x	
– Museen				x	x
– Theater-, Opern-, Konzertgebäude				x	x
– Studiogebäude für Rundfunk oder Fernsehen				x	x

A 3 Objektliste Innenräume

Anlage 10.3 zur HOAI Objektliste Innenräume

Nachstehende Innenräume werden in der Regel folgenden Honorarzonen zugerechnet:

Honorarzone

Objektliste Innenräume	I	II	III	IV	V
– einfachste Innenräume für vorübergehende Nutzung ohne oder mit einfachsten seriellen Einrichtungsgegenständen	x				
– Innenräume mit geringer Planungsanforderung, unter Verwendung von serienmäßig hergestellten Möbeln und Ausstattungsgegenständen einfacher Qualität, ohne technische Ausstattung		x			
– Innenräume mit durchschnittlicher Planungsanforderung, zum überwiegenden Teil unter Verwendung von serienmäßig hergestellten Möbeln und Ausstattungsgegenständen oder mit durchschnittlicher technischer Ausstattung			x		
– Innenräume mit hohen Planungsanforderungen, unter Mitverwendung von serienmäßig hergestellten Möbeln und Ausstattungsgegenständen gehobener Qualität oder gehobener technischer Ausstattung				x	

Honorarzone

Objektliste Innenräume	I	II	III	IV	V
– Innenräume mit sehr hohen Planungsanforderungen, unter Verwendung von aufwendiger Einrichtung oder Ausstattung oder umfangreicher technischer Ausstattung					x
Wohnen					
– einfachste Räume ohne Einrichtung oder für vorübergehende Nutzung	x				
– einfache Wohnräume mit geringen Anforderungen an Gestaltung oder Ausstattung		x			
– Wohnräume mit durchschnittlichen Anforderungen, serielle Einbauküchen			x		
– Wohnräume in Gemeinschaftsunterkünften oder Heimen			x		
– Wohnräume gehobener Anforderungen, individuell geplante Küchen und Bäder				x	
– Dachgeschoßausbauten, Wintergärten				x	
– individuelle Wohnräume in anspruchsvoller Gestaltung mit aufwendiger Einrichtung, Ausstattung und technischer Ausrüstung					x
Ausbildung/Wissenschaft/Forschung					
– einfache offene Hallen	x				
– Lager- oder Nebenräume mit einfacher Einrichtung oder Ausstattung		x			
– Gruppenräume zum Beispiel in Kindergärten, Kinderhorten, Jugendzentren, Jugendherbergen, Jugendheimen			x	x	
– Klassenzimmer, Hörsäle, Seminarräume, Büchereien, Mensen			x	x	
– Aulen, Bildungszentren, Bibliotheken, Labore, Lehrküchen mit oder ohne Speise- oder Aufenthaltsräume, Fachunterrichtsräume mit technischer Ausstattung				x	
– Kongress-, Konferenz-, Seminar-, Tagungsbereiche mit individuellem Ausbau und Einrichtung und umfangreicher technischer Ausstattung				x	
– Räume wissenschaftlicher Forschung mit hohen Ansprüchen und technischer Ausrüstung					x
Büro/Verwaltung/Start/Kommune					
– innere Verkehrsflächen	x				
– Post-, Kopier-, Putz- oder sonstige Nebenräume ohne baukonstruktive Einbauten		x			

Honorarzone

Objektliste Innenräume	I	II	III	IV	V
– Büro-, Verwaltungs-, Aufenthaltsräume mit durchschnittlichen Anforderungen, Treppenhäuser, Wartehallen, Teeküchen			x		
– Räume für sanitäre Anlagen, Werkräume, Wirtschaftsräume, Technikräume			x		
– Eingangshallen, Sitzungs- oder Besprechungsräume, Kantinen, Sozialräume			x	x	
– Kundenzentren, -ausstellungen, -präsentationen			x	x	
– Versammlungs-, Konferenzbereiche, Gerichtssäle, Arbeitsbereiche von Führungskräften mit individueller Gestaltung oder Einrichtung oder gehobener technischer Ausstattung				x	
– Geschäfts-, Versammlungs- oder Konferenzräume mit anspruchsvollem Ausbauoder anspruchsvoller Einrichtung, aufwendiger Ausstattung oder sehr hohen technischen Anforderungen					x
Gesundheit/Betreuung					
– offene Spiel- oder Wandelhallen	x				
– einfache Ruhe- oder Nebenräume		x			
– Sprech-, Betreuungs-, Patienten-, Heimzimmer oder Sozialräume mit durchschnittlichen Anforderungen ohne medizintechnische Ausrüstung			x		
– Behandlungs- oder Betreuungsbereiche mit medizintechnischer Ausrüstung oder Einrichtung in Kranken-, Therapie-, Rehabilitations- oder Pflegeeinrichtungen, Arztpraxen				x	
– Operations-, Kreißsäle, Röntgenräume				x	x
Handel/Gastgewerbe					
– Verkaufsstände für vorübergehende Nutzung	x				
– Kioske, Verkaufslager, Nebenräume mit einfacher Einrichtung und Ausstattung		x			
– durchschnittliche Laden- oder Gasträume, Einkaufsbereiche, Schnellgaststätten			x		
– Fachgeschäfte, Boutiquen, Showrooms, Lichtspieltheater, Großküchen				x	
– Messestände, bei Verwendung von System- oder Modulbauteilen			x		
– individuelle Messestände				x	
– Gasträume, Sanitärbereiche gehobener Gestaltung, zum Beispiel in Restaurants, Bars, Weinstuben, Cafés, Clubräumen				x	

Honorarzone

Objektliste Innenräume	I	II	III	IV	V
– Gast- oder Sanitärbereiche zum Beispiel in Pensionen oder Hotels mit durchschnittlichen Anforderungen oder Einrichtungen oder Ausstattungen			x		
– Gast-, Informations- oder Unterhaltungsbereiche in Hotels mit individueller Gestaltung oder Möblierung oder gehobener Einrichtung oder technischer Ausstattung				x	
Freizeit/Sport					
– Neben- oder Wirtschafträume in Sportanlagen oder Schwimmbädern		x			
– Schwimmbäder, Fitness-, Wellness- oder Saunaanlagen, Großsportstätten			x	x	
– Sport-, Mehrzweck- oder Stadthallen, Gymnastikräume, Tanzschulen			x	x	
Gewerbe/Industrie/Landwirtschaft/Verkehr					
– einfache Hallen oder Werkstätten ohne fachspezifische Einrichtung, Pavillons		x			
– landwirtschaftliche Betriebsbereiche		x	x		
– Gewerbebereiche, Werkstätten mit technischer oder maschineller Einrichtung			x	x	
– Umfassende Fabrikations- oder Produktionsanlagen				x	
– Räume in Tiefgaragen, Unterführungen		x			
– Gast- oder Betriebsbereiche in Flughäfen, Bahnhöfen				x	x
Kultur-/Sakralbauten					
– Kultur- oder Sakralbereiche, Kirchenräume				x	x
– individuell gestaltete Ausstellungs-, Museums- oder Theaterbereiche				x	x
– Konzert- oder Theatersäle, Studioräume für Rundfunk, Fernsehen oder Theater					x

B Leistungsbild Freianlagen

B 1 Hinweise zum Leistungsbild

Die Objektplanung für Freianlagen hat mit der HOAI 2013 ein neues Leistungsbild erhalten.

In der LPH 1 ist – wie in dem Leistungsbild Gebäude – eine Leistung enthalten, die die Beratung zum gesamten Leistungsbedarf und Untersuchungsbedarf beinhaltet. Das bedeutet, dass auch diesbezüglich eine umfassende Beratung erforderlich ist.

Zu beachten ist, dass beim Objekt Freianlagen der Objektplaner ebenfalls die Integration der Fachplanerleistungen zu erbringen hat. Daraus folgt, dass evtl. beim Gebäude und bei den Freianlagen jeweils eigenständig Koordinations- und Integrationsleistungen zu erbringen sind.

Die LPH 2 entspricht in Bezug auf die Planungsvertiefung der Gebäudeplanung. Auch hier wird eine Kostenschätzung zu erstellen sein.

In der LPH 3 wird ebenfalls eine Objektbeschreibung, eine Kostenberechnung sowie die entsprechenden Zeichnungen zu erstellen sein. Im Zuge der LPH 4 werden die nach den öffentlich-rechtlichen Vorschriften zu erstellenden Vorlagen zusammengestellt und eingereicht.

Die Leistungen der LPH 5 beinhalten die Ausführungsplanung mit Angaben zu Arten, Sorten und Qualitäten der geplanten Vegetation.

In der LPH 6 werden die Leistungsverzeichnisse erstellt und vom Planer bepreist. Anschließend erfolgt die Kostenkontrolle durch Vergleich der bepreisten Leistungsverzeichnisse mit der Kostenberechnung die in LPH 3 erstellt wurde. Auch hier ist bei einer stufenweisen Erarbeitung die Vergleichsmöglichkeit als Bestandteil der Grundleistungen zu respektieren.

Die Aufstellung eines Terminplans ist ebenfalls in LPH 6 geregelt.

Die LPH 7 entspricht weitreichend dem Leistungsbild Gebäude. Die Kostenkontrolle betrifft lediglich die Ausschreibungsergebnisse, nicht jedoch alle Kostengruppen die im Kostenanschlag nach DIN 276 aufgeführt sind.

Die LPH 8 enthält speziell auf die Freianlagen zugeschnittene Leistungen (z. B. Überprüfen von Pflanzen und Materiallieferungen), ansonsten die auch beim Leistungsbild Gebäude aufgeführten Leistungen, jedoch mit wenigen inhaltlichen Änderungen. Gleiches trifft für die LPH 9 zu.

B 2 Grundleistungen und Besondere Leistungen

Anlage 11 zu §§ 39 Absatz 4, 40 Absatz 5 Grundleistungen im Leistungsbild Freianlagen, Besondere Leistungen, Objektliste

11.1 Leistungsbild Freianlagen

Grundleistungen	Besondere Leistungen
LPH 1 Grundlagenermittlung	
a) Klären der Aufgabenstellung aufgrund der Vorgaben oder der Bedarfsplanung des Auftraggebers oder vorliegender Planungs- und Genehmigungsunterlagen	– Mitwirken bei der öffentlichen Erschließung – Kartieren und Untersuchen des Bestandes, Floristische oder faunistische Kartierungen

Grundleistungen	Besondere Leistungen
b) Ortsbesichtigung c) Beraten zum gesamten Leistungs- und Untersuchungsbedarf d) Formulieren von Entscheidungshilfen für die Auswahl anderer an der Planung fachlich Beteiligter e) Zusammenfassen, Erläutern und Dokumentieren der Ergebnisse	– Begutachtung des Standortes mit besonderen Methoden zum Beispiel Bodenanalysen – Beschaffen bzw. Aktualisieren bestehender Planunterlagen, Erstellen von Bestandskarten
LPH 2 Vorplanung (Projekt- und Planungsvorbereitung	
a) Analysieren der Grundlagen, Abstimmen der Leistungen mit den fachlich an der Planung Beteiligten b) Abstimmen der Zielvorstellungen c) Erfassen, Bewerten und Erläutern der Wechselwirkungen im Ökosystem d) Erarbeiten eines Planungskonzepts einschließlich Untersuchen und Bewerten von Varianten nach gleichen Anforderungen unter Berücksichtigung zum Beispiel – der Topographie und der weiteren standörtlichen und ökologischen Rahmenbedingungen, – der Umweltbelange einschließlich der natur- und artenschutzrechtlichen Anforderungen und der vegetationstechnischen Bedingungen, – der gestalterischen und funktionalen Anforderungen – Klären der wesentlichen Zusammenhänge, Vorgänge und Bedingungen – Abstimmen oder Koordinieren unter Integration der Beiträge anderer an der Planung fachlich Beteiligter e) Darstellen des Vorentwurfs mit Erläuterungen und Angaben zum terminlichen Ablauf f) Kostenschätzung, zum Beispiel nach DIN 276, Vergleich mit den finanziellen Rahmenbedingungen g) Zusammenfassen, Erläutern und Dokumentieren der Vorplanungsergebnisse	– Umweltfolgenabschätzung – Bestandsaufnahme, Vermessung – Fotodokumentationen – Mitwirken bei der Beantragung von Fördermitteln und Beschäftigungsmaßnahmen – Erarbeiten von Unterlagen für besondere technische Prüfverfahren – Beurteilen und Bewerten der vorhanden Bausubstanz, Bauteile, Materialien, Einbauten oder der zu schützenden oder zu erhaltenden Gehölze oder Vegetationsbestände

Grundleistungen	Besondere Leistungen
LPH 3 Entwurfsplanung (System- und Integrationsplanung)	
a) Erarbeiten der Entwurfsplanung auf Grundlage der Vorplanung unter Vertiefung zum Beispiel der gestalterischen, funktionalen, wirtschaftlichen, standörtlichen, ökologischen, natur- und artenschutzrechtlichen Anforderungen Abstimmen oder Koordinieren unter Integration der Beiträge anderer an der Planung fachlich Beteiligter b) Abstimmen der Planung mit zu beteiligenden Stellen und Behörden c) Darstellen des Entwurfs zum Beispiel im Maßstab 1:500 bis 1:100, mit erforderlichen Angaben insbesondere – zur Bepflanzung, – zu Materialien und Ausstattungen, – zu Maßnahmen aufgrund rechtlicher Vorgaben, – zum terminlichen Ablauf d) Objektbeschreibung mit Erläuterung von Ausgleichs- und Ersatzmaßnahmen nach Maßgabe der naturschutzrechtlichen Eingriffsregelung e) Kostenberechnung, zum Beispiel nach DIN 276 einschließlich zugehöriger Mengenermittlung f) Vergleich der Kostenberechnung mit der Kostenschätzung g) Zusammenfassen, Erläutern und Dokumentieren der Entwurfsplanungsergebnisse	– Mitwirken beim Beschaffen nachbarlicher Zustimmungen – Erarbeiten besonderer Darstellungen, zum Beispiel Modelle, Perspektiven, Animationen – Beteiligung von externen Initiativ- und Betroffenengruppen bei Planung und Ausführung – Mitwirken bei Beteiligungsverfahren oder Workshops – Mieter- oder Nutzerbefragungen – Erarbeiten von Ausarbeitungen nach den Anforderungen der naturschutzrechtlichen Eingriffsregelung sowie des besonderen Arten- und Biotopschutzrechtes, Eingriffsgutachten, Eingriffs- oder Ausgleichsbilanz nach landesrechtlichen Regelungen – Mitwirken beim Erstellen von Kostenaufstellungen und Planunterlagen für Vermarktung und Vertrieb – Erstellen und Zusammenstellen von Unterlagen für die Beauftragung von Dritten (Sachverständigenbeauftragung) – Mitwirken bei der Beantragung und Abrechnung von Fördermitteln und Beschäftigungsmaßnahmen – Abrufen von Fördermitteln nach Vergleich mit den Ist-Kosten (Baufinanzierungsleistung) – Mitwirken bei der Finanzierungsplanung – Erstellen einer Kosten-Nutzen-Analyse – Aufstellen und Berechnen von Lebenszykluskosten
LPH 4 Genehmigungsplanung	
a) Erarbeiten und Zusammenstellen der Vorlagen und Nachweise für öffentlich-rechtliche Genehmigungen oder Zustimmungen einschließlich der Anträge auf Ausnahmen und Befreiungen, sowie notwendiger Verhandlungen mit Behörden unter Verwendung der Beiträge anderer an der Planung fachlich Beteiligter b) Einreichen der Vorlagen	– Teilnahme an Sitzungen in politischen Gremien oder im Rahmen der Öffentlichkeitsbeteiligung – Erstellen von landschaftspflegerischen Fachbeiträgen oder natur- und artenschutzrechtlichen Beiträgen – Mitwirken beim Einholen von Genehmigungen und Erlaubnissen nach Naturschutz-, Fach- und Satzungsrecht

Freianlagen

Grundleistungen	Besondere Leistungen
c) Ergänzen und Anpassen der Planungsunterlagen, Beschreibungen und Berechnungen	– Erfassen, Bewerten und Darstellen des Bestandes gemäß Ortssatzung – Erstellen von Rodungs- und Baumfällanträgen – Erstellen von Genehmigungsunterlagen und Anträgen nach besonderen Anforderungen – Erstellen eines Überflutungsnachweises für Grundstücke – Prüfen von Unterlagen der Planfeststellung auf Übereinstimmung mit der Planung

LPH 5 Ausführungsplanung

a) Erarbeiten der Ausführungsplanung auf Grundlage der Entwurfs- und Genehmigungsplanung bis zur ausführungsreifen Lösung als Grundlage für die weiteren Leistungsphasen	– Erarbeitung von Unterlagen für besondere technische Prüfverfahren (zum Beispiel Lastplattendruckversuche) – Auswahl von Pflanzen beim Lieferanten (Erzeuger)
b) Erstellen von Plänen oder Beschreibungen, je nach Art des Bauvorhabens zum Beispiel im Maßstab 1:200 bis 1:50	
c) Abstimmen oder Koordinieren unter Integration der Beiträge anderer an der Planung fachlich Beteiligter	
d) Darstellen der Freianlagen mit den für die Ausführung notwendigen Angaben, Detail- oder Konstruktionszeichnungen, insbesondere – zu Oberflächenmaterial, -befestigungen und -relief, – zu ober- und unterirdischen Einbauten und Ausstattungen, – zur Vegetation mit Angaben zu Arten, Sorten und Qualitäten, – zu landschaftspflegerischen, naturschutzfachlichen oder artenschutzrechtlichen Maßnahmen	
e) Fortschreiben der Angaben zum terminlichen Ablauf	
f) Fortschreiben der Ausführungsplanung während der Objektausführung	

LPH 6 Vorbereitung der Vergabe

a) Aufstellen von Leistungsbeschreibungen mit Leistungsverzeichnissen	– Alternative Leistungsbeschreibung für geschlossene Leistungsbereiche
b) Ermitteln und Zusammenstellen von	– Besondere Ausarbeitungen zum Beispiel

Grundleistungen	Besondere Leistungen
Mengen auf Grundlage der Ausführungs-planung	für Selbsthilfearbeiten
c) Abstimmen oder Koordinieren der Leistungsbeschreibungen mit den an der Planung fachlich Beteiligten	
d) Aufstellen eines Terminplans unter Berücksichtigung jahreszeitlicher, bauablaufbedingter und witterungsbedingter Erfordernisse	
e) Ermitteln der Kosten auf Grundlage der vom Planer bepreisten Leistungsverzeichnisse	
f) Kostenkontrolle durch Vergleich der vom Planer bepreisten Leistungsverzeichnisse mit der Kostenberechnung	
g) Zusammenstellen der Vergabeunterlagen	
LPH 7 Mitwirkung der Vergabe	
a) Einholen von Angeboten	
b) Prüfen und Werten der Angebote einschließlich Aufstellen eines Preisspiegels nach Einzelpositionen oder Teilleistun-gen. Prüfen und Werten der Angebote zusätzlicher und geänderter Leistungen der ausführenden Unternehmen und der Angemessenheit der Preise	
c) Führen von Bietergesprächen	
d) Erstellen der Vergabevorschläge Dokumentation des Vergabeverfahrens	
e) Zusammenstellen der Vertragsunterlagen	
f) Kostenkontrolle durch Vergleichen der Ausschreibungsergebnisse mit den vom Planer bepreisten Leistungsverzeichnissen und der Kostenberechnung	
g) Mitwirken bei der Auftragserteilung	
LPH 8 Objektüberwachung (Bauüberwachung und Dokumentation)	
a) Überwachen der Ausführung des Objekts auf Übereinstimmung mit der Genehmigung oder Zustimmung, den Verträgen mit ausführenden Unternehmen, den Ausführungsunterlagen, den einschlägigen Vorschriften, sowie mit den allgemein anerkannten Regeln der Technik	– Dokumentation des Bauablaufs nach besonderen Anforderungen des Auftraggebers – fachliches Mitwirken bei Gerichtsverfahren – Bauoberleitung, künstlerische Oberleitung – Erstellen einer Freianlagenbestandsdokumentation

Grundleistungen	Besondere Leistungen
b) Überprüfen von Pflanzen- und Material-lieferungen	
c) Abstimmen mit den oder Koordinieren der an der Objektüberwachung fachlich Beteiligten	
d) Fortschreiben und Überwachen des Ter-minplans unter Berücksichtigung jahreszeit-licher, bauablaufbedingter und witterungs-bedingter Erfordernisse	
e) Dokumentation des Bauablaufes (zum Beispiel Bautagebuch), Feststellen des Anwuchsergebnisses	
f) Mitwirken beim Aufmaß mit den bauaus-führenden Unternehmen	
g) Rechnungsprüfung einschließlich Prüfen der Aufmaße der ausführenden Unterneh-men	
h) Vergleich der Ergebnisse der Rech-nungsprüfungen mit den Auftragssummen einschließlich Nachträgen	
i) Organisation der Abnahme der Bauleis-tungen unter Mitwirkung anderer an der Planung und Objektüberwachung fachlich Beteiligter, Feststellung von Mängeln, Abnahmeempfehlung für den Auftraggeber	
j) Antrag auf öffentlich-rechtliche Abnah-men und Teilnahme daran,	
k) Übergabe des Objekts	
l) Überwachen der Beseitigung der bei der Abnahme festgestellten Mängel	
m) Auflisten der Verjährungsfristen für Mängelansprüche	
n) Überwachen der Fertigstellungspflege bei vegetationstechnischen Maßnahmen	
o) Kostenkontrolle durch Überprüfen der Leistungsabrechnung der bauausführenden Unternehmen im Vergleich zu den Ver-tragspreisen	
p) Kostenfeststellung, zum Beispiel nach DIN 276	
q) Systematische Zusammenstellung der Dokumentation, zeichnerischen Darstellun-gen und rechnerischen Ergebnisse des Ob-jekts	

Grundleistungen	Besondere Leistungen
LPH 9 Objektbetreuung	
a) Fachliche Bewertung der innerhalb der Verjährungsfristen für Gewährleistungsansprüche festgestellten Mängel, längstens jedoch bis zum Ablauf von 5 Jahren seit Abnahme der Leistung, einschließlich notwendiger Begehungen b) Objektbegehung zur Mängelfeststellung vor Ablauf der Verjährungsfristen für Mängelansprüche gegenüber den ausführenden Unternehmen c) Mitwirken bei der Freigabe von Sicherheitsleistungen	– Überwachung der Entwicklungs- und Unterhaltungspflege – Überwachen von Wartungsleistungen – Überwachen der Mängelbeseitigung innerhalb der Verjährungsfrist

B 3 Objektliste Freianlagen

Anlage 11.2 zur HOAI Objektliste Freianlagen

Honorarzone

Objekte	I	II	III	IV	V
In der freien Landschaft					
– einfache Geländegestaltung	x				
– Einsaaten in der freien Landschaft	x				
– Pflanzungen in der freien Landschaft oder Windschutzpflanzungen, mit sehr geringen oder geringen Anforderungen	x	x			
– Pflanzungen in der freien Landschaft mit natur- und artenschutzrechtlichen Anforderungen (Kompensationserfordernissen)			x		
– Flächen für den Arten- und Biotopschutz mit differenzierten Gestaltungsansprüchen oder mit Biotopverbundfunktion				x	
– Naturnahe Gewässer- und Ufergestaltung			x		
– Geländegestaltungen und Pflanzungen für Deponien, Halden und Entnahmestellen mit geringen oder durchschnittlichen Anforderungen		x	x		
– Freiflächen mit einfachem Ausbau bei kleineren Siedlungen, bei Einzelbauwerken und bei landwirtschaftlichen Aussiedlungen		x			
– Begleitgrün zu Objekten, Bauwerken und Anlagen mit geringen oder durchschnittlichen Anforderungen		x	x		
In Stadt- und Ortslagen					
– Grünverbindungen ohne besondere Ausstattung			x		

Freianlagen

Honorarzone

Objekte	I	II	III	IV	V
– innerörtliche Grünzüge, Grünverbindungen mit besonderer Ausstattung				x	
– Freizeitparks und Parkanlagen				x	
– Geländegestaltung ohne oder mit Abstützungen			x	x	
– Begleitgrün zu Objekten, Bauwerken und Anlagen sowie an Ortsrändern		x	x		
– Schulgärten und naturkundliche Lehrpfade und -gebiete				x	
– Hausgärten und Gartenhöfe mit Repräsentationsansprüchen				x	x
Gebäudebegrünung					
– Terrassen- und Dachgärten					x
– Bauwerksbegrünung vertikal und horizontal mit hohen oder sehr hohen Anforderungen				x	x
– Innenbegrünung mit hohen oder sehr hohen Anforderungen				x	x
– Innenhöfe mit hohen oder sehr hohen Anforderungen				x	x
Spiel- und Sportanlagen					
– Ski- und Rodelhänge ohne oder mit technischer Ausstattung	x	x			
– Spielwiesen		x			
– Ballspielplätze, Bolzplätze, mit geringen oder durchschnittlichen Anforderungen		x	x		
– Sportanlagen in der Landschaft, Parcours, Wettkampfstrecken			x		
– Kombinationsspielfelder, Sport-, Tennisplätze u. Sportanlagen mit Tennenbelag oder Kunststoff- oder Kunstrasenbelag			x	x	
– Spielplätze				x	
– Sportanlagen Typ A bis C oder Sportstadien				x	x
– Golfplätze mit besonderen natur- und artenschutzrechtlichen Anforderungen oder in stark reliefiertem Geländeumfeld				x	x
– Freibäder mit besonderen Anforderungen; Schwimmteiche				x	x
– Schul- und Pausenhöfe mit Spiel- und Bewegungsangebot				x	
Sonderanlagen					
– Freilichtbühnen				x	
– Zelt- oder Camping- oder Badeplätze, mit durchschnittlicher oder hoher Ausstattung oder Kleingartenanlagen			x	x	

Honorarzone

Objekte	I	II	III	IV	V
Objekte					
– Friedhöfe, Ehrenmale, Gedenkstätten, mit hoher oder sehr hoher Ausstattung				x	x
– Zoologische und botanische Gärten					x
– Lärmschutzeinrichtungen				x	
– Garten- und Hallenschauen					x
– Freiflächen im Zusammenhang mit historischen Anlagen, historische Park- und Gartenanlagen, Gartendenkmale					x
Sonstige Freianlagen					
– Freiflächen mit Bauwerksbezug, mit durchschnittlichen topographischen Verhältnissen oder durchschnittlicher Ausstattung			x		
– Freiflächen mit Bauwerksbezug, mit schwierigen oder besonders schwierigen topographischen Verhältnissen oder hoher oder sehr hoher Ausstattung				x	x
– Fußgängerbereiche und Stadtplätze mit hoher oder sehr hoher Ausstattungsintensität				x	x

Freianlagen

C Leistungsbild Tragwerksplanung

C 1 Hinweise zum Leistungsbild

Das Leistungsbild Tragwerksplanung ist in wesentlichen Teilen unverändert. In der LPH 6 wurden Aktualisierungen vorgenommen die auf die Gebäudeplanung einwirken.

Der fachliche Inhalt der Tragwerksplanung bei den Grundleistungen wurde klarstellend in § 49 HOAI definiert. Die Regelungen sind nachstehend abgedruckt.

§ 49 Anwendungsbereich

(1) Leistungen der Tragwerksplanung sind die statische Fachplanung für die Objektplanung Gebäude und Ingenieurbauwerke.

(2) Das Tragwerk bezeichnet das statische Gesamtsystem der miteinander verbundenen, lastabtragenden Konstruktionen, die für die Standsicherheit von Gebäuden, Ingenieurbauwerken, und Traggerüsten bei Ingenieurbauwerken maßgeblich sind.

Danach gehören z. B. tragende Treppenläufe die von Geschossdecke zu Geschossdecke laufen und nicht zum Gesamttragwerk des Gebäudes gehören jedoch statisch nachgewiesen werden müssen nicht zum Anwendungsbereich der Tragwerksplanung. Das gilt auch für nichttragende vorgehängte Metallfassaden (deren Lasten bei der Tragwerksplanung jedoch in Bezug auf die Standsicherheit einzurechnen sind).

In der LPH 6 ist eine Aktualisierung der Grundleistungen vorgenommen worden. Aus dem „Aufstellen von Leistungsbeschreibungen als Ergänzung…." ist nach HOAI 2013 das „Mitwirken beim Erstellen der Leistungsbeschreibung als Ergänzung…." geworden. Dabei dürfte es sich um eine redaktionelle Änderung handeln.

In den LPH 7 und 8 sind – wie bei der HOAI 2009 keine Grundleistungen im Leistungsbild aufgeführt. Das bedeutet längst nicht, dass in diesen LPH üblicherweise i.d.R. keine Leistungen erforderlich sind. So wird die ingenieurtechnische Kontrolle (z. B. bei Ortbetonbauten oder im Stahlbau) die Ausführung des Tragwerks im Regelfall erforderlich sein, unberührt von der Zuordnung in Grund- oder Besondere Leistungen.

C 2 Grundleistungen und Besondere Leistungen

Anlage 14 zu §§ 51 Absatz 6, 52 Absatz 2 Grundleistungen im Leistungsbild Tragwerksplanung, Besondere Leistungen, Objektliste

Anlage 14.1 zur HOAI Leistungsbild Tragwerksplanung

Grundleistungen	Besondere Leistungen
LPH 1 Grundlagenermittlung	
a) Klären der Aufgabenstellung aufgrund der Vorgaben oder der Bedarfsplanung des Auftraggebers im Benehmen mit dem Objektplaner	

Grundleistungen	Besondere Leistungen
b) Zusammenstellen der die Aufgabe beeinflussenden Planungsabsichten c) Zusammenfassen, Erläutern und Dokumentieren der Ergebnisse	

LPH 2 Vorplanung (Projekt- und Planungsvorbereitung

Grundleistungen	Besondere Leistungen
a) Analysieren der Grundlagen b) Beraten in statisch-konstruktiver Hinsicht unter Berücksichtigung der Belange der Standsicherheit, der Gebrauchsfähigkeit und der Wirtschaftlichkeit c) Mitwirken bei dem Erarbeiten eines Planungskonzepts einschließlich Untersuchung der Lösungsmöglichkeiten des Tragwerks unter gleichen Objektbedingungen mit skizzenhafter Darstellung, Klärung und Angabe der für das Tragwerk wesentlichen konstruktiven Festlegungen für zum Beispiel Baustoffe, Bauarten und Herstellungsverfahren, Konstruktionsraster und Gründungsart d) Mitwirken bei Vorverhandlungen mit Behörden und anderen an der Planung fachlich Beteiligten über die Genehmigungsfähigkeit e) Mitwirken bei der Kostenschätzung und bei der Terminplanung f) Zusammenfassen, Erläutern und Dokumentieren der Ergebnisse	– Aufstellen von Vergleichsberechnungen für mehrere Lösungsmöglichkeiten unter verschiedenen Objektbedingungen – Aufstellen eines Lastenplanes, zum Beispiel als Grundlage für die Baugrundbeurteilung und Gründungsberatung – Vorläufige nachprüfbare Berechnung wesentlicher tragender Teile – Vorläufige nachprüfbare Berechnung der Gründung

LPH 3 Entwurfsplanung (System- und Integrationsplanung)

Grundleistungen	Besondere Leistungen
a) Erarbeiten der Tragwerkslösung, unter Beachtung der durch die Objektplanung integrierten Fachplanungen, bis zum konstruktiven Entwurf mit zeichnerischer Darstellung b) Überschlägige statische Berechnung und Bemessung c) Grundlegende Festlegungen der konstruktiven Details und Hauptabmessungen des Tragwerks für zum Beispiel Gestaltung der tragenden Querschnitte, Aussparungen und Fugen; Ausbildung der Auflager- und Knotenpunkte sowie der Verbindungsmittel d) Überschlägiges Ermitteln der Betonstahlmengen im Stahlbetonbau, der Stahl-	– Vorgezogene, prüfbare und für die Ausführung geeignete Berechnung wesentlich tragender Teile – Vorgezogene, prüfbare und für die Ausführung geeignete Berechnung der Gründung – Mehraufwand bei Sonderbauweisen oder Sonderkonstruktionen, zum Beispiel Klären von Konstruktionsdetails – Vorgezogene Stahl- oder Holzmengenermittlung des Tragwerks und der kraftübertragenden Verbindungsteile für eine Ausschreibung, die ohne Vorliegen von Ausführungsunterlagen durchgeführt wird – Nachweise der Erdbebensicherung

Tragwerksplanung

Grundleistungen	Besondere Leistungen
mengen im Stahlbau und der Holzmengen im Ingenieurholzbau e) Mitwirken bei der Objektbeschreibung bzw. beim Erläuterungsbericht f) Mitwirken bei Verhandlungen mit Behörden und anderen an der Planung fachlich Beteiligten über die Genehmigungsfähigkeit g) Mitwirken bei der Kostenberechnung und bei der Terminplanung h) Mitwirken beim Vergleich der Kostenberechnung mit der Kostenschätzung i) Zusammenfassen, Erläutern und Dokumentieren der Ergebnisse	
LPH 4 Genehmigungsplanung	
a) Aufstellen der prüffähigen statischen Berechnungen für das Tragwerk unter Berücksichtigung der vorgegebenen bauphysikalischen Anforderungen b) Bei Ingenieurbauwerken: Erfassen von normalen Bauzuständen c) Anfertigen der Positionspläne für das Tragwerk oder Eintragen der statischen Positionen, der Tragwerksabmessungen, der Verkehrslasten, der Art und Güte der Baustoffe und der Besonderheiten der Konstruktionen in die Entwurfszeichnungen des Objektsplaners d) Zusammenstellen der Unterlagen der Tragwerksplanung zur Genehmigung e) Abstimmen mit Prüfämtern und Prüfingenieuren oder Eigenkontrolle f) Vervollständigen und Berichtigen der Berechnungen und Pläne	– Nachweise zum konstruktiven Brandschutz, soweit erforderlich unter Berücksichtigung der Temperatur (Heißbemessung) – Statische Berechnung und zeichnerische Darstellung für Bergschadenssicherungen und Bauzustände bei Ingenieurbauwerken, soweit diese Leistungen über das Erfassen von normalen Bauzuständen hinausgehen – Zeichnungen mit statischen Positionen und den Tragwerksabmessungen, den Bewehrungs-Querschnitten, den Verkehrslasten und der Art und Güte der Baustoffe sowie Besonderheiten der Konstruktionen zur Vorlage bei der bauaufsichtlichen Prüfung anstelle von Positionsplänen – Aufstellen der Berechnungen nach militärischen Lastenklassen (MLC) – Erfassen von Bauzuständen bei Ingenieurbauwerken, in denen das statische System von dem des Endzustands abweicht – Statische Nachweise an nicht zum Tragwerk gehörende Konstruktionen (zum Beispiel Fassaden)
LPH 5 Ausführungsplanung	
a) Durcharbeiten der Ergebnisse der Leistungsphasen 3 und 4 unter Beachtung der durch die Objektplanung integrierten Fachplanungen b) Anfertigen der Schalpläne in Ergänzung	– Konstruktion und Nachweise der Anschlüsse im Stahl- und Holzbau – Werkstattzeichnungen im Stahl- und Holzbau einschließlich Stücklisten, Elementpläne für Stahlbetonfertigteile einschließlich Stahl-

Grundleistungen	Besondere Leistungen
der fertig gestellten Ausführungspläne des Objektplaners c) Zeichnerische Darstellung der Konstruktionen mit Einbau- und Verlegeanweisungen, zum Beispiel Bewehrungspläne, Stahlbau- oder Holzkonstruktionspläne mit Leitdetails (keine Werkstattzeichnungen) d) Aufstellen von Stahl- oder Stücklisten als Ergänzung zur zeichnerischen Darstellung der Konstruktionen mit Stahlmengenermittlung e) Fortführen der Abstimmung mit Prüfämtern und Prüfingenieuren oder Eigenkontrolle	und Stücklisten – Berechnen der Dehnwege, Festlegen des Spannvorganges und Erstellen der Spannprotokolle im Spannbetonbau – Rohbauzeichnungen im Stahlbetonbau, die auf der Baustelle nicht der Ergänzung durch die Pläne des Objektplaners bedürfen

LPH 6 Vorbereitung der Vergabe

Grundleistungen	Besondere Leistungen
a) Ermitteln der Betonstahlmengen im Stahlbetonbau, der Stahlmengen in Stahlbau und der Holzmengen im Ingenieurholzbau als Ergebnis der Ausführungsplanung und als Beitrag zur Mengenermittlung des Objektplaners b) Überschlägiges Ermitteln der Mengen der konstruktiven Stahlteile und statisch erforderlichen Verbindungs- und Befestigungsmittel im Ingenieurholzbau c) Mitwirken beim Erstellen der Leistungsbeschreibung als Ergänzung zu den Mengenermittlungen als Grundlage für das Leistungsverzeichnis des Tragwerks	– Beitrag zur Leistungsbeschreibung mit Leistungsprogramm des Objektplaners[x)] – Beitrag zum Aufstellen von vergleichenden Kostenübersichten des Objektplaners – Beitrag zum Aufstellen des Leistungsverzeichnisses des Tragwerks [x)] diese Besondere Leistung wird bei Leistungsbeschreibung mit Leistungsprogramm Grundleistung. In diesem Fall entfallen die Grundleistungen dieser Leistungsphase

LPH 7 Mitwirkung der Vergabe

Grundleistungen	Besondere Leistungen
	– Mitwirken bei der Prüfung und Wertung der Angebote Leistungsbeschreibung mit Leistungsprogramm des Objektplaners – Mitwirken bei der Prüfung und Wertung von Nebenangeboten – Mitwirken beim Kostenanschlag nach DIN 276 oder anderer Vorgaben des Auftraggebers aus Einheitspreisen oder Pauschalangeboten

LPH 8 Objektüberwachung (Bauüberwachung und Dokumentation)

Grundleistungen	Besondere Leistungen
	– Ingenieurtechnische Kontrolle der Ausführung des Tragwerks auf Übereinstimmung mit den geprüften statischen Unterlagen – Ingenieurtechnische Kontrolle der Baube-

Tragwerksplanung

Grundleistungen	Besondere Leistungen
	helfe, zum Beispiel Arbeits- und Lehrgerüste, Kranbahnen, Baugrubensicherungen
	– Kontrolle der Betonherstellung und -verarbeitung auf der Baustelle in besonderen Fällen sowie Auswertung der Güteprüfungen
	– Betontechnologische Beratung
	– Mitwirken bei der Überwachung der Ausführung der Tragwerkseingriffe bei Umbauten und Modernisierungen
LPH 9 Objektbetreuung	
	– Baubegehung zur Feststellung und Überwachung von die Standsicherheit betreffenden Einflüssen

C 3 Objektliste Tragwerksplanung

Anlage 14.2 zur HOAI Objektliste Tragwerksplanung

Nachstehende Tragwerke können in der Regel folgenden Honorarzonen zugeordnet werden:

Honorarzone

	I	II	III	IV	V
Bewertungsmerkmale zur Ermittlung der Honorarzone bei der Tragwerksplanung					
– Tragwerke mit sehr geringem Schwierigkeitsgrad, insbesondere – einfache statisch bestimmte ebene Tragwerke aus Holz, Stahl, Stein oder unbewehrtem Beton mit ruhenden Lasten, ohne Nachweis horizontaler Aussteifung	x				
– Tragwerke mit geringem Schwierigkeitsgrad, insbesondere – statisch bestimmte ebene Tragwerke in gebräuchlichen Bauarten ohne Vorspann- und Verbundkonstruktionen, mit vorwiegend ruhenden Lasten		x			
– Tragwerke mit durchschnittlichem Schwierigkeitsgrad, insbesondere – schwierige statisch bestimmte und statisch unbestimmte ebene Tragwerke in gebräuchlichen Bauarten und ohne Gesamtstabilitätsuntersuchungen			x		
– Tragwerke mit hohem Schwierigkeitsgrad, insbesondere – statisch und konstruktiv schwierige Tragwerke in gebräuchlichen Bauarten und Tragwerke, für deren Standsicherheit- und Festigkeitsnachweis schwierig zu ermittelnde Einflüsse zu berücksichtigen sind				x	

Honorarzone

	I	II	III	IV	V
– Tragwerke mit sehr hohem Schwierigkeitsgrad, insbesondere statisch u. konstruktiv ungewöhnlich schwierige Tragwerke					x
Stützwände, Verbau					
– unverankerte Stützwände zur Abfangung von Geländesprüngen bis 2 m Höhe und konstruktive Böschungssicherungen bei einfachen Baugrund-, Belastungs- und Geländeverhältnissen	x				
– Sicherung von Geländesprüngen bis 4 m Höhe ohne Rückverankerungen bei einfachen Baugrund-, Belastungs und Geländeverhältnissen wie z. B. Stützwände, Uferwände, Baugrubenverbauten		x			
– Sicherung von Geländesprüngen ohne Rückverankerungen bei schwierigen Baugrund-, Belastungs- oder Geländeverhältnissen oder mit einfacher Rückverankerung bei einfachen Baugrund-, Belastungs- oder Geländeverhältnissen wie z. B. Stützwände, Uferwände, Baugrubenverbauten			x		
– schwierige, verankerte Stützwände, Baugrubenverbauten oder Uferwände				x	
– Baugrubenverbauten mit ungewöhnlich schwierigen Randbedingungen					x
Gründung					
– Flachgründungen einfacher Art		x			
– Flachgründungen mit durchschnittlichem Schwierigkeitsgrad, ebene und räumliche Pfahlgründungen mit durchschnittlichem Schwierigkeitsgrad			x		
– schwierige Flachgründungen, schwierige ebene und räumliche Pfahlgründungen, besondere Gründungsverfahren, Unterfahrungen				x	
Mauerwerk					
– Mauerwerksbauten mit bis zur Gründung durchgehenden tragenden Wänden ohne Nachweis horizontaler Aussteifung		x			
– Tragwerke mit Abfangung der tragenden beziehungsweise aussteifenden Wände			x		
– Konstruktionen mit Mauerwerk nach Eignungsprüfung (Ingenieurmauerwerk)				x	
Gewölbe					
– einfache Gewölbe			x		
– schwierige Gewölbe und Gewölbereihen				x	

Tragwerksplanung

	\multicolumn{5}{c}{Honorarzone}
	I	**II**	**III**	**IV**	**V**
Deckenkonstruktionen, Flächentragwerke					
– Deckenkonstruktionen mit einfachem Schwierigkeitsgrad, bei vorwiegend ruhenden Flächenlasten		x			
– Deckenkonstruktionen mit durchschnittlichem Schwierigkeitsgrad			x		
– schiefwinklige Einfeldplatten				x	
– schiefwinklige Mehrfeldplatten					x
– schiefwinklig gelagerte oder gekrümmte Träger				x	
– schiefwinklig gelagerte, gekrümmte Träger					x
– Trägerroste und orthotrope Platten mit durchschnittlichem Schwierigkeitsgrad,				x	
– schwierige Trägerroste und schwierige orthotrope Platten					x
– Flächentragwerke (Platten, Scheiben) mit durchschnittlichem Schwierigkeitsgrad				x	
– schwierige Flächentragwerke (Platten, Scheiben, Faltwerke, Schalen)					x
– einfache Faltwerke ohne Vorspannung				x	
Verbund-Konstruktionen					
– einfache Verbundkonstruktionen ohne Berücksichtigung des Einflusses von Kriechen und Schwinden			x		
– Verbundkonstruktionen mittlerer Schwierigkeit				x	
– Verbundkonstruktionen mit Vorspannung durch Spannglieder oder andere Maßnahmen					x
Rahmen- und Skelettbauten					
– ausgesteifte Skelettbauten			x		
– Tragwerke für schwierige Rahmen- und Skelettbauten sowie turmartige Bauten, bei denen der Nachweis der Stabilität und Aussteifung die Anwendung besonderer Berechnungsverfahren erfordert				x	
– einfache Rahmentragwerke ohne Vorspannkonstruktionen und ohne Gesamtstabilitätsuntersuchungen			x		
– Rahmentragwerke mit durchschnittlichem Schwierigkeitsgrad				x	
– schwierige Rahmentragwerke mit Vorspannkonstruktionen und Stabilitätsuntersuchungen					x
Räumliche Stabwerke					
– räumliche Stabwerke mit durchschnittlichem Schwierig-				x	

	Honorarzone				
	I	**II**	**III**	**IV**	**V**
keitsgrad					
– schwierige räumliche Stabwerke					x
Seilverspannte Konstruktionen					
– einfache seilverspannte Konstruktionen				x	
– seilverspannte Konstruktionen mit durchschnittlichem bis sehr hohem Schwierigkeitsgrad					x
Konstruktionen mit Schwingungsbeanspruchung					
– Tragwerke mit einfachen Schwingungsuntersuchungen				x	
– Tragwerke mit Schwingungsuntersuchungen mit durchschnittlichem bis sehr hohem Schwierigkeitsgrad					x
Besondere Berechnungsmethoden					
– schwierige Tragwerke, die Schnittgrößenbestimmungen nach der Theorie II. Ordnung erfordern				x	
– ungewöhnlich schwierige Tragwerke, die Schnittgrößenbestimmungen nach der Theorie II. Ordnung erfordern					x
– schwierige Tragwerke in neuen Bauarten					x
– Tragwerke mit Standsicherheitsnachweisen, die nur unter Zuhilfenahme modellstatischer Untersuchungen oder durch Berechnungen mit finiten Elementen beurteilt werden können					x
– Tragwerke, bei denen die Nachgiebigkeit der Verbindungsmittel bei der Schnittkraftermittlung zu berücksichtigen ist					x
Spannbeton					
– einfache, äußerlich und innerlich statisch bestimmte und zwängungsfrei gelagerte vorgespannte Konstruktionen			x		
– vorgespannte Konstruktionen mit durchschnittlichem Schwierigkeitsgrad				x	
– vorgespannte Konstruktionen mit hohem bis sehr hohem Schwierigkeitsgrad					x
Trag-Gerüste					
– einfache Traggerüste und andere einfache Gerüste für Ingenieurbauwerke		x			
– schwierige Traggerüste und andere schwierige Gerüste für Ingenieurbauwerke				x	
– sehr schwierige Traggerüste und andere sehr schwierige Gerüste für Ingenieurbauwerke, zum Beispiel weit gespannte oder hohe Traggerüste					x

Tragwerksplanung

D Leistungsbild Technische Ausrüstung

D 1 Hinweise zum Leistungsbild

Die Leistungen der LPH 1 sind modernisiert worden, so sind auch in diesem Leistungsbild in der LPH 1 Beratungsleistungen zum Leistungsbedarf zu erbringen. Das kann auch hier die fachplanerspezifische – Bestandsaufnahme betreffen.

In der LPH 2 werden die Anlagenteile vordimensioniert und die Systeme sowie maßbestimmenden Anlagenteile angegeben. Die Kostenschätzung ist im Leistungsbild Technische Ausrüstung bis zur 2. Ebene nach DIN 276 zu gliedern. Bei der Erstellung des Terminplans durch die Objektüberwachung hat der Fachplaner mitzuwirken.

In der LPH 3 wird der Platzbedarf für die technischen Anlagen und Anlagenteile abgestimmt, so dass die Koordinierung und Integration der Objektplanung sachgemäß erfolgen kann. Neben der Berechnung von technischen Anlagen werden in der LPH 3 auch jährliche Energiebedarfswerte abgeschätzt. Die Kostenberechnung wird bis zur 3. Ebene nach DIN 276 gegliedert und im Zuge der Kostenkontrolle mit der Kostenschätzung verglichen. Bei der Fortschreibung der Terminplanung wirkt der Fachplaner der Technischen Ausrüstung mit.

Die LPH 4 besteht, wie nach der HOAI 2009 aus der Erarbeitung und Zusammenstellung der Vorlagen und Nachweise für öffentlich-rechtliche Genehmigungen.

Die LPH 5 enthält die Ausführungsplanung bis zur ausführungsreifen Lösung, die zeichnerische Darstellung in einem mit dem Objektplaner abgestimmten Maßstab und Dimensionen (keine Montage- oder Werkstattpläne). Die Ausführungszeichnungen sind mit den übrigen Planern – Objektplaner und Fachplaner – abzustimmen. Zu den Grundleistungen gehören ferner die Schlitz- und Durchbruchpläne, die Fortschreibung der Ausführungspläne auf den Stand der Ausschreibungsergebnisse und der dann vorliegenden Ausführungsplanung der Objektplanung. Außerdem sind seit der HOAI 2013 die Montage- und Werkstattpläne auf Übereinstimmung mit der Ausführungsplanung zu prüfen und ggf. Anzuerkennen.

Im Zuge der LPH 6 sind die Leistungsverzeichnisse zu erstellen und zu bepreisen. Die Mitwirkung beim Abstimmen der Schnittstellen zu den Leistungsbeschreibungen anderer an der Planung Beteiligter gehört ebenfalls zu den Grundleistungen. Die bepreisten Leistungsverzeichnisse sind mit der Kostenberechnung zu vergleichen. Neu ist auch das Zusammenstellen der Vergabeunterlagen am Ende der LPH 6.

Die LPH 7 enthält zunächst das Einholen von Angeboten und die Angebotsprüfung. In Bezug auf die Prüfung von Nachtragsangeboten wird auf die Problematik bei Planungsänderungen hingewiesen. Insoweit wird Bezug genommen auf die Ausführungen im Leistungsbild Gebäude zu LPH 7. Die Ausschreibungsergebnisse sind mit den bepreisten Leistungsverzeichnissen und der Kostenberechnung zu vergleichen. Neben den Vergabevorschlägen ist die Mitwirkung bei der Vergabedokumentation Bestandteil der Grundleistungen und das Zusammenstellen der Vertragsunterlagen.

Die LPH 8 ist im Hinblick auf die Überwachungsgrundlagen redaktionell aktualisiert worden (Überwachung auf Übereinstimmung mit den Ausführungsplänen, den Montage- und Werkstattplänen, den allgemein anerkannten Regeln der Technik und den öffentlich-rechtlichen Bestimmungen).

Nicht ohne weiteres nachvollziehbar ist die neue Leistung e), das Prüfen und Bewerten der Notwendigkeit geänderter oder zusätzlicher Leistungen und der Angemessenheit der Preise (von Nachtragsangeboten). Diese Leistung findet sich in sehr ähnlicher, fachlich doppelter

Form in der LPH 7 ebenfalls. Die Prüfung der Revisionsunterlagen auf Vollzähligkeit und stichprobenartige Prüfung auf Übereinstimmung mit dem Stand der Ausführung ist ebenfalls Grundleistung.

Hinsichtlich der LPH 9 wird auf das Leistungsbild Gebäude Bezug genommen.

D 2 Grundleistungen und Besondere Leistungen

Anlage 15 zu §§ 55 Absatz 3, 56 Absatz 3 Grundleistungen im Leistungsbild Technische Ausrüstung, Besondere Leistungen, Objektliste

Anlage 15.1 zur HOAI Grundleistungen und Besondere Leistungen im Leistungsbild Technische Ausrüstung

Grundleistungen	Besondere Leistungen
LPH 1 Grundlagenermittlung	
a) Klären der Aufgabenstellung aufgrund der Vorgaben oder der Bedarfsplanung des Auftraggebers im Benehmen mit dem Objektplaner b) Ermitteln der Planungsrandbedingungen und Beraten zum Leistungsbedarf und gegebenenfalls zur technischen Erschließung c) Zusammenfassen, Erläutern und Dokumentieren der Ergebnisse	– Mitwirken bei der Bedarfsplanung für komplexe Nutzungen zur Analyse der Bedürfnisse, Ziele und einschränkenden Gegebenheiten (Kosten-, Termine und andere Rahmenbedingungen) des Bauherrn und wichtiger Beteiligter – Bestandsaufnahme, zeichnerische Darstellung und Nachrechnen vorhandener Anlagen und Anlagenteile – Datenerfassung, Analysen und Optimierungsprozesse im Bestand – Durchführen von Verbrauchsmessungen – Endoskopische Untersuchungen – Mitwirken bei der Ausarbeitung von Auslobungen und bei Vorprüfungen für Planungswettbewerbe
LPH 2 Vorplanung (Projekt- und Planungsvorbereitung	
a) Analysieren der Grundlagen Mitwirken beim Abstimmen der Leistungen mit den Planungsbeteiligten b) Erarbeiten eines Planungskonzepts, dazu gehören zum Beispiel: Vordimensionieren der Systeme und maßbestimmenden Anlagenteile, Untersuchen von alternativen Lösungsmöglichkeiten bei gleichen Nutzungsanforderungen einschließlich Wirtschaftlichkeitsvorbetrachtung, zeichnerische Darstellung zur Integration in die Objektplanung unter Berücksichtigung	– Erstellen des technischen Teils eines Raumbuches – Durchführen von Versuchen und Modellversuchen

(margin: Techn. Ausrüsta)

Grundleistungen	Besondere Leistungen
exemplarischer Details, Angaben zum Raumbedarf	

c) Aufstellen eines Funktionsschemas bzw. Prinzipschaltbildes für jede Anlage

d) Klären und Erläutern der wesentlichen fachübergreifenden Prozesse, Randbedingungen und Schnittstellen, Mitwirken bei der Integration der technischen Anlagen

e) Vorverhandlungen mit Behörden über die Genehmigungsfähigkeit und mit den zu beteiligenden Stellen zur Infrastruktur

f) Kostenschätzung nach DIN 276 (2.Ebene) und Terminplanung

g) Zusammenfassen, Erläutern und Dokumentieren der Ergebnisse

LPH 3 Entwurfsplanung (System- und Integrationsplanung)

Grundleistungen	Besondere Leistungen
a) Durcharbeiten des Planungskonzepts (stufenweise Erarbeitung einer Lösung) unter Berücksichtigung aller fachspezifischen Anforderungen sowie unter Beachtung der durch die Objektplanung integrierten Fachplanungen, bis zum vollständigen Entwurf	– Erarbeiten von besonderen Daten für die Planung Dritter, zum Beispiel für Stoffbilanzen, etc.
b) Festlegen aller Systeme und Anlagenteile	– Detaillierte Betriebskostenberechnung für die ausgewählte Anlage
c) Berechnen und Bemessen der technischen Anlagen und Anlagenteile, Abschätzen von jährlichen Bedarfswerten (z. B. Nutz-, End- und Primärenergiebedarf) und Betriebskosten; Abstimmen des Platzbedarfs für technische Anlagen und Anlagenteile; Zeichnerische Darstellung des Entwurfs in einem mit dem Objektplaner abgestimmten Ausgabemaßstab mit Angabe maßbestimmender Dimensionen	– Detaillierter Wirtschaftlichkeitsnachweis – Berechnung von Lebenszykluskosten – Detaillierte Schadstoffemissionsberechnung für die ausgewählte Anlage – Detaillierter Nachweis von Schadstoffemissionen – Aufstellen einer gewerkeübergreifenden Brandschutzmatrix
Fortschreiben und Detaillieren der Funktions- und Strangschemata der Anlagen	– Fortschreiben des technischen Teils des Raumbuches
Auflisten aller Anlagen mit technischen Daten und Angaben zum Beispiel für Energiebilanzierungen	– Auslegung der technischen Systeme bei Ingenieurbauwerken nach Maschinenrichtlinie – Anfertigen von Ausschreibungszeichnungen bei Leistungsbeschreibung mit Leistungsprogramm;
Anlagenbeschreibungen mit Angabe der Nutzungsbedingungen	– Mitwirken bei einer vertieften Kostenberechnung
d) Übergeben der Berechnungsergebnisse an andere Planungsbeteiligte zum Aufstellen vorgeschriebener Nachweise; Angabe und Abstimmung der für die Tragwerkspla-	– Simulationen zur Prognose des Verhaltens von Gebäuden, Bauteilen, Räumen und Freiräumen

Grundleistungen	Besondere Leistungen
nung notwendigen Angaben über Durchführungen und Lastangaben (ohne Anfertigen von Schlitz- und Durchführungsplänen) e) Verhandlungen mit Behörden und mit anderen zu beteiligenden Stellen über die Genehmigungsfähigkeit f) Kostenberechnung nach DIN 276 (3.Ebene) und Terminplanung g) Kostenkontrolle durch Vergleich der Kostenberechnung mit der Kostenschätzung h) Zusammenfassen, Erläutern und Dokumentieren der Ergebnisse	
LPH 4 Genehmigungsplanung	
a) Erarbeiten und Zusammenstellen der Vorlagen und Nachweise für öffentlich-rechtliche Genehmigungen oder Zustimmungen, einschließlich der Anträge auf Ausnahmen oder Befreiungen sowie Mitwirken bei Verhandlungen mit Behörden b) Vervollständigen und Anpassen der Planungsunterlagen, Beschreibungen und Berechnungen	
LPH 5 Ausführungsplanung	
a) Erarbeiten der Ausführungsplanung auf Grundlage der Ergebnisse der Leistungsphasen 3 und 4 (stufenweise Erarbeitung und Darstellung der Lösung) unter Beachtung der durch die Objektplanung integrierten Fachplanungen bis zur ausführungsreifen Lösung b) Fortschreiben der Berechnungen und Bemessungen zur Auslegung der technischen Anlagen und Anlagenteile Zeichnerische Darstellung der Anlagen in einem mit dem Objektplaner abgestimmten Ausgabemaßstab und Detaillierungsgrad einschließlich Dimensionen (keine Montage- oder Werkstattpläne) Anpassen und Detaillieren der Funktions- und Strangschemata der Anlagen bzw. der GA-Funktionslisten Abstimmen der Ausführungszeichnungen mit dem Objektplaner und den übrigen Fachplanern	– Prüfen und Anerkennen von Schalplänen des Tragwerksplaners auf Übereinstimmung mit der Schlitzund Durchbruchsplanung – Anfertigen von Plänen für Anschlüsse von beigestellten Betriebsmitteln und Maschinen (Maschinenanschlussplanung) mit besonderem Aufwand, (zum Beispiel bei Produktionseinrichtungen) – Leerrohrplanung mit besonderem Aufwand, (zum Beispiel bei Sichtbeton oder Fertigteilen) – Mitwirkung bei Detailplanungen mit besonderem Aufwand, zum Beispiel Darstellung von Wandabwicklungen in hochinstallierten Bereichen – Anfertigen von allpoligen Stromlaufplänen

Techn. Ausrüstg.

Grundleistungen	Besondere Leistungen
c) Anfertigen von Schlitz- und Durchbruchsplänen d) Fortschreibung des Terminplans e) Fortschreiben der Ausführungsplanung auf den Stand der Ausschreibungsergebnisse und der dann vorliegenden Ausführungsplanung des Objektplaners, Übergeben der fortgeschriebenen Ausführungsplanung an die ausführenden Unternehmen f) Prüfen und Anerkennen der Montage- und Werkstattpläne der ausführenden Unternehmen auf Übereinstimmung mit der Ausführungsplanung	
LPH 6 Vorbereitung der Vergabe	
a) Ermitteln von Mengen als Grundlage für das Aufstellen von Leistungsverzeichnissen in Abstimmung mit Beiträgen anderer an der Planung fachlich Beteiligter b) Aufstellen der Vergabeunterlagen, insbesondere mit Leistungsverzeichnissen nach Leistungsbereichen, einschließlich der Wartungsleistungen auf Grundlage bestehender Regelwerke c) Mitwirken beim Abstimmen der Schnittstellen zu den Leistungsbeschreibungen der anderen an der Planung fachlich Beteiligten d) Ermitteln der Kosten auf Grundlage der vom Planer bepreisten Leistungsverzeichnisse e) Kostenkontrolle durch Vergleich der vom Planer bepreisten Leistungsverzeichnisse mit der Kostenberechnung f) Zusammenstellen der Vergabeunterlagen	– Erarbeiten der Wartungsplanung und -organisation – Ausschreibung von Wartungsleistungen, soweit von bestehenden Regelwerken abweichend
LPH 7 Mitwirkung der Vergabe	
a) Einholen von Angeboten b) Prüfen und Werten der Angebote, Aufstellen der Preisspiegel nach Einzelpositionen, Prüfen und Werten der Angebote für zusätzliche oder geänderte Leistungen der ausführenden Unternehmen und der Angemessenheit der Preise c) Führen von Bietergesprächen d) Vergleichen der Ausschreibungsergebnisse mit den vom Planer bepreisten Leis-	– Prüfen und Werten von Nebenangeboten – Mitwirken bei der Prüfung von bauwirtschaftlich begründeten Angeboten (Claimabwehr)

Grundleistungen	Besondere Leistungen
tungsverzeichnissen und der Kostenberechnung e) Erstellen der Vergabevorschläge, Mitwirken bei der Dokumentation der Vergabeverfahren f) Zusammenstellen der Vertragsunterlagen und bei der Auftragserteilung	
LPH 8 Objektüberwachung (Bauüberwachung und Dokumentation)	
a) Überwachen der Ausführung des Objekts auf Übereinstimmung mit der öffentlich-rechtlichen Genehmigung oder Zustimmung, den Verträgen mit den ausführenden Unternehmen, den Ausführungsunterlagen, den Montage- und Werkstattplänen, den einschlägigen Vorschriften und den allgemein anerkannten Regeln der Technik b) Mitwirken bei der Koordination der am Projekt Beteiligten c) Aufstellen, Fortschreiben und Überwachen des Terminplans (Balkendiagramm) d) Dokumentation des Bauablaufs (Bautagebuch) e) Prüfen und Bewerten der Notwendigkeit geänderter oder zusätzlicher Leistungen der Unternehmer und der Angemessenheit der Preise f) Gemeinsames Aufmaß mit den ausführenden Unternehmen g) Rechnungsprüfung in rechnerischer und fachlicher Hinsicht mit Prüfen und Bescheinigen des Leistungsstandes anhand nachvollziehbarer Leistungsnachweise h) Kostenkontrolle durch Überprüfen der Leistungsabrechnungen der ausführenden Unternehmen im Vergleich zu den Vertragspreisen und dem Kostenanschlag i) Kostenfeststellung j) Mitwirken bei Leistungs- u. Funktionsprüfungen k) fachtechnische Abnahme der Leistungen auf Grundlage der vorgelegten Dokumentation, Erstellung eines Abnahmeprotokolls, Feststellen von Mängeln und Erteilen einer Abnahmeempfehlung	– Durchführen von Leistungsmessungen und Funktionsprüfungen – Werksabnahmen – Fortschreiben der Ausführungspläne (zum Beispiel Grundrisse, Schnitte, Ansichten) bis zum Bestand – Erstellen von Rechnungsbelegen anstelle der ausführenden Firmen, zum Beispiel Aufmaß – Schlussrechnung (Ersatzvornahme) – Erstellen fachübergreifender Betriebsanleitungen (zum Beispiel Betriebshandbuch, Reparaturhand-buch) oder computer-aided Facility Management-Konzepte – Planung der Hilfsmittel für Reparaturzwecke

Techn. Ausrüsta.

Grundleistungen	Besondere Leistungen
l) Antrag auf behördliche Abnahmen und Teilnahme daran	
m) Prüfung der übergebenen Revisionsunterlagen auf Vollzähligkeit, Vollständigkeit und stichprobenartige Prüfung auf Übereinstimmung mit dem Stand der Ausführung	
n) Auflisten der Verjährungsfristen der Ansprüche auf Mängelbeseitigung	
o) Überwachen der Beseitigung der bei der Abnahme festgestellten Mängel	
p) Systematische Zusammenstellung der Dokumentation, der zeichnerischen Darstellungen und rechnerischen Ergebnisse des Objekts	
LPH 9 Objektbetreuung	
a) Fachliche Bewertung der innerhalb der Verjährungsfristen für Gewährleistungsansprüche festgestellten Mängel, längstens jedoch bis zum Ablauf von fünf Jahren seit Abnahme der Leistung, einschließlich notwendiger Begehungen b) Objektbegehung zur Mängelfeststellung vor Ablauf der Verjährungsfristen für Mängelansprüche gegenüber den ausführenden Unternehmen c) Mitwirken bei der Freigabe von Sicherheitsleistungen	– Überwachen der Mängelbeseitigung innerhalb der Verjährungsfrist – Energiemonitoring innerhalb der Gewährleistungsphase, Mitwirkung bei den jährlichen Verbrauchsmessungen aller Medien – Vergleich mit den Bedarfswerten aus der Planung, Vorschläge für die Betriebsoptimierung und zur Senkung des Medien- und Energieverbrauches

D 3 Objektliste Technische Ausrüstung

Anlage 15.2 zur HOAI Objektliste Technische Ausrüstung

		Honorarzone	
Objektliste Technische Ausrüstung	I	II	III
Anlagengruppe 1 Abwasser-, Wasser- oder Gasanlagen			
– Anlagen mit kurzen einfachen Netzen	x		
– Abwasser-, Wasser-, Gas oder sanitärtechnische Anlagen mit verzweigten Netzen, Trinkwasserzirkulationsanlagen, Hebeanlagen, Druckerhöhungsanlagen		x	
– Anlagen zur Reinigung, Entgiftung oder Neutralisation von Abwasser, Anlagen zur biologischen, chemischen oder physikalischen Behandlung von Wasser, Anlagen mit besonderen hygienischen Anforderungen oder			x

Honorarzone

Objektliste Technische Ausrüstung	I	II	III
neuen Techniken (zum Beispiel Kliniken, Alten- oder Pflegeeinrichtungen) – Gasdruckreglerstationen, mehrstufige Leichtflüssigkeitsabscheider			
Anlagengruppe 2 Wärmeversorgungsanlagen			
– Einzelheizgeräte, Etagenheizung	x		
– Gebäudeheizungsanlagen, mono- oder bivalente Systeme (zum Beispiel Solaranlage zur Brauchwassererwärmung, Wärmepumpenanlagen) – Flächenheizungen – Hausstationen – verzweigte Netze		x	
– Multivalente Systeme – Systeme mit Kraft-Wärme-Kopplung, Dampfanlagen, Heißwasseranlagen, Deckenstrahlheizungen (zum Beispiel Sport- oder Industriehallen)			x
Anlagengruppe 3 Lufttechnische Anlagen			
– Einzelabluftanlagen	x		
– Lüftungsanlagen mit einer thermodynamischen Luftbehandlungsfunktion (zum Beispiel Heizen), Druckbelüftung		x	
– Lüftungsanlagen mit mindestens 2 thermodynamischen Luftbehandlungsfunktionen (zum Beispiel Heizen oder Kühlen), Teilklimaanlagen, Klimaanlagen – Anlagen mit besonderen Anforderungen an die Luftqualität (zum Beispiel Operationsräume) – Kühlanlagen, Kälteerzeugungsanlagen ohne Prozesskälteanlagen – Hausstationen für Fernkälte, Rückkühlanlagen			x
Anlagengruppe 4 Starkstromanlagen			
– Niederspannungsanlagen mit bis zu 2 Verteilungsebenen ab Übergabe EVU, einschließlich Beleuchtung oder Sicherheitsbeleuchtung mit Einzelbatterien – Erdungsanlagen	x		
– Kompakt-Transformatorenstationen, Eigenstromerzeugungsanlagen (zum Beispiel zentrale Batterie- oder unterbrechungsfreie Stromversorgungsanlagen, Photovoltaik-Anlagen) – Niederspannungsanlagen mit bis zu 3 Verteilebenen ab Übergabe EVU, einschließlich Beleuchtungsanlagen – zentrale Sicherheitsbeleuchtungsanlagen – Niederspannungsinstallationen einschließlich Bussystemen – Blitzschutz- oder Erdungsanlagen, soweit nicht in HZ I oder HZ III erwähnt – Außenbeleuchtungsanlagen		x	

Techn. Ausrüstg.

Honorarzone

Objektliste Technische Ausrüstung	I	II	III
– Hoch- oder Mittelspannungsanlagen, Transformatorenstationen, Eigen-stromversorgungsanlagen mit besonderen Anforderungen (zum Beispiel Notstromaggregate, Blockheizkraftwerke, dynamische unterbrechungs-freie Stromversorgung) – Niederspannungsanlagen mit mindestens 4 Verteilebenen oder mehr als 1.000 A Nennstrom – Beleuchtungsanlagen mit besonderen Planungsanforderungen (zum Beispiel Lichtsimulationen in aufwendigen Verfahren für Museen oder Sonderräume)			x
– Blitzschutzanlagen mit besonderen Anforderungen (zum Beispiel für Kliniken, Hochhäuser, Rechenzentren)			x
Anlagengruppe 5 Fernmelde- oder informationstechnische Anlagen			
– Einfache Fernmeldeinstallationen mit einzelnen Endgeräten	x		
– Fernmelde- oder informationstechnische Anlagen, soweit nicht in HZ I oder HZ III erwähnt		x	
– Fernmelde- oder informationstechnische Anlagen mit besonderen An-forderungen (zum Beispiel Konferenz- oder Dolmetscheranlagen, Be-schallungsanlagen von Sonderräumen, Objektüberwachungsanlagen, aktive Netzwerkkomponenten, Fernübertragungsnetze, Fernwirkanlagen, Parkleitsysteme)			x
Anlagengruppe 6 Förderanlagen			
– Einzelne Standardaufzüge, Kleingüteraufzüge, Hebebühnen	x		
– Aufzugsanlagen, soweit nicht in Honorarzone I oder III erwähnt, Fahrtreppen oder Fahrsteige, Krananlagen, Ladebrücken, Stetigförderan-lagen		x	
– Aufzugsanlagen mit besonderen Anforderungen, Fassadenaufzüge, Transportanlagen mit mehr als zwei Sende- oder Empfangsstellen			x
Anlagengruppe 7 Nutzungsspezifische oder verfahrenstechnische Anlagen			
7.1 Nutzungsspezifische Anlagen			
– Küchentechnische Geräte, zum Beispiel für Teeküchen	x		
– Küchentechnische Anlagen, zum Beispiel Küchen mittlerer Größe, Aufwärmküchen, Einrichtungen zur Speise- oder Getränkeaufbereitung, -ausgabe oder -lagerung (keine Produktionsküche) einschließlich zuge-höriger Kälteanlagen		x	
– Küchentechnische Anlagen, zum Beispiel Großküchen, Einrichtungen für Produktionsküchen einschließlich der Ausgabe oder Lagerung sowie der zugehörigen Kälteanlagen, Gewerbekälte für Großküchen, große Kühlräume oder Kühlzellen			x

Honorarzone

Objektliste Technische Ausrüstung	I	II	III
– Wäscherei- oder Reinigungsgeräte, zum Beispiel für Gemeinschaftswaschküchen	x		
– Wäscherei- oder Reinigungsanlagen, zum Beispiel Wäschereieinrichtungen für Waschsalons		x	
– Wäscherei- oder Reinigungsanlagen, zum Beispiel chemische oder physikalische Einrichtungen für Großbetriebe			x
– Medizin- oder labortechnische Anlagen, zum Beispiel für Einzelpraxen der Allgemeinmedizin	x		
– Medizin- oder labortechnische Anlagen, zum Beispiel für Gruppenpraxen der Allgemeinmedizin oder Einzelpraxen der Fachmedizin, Sanatorien, Pflegeeinrichtungen, Krankenhausabteilungen, Laboreinrichtungen für Schulen		x	
– Medizin- oder labortechnische Anlagen, zum Beispiel für Kliniken, Institute mit Lehr- oder Forschungsaufgaben, Laboratorien, Fertigungsbetriebe			x
– Feuerlöschgeräte, zum Beispiel Handfeuerlöscher	x		
– Feuerlöschanlagen, zum Beispiel manuell betätigte Feuerlöschanlagen		x	
– Feuerlöschanlagen, zum Beispiel selbsttätig auslösende Anlagen			x
– Entsorgungsanlagen, zum Beispiel Abwurfanlagen für Abfall oder Wäsche,	x		
– Entsorgungsanlagen, zum Beispiel zentrale Entsorgungsanlagen für Wäsche oder Abfall, zentrale Staubsauganlagen		x	
– Bühnentechnische Anlagen, zum Beispiel technische Anlagen für Klein- oder Mittelbühnen		x	
– Bühnentechnische Anlagen, zum Beispiel für Großbühnen			x
– Medienversorgungsanlagen, zum Beispiel zur Erzeugung, Lagerung, Aufbereitung oder Verteilung medizinischer oder technischer Gase, Flüssigkeiten oder Vakuum			x
– Badetechnische Anlagen, zum Beispiel Aufbereitungsanlagen, Wellenerzeugungsanlagen, höhenverstellbare Zwischenböden			x
– Prozesswärmeanlagen, Prozesskälteanlagen, Prozessluftanlagen, zum Beispiel Vakuumanlagen, Prüfstände, Windkanäle, industrielle Ansauganlagen			x
– Technische Anlagen für Tankstellen, Fahrzeugwaschanlagen			x
– Lagertechnische Anlagen, zum Beispiel Regalbediengeräte (mit zugehörigen Regalanlagen), automatische Warentransportanlagen			x
– Taumittelsprühanlagen oder Enteisungsanlagen		x	
– Stationäre Enteisungsanlagen für Großanlagen zum Beispiel Flughäfen			x

Techn. Ausrüsta.

Honorarzone

Objektliste Technische Ausrüstung	I	II	III
7.2 Verfahrenstechnische Anlagen			
– Einfache Technische Anlagen der Wasseraufbereitung (zum Beispiel Belüftung, Enteisenung, Entmanganung, chemische Entsäuerung, physikalische Entsäuerung)		x	
– Technische Anlagen der Wasseraufbereitung (zum Beispiel Membranfiltration, Flockungsfiltration, Ozonierung, Entarsenierung, Entaluminierung, Denitrifikation)			x
– Einfache Technische Anlagen der Abwasserreinigung (zum Beispiel gemeinsame aerober Stabilisierung)		x	
– Technische Anlagen der Abwasserreinigung (zum Beispiel für mehrstufige Abwasserbehandlungsanlagen)			x
– Einfache Schlammbehandlungsanlagen (zum Beispiel Schlammabsetzanlagen mit mechanischen Einrichtungen)		x	
– Anlagen für mehrstufige oder kombinierte Verfahren der Schlammbehandlung			x
– Einfache Technische Anlagen der Abwasserableitung		x	
– Technische Anlagen der Abwasserableitung			x
– Einfache Technische Anlagen der Wassergewinnung, -förderung, -speicherung		x	
– Technische Anlagen der Wassergewinnung, -förderung, -speicherung			x
– Einfache Regenwasserbehandlungsanlagen		x	
– Einfache Anlagen für Grundwasserdekontaminierungsanlagen		x	
– Komplexe Technische Anlagen für Grundwasserdekontaminierungsanlage			x
– Einfache Technische Anlagen für die Ver- und Entsorgung mit Gasen (zum Beispiel Odorieranlage)		x	
– Einfache Technische Anlagen für die Ver- und Entsorgung mit Feststoffen		x	
– Technische Anlagen für die Ver- und Entsorgung mit Feststoffen			x
– Einfache Technische Anlagen der Abfallentsorgung (zum Beispiel für Kompostwerke, Anlagen zur Konditionierung von Sonderabfällen, Hausmülldeponien oder Monodeponien für Sonderabfälle, Anlagen für Untertagedeponien, Anlagen zur Behandlung kontaminierter Böden)		x	
– Technische Anlagen der Abfallentsorgung (zum Beispiel für Verbrennungsanlagen, Pyrolyseanlagen, mehrfunktionale Aufbereitungsanlagen für Wertstoffe)			x
Anlagengruppe 8 Gebäudeautomation			
– Herstellerneutrale Gebäudeautomationssysteme oder Automationssysteme mit anlagengruppenübergreifender Systemintegration			x

E Leistungsbild Bauphysik

E 1 Hinweise zum Leistungsbild

Wärmeschutz und Energiebilanzierung sowie Bauakustik und Raumakustik

Das Leistungsbild wurde neu aufgestellt und bildet ab der LPH 1 die entsprechenden Fachleistungen ab, die für den fachtechnisch geordneten Planungsablauf erforderlich sind. In der LPH 1 erfolgt ebenso wie bei den anderen Leistungsbildern die Klärung der Aufgabenstellung. Diese Leistung bezieht sich auf die bauphysikalischen Aspekte der Klärung (z. B. spezielle energetische Aufgabenstellungen die über die ENEV hinausgehen).

In den weiteren LPH werden die entsprechenden Schritte der Planungsvertiefung gegangen, um jeweils die Fachbeiträge für die Integration in die Fach- und Objektplanung bereit zu stellen.

In der LPH 4 werden die förmlichen Nachweise aufgestellt, die in den jeweiligen Auftragsunterlagen der Genehmigungsplanung Verwendung finden, bzw. als eigenständige Nachweise (z. B. gemäß ENEV) ausgearbeitet werden.

Das Honorar für dieses Leistungsbild ist preisrechtlich nicht geregelt.

E 2 Grundleistungen und Besondere Leistungen

Die Leistungsbild kann sich wie folgt zusammensetzen:

Grundleistungen	Besondere Leistungen
LPH 1 Grundlagenermittlung	
a) Klären der Aufgabenstellung b) Festlegen der Grundlagen, Vorgaben und Ziele	– Mitwirken bei der Ausarbeitung von Auslobungen und bei Vorprüfungen für Wettbewerbe – Bestandsaufnahme bestehender Gebäude, Ermitteln und Bewerten von Kennwerte – Schadensanalyse bestehender Gebäude – Mitwirken bei Vorgaben für Zertifizierungen
LPH 2 Mitwirkung bei der Vorplanung	
a) Analyse der Grundlagen b) Klären der wesentlichen Zusammenhänge von Gebäude und technischen Anlagen einschließlich Betrachtung von Alternativen c) Vordimensionieren der relevanten Bauteile des Gebäudes d) Mitwirken beim Abstimmen der fachspezifischen Planungskonzepte der Objektplanung und der Fachplanungen	– Mitwirken beim Klären von Vorgaben für Fördermaßnahmen und bei deren Umsetzung – Mitwirken an Projekt-, Käufer- oder Mieterbaubeschreibungen – Erstellen eines fachübergreifenden Bauteilkatalogs

Grundleistungen	Besondere Leistungen
e) Erstellen eines Gesamtkonzeptes in Abstimmung mit der Objektplanung und den Fachplanungen f) Erstellen von Rechenmodellen, Auflisten der wesentlichen Kennwerte als Arbeitsgrundlage für Objektplanung und Fachplanungen	
LPH 3 Mitwirkung bei der Entwurfsplanung	
a) Fortschreiben der Rechenmodelle und der wesentlichen Kennwerte für das Gebäude b)Mitwirken beim Fortschreiben der Planungskonzepte der Objektplanung und Fachplanung bis zum vollständigen Entwurf c) Bemessen der Bauteile des Gebäudes d) Erarbeiten von Übersichtsplänen und des Erläuterungsberichtes mit Vorgaben, Grundlagen und Auslegungsdaten	– Simulationen zur Prognose des Verhaltens von Bauteilen, Räumen, Gebäuden und Freiräumen
LPH 4 Mitwirkung bei der Genehmigungsplanung	
a)Mitwirken beim Aufstellen der Genehmigungsplanung und bei Vorgesprächen mit Behörden b) Aufstellen der förmlichen Nachweise c) Vervollständigen und Anpassen der Unterlagen	– Mitwirken bei Vorkontrollen in Zertifizierungsprozessen – Mitwirken beim Einholen von Zustimmungen im Einzelfall
LPH 5 Mitwirkung bei der Ausführungsplanung	
a) Durcharbeiten der Ergebnisse der Leistungsphasen 3 und 4 unter Beachtung der durch die Objektplanung integrierten Fachplanungen b)Mitwirken bei der Ausführungsplanung durch ergänzende Angaben für die Objektplanung und Fachplanungen	– Mitwirken beim Prüfen und Anerkennen der Montage- und Werkstattplanung der ausführenden Unternehmen auf Übereinstimmung mit der Ausführungsplanung
LPH 6 Mitwirkung bei der Vorbereitung der Vergabe	
Beiträge zu Ausschreibungsunterlagen	
LPH 7 Mitwirkung bei der Vergabe	
Mitwirken beim Prüfen und Bewerten der Angebote auf Erfüllung der Anforderungen	– Prüfen von Nebenangeboten

Grundleistungen	Besondere Leistungen
LPH 8 Objektüberwachung u. Dokumentation	
	– Mitwirken bei der Baustellenkontrolle – Messtechnisches Überprüfen der Qualität der Bauausführung und von Bauteil- oder Raumeigenschaften
LPH 9 Objektbetreuung	
	– Mitwirken bei Audits in Zertifizierungsprozessen

E 3 Objektliste für Bauakustik

Honorarzone

Objektliste – Bauakustik	I	II	III
Wohnhäuser, Heime, Schulen, Verwaltungsgebäude oder Banken mit jeweils durchschnittlicher Technischer Ausrüstung oder entsprechendem Ausbau	x		
Heime, Schulen, Verwaltungsgebäude mit jeweils überdurchschnittlicher Technischer Ausrüstung oder entsprechendem Ausbau		x	
Wohnhäuser mit versetzten Grundrissen		x	
Wohnhäuser mit Außenlärmbelastungen		x	
Hotels, soweit nicht in Honorarzone III erwähnt		x	
Universitäten oder Hochschulen		x	
Krankenhäuser, soweit nicht in Honorarzone III erwähnt		x	
Gebäude für Erholung, Kur oder Genesung		x	
Versammlungsstätten, soweit nicht in Honorarzone III erwähnt		x	
Werkstätten mit schutzbedürftigen Räumen		x	
Hotels mit umfangreichen gastronomischen Einrichtungen			x
Gebäude mit gewerblicher Nutzung oder Wohnnutzung			x
Krankenhäuser in bauakustisch besonders ungünstigen Lagen oder mit ungünstiger Anordnung der Versorgungseinrichtungen			x
Theater-, Konzert- oder Kongressgebäude			x
Tonstudios oder akustische Messräume			x

Bauphysik

E 4 Objektliste für Raumakustik

Honorarzone

Objektliste – Raumakustik	I	II	III	IV	V
Pausenhallen, Spielhallen, Liege- und Wandelhallen	x				
Großraumbüros		x			
Unterrichts-, Vortrags- und Sitzungsräume					
– bis 500 m³		x			
– 500 bis 1 500 m³			x		
– über 1 500 m³				x	
Filmtheater					
– bis 1 000 m³		x			
– 1 000 bis 3 000 m³			x		
– über 3 000 m³				x	
Kirchen					
– bis 1 000 m³		x			
– 1 000 bis 3 000 m³			x		
– über 3 000 m³				x	
Sporthallen, Turnhallen					
– nicht teilbar, bis 1 000 m³		x			
– teilbar, bis 3 000 m³			x		
Mehrzweckhallen					
– bis 3 000 m³				x	
– über 3 000 m³					x
Konzertsäle, Theater, Opernhäuser x					x
Innenräume mit veränderlichen akustischen Eigenschaften					x

F Leistungsbild Geotechnik

Das Leistungsbild Geotechnik ist preisrechtlich nicht geregelt. Das Leistungsbild kann sich wie folgt zusammensetzen:

F 1 Grundleistungen und Besondere Leistungen

Grundleistungen	Besondere Leistungen
Geotechnischer Bericht	
a) Grundlagenermittlung und Erkundungskonzept – Klären der Aufgabenstellung, Ermitteln der Baugrund- und Grundwasserverhältnisse auf Basis vorhandener Unterlagen – Festlegen und Darstellen der erforderlichen Baugrunderkundungen b) Beschreiben der Baugrund- und Grundwasserverhältnisse – Auswerten und Darstellen der Baugrunderkundungen sowie der Labor- und Felduntersuchungen – Abschätzen des Schwankungsbereiches von Wasserständen und/oder Druckhöhen im Boden – Klassifizieren des Baugrunds und Festlegen der Baugrundkennwerte c) Beurteilung der Baugrund- und Grundwasserverhältnisse, Empfehlungen, Hinweise, Angaben zur Bemessung der Gründung – Beurteilung des Baugrunds – Empfehlung für die Gründung mit Angabe der geotechnischen Bemessungsparameter (zum Beispiel Angaben zur Bemessung einer Flächen- oder Pfahlgründung) – Angabe der zu erwartenden Setzungen für die vom Tragwerksplaner im Rahmen der Entwurfsplanung nach § 49 zu erbringenden Grundleistungen – Hinweise zur Herstellung und Trockenhaltung der Baugrube und des Bauwerks sowie Angaben zur Auswirkung der Baumaßnahme auf Nachbarbauwerke – Allgemeine Angaben zum Erdbau – Angaben zur geotechnischen Eignung von Aushubmaterial zur Wiederverwendung bei	– Beschaffen von Bestandsunterlagen – Vorbereiten und Mitwirken bei der Vergabe von Aufschlussarbeiten und deren Überwachung – Veranlassen von Labor- und Felduntersuchungen – Aufstellen von geotechnischen Berechnungen zur Standsicherheit oder Gebrauchstauglichkeit, wie zum Beispiel Setzungs-, Grundbruch- und Geländebruchberechnungen – Aufstellen von hydrogeologischen, geohydraulischen und besonderen numerischen Berechnungen – Beratung zu Dränanlagen, Anlagen zur Grundwasserabsenkung oder sonstigen ständigen oder bauzeitlichen Eingriffen in das Grundwasser – Beratung zu Probebelastungen sowie fachtechnisches Betreuen und Auswerten – geotechnische Beratung zu Gründungselementen, Baugruben- oder Hangsicherungen und Erdbauwerken, Mitwirkung bei der Beratung zur Sicherung von Nachbarbauwerken – Untersuchungen zur Berücksichtigung dynamischer Beanspruchungen bei der Bemessung des Objekts oder seiner Gründung sowie Beratungsleistungen zur Vermeidung oder Beherrschung von dynamischen Einflüssen – Mitwirken bei der Bewertung von Nebenangeboten aus geotechnischer Sicht – Mitwirken während der Planung oder Ausführung des Objekts sowie Besprechungs- und Ortstermine – geotechnische Freigaben

Grundleistungen	Besondere Leistungen
der betreffenden Baumaßnahme sowie Hinweise zur Bauausführung	

G Leistungsbild der Planungsbegleitenden Vermessung

Das Leistungsbild Geotechnik ist preisrechtlich nicht geregelt. Das Leistungsbild kann sich wie folgt zusammensetzen:

G 1 Grundleistungen und Besondere Leistungen

Grundleistungen	Besondere Leistungen
1. Grundlagenermittlung	
a) Einholen von Informationen und Beschaffen von Unterlagen über die Örtlichkeit und das geplante Objekt b) Beschaffen vermessungstechnischer Unterlagen und Daten c) Ortsbesichtigung d) Ermitteln des Leistungsumfangs in Abhängigkeit von den Genauigkeitsanforderungen und dem Schwierigkeitsgrad	– Schriftliches Einholen von Genehmigungen zum Betreten von Grundstücken, von Bauwerken, zum Befahren von Gewässern und für anordnungsbedürftige Verkehrssicherungsmaßnahmen
2. Geodätischer Raumbezug	
a) Erkunden und Vermarken von Lageund Höhenfestpunkten b) Fertigen von Punktbeschreibungen und Einmessungsskizzen c) Messungen zum Bestimmen der Festund Passpunkte d) Auswerten der Messungen und Erstellen des Koordinaten- und Höhenverzeichnisses	– Entwurf, Messung und Auswertung von Sondernetzen hoher Genauigkeit – Vermarken aufgrund besonderer Anforderungen – Aufstellung von Rahmenmessprogrammen
3. Vermessungstechnische Grundlagen	
a) Topographische/morphologische Geländeaufnahme einschließlich Erfassen von Zwangspunkten und planungsrelevanter Objekte b) Aufbereiten und Auswerten der erfassten Daten c) Erstellen eines Digitalen Lagemodells mit ausgewählten planungsrelevanten Höhenpunkten d) Übernehmen von Kanälen, Leitungen, Kabeln und unterirdischen Bauwerken aus vorhandenen Unterlagen e) Übernehmen des Liegenschaftskatasters f) Übernehmen der bestehenden öffentlich-rechtlichen Festsetzungen	– Maßnahmen für anordnungsbedürftige Verkehrssicherung – Orten und Aufmessen des unterirdischen Bestandes – Vermessungsarbeiten unter Tage, unter Wasser oder bei Nacht – Detailliertes Aufnehmen bestehender Objekte und Anlagen neben der normalen topographischen Aufnahme wie zum Beispiel Fassaden und Innenräume von Gebäuden – Ermitteln von Gebäudeschnitten – Aufnahmen über den festgelegten Planungsbereich hinaus – Erfassen zusätzlicher Merkmale wie zum Beispiel Baumkronen

Vermessung

Grundleistungen	Besondere Leistungen
g) Erstellen von Plänen mit Darstellen der Situation im Planungsbereich mit ausgewählten planungsrelevanten Höhenpunkten h) Liefern der Pläne und Daten in analoger und digitaler Form	– Eintragen von Eigentümerangaben – Darstellen in verschiedenen Maßstäben – Ausarbeiten der Lagepläne entsprechend der rechtlichen Bedingungen für behördliche Genehmigungsverfahren – Übernahme der Objektplanung in ein digitales Lagemodell

4. Digitales Geländemodell

a) Selektion der die Geländeoberfläche beschreibenden Höhenpunkte und Bruchkanten aus der Geländeaufnahme b) Berechnung eines digitalen Geländemodells c) Ableitung von Geländeschnitten d) Darstellen der Höhen in Punkt-, Raster- oder Schichtlinienform e) Liefern der Pläne und Daten in analoger und digitaler Form	

H Leistungsbild der Bauvermessung

Das Leistungsbild Geotechnik ist preisrechtlich nicht geregelt. Das Leistungsbild kann sich wie folgt zusammensetzen:

H 1 Grundleistungen und Besondere Leistungen

Grundleistungen	Besondere Leistungen
1. Baugeometrische Beratung	
a) Ermitteln des Leistungsumfanges in Abhängigkeit vom Projekt b) Beraten, insbesondere im Hinblick auf die erforderlichen Genauigkeiten und zur Konzeption eines Messprogramms c) Festlegen eines für alle Beteiligten verbindlichen Maß-, Bezugs- und Benennungssystems	– Erstellen von vermessungstechnischen Leistungsbeschreibungen – Erarbeiten von Organisationsvorschlägen über Zuständigkeiten, Verantwortlichkeit und Schnittstellen der Objektvermessung – Erstellen von Messprogrammen für Bewegungs- und Deformationsmessungen, einschließlich Vorgaben für die Baustelleneinrichtung
2. Absteckungsunterlagen	
a) Berechnen der Detailgeometrie anhand der Ausführungsplanung, Erstellen eines Absteckungsplanes und Berechnen von Absteckungsdaten einschließlich Aufzeigen von Widersprüchen (Absteckungsunterlagen)	– Durchführen von zusätzlichen Aufnahmen und ergänzende Berechnungen, falls keine qualifizierten Unterlagen aus der Leistungsphase vermessungstechnische Grundlagen vorliegen – Durchführen von Optimierungsberechnungen im Rahmen der Baugeometrie (zum Beispiel Flächennutzung, Abstandsflächen) – Erarbeitung von Vorschlägen zur Beseitigung von Widersprüchen bei der Verwendung von Zwangspunkten (zum Beispiel bauordnungsrechtliche Vorgaben)
3. Bauvorbereitende Vermessung	
a) Prüfen und Ergänzen des bestehenden Festpunktfeldes b) Zusammenstellung und Aufbereitung der Absteckungsdaten c) Absteckung: Übertragen der Projektgeometrie (Hauptpunkte) und des Baufeldes in die Örtlichkeit d) Übergabe der Lage- und Höhenfestpunkte, der Hauptpunkte und der Absteckungsunterlagen an das bauausführende Unternehmen	– Absteckung auf besondere Anforderungen (zum Beispiel Archäologie, Ausholzung, Grobabsteckung, Kampfmittelräumung)

Vermessung

Grundleistungen	Besondere Leistungen
4. Bauausführungsvermessung	
a) Messungen zur Verdichtung des Lage und Höhenfestpunktfeldes	– Erstellen und Konkretisieren des Messprogramms
b) Messungen zur Überprüfung und Sicherung von Fest- und Achspunkten	– Absteckungen unter Berücksichtigung von belastungs- und fertigungstechnischen Verformungen
c) Baubegleitende Absteckungen der geometriebestimmenden Bauwerkspunkte nach Lage und Höhe	– Prüfen der Maßgenauigkeit von Fertigteilen
d) Messungen zur Erfassung von Bewegungen und Deformationen des zu erstellenden Objekts an konstruktiv bedeutsamen Punkten	– Aufmaß von Bauleistungen, soweit besondere vermessungstechnische Leistungen gegeben sind
e) Baubegleitende Eigenüberwachungsmessungen und deren Dokumentation	– Ausgabe von Baustellenbestandsplänen während der Bauausführung
f) Fortlaufende Bestandserfassung während der Bauausführung als Grundlage für den Bestandplan	– Fortführen der vermessungstechnischen Bestandspläne nach Abschluss der Grundleistungen
	– Herstellen von Bestandsplänen
5. Vermessungstechnische Überwachung der Bauausführung	
a) Kontrollieren der Bauausführung durch stichprobenartige Messungen an Schalungen und entstehenden Bauteilen (Kontrollmessungen)	– Prüfen der Mengenermittlungen
b) Fertigen von Messprotokollen	– Beratung zu langfristigen vermessungstechnischen Objektüberwachungen im Rahmen der Ausführungskontrolle baulicher Maßnahmen und deren Durchführung
c) Stichprobenartige Bewegungs- und Deformationsmessungen an konstruktiv bedeutsamen Punkten des zu erstellenden Objekts	– Vermessungen für die Abnahme von Bauleistungen, soweit besondere vermessungstechnische Anforderungen gegeben sind

I Muster-Formulare

I.1 Hinweise zu Abnahmen von Planungsleistungen

Hinweise: Die Abnahme von Planungsleistungen ist in der HOAI in § 15 geregelt.

Werkverträge werden durch Abnahme beendet. Architektenleistungen werden in der Regel nach dem Werkvertragsrecht abgewickelt. Mit der **Abnahme** kehrt sich die **Beweislast** um und die Verjährungsfrist beginnt. Ohne Abnahme der Leistungen beginnt die Verjährungsfrist in der Regel nicht. In der Vergangenheit wurden Abnahmen von Architektenleistungen nur selten durchgeführt.

Die Gerichte haben sich bei Rechtsfragen im Zusammenhang mit der **Verjährungsfrist** von Architektenleistungen in der Vergangenheit meist damit beholfen, dass hilfsweise von einer Abnahme bei bestimmten vertragsrelevanten Ereignissen auszugehen war. So wurde mangels Abnahmeprotokoll spätestens mit Einreichung der **Schlussrechnung** des Architekten die Abnahme angenommen, weil der Architekt damit erklärte, dass seine Leistung abgeschlossen ist. Diese Unklarheiten sollten beseitigt werden. Wie auch bei Bauleistungen, die ebenfalls zu den Leistungen auf Grundlage des Werkvertragsrechts gehören, sollten für Architektenleistungen fachgerechte Abnahmen durchgeführt werden.

Der Begriff Abnahme bedeutet, dass die Leistung als im Wesentlichen erbracht vom Auftraggeber angenommen wird. Nur wenn wesentliche Mängel der Architektenleistung vorliegen, darf der Auftraggeber die Abnahme verweigern. Verweigert der Auftraggeber die Abnahme dennoch ohne triftigen Grund, gerät er in Abnahmeverzug und die Leistung gilt nach fruchtlosem Ablauf der Abnahmefrist als abgenommen.

Die Abnahme sorgt für die **Beweislastumkehr**. Da Planer nur das Entstehenlassen des Bauwerks schulden, aber nicht die Bauleistungen selbst, können Auftraggeber nur Mängel bei der Planung und Bauüberwachung bzw. **Beratungsmängel** zum Gegenstand der Ansprüche machen. Nach Abnahme wird die Beweislast für Mängel auf den Auftraggeber übergehen. Bis zur Abnahme muss sich der Planer aufgrund der ihm bis dahin obliegenden Beweislast entlasten.

Wenn das volle Leistungsbild bei der Gebäudeplanung vereinbart wird, dann besteht das Problem, dass die **Gewährleistungsfrist** des Planers erst mit Ablauf der Leistungsphase 9 beginnt.

Teilabnahmen

Teilabnahmen sind in der Regel empfehlenswert, um die Abnahmewirkungen für besonders relevante Leistungsphasen zu erreichen. Bei mittleren und größeren Projekten ist das sinnvoll, weil dann

– die Honorarfälligkeit sowie die Verjährung für die abgenommenen Leistungsphasen einsetzen,

– die Beweislast für abgenommene Leistungsphasen umgekehrt wird,

– das Honorar für Planungsänderungen in Bezug auf die abgenommenen Leistungsphasen leichter bzw. unkomplizierter umsetzbar ist.

I.2 Abnahmeprotokoll Planungsleistungen

Abnahme von Architektenleistungen

Gegenstand des Vertrags: ....

Datum des Vertragsabschlusses: .... Auftraggeber: ....

Datum der Abnahme: ....Auftragnehmer: ....

Folgende Leistungen wurden abgenommen:

Die Leistungen sollen jeweils fachgerecht definiert und abgrenzbar beschrieben werden (z.B. Leistungsphasen, Bes. Leistungen zusätzl. Leistungen
Die Abnahme bezieht sich auf die beschriebenen Leistungen. Die Beschreibung u. Gliederung der Leistungen gem. Planungsvertrag wird empfohle

Leistungsphase 1 - .... : .... Beschreibung der Leistungen ....

....

Bes. Leistungen: ....

....

Zusätzl. Leistungen: ....

Die vorgenannten Leistungen wurden am .... abgeschlossen.   Die Planungsunterlagen wurden übergebe

Restleistungen / Mängel   Folgende Mängel wurden festgestellt:

1. ....

2. ....

Folgende Unterlagen sind noch zu übergeben: ....

Die Mängel Nr. .... sind zu beseitigen bis zum: ....

Die Mängel Nr. .... sind zu beseitigen bis zum: ....

An der Abnahme haben teilgenommen: ....

Auftraggeber: Auftragnehmer:

....
Bevollmächtigter Vertreter

.... den .... den ....

Teilabnahme von Architektenleistungen

Gegenstand des Vertrags: ..Planung und Bauüberwachung eines Bürogebäudes
in 10622 Berlin, Friedrichstr. 100

Datum des Vertragsabschlusses .21.11.2008..
Auftraggeber:..Investa Immobilien GmbH, 10943 Berlin, Amtstraße 34

Datum der Abnahme 15.12.2009 Auftragnehmer Architekturbüro Lichtmann GmbH

Folgende Teile der Leistungen wurden abgenommen:

Abgenommen wurden im Zuge einer Teilabnahme die Leistungen der
Leistungsphasen 1 - 4 gem. § ..... des o. g. Vertrags und die
besonderen Leistungen gem. § ... sowie § .... des o. g. Vertrags.

Die vorgenannten Leistungen wurden am ..13.12.2009 abgeschlossen. Die Planungsunterlagen
der abgenommenen Leistungen wurden übergeben.

Nachstehende Mängel wurden festgestellt:

1.   Der Lageplan (Nr. 100-33-LP3) ist noch farbig anzulegen und mit
      Stellplatznummern zu versehen.
2.   Die Kostenberechnung vom 12.11.2009 ist noch durch eine Risiko-
      einschätzung (Baugrundrisiko) zu ergänzen (s. Vertrag Ziff. 3.11).

Die Mängel Nr. 1 und 2 sind zu beseitigen bis zum: ...14.01.2010

An der Abnahme haben teilgenommen:
Frau Dr. jur. G. Hasse und Herr Dipl. Ing. Schmidt vom Auftraggeber
sowie Herr Dipl. Ing. Arch. K. Lichtmann vom Auftragnehmer.

Auftraggeber: Auftragnehmer:

....
Bevollmächtigter Vertreter

.... den .... den ....

Hinweis: Die Mängel Nr. 1 und 2 basieren auf einer einzelfallbezogenen Leistungsbeschreibung der
          vertraglich vereinbarten Leistungsinhalte, nicht auf dem Leistungsbild der Architektenleistun-
          gen

Formulare

J Entscheidungsvorlage

Entscheidung Nr. ....

Auftraggeber: Autohaus Müller und Schmidt Frankfurt/M und Darmstadt
Beauftragte Leistungen: Objektplanung und Planung der techn. Ausrüstung für den Umbau des Autohauses XYZ in Frankfurt/M

1. Beschreibung der Änderung:

Der Auftraggeber wünscht die Verlegung des Verwaltungstraktes nach Süden direkt an die Ausstellungshalle. Die Änderung wurde am .... gefordert.

2. Anlass der Änderung:

Wunsch des Auftraggebers, mitgeteilt in der Besprechung am 15.10.2009

3. Stand der Planungsvertiefung bei Änderungsforderung:

Entwurfsplanung abgeschlossen, Baugenehmigung liegt vor
Ausführungsplanung ist zu 60% erbracht, die Ausschreibungen sind zu 20% erbracht

4. Räumlicher Umfang der Änderungsplanung

Insgesamt sind ca. 15.300m³ BRI zu planen, der Änderungsumfang beträgt ca. 1.800m³ BRI, also ca. 12% des räumlichen Umfanges sind durch Neuerstellung zu ändern
Der o. e. räuml. Änderungsumfang macht ca. 520.000 € an Baukosten aus

5. Voraussichtliche Änderungen der Baukosten

Die Baukosten werden sich voraussichtlich wie folgt ändern. Näheres ergibt eine Kostenermittlung nach DIN 276, wenn die Änderungsentscheidung endgültig getroffen ist.

Mehrkosten Fassade ca.:	25.000 €
Mehrkosten Gründung ca:	8.000 €
Mehrkosten Heizungs- Elektro- und Sanitärinstallationen	11.000 €
Verlängerte Vorhaltung Baust. - Einrichtung	1.000 €
Neuplanung Änderungsbereich Objektplanung (Lph. 1-5)	11.400 €
Neuplanung Änderungsbereich techn. Ausrüstung (Lph. 1-5) ca.:	6.300 €

6. Voraussichtliche Terminauswirkungen:

Der Verwaltungsbau wird in der Ausführung ca. 5 Wochen durch eigene Änderungsplanung verzögert. Hinzu kommt die Dauer für die neue Änderungsbaugenehmigung sowie evtl. Verzögerungen und Mehrleistungen bei der Bauausführung selbst.
Die mit dieser Entscheidungsvorlage gegebenen Angaben sind haltbar, soweit die Entscheidung über die Änderung bis zum .... getroffen wird.

7. Weitere an der Änderung voraussichtlich zu beteiligende Büros oder Behörden:

Ein neuer Änderungsbauantrag ist erforderlich, ebenfalls ein neuer Entwässerungsantrag
Weitere Änderungsplanungen sind vorzunehmen durch Objektplaner, Tragwerkplaner,
Planer der techn. Ausrüstung (alle Anlagengr. Sowie Freianlagen)
Sind Fördermittel zugesagt, soll der Bauherr die Änderung dort genehmigen lassen

8. Entscheidung des Auftraggebers:

Der Auftraggeber hat am .... entschieden die o. g. Änderung durchzuführen
und die entsprechenden Änderungsmaßnahmen schriftlich bis zum ....zu beauftragen.

Ort, Datum: ....

Formulare

K Nachtragsformular

Nachtragsangebot Nr. *3*

zum Planungsvertrag vom *12.09.2009 / 14.09.2009*
Umbau des Produktionsgebäudes der XYZ-Werke, 2. Bauabschnitt mit neuen Belegschaftsparkplätzen.

1. Nachtragsleistung
Beschreibung der Leistung: *Bestandteil dieses Nachtragsangebots sind die Leistungen der Planung und Bauüberwachung der Versorgungstrassen im Außenbereich (nichtöffentliche Erschließung gem. Kostengruppe ....) auf dem Grundstück .... für die Anlagengruppe 1 (Gas- Wasser- Abwasser), 2 betreffend die Leistungsphasen 1 – 8 nach HOAI.*
Die Leistungsanforderungen und sonstigen Vertragsvereinbarungen gem. Planungsvertrag vom 12.09.2009 / 14.09.2009 gelten auch für diese Nachtragsleistungen.

2. Fachtechnische Begründung
Begründung zu den angebotenen Leistungen: *Im o. g. Planungsvertrag wurden nur die Leistungen für die Installationen und Anlagen von Gebäuden vereinbart. Das Honorar hierfür ermittelt sich nach den anrechenbaren Kosten der Installationen und Anlagen von Gebäuden, ohne die Installationen und Anlagen der nichtöffentlichen Erschließung.*
Damit ist bislang noch nicht geregelt, in welcher Weise die hier angebotenen Nachtragsleistungen abgewickelt werden.
Wie sich im Zuge der Planungsvertiefung zeigte, ist es notwendig, auch die Leitungen und Anlagen auf dem Grundstück (nichtöffentliche Erschließung) zu planen und deren Ausführung fachgerecht zu überwachen, weil sich bei der Bestandsaufnahme herausstellte, dass die auf dem Grundstück vorhandenen Leitungen der nichtöffentl. Erschließung abgängig sind..

3. Honorar
Angebotenes Honorar: *Das Honorar[1] für diese Leistungen in den Leistungsphasen 1 -9 wird als Pauschale angeboten mit 17.500,- € zuzüglich 6% Nebenkosten und gesetzl. Mehrwertsteuer.*

4. Termine und weiteres Vorgehen
Terminliche Bedingungen: *Die Beauftragung der Leistungen gem. Ziffer 1 ist bis zum 15.12.2009 erforderlich, um die weitere Planungsvertiefung und anschließende Ausschreibung sowie Ausführungsvorbereitung zeitlich nicht zu behindern. Die Auftragserteilung an die ausf. Firma mit den entsprechenden Bauleistungen muss gem. Terminplan bis zum 30.01.2010 erfolgen.*
Eine Nichtbeauftragung führt zu Behinderungen im weiteren Ablauf und Planungslücken.

<u>5 Sonstiges</u>

Weitere Grundlagen der Nachtragsleistungen: ....

....

Der Nachtrag zum Vertrag vom wird hiermit abgeschlossen:

Auftragnehmer: Auftraggeber:
Berlin, den ....   Potsdam, den ....

....

[1] auch als Zeithonorar oder nach Einzelregelungen der HOAI möglich

L Abnahmeformular für Bauleistungen

Abnahmeprotokoll
von Bauleistungen nach VOB/B

Auftraggeber: Auftragnehmer:

....

....

Vertragsgegenstand: ....Vertragsdatum: ....

Abgenommene Leistungen Die abzunehmenden Leistungen sollen jeweils fachgerecht definiert und in sich abgrenzbar sein

....

....

Die vorgenannten Leistungen wurden beendet am: ....

Restleistungen / Mängel

Folgende Mängel wurden festgestellt: Nummerierte Aufzählung der Mängel ist empfehlenswert

1. ....

2. ....

Folgende Revisionsunterlagen sind noch zu übergeben: ....

Die Mängel Nr. .... sind zu beseitigen bis zum: .... (s. Mangelliste als Anlage)

Die Mängel Nr. .... sind zu beseitigen bis zum: ....(s. Mangelliste als Anlage)

Für Mangel Nr. .... wird eine Minderung der Vergütung in Höhe von .... € netto vereinbart.

Weitere Feststellungen

Die Vertragsstrafe in Höhe von ....€ netto gem. beigefügter Ermittlung ist (nicht) verwirkt.

Die Gewährleistung beginnt am .... und endet nach einer ....-jährigen Frist am ....

An der Abnahme haben teilgenommen: ....

Auftraggeber: Auftragnehmer: Architekt als Dritter

....
Bevollmächtigter Vertreter

.... den .... den .... den ....

M Kostengruppen nach DIN 276 Teil 1

M 1 Hinweise

Nachstehend sind die Kostengruppen gemäß DIN 276/08 abgedruckt. Die Tiefenschärfe entspricht dem Kostenanschlag. Die Tiefenschärfe bei der Kostenberechnung ist in der HOAI geregelt.

M 2 Kostengruppen

Kostenermittlung DIN 276/08
Bauvorhaben:
Zweckbestimmung:
Grundstück, Lage: Größe:
Bauherr:
Planverfasser:
Gebäudeform: Bauart:
Brutto-Grundfläche: Brutto-Rauminhalt:
Netto-Grundfläche: Nutzfläche:
Vorgesehene Ausführungszeit:
Verwendete Unterlagen (Pläne, Berechnungen, Erläuterungen, Grundlagen der Kostenermittlung und Finanzierung):

Kostengruppe		Teilbetrag Euro	Gesamtbetrag Euro
100	**Grundstück**		
110	**Grundstückswert**		
111	Verkehrswert		
	Gesamtbetrag Kostengruppe 110		
120	**Grundstücksnebenkosten**		
121	Vermessungsgebühren		
122	Gerichtsgebühren		
123	Notariatsgebühren		
124	Maklerprovisionen		
125	Grunderwerbssteuer		

Kostengruppe	Teilbetrag Euro	Gesamtbetrag Euro
126	Wertermittlungen, Untersuchungen		
127	Genehmigungsgebühren		
128	Bodenordnung, Grenzregulierung		
129	Grundstücksnebenkosten, sonstiges		
	Gesamtbetrag Kostengruppe 120		
130	**Freimachen**		
131	Abfindungen		
132	Ablösen dinglicher Rechte		
139	Freimachen, sonstiges		
	Gesamtbetrag Kostengruppe 130		
200	**Herrichten und Erschließen**		
210	Herrichten		
211	Sicherungsmaßnahmen		
212	Abbruchmaßnahmen		
213	Altlastenbeseitigung		
214	Herrichten der Geländeoberfläche		
219	Herrichten, sonstiges		
	Gesamtbetrag Kostengruppe 210		
220	**Öffentliche Erschließung**		
221	Abwasserentsorgung		
222	Wasserversorgung		
223	Gasversorgung		
224	Fernwärmeversorgung		
225	Stromversorgung		
226	Telekommunikation		
227	Verkehrserschließung		
229	Öffentliche Erschließung, sonstiges		
	Gesamtbetrag Kostengruppe 220		
230	**Nichtöffentliche Erschließung**		
	Gesamtbetrag Kostengruppe 230		
240	**Ausgleichsabgaben**		
	Gesamtbetrag Kostengruppe 240		

Kostengruppe	Teilbetrag Euro	Gesamtbetrag Euro
250 Übergangsmaßnahmen		
251 Provisorien		
252 Auslagerungen		
Gesamtbetrag Kostengruppe 220		
300 Bauwerk - Baukonstruktionen		
310 Baugrube		
311 Baugrubenherstellung		
312 Baugrubenumschließung		
313 Wasserhaltung		
319 Baugrube, sonstiges		
Gesamtbetrag Kostengruppe 310		
320 Gründung		
321 Baugrundverbesserung		
322 Flachgründungen		
323 Tiefgründungen		
324 Unterböden und Bodenplatten		
325 Bodenbeläge[a]		
326 Bauwerksabdichtungen		
327 Dränagen		
329 Gründung, sonstiges		
Gesamtbetrag Kostengruppe 320		
330 Außenwände		
331 Tragende Außenwände[b]		
332 Nichttragende Außenwände[b]		
333 Außenstützen[b]		
334 Außentüren und -fenster		
335 Außenwandbekleidungen, außen		
336 Außenwandbekleidungen, innen[c]		
337 Elementierte Außenwände		
338 Sonnenschutz		
339 Außenwände, sonstiges		
Gesamtbetrag Kostengruppe 330		
340 Innenwände		
341 Tragende Innenwände[b]		

DIN 276

Kostengruppe	Teilbetrag Euro	Gesamtbetrag Euro
342 Nichttragende Innenwände[b]		
343 Innenstützen[b]		
344 Innentüren und -fenster		
345 Innenwandbekleidungen[d]		
346 Elementierte Innenwände		
349 Innenwände, sonstiges		
Gesamtbetrag Kostengruppe 340		0,00
350 Decken		
351 Deckenkonstruktionen		
352 Deckenbeläge[e]		
353 Deckenbekleidungen[f]		
359 Decken, sonstiges		
Gesamtbetrag Kostengruppe 350		0,00
360 Dächer		
361 Dachkonstruktionen		
362 Dachfenster, Dachöffnungen		
363 Dachbeläge		
364 Dachbekleidungen[g]		
369 Dächer, sonstiges		
Gesamtbetrag Kostengruppe 360		0,00
370 Baukonstruktive Einbauten		
371 Allgemeine Einbauten		
372 Besondere Einbauten		
379 Baukonstruktive Einbauten, sonstiges		
Gesamtbetrag Kostengruppe 370		0,00
390 Sonstige Maßnahmen für Baukonstruktionen		
391 Baustelleneinrichtung		
392 Gerüste		
393 Sicherungsmaßnahmen		
394 Abbruchmaßnahmen		
395 Instandsetzungen		
396 Materialentsorgung		
397 Zusätzliche Maßnahmen		
398 Provisorien Provisorische Baukonstruktion		

Kostengruppe	Teilbetrag Euro	Gesamtbetrag Euro
399	Sonst. Maßnahmen für Baukonstr., sonst.		
	Gesamtbetrag Kostengruppe 390		
400	**Bauwerk - Technische Anlagen**[h]		
410	**Abwasser-, Wasser-, Gasanlagen**		
411	Abwasseranlagen		
412	Wasseranlagen		
413	Gasanlagen		
414	Feuerlöschanlagen		
419	Abwasser-, Wasser-, Gasanlagen, sonstiges		
	Gesamtbetrag Kostengruppe 410		
420	**Wärmeversorgungsanlagen**		
421	Wärmeerzeugungsanlagen		
422	Wärmeverteilnetze		
423	Raumheizflächen		
429	Wärmeversorgungsanlagen, sonstiges		
	Gesamtbetrag Kostengruppe 420		
430	**Lufttechnische Anlagen**		
431	Lüftungsanlagen		
432	Teilklimaanlagen		
433	Klimaanlagen		
434	Kälteanlagen		
439	Lufttechnische Anlagen, sonstiges		
	Gesamtbetrag Kostengruppe 430		
440	**Starkstromanlagen**		
441	Hoch- und Mittelspannungsanlagen		
442	Eigenstromversorgungsanlagen		
443	Niederspannungsschaltanlagen		
444	Niederspannungsinstallationsanlagen		
445	Beleuchtungsanlagen		
446	Blitzschutz- und Erdungsanlagen		
449	Starkstromanlagen, sonstiges		
	Gesamtbetrag Kostengruppe 440		

DIN 276

	Kostengruppe	Teilbetrag Euro	Gesamtbetrag Euro
450	**Fernmelde- und informationstechnische Anlagen**		
451	Telekommunikationsanlagen		
452	Such- und Signalanlagen		
453	Zeitdienstanlagen		
454	Elektroakustische Anlagen		
455	Fernseh- und Antennenanlagen		
456	Gefahrenmelde- und Alarmanlagen		
457	Übertragungsnetze		
459	Fernmelde- u. Informationstechn. Anlagen, sonstiges		
	Gesamtbetrag Kostengruppe 450		
460	**Förderanlagen**		
461	Aufzugsanlagen		
462	Fahrtreppen, Fahrsteige		
463	Befahranlagen		
464	Transportanlagen		
465	Krananlagen		
469	Förderanlagen, sonstiges		
	Gesamtbetrag Kostengruppe 460		
470	**Nutzungsspezifische Anlagen**		
471	Küchentechnische Anlagen		
472	Wäscherei- und Reinigungsanlagen		
473	Medienversorgungsanlagen		
474	Medizintechnische Anlagen		
475	Labortechnische Anlagen		
476	Badetechnische Anlagen		
477	Kälteanlagen		
478	Entsorgungsanlagen		
479	Nutzungsspezifische Anlagen, sonstiges		
	Gesamtbetrag Kostengruppe 470		
480	**Gebäudeautomation**		
481	Automationssysteme		
482	Schaltschränke		
483	Management- und Bedieneinrichtungen		
484	Raumautomationssysteme		
485	Übertragungsnetze		

Kostengruppe	Teilbetrag Euro	Gesamtbetrag Euro
489	Gebäudeautomation, sonstiges		
	Gesamtbetrag Kostengruppe 480		
490	**Sonst. Maßnahmen für Technische Anlagen**		
491	Baustelleneinrichtung		
492	Gerüste		
493	Sicherungsmaßnahmen		
494	Abbruchmaßnahmen		
495	Instandsetzungen		
496	Materialentsorgung		
497	Zusätzliche Maßnahmen		
498	Provisorische Technische Anlagen Provisorien		
499	Sonstige Maßnahmen für Techn. Anlagen, sonst.		
	Gesamtbetrag Kostengruppe 490		
500	**Außenanlagen**		
510	**Geländeflächen**		
511	Oberbodenarbeiten		
512	Bodenarbeiten		
519	Geländeflächen, sonstiges		
	Gesamtbetrag Kostengruppe 510		
520	**Befestigte Flächen**		
521	Wege[i]		
522	Straßen[i]		
523	Plätze, Höfe[i]		
524	Stellplätze[i]		
525	Sportplatzflächen		
526	Spielplatzflächen		
527	Gleisanlagen		
529	Befestigte Flächen, sonstiges		
	Gesamtbetrag Kostengruppe 520		
530	**Baukonstruktionen in Außenanlagen**		
531	Einfriedungen		
532	Schutzkonstruktionen		
533	Mauern, Wände		
534	Rampen, Treppen, Tribünen		

DIN 276

Kostengruppe	Teilbetrag Euro	Gesamtbetrag Euro
535	Überdachungen		
536	Brücken, Stege		
537	Kanal- und Schachtbauanlagen		
538	Wasserbauliche Anlagen		
539	Baukonstruktion in Außenanlagen, sonst.		
	Gesamtbetrag Kostengruppe 530		
540	**Technische Anlagen in Außenanlagen**		
541	Abwasseranlagen		
542	Wasseranlagen		
543	Gasanlagen		
544	Wärmeversorgungsanlagen		
545	Lufttechnische Anlagen		
546	Starkstromanlagen		
547	Fernmelde- u. informationstechnische Anlagen		
548	Nutzungsspezifische Anlagen		
549	Technische Anlagen in Außenanlagen, sonst.		
	Gesamtbetrag Kostengruppe 540		
550	**Einbauten in Außenanlagen**		
551	Allgemeine Einbauten		
552	Besondere Einbauten		
559	Einbauten in Außenanlagen, sonstiges		
	Gesamtbetrag Kostengruppe 550		
560	**Wasserflächen**		
561	Abdichtungen		
562	Besondere Einbauten		
569	Wasserflächen, sonstiges		
	Gesamtbetrag Kostengruppe 560		
570	**Pflanz- und Saatflächen**		
571	Oberbodenarbeiten		
572	Vegetationstechnische Bodenbearbeitung		
573	Sicherungsbauweisen		
574	Pflanzen		
575	Rasen und Ansaaten		

Kostengruppe	Teilbetrag Euro	Gesamtbetrag Euro
576	Begrünung unbebauter Flächen		
579	Pflanz- und Saatflächen, sonstiges		
	Gesamtbetrag Kostengruppe 570		
590	**Sonstige Maßnahmen für Außenanlagen**		
591	Baustelleneinrichtung		
592	Gerüste		
593	Sicherungsmaßnahmen		
594	Abbruchmaßnahmen		
595	Instandsetzungen		
596	Materialentsorgung		
597	Zusätzliche Maßnahmen		
598	Provisorische Außenanlagen Provisorien		
599	Sonstige Maßnahmen für Außenanl., sonstiges		
	Gesamtbetrag Kostengruppe 590		
600	**Ausstattung und Kunstwerke**		
610	**Ausstattung**		
611	Allgemeine Ausstattung		
612	Besondere Ausstattung		
619	Ausstattung, sonstiges		
	Gesamtbetrag Kostengruppe 610		
620	**Kunstwerke**		
621	**Kunstobjekte**		
622	Künstlerisch gestaltete Bauteile des Bauwerks		
623	Künstlerisch gestaltete Bauteile der Außenanlagen		
629	Kunstwerke, sonstiges		
	Gesamtbetrag Kostengruppe 620		
700	**Baunebenkosten**		
710	**Bauherrenaufgaben**		
711	Projektleitung		
712	Bedarfsplanung		
713	Projektsteuerung		
719	Bauherrenaufgaben, sonstiges		
	Gesamtbetrag Kostengruppe 710		

DIN 276

Kostengruppe	Teilbetrag Euro	Gesamtbetrag Euro
720	**Vorbereitung der Objektplanung**		
721	Untersuchungen		
722	Wertermittlungen		
723	Städtebauliche Leistungen		
724	Landschaftsplanerische Leistungen		
725	Wettbewerbe		
729	Vorbereitung der Objektplanung, sonstiges		
	Gesamtbetrag Kostengruppe 720		
730	**Architekten- und Ingenieurleistungen**		
731	Gebäudeplanung		
732	Freianlagenplanung		
733	Planung der raumbildenden Ausbauten		
734	Planung der Ingenieurbauwerke und Verkehrsanlagen		
735	Tragwerksplanung		
736	Planung der technische Ausrüstung		
739	Architekten- und Ingenieurleistungen, sonstiges		
	Gesamtbetrag Kostengruppe 730		
740	**Gutachten und Beratung**		
741	Thermische Bauphysik		
742	Schallschutz und Raumakustik		
743	Bodenmechanik, Erd- und Grundbau		
744	Vermessung		
745	Lichttechnik, Tageslichttechnik		
746	Brandschutz		
747	Sicherheits- und Gesundheitsschutz		
748	Umweltschutz, Altlasten		
749	Gutachten und Beratungen, sonstiges		
	Gesamtbetrag Kostengruppe 740		
750	**Künstlerische Leistungen**		
751	Kunstwettbewerbe		
752	Honorare		
759	Künstlerische Leistungen, sonstiges		
	Gesamtbetrag Kostengruppe 350		

Kostengruppe		Teilbetrag Euro	Gesamtbetrag Euro
760	**Finanzierung**		
761	Finanzierungskosten		
762	Fremdkapitalzinsen		
769	Finanzierung, sonstiges		
	Gesamtbetrag Kostengruppe 760		
770	**Allgemeine Baunebenkosten**		
771	Prüfungen, Genehmigungen, Abnahmen		
772	Bewirtschaftungskosten		
773	Bemusterungskosten		
774	Betriebskosten während der Bauzeit		
775	Versicherungen		
779	Allgemeine Baunebenkosten, sonstiges		
	Gesamtbetrag Kostengruppe 770		
790	**Sonstige Baunebenkosten**		
790	Sonstige Baunebenkosten		
	Gesamtbetrag Kostengruppe 790		
		Gesamt	

[a]   Gegebenenfalls können die Kosten der Bodenbeläge (Kostengruppe KG 325) mit den Kosten der Deckenbeläge (KG 352) in einer Kostengruppe zusammengefasst werden, die Zusammenfassung ist kenntlich zu machen.

[b]   Gegebenenfalls können die Kostengruppen 331, 332 und 333 bzw. 341, 342 und 343 zusammengefasst werden, die Zusammenfassung ist kenntlich zu machen.

[c]   Gegebenenfalls können die Kosten der Außenwandbekleidungen innen (Kostengruppe KG 336) mit den Kosten der Innenwandbekleidungen (KG 345) in einer Kostengruppe zusammengefasst werden, die Zusammenfassung ist kenntlich zu machen.

[d]   Gegebenenfalls können die Kosten der Innenwandbekleidungen innen (Kostengruppe KG 345) mit den Kosten der Außenwandbekleidungen innen (KG 336) in einer Kostengruppe zusammengefasst werden, die Zusammenfassung ist kenntlich zu machen.

[e]   Gegebenenfalls können die Kosten der Deckenbeläge (Kostengruppe KG 352) mit den Kosten der Bodenbeläge (KG 325) in einer Kostengruppe zusammengefasst werden, die Zusammenfassung ist kenntlich zu machen.

[f]   Gegebenenfalls können die Kosten der Deckenbekleidungen (Kostengruppe KG 353) mit den Kosten der Dachbekleidungen (KG 364) in einer Kostengruppe zusammengefasst werden, die Zusammenfassung ist kenntlich zu machen.

[g]   Gegebenenfalls können die Kosten der Dachbekleidungen (Kostengruppe KG 364) mit den Kosten der Deckenbekleidungen (KG 353) in einer Kostengruppe zusammengefasst werden, die Zusammenfassung ist kenntlich zu machen.

DIN 276

[h] Bei Bedarf können die Kosten der technischen Anlagen in die Installationen und die zentrale Betriebs
technik aufgeteilt werden.

[i] Gegebenenfalls können die Kostengruppen 521, 522, 523 und zusammengefasst werden, die Zusam
menfassung ist kenntlich zu machen.

Sachwortverzeichnis

Lizenz zum Wissen.

Sichern Sie sich umfassendes Technikwissen mit Sofortzugriff auf tausende Fachbücher und Fachzeitschriften aus den Bereichen: Automobiltechnik, Maschinenbau, Energie + Umwelt, E-Technik, Informatik + IT und Bauwesen.

Exklusiv für Leser von Springer-Fachbüchern: Testen Sie Springer für Professionals 30 Tage unverbindlich. Nutzen Sie dazu im Bestellverlauf Ihren persönlichen Aktionscode C0005406 auf *www.springerprofessional.de/buchaktion/*

Jetzt 30 Tage testen!

Springer für Professionals.
Digitale Fachbibliothek. Themen-Scout. Knowledge-Manager.

🔍 Zugriff auf tausende von Fachbüchern und Fachzeitschriften

⊘ Selektion, Komprimierung und Verknüpfung relevanter Themen durch Fachredaktionen

✎ Tools zur persönlichen Wissensorganisation und Vernetzung

www.entschieden-intelligenter.de

Springer für Professionals

 Springer

Printed in the United States
By Bookmasters